普通高等教育“十二五”规划教材

优 化 设 计

主 编 杨 挺
参 编 冯瑛敏 耿令新
主 审 杨 巍

机 械 工 业 出 版 社

本书较系统地介绍了优化设计的基本概念、基本理论和常用的优化方法：一维优化方法、无约束优化方法、线性规划、约束优化方法和多目标函数的优化方法，同时注意到近年来发展起来的现代优化方法：工程遗传算法、模拟退火算法、人工神经网络算法和蚁群算法，并列举了优化设计方法在机械设计和电气工程设计中的典型应用实例。为便于教与学，本书在论述优化原理与方法时，力求说理透彻、概念清晰、深入浅出，尽可能多地列举算例和较详细的解题步骤以加深理解，并在各章首末辅以内容提示、学习要点和习题，以引导和巩固本章的学习。书末附有常用优化方法C语言和MATLAB的参考程序。

本书可作为高等院校机械类、电气工程类各专业本科生和研究生的教学用书，也可供其他相关专业的师生及工程技术人员参考。

图书在版编目（CIP）数据

优化设计/杨挺主编. —北京：机械工业出版社，2014.5（2023.7重印）
普通高等教育"十二五"规划教材
ISBN 978-7-111-46048-0

Ⅰ.①优… Ⅱ.①杨… Ⅲ.①最优设计-高等学校-教材 Ⅳ.①TB21

中国版本图书馆CIP数据核字（2014）第040375号

机械工业出版社（北京市百万庄大街22号 邮政编码100037）
策划编辑：刘小慧 责任编辑：刘小慧 王勇哲 李 乐 于苏华
版式设计：赵颖喆 责任校对：张莉娟
封面设计：张 静 责任印制：常天培
北京机工印刷厂有限公司印刷
2023年7月第1版·第5次印刷
184mm×260mm·16.75印张·409千字
标准书号：ISBN 978-7-111-46048-0
定价：33.00元

电话服务
客服电话：010-88361066
010-88379833
010-68326294

网络服务
机 工 官 网：www.cmpbook.com
机 工 官 博：weibo.com/cmp1952
金 书 网：www.golden-book.com
机工教育服务网：www.cmpedu.com

前　　言

优化设计是随着计算机技术的迅速发展和广泛应用而产生的一种现代设计方法。优化设计是将工程设计问题转化为最优化问题，利用数学规划方法，借助于电子计算机高速度、高精度和大存储量的运算处理能力，从满足设计要求的一切可行方案中自动寻求最佳设计方案的设计方法。它能够综合处理并最大限度地满足各种不同性质甚至相互矛盾的设计要求，迅速而准确地得到满意的设计结果，且可用于各种工程项目的方案设计和技术设计。工程中采用优化方法设计，可以缩短设计周期、提高产品质量、节省原材料、降低成本，从而达到提高经济效益的目的。

本书是编者在多年从事优化设计教学和科研实践的基础上编写而成的。书中着重介绍优化设计的基本概念、基本理论和常用的优化方法，包括一维优化方法、无约束优化方法、线性规划、约束优化方法和多目标函数的优化方法，并列举了优化设计方法在机械设计和电气工程设计中的典型应用实例；同时注意到近年来发展起来的现代优化方法，包括工程遗传算法、模拟退火算法、人工神经网络算法和蚁群算法，对每种算法的基本思想、基本概念以及基本计算方法加以简单的介绍，其目的是为读者进一步深入地学习现代优化计算方法引路、打基础。

本书编写以循序渐进、理论与应用兼顾、注重工程实用性三原则为出发点。为便于教与学，本书在论述优化原理与方法时，力求说理透彻、概念清晰、深入浅出，尽可能多地列举算例和较详细的解题步骤以加深理解，并在各章首末辅以内容提示、学习要点和习题，以引导和巩固本章的学习。书末附录给出了较常用的优化方法 C 语言和 MATLAB 的参考程序，以便读者在学习时参考和上机实践。

参加本书编写的有天津大学杨挺（第一、二、三、四、八、九章和第六章中第四、五节及附录）、天津电力经济研究院冯瑛敏（第五章）、河南科技大学耿令新（第六章中第一、二、三节及第七章），天津大学研究生袁博、林志贤、向文平参与了附录程序调试工作。全书由杨挺担任主编。

本书承杨巍教授精心审阅并提出了许多宝贵意见和建议，谨致衷心感谢。

由于编者水平所限，书中疏漏及不当之处在所难免，恳请广大读者不吝指正。

编　者

目　　录

前言
第一章　优化设计的基本概念 …… 1
第一节　优化设计概述 …… 1
第二节　优化设计的数学模型 …… 2
第三节　优化设计问题的几何描述 …… 9
本章学习要点 …… 10
习题 …… 10
第二章　优化设计方法的极值理论与数学基础 …… 12
第一节　函数的梯度 …… 12
第二节　多元函数的泰勒（Taylor）展开 …… 16
第三节　二次函数 …… 18
第四节　无约束优化问题的极值条件 …… 19
第五节　凸函数与凸规划 …… 21
第六节　约束优化问题的极值条件 …… 23
第七节　优化设计方法的基本思想与迭代终止准则 …… 28
本章学习要点 …… 30
习题 …… 31
第三章　一维搜索方法 …… 33
第一节　搜索区间的确定及区间消去法原理 …… 33
第二节　0.618 法（黄金分割法） …… 35
第三节　二次插值法 …… 39
本章学习要点 …… 43
习题 …… 43
第四章　无约束优化方法 …… 44
第一节　共轭方向 …… 44
第二节　共轭方向法及其改进——Powell 法 …… 47
第三节　单纯形法 …… 55
第四节　梯度法 …… 59
第五节　共轭梯度法 …… 62
第六节　牛顿法 …… 65
第七节　变尺度法（DFP 法） …… 68
本章学习要点 …… 74
习题 …… 74
第五章　线性规划 …… 76
第一节　线性规划的标准形式 …… 76
第二节　线性规划的基本解与基本可行解 …… 78
第三节　单纯形法的基本原理与迭代公式 …… 81
第四节　单纯形表迭代算法 …… 90
第五节　人工变量与两段法 …… 95
第六节　序列线性规划法（简介） …… 98
本章学习要点 …… 102
习题 …… 102
第六章　约束优化方法 …… 104
第一节　复合形法 …… 104
第二节　可行方向法 …… 110
第三节　惩罚函数法 …… 119
第四节　增广拉格朗日（Lagrange）乘子法 …… 126
第五节　简约梯度法及广义简约梯度法 …… 133
本章学习要点 …… 143
习题 …… 144
第七章　多目标函数的优化方法 …… 147
第一节　统一目标法 …… 147
第二节　主要目标法 …… 149
第三节　协调曲线法 …… 149
本章学习要点 …… 150
习题 …… 150
第八章　现代优化方法简介 …… 151
第一节　工程遗传算法 …… 151
第二节　模拟退火算法 …… 158
第三节　人工神经网络与神经网络优化算法 …… 165
第四节　蚁群算法 …… 175
本章学习要点 …… 179
习题 …… 180
第九章　优化设计应用实例 …… 181
第一节　平面连杆机构优化设计实例 …… 181

第二节　齿轮变位系数的优化选择 …………… 187
第三节　二级圆柱齿轮减速器最小体积的优化设计 …………………………… 190
第四节　行星减速器的优化设计 ……………… 193
第五节　火力发电厂生产效益优化 …………… 198
第六节　电力系统约束潮流计算优化 ……… 201
第七节　有源滤波器设计问题 ………………… 204
附录　常用优化方法的 MATLAB 和 C 语言参考程序 …………………… 208
参考文献 …………………………………… 261

第一章　优化设计的基本概念

提示：本章从简单实例入手引出优化设计的数学模型，说明其组成要素和主要类型，重点内容是优化设计中的基本概念：目标函数、设计变量和约束函数，然后通过优化设计问题的几何描述了解优化设计的直观概念。

第一节　优化设计概述

一、优化设计

人们做任何事情都力求用最小的付出得到最佳的效果，这就是优化问题。机械、电气工程设计中，设计者更是希望寻求一组合理的设计参数，使由该组参数所确定的方案既满足各种设计的性能要求，又使其技术经济指标达到最佳，即实现了最优设计。但常规的工程设计沿用着众所熟知的经验类比法。由于设计问题的复杂性及设计手段、方法的制约，不可能进行多方案的分析比较，更不可能得到最佳的设计方案。因此，人们只能在漫长的设计实践中不断地探索与改进，逐步使方案趋于完善。

然而，随着电子计算机的发展和普及，出现了一批新的设计学科和一系列现代设计方法，诸如优化设计、有限元、计算机辅助设计、设计方法学和可靠性设计等。这些方法的发展和应用，使得各个工程领域的设计工作从形式到效果都发生了根本性的变化，产生了巨大的经济效益和社会效益。本书介绍了现代设计方法中的优化设计。

优化设计是以“数学规划论”为理论基础，借助于电子计算机，自动、迅速探优的设计方法。其设计的目的是寻求最佳的设计方案，理论基础是“数学规划论”，设计手段是计算机及优化计算软件。

二、优化设计发展简述

20 世纪 50 年代以前，用于解决最优化问题的数学方法仅限于古典的微分法和变分法。在第二次世界大战期间，由于军事上的需要，在英美国家产生了运筹学，用它来解决由古典微分法和变分法不能解决的问题。在此基础上，发展起来的以线性规划和非线性规划为主要内容的数学规划，形成了一个新的数学分支，其中还包括动态规划、几何规划和随机规划等。随着计算机的发展与应用，在数学规划的基础上形成了一门新兴学科——最优化设计。利用该设计方法，不仅使设计周期大大缩短，计算精度显著提高，而且可以解决传统设计方法所不能解决的比较复杂的最优化问题。近几十年来，优化设计方法已陆续应用到建筑结构、化工、冶金、航天航空、造船、机械、控制系统、电力系统以及电机、电器等工程领域，并得到了迅速发展，取得了丰硕成果。其主要原因是，实际工程中确实存在大量的优化问题，并且随着计算机技术的飞速发展，为优化设计提供了有力的计算工具。将优化设计再与其他的现代设计方法结合起来，使设计过程向自动化、智能化发展，设计方法将发生重大的变革。

值得注意的是，基于数学规划的最优化方法虽然得到了广泛的应用，其理论日趋成熟，但工程优化问题中还存在着一些难解的问题无法解决，也就是优化理论中的 NP-hard 问题。因而，20 世纪 80 年代初期兴起了一些现代优化方法，诸如：禁忌搜索、模拟退火、遗传算法、人工神经网络和蚁群算法等。现代设计方法以其很强的解决问题的能力和广泛的适应性，现已在自然科学、工程技术、商业管理、医学和社会科学等领域都有应用。在工程技术领域，如电力系统的机组组合优化、故障诊断、电网规划等方面取得了良好的应用效果；在机械领域的机械方案优化设计、机床挂轮组的最佳选择、机构参数优化以及机器人运动轨迹优化等方面都已取得了成功应用。

三、优化设计的一般过程

一个工程优化问题的解决，一般要经过如下四个阶段：

1. 确定设计目标

根据工程设计的问题，确定所追求的目标。目标大致可分为两类：一类是极大化目标（效果目标），例如：利润、产值、增益、效益、生产率、可靠性和精度等；另一类是极小化目标（成本目标），例如：成本、时间、重量、体积、人力、材料、损耗、误差等。设计目标可以是单目标也可以是多目标。

2. 建立数学模型

由于是利用计算机求解，因此，必须将工程设计的问题用数学表达式的形式给予全面、准确的描述。显然，建立数学模型要用到相应的专业知识确定设计目标的表达式、设计参数（设计变量）及要满足的各种限制条件，或者说要满足的各种性能要求。

3. 选择合适的优化方法

根据数学模型中的函数性态、变量多少及设计精度等，选择较有效的优化方法进行程序设计。

4. 优化求解

首先，需要进行上机计算，程序调试，解出最优解，然后对计算结果作出分析和正确的判断，分析解的实用性，最后得出最优设计方案。

优化设计可归结为“建模”与“解模”两大问题。由于建立数学模型需要相应的专业知识，因此，本课程的主要任务是解模，即对数学模型如何求解。具体来讲，本课程讨论最优化理论的基础知识和基本理论，以及常用最优化方法的基本原理、迭代步骤和程序设计。

第二节 优化设计的数学模型

工程的设计问题通常是相当复杂的，欲能利用计算机进行优化求解，必须对实际问题加以适当的抽象和简化，即建立便于求解的统一形式——数学模型。数学模型是进行优化设计的基础，根据设计问题的具体要求和条件建立完备的数学模型是优化设计成败的关键。

本节通过几个简单的优化设计实例，说明数学模型的一般形式及其有关的基本概念。

一、优化设计的实例

下面几个实例虽然简单，但都具有一定的代表性。

例 1-1　要用薄钢板制造一个体积为 $5m^3$ 的无盖货箱。由于运输装载要求，其长度不小于 4m。问：长、宽、高各为多少用料最省？

解　钢板的耗费量与货箱的表面积成正比，优化设计的目标是用料最省，也就是货箱的表面积最小。

设箱体的表面积为 S，长、宽、高分别为 x_1，x_2 和 x_3，由图 1-1 可知

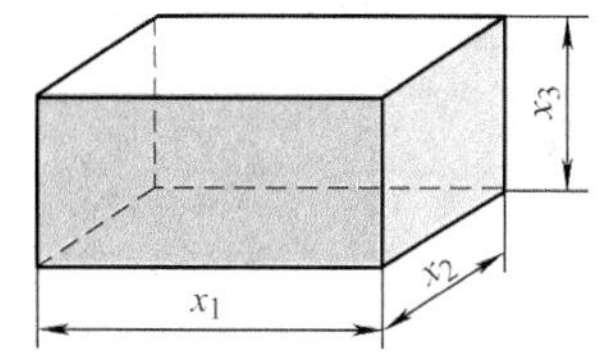

图 1-1　货箱例图

$$S = x_1x_2 + 2(x_2x_3 + x_1x_3)$$

上式称为目标函数，参数 x_1，x_2 和 x_3 称为设计变量。优化设计就是恰当地选择这一组参数使货箱的表面积达到最小。但由题目的要求和实际情况可知，该组参数的选择还应受到如下条件的限制：

长 $x_1 \geqslant 4$，宽 $x_2 > 0$，高 $x_3 > 0$ 及体积 $V = x_1x_2x_3 = 5$，即 $x_1x_2x_3 - 5 = 0$。

以上的限制条件称为约束条件。其中，$x_1 \geqslant 4$、$x_2 > 0$、$x_3 > 0$ 为不等式约束条件，$x_1x_2x_3 - 5 = 0$ 为等式约束条件。

于是上述货箱下料问题可归结为：

求变量　x_1，x_2，x_3

使函数　$f(x_1, x_2, x_3) = x_1x_2 + 2(x_2x_3 + x_1x_3)$ 的值最小

约束条件为

$$g_1(x_1, x_2, x_3) = 4 - x_1 \leqslant 0$$
$$g_2(x_1, x_2, x_3) = x_2 > 0$$
$$g_3(x_1, x_2, x_3) = x_3 > 0$$
$$h(x_1, x_2, x_3) = x_1x_2x_3 - 5 = 0$$

例 1-2　某工厂生产甲、乙两种产品，生产每件产品所需的材料、工时、电力和可以获得的利润，以及每天能够提供的材料、工时和电力见表 1-1。试确定两种产品每天的产量各为多少，以使每天可能获得的利润最大。

表 1-1　生产条件与供给的数据

产品	材料/kg	工时/h	电力/(kW·h)	利润/元
甲	9	3	4	60
乙	4	10	5	120
供应量	360	300	200	

解　这是一个生产计划问题，可归结为在满足各项生产条件下，使每天所获得的利润最大的优化设计问题。

设每天生产甲产品 x_1 件，乙产品 x_2 件，每天获得的利润用 $f(x_1, x_2)$ 表示，即

$$f(x_1, x_2) = 60x_1 + 120x_2$$

每天实际消耗的材料、工时和电力分别用函数 $g_1(x_1, x_2)$，$g_2(x_1, x_2)$，$g_3(x_1, x_2)$ 表示，即

$$g_1(x_1, x_2) = 9x_1 + 4x_2$$
$$g_2(x_1, x_2) = 3x_1 + 10x_2$$
$$g_3(x_1, x_2) = 4x_1 + 5x_2$$

于是上述生产计划问题可归结为：

求变量　x_1，x_2

使函数　$f(x_1, x_2)=60x_1+120x_2$　极大化

约束条件为

$$g_1(x_1, x_2)=9x_1+4x_2\leqslant 360$$
$$g_2(x_1, x_2)=3x_1+10x_2\leqslant 300$$
$$g_3(x_1, x_2)=4x_1+5x_2\leqslant 200$$
$$g_4(x_1, x_2)=x_1\geqslant 0$$
$$g_5(x_1, x_2)=x_2\geqslant 0$$

这就是该生产计划问题的数学模型，其中 $f(x_1, x_2)$ 为设计目标，即目标函数。$g_u(x_1, x_2)$（$u=1, 2, \cdots, 5$）为已知的生产指标的约束条件，即约束函数。

例 1-3　两发电站的输出功率分别为 P_1 和 P_2，两电站可利用的最大功率分别为 $P_{1\max}=100\text{kW}$，$P_{2\max}=150\text{kW}$，发电的费用分别为 A 元/kW 和 B 元/kW，负荷用量为 200kW。问若满足用电需要，两电站的电力如何分配才能使发电的总费用最小？

解　设两电站发电量分别为 x_1 和 x_2，发电的总费用 $f(x_1, x_2)$ 表示，即

$$f(x_1, x_2)=Ax_1+Bx_2$$

用电量满足 $(x_1+x_2)\geqslant 200\text{kW}$，两发电站发电量分别不能超过 100kW 和 150kW。

于是上述电力分配问题可归结为：

求变量　x_1，x_2

使函数　$f(x_1, x_2)=Ax_1+Bx_2$ 的值最小

约束条件为

$$g_1(x_1, x_2)=x_1+x_2\geqslant 200$$
$$g_2(x_1, x_2)=x_1-100\leqslant 0$$
$$g_3(x_1, x_2)=x_2-150\leqslant 0$$

例 1-4　某电厂生产 $5\times10^4\text{kW}$ 电力需输送到一个降压配电站，导线电阻损失为 $0.263I^2G^{-1}$元，I 为导线电流（A），G 为导线电导（S）；输送功率 $P=\sqrt{3}UI$，U 为电厂处输电线电压（kV），导线成本为 3.9×10^6G 元，设备投资 10^3U 元，问输电线电压 U 和电导 G 各为多少才能使系统成本最低？

解　因电流

$$I=\frac{5\times10^4}{\sqrt{3}U}$$

而导线电阻损失（元）为

$$0.263I^2G^{-1}=0.263\left(\frac{5\times10^4}{\sqrt{3}U}\right)^2\cdot G^{-1}=\frac{2.19\times10^8}{U^2G}$$

由题意可知系统成本为

$$\frac{2.19\times10^8}{U^2G}+3.9\times10^6G+10^3U$$

若令 $x_1=U, x_2=G$，于是上述输电问题可归结为：

求变量　x_1, x_2

使函数　$f(x_1, x_2) = \dfrac{2.19 \times 10^8}{x_1^2 x_2} + 3.9 \times 10^6 x_2 + 10^3 x_1$ 的值最小

满足条件　$x_1 > 0$，$x_2 > 0$

例 1-5　二阶有源低通滤波器设计问题：滤波器电路结构如图 1-2 所示，设放大系数 $K = 2$，要求在角频率 $\omega \in [0, 5]$（rad/s）的范围内（采样点为 $\omega = 0, 1, 2, 3, 4, 5$ 六个角频率）输出响应满足：$\overline{U}_o(j\omega) = \dfrac{2}{1 - \omega^2 + j\sqrt{2}\omega} U_i(j\omega)$。试问如何选择电导 G_1，G_2 和电容 C_1，C_2 的参数，才能使得所组成的滤波器的输出响应与设计需求 $\overline{U}_o$ 最匹配（误差最小）？

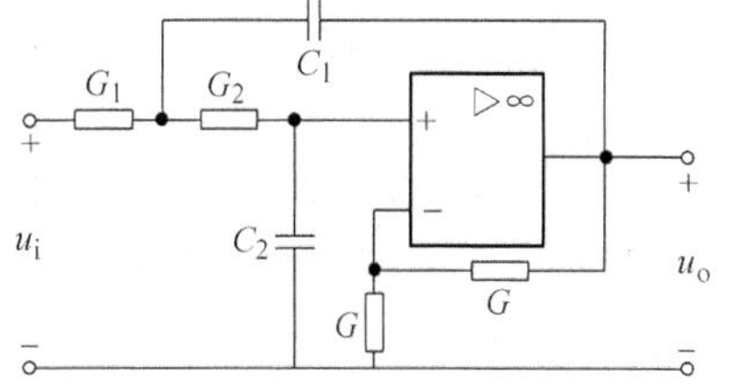

图 1-2　有源低通滤波器电路结构

解　由电路分析得

$$U_o(G_1, G_2, C_1, C_2, j\omega) = \frac{2C_1G_2}{G_1G_2 - \omega^2 C_1C_2 - j\omega(G_1C_2 + G_2C_2 - G_2C_1)} U_i(j\omega)$$

令设计变量　$x_1 = G_1$，$x_2 = G_2$，$x_3 = C_1$，$x_4 = C_2$，上式可改写为

$$U_o(x_1, x_2, x_3, x_4, j\omega) = \frac{2x_3x_2}{x_1x_2 - \omega^2 x_3x_4 - j\omega(x_1x_4 + x_2x_4 - x_2x_3)} U_i(j\omega)$$

使误差最小可有两种表示：

（1）误差二次方和最小

$$f(x_1, x_2, x_3, x_4) = \sum_{i=0}^{5} [U_o(x_1, x_2, x_3, x_4, j\omega) - \overline{U}_o(j\omega)]^2$$

（2）最大误差的绝对值最小

$$f(x_1, x_2, x_3, x_4) = \max_{0 \leqslant i \leqslant 5} \{ |U_o(x_1, x_2, x_3, x_4, j\omega) - \overline{U}_o(j\omega)| \}$$

于是该问题可归结为：

求变量　x_1, x_2, x_3, x_4

使函数　$f(x_1, x_2, x_3, x_4) = \sum_{i=0}^{5} [U_o(x_1, x_2, x_3, x_4, j\omega) - \overline{U}_o(j\omega)]^2$ 的值最小

或　　$f(x_1, x_2, x_3, x_4) = \max_{0 \leqslant i \leqslant 5} \{ |U_o(x_1, x_2, x_3, x_4, j\omega) - \overline{U}_o(j\omega)| \}$ 的值最小

满足条件 $x_i > 0$（$i = 1, 2, 3, 4$）

二、优化设计数学模型的一般形式

1. 数学模型

从以上五个简单的实例可看出，优化设计的数学模型的一般形式可归纳为

$$\left.\begin{aligned} &\min_{X \in \mathbf{R}^n} f(X) \\ &\text{s. t.} \begin{cases} g_u(X) \leqslant 0 & (u = 1, 2, \cdots, m) \\ h_v(X) = 0 & (v = 1, 2, \cdots, p < n) \end{cases} \end{aligned}\right\} \tag{1-1}$$

由上式可看出，优化设计的数学模型由设计变量 X、目标函数 $f(X)$ 和约束条件 $g_u(X)$

及 $h_v(\boldsymbol{X})$ 三个基本要素组成，它所表达的意义是：在满足一定的约束条件下，寻求一组合理的设计参数使得目标函数值达到极小。其中，$\boldsymbol{X} \in \mathbf{R}^n$ 表示设计向量 $\boldsymbol{X}$ 属于 n 维实欧氏空间 $\mathbf{R}^n$，s. t. 是"subject to"的缩写，意即"受约束于"。

模型中有 m 个不等式约束 $g_u(\boldsymbol{X}) \leqslant 0$（$u = 1, 2, \cdots, m$）和 p 个等式约束 $h_v(\boldsymbol{X}) = 0$（$v = 1, 2, \cdots, p < n$），若 $m = 0$、$p = 0$，即没有任何的约束条件，则该问题是无约束优化问题；否则，为约束优化问题。若目标函数和所有的约束函数均是线性的，则该优化问题属于线性规划，如例 1-2、例 1-3。否则，属于非线性规划，如例 1-1、例 1-4、例 1-5。机械、电气工程设计中大多数情况下均为非线性规划问题。

下面对设计变量、目标函数和约束条件三个基本要素进行详细论述。

2. 设计变量

工程问题的一个设计方案通常是用一组特征参数表示，这组特征参数即是优化设计的设计变量。一个工程问题的设计参数一般是相当多的，其中包括设计常量和设计变量。所谓的设计常量是在优化设计过程中固定不变的参数，如材料的弹性模量、许用应力等。设计变量是指在优化设计过程中可进行调整和优选的独立参数。例如，在齿轮传动设计中，将模数 m、齿数 z 作为设计变量，而分度圆直径 d 就不是独立参数，因 $d = mz$。

设计变量应选择那些与目标函数和约束函数密切相关的、能够表达设计对象特征的参数。显然设计变量越多，可供选择的方案越多，设计的灵活性就越大（故又将设计变量的个数 n 称为设计的自由度），因而就容易得到比较理想的设计方案，但要兼顾到数学模型的复杂程度。一般来说，设计变量越多，数学模型越复杂，计算的工作量越大，求解就越困难。因此，在满足设计基本要求的前提下，应尽可能地减少设计变量的数目。对于复杂的设计问题，可以先把那些较次要的参数，或变化范围较窄的参数作为设计常量处理，以减少设计变量的数目，加快求解的速度。当确定这种简化的模型计算无误时，再逐渐增加设计变量的数目，逐步提高优化解的完整性。

设计变量有连续型变量和离散型变量两种。大多数的工程优化问题中的设计变量都是连续型变量，可用常规的优化方法求解。若变量只按某种设计规范标准取值或只能取整数才有实际意义，则称为离散型变量，如齿轮的模数、齿数。对离散型变量的优化问题求解属于整数规划问题，用离散优化方法求解。目前，关于离散型变量的优化问题的理论和方法还不完善。因此，对离散型变量的优化问题，一般先将其视为连续型变量，用常规的优化方法求解后，再进行圆整或标准化处理。虽然处理后的解不是最优解，但也是较理想的一个设计方案。

n 维设计变量的一般表达式为

$$\boldsymbol{X} = \begin{pmatrix} x_1 \\ x_2 \\ \vdots \\ x_n \end{pmatrix} = [x_1, x_2, \cdots, x_n]^{\mathrm{T}} \tag{1-2}$$

设计变量的个数 n 称为优化问题的维数。由线性代数可知，若 n 个设计变量 x_1，x_2，$\cdots$，x_n 相互独立，则由它们形成的向量 $\boldsymbol{X} = [x_1, x_2, \cdots, x_n]^{\mathrm{T}}$ 的全体集合构成一个 n 维实欧氏空间，又称为设计空间，记作 $\boldsymbol{R}^n$。于是，一组设计变量可看做设计空间的一个点，称为设计点。反之，所有设计点的集合构成一个设计空间。因此，设计点、设计向量、设计方案是一一对应的。

当 $n=2$ 时构成二维设计平面，当 $n=3$ 时构成三维设计空间，其几何表示如图 1-3 所示。当 $n>3$ 时，构成 n 维超空间，无法用图形进行表示。

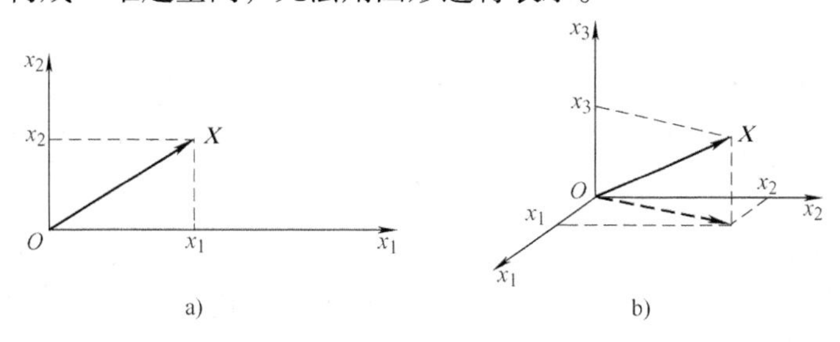

图 1-3 设计向量的几何表示
a）二维设计平面 b）三维设计空间

由图可知，设计空间（或平面）的一个设计点 $\boldsymbol{X}$ 表示一个以坐标原点为起点的、$\boldsymbol{X}$ 为终点的向量。在以后的论述中，如 $\boldsymbol{X}_2=\boldsymbol{X}_1-\boldsymbol{X}_0$，显然是向量运算。

3. 目标函数及等值线

（1）目标函数 设计中预期达到目标的数学表达式，其函数值的大小评价一个设计方案的优劣，称为目标函数，又称评价函数。用 $f(\boldsymbol{X})$ 表示，是设计变量 $\boldsymbol{x}_i(i=1, 2, \cdots, n)$ 的函数。n 维设计变量的优化问题的目标函数记为

$$f(\boldsymbol{X})=f(x_1, x_2, \cdots, x_n) \tag{1-3}$$

对于工程中各种优化问题，有时是求目标函数的极小值，有时是求目标函数的极大值，如例 1-2。为了使算法和程序统一，通常都写成追求目标函数的极小值即 $\min f(\boldsymbol{X})$ 的形式，如数学模型的式（1-1）。若为求极大值的问题，则可看成是求 $[-f(\boldsymbol{X})]$ 的极小值，显然 $\min[-f(\boldsymbol{X})]$ 与 $\max f(\boldsymbol{X})$ 是等价的。

目标函数有单目标函数和多目标函数之分。若设计指标只有一项，为单目标优化问题；若设计指标有多项，即为多目标优化问题。实际中较多的是单目标优化问题，其优化理论与方法也较成熟，因此，单目标优化问题是本书讨论的重点。对多目标优化问题也可化为单目标优化问题求解。其目标函数的表达式为

$$f(\boldsymbol{X}) = \sum_{j=1}^{q} w_j f_j(\boldsymbol{X}) \quad (w_j = w_{j1} \cdot w_{j2}) \tag{1-4}$$

式中，$f_j(\boldsymbol{X})$ $(j=1, 2, \cdots, q)$ 为分目标函数；w_j 为加权因子；$w_{j1}>0$ 为本征因子，其大小来平衡各分目标函数 $f_j(\boldsymbol{X})$ 之间的重要程度；$w_{j2}>0$ 为校正因子，其大小来调节各分目标函数 $f_j(\boldsymbol{X})$ 之间由于量纲的不同在数量级上的差别。

（2）目标函数的等值线 当目标函数为某一定值 $f(\boldsymbol{X})=C$ 时，可有无穷多个设计点的值与之对应。因此，把具有相等目标函数值的设计点所构成的平面曲线称之为等值线，当 $n=3$ 时，为等值面；若 $n>3$，则为等值超曲面。

现以二维优化问题为例，阐明目标函数等值线的几何意义。

如图 1-4 所示，二维变量的目标函数图形应在三维空间中描述。若令目标函数 $f(\boldsymbol{X})=C$，其几何意义相当于用距 x_1Ox_2 坐标平面为 C 且与其平行的平面截取曲面 $f(\boldsymbol{X})$ 所得到的一

条交线，该条交线即是等值线。令 $f(\boldsymbol{X})$ 的值分别等于 C_1，C_2，…，则对应不同的交线，再将所有的交线投影到 x_1Ox_2 坐标平面上，就得到了等值线族，如图 1-4 所示。

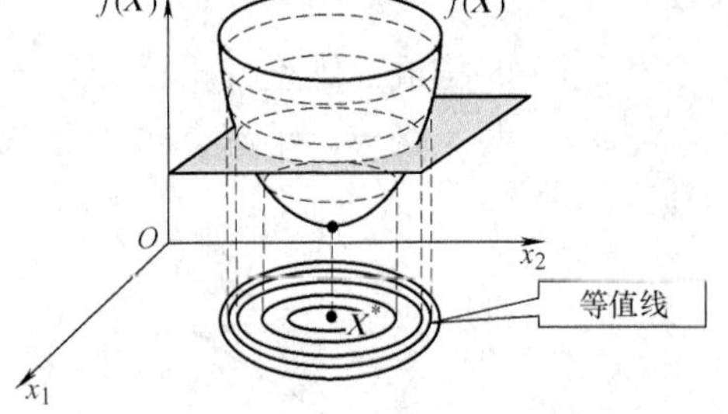

图 1-4 目标函数的等值线

等值线具有如下性质：

1）等值线清晰地表示了 $f(\boldsymbol{X})$ 值的变化情况（函数的性态）。愈内层函数值愈小，因为约定为极小化。等值线稠密的地方函数值变化快，反之，变化较慢。

2）不同值的等值线、面不相交。

3）一般在极值点 $\boldsymbol{X}^*$ 附近等值线（面）呈近似的同心椭圆（球）族（近似地看成二次函数），其中心即是极值点 $\boldsymbol{X}^*$。

故从几何意义上来说，求目标函数的极小值点也就是求等值线族的共同中心。由于二维的问题容易用几何图形表示，因此，在后面的论述中都是以二维问题为例。对于多维问题可由二维问题进行推广，读者在学习中应抓住二维问题的学习。

4. 约束条件及几何意义

（1）约束条件　对设计变量的取值所加的某些限制条件称为约束条件。一般的表达式为

$$\left.\begin{aligned}&g_u(\boldsymbol{X})\leqslant 0 \quad (u=1,2,\cdots,m)\\&h_v(\boldsymbol{X})=0 \quad (v=1,2,\cdots,p<n)\end{aligned}\right\} \tag{1-5}$$

式中，$g_u(\boldsymbol{X})$ 和 $h_v(\boldsymbol{X})$ 都是设计变量的函数；m 为不等式约束的个数；p 为等式约束的个数，而且 p 必须小于维数 n。因为一个等式约束可以消去一个设计变量，当 $p=n$ 时，即可以由 p 个方程解得唯一的一组设计变量 x_1，x_2，…，x_n，即设计方案是确定的，无需优化求解。

为了统一起见，若不等式约束为 $g_u(\boldsymbol{X})\geqslant 0$，应用 $-g_u(\boldsymbol{X})\leqslant 0$ 的等价形式代替。

按照设计约束的性质不同，约束又可分为性能约束和边界约束两类。性能约束是设计变量必须满足的某些设计性能的要求，如：强度、刚度等，又称隐式约束。边界约束是对设计变量的取值范围所加的限制，即设计变量的上、下界，其表达形式为 $a_i\leqslant x_i\leqslant b_i$，故又称为显式约束。

（2）约束条件的几何意义　$g(\boldsymbol{X})=0$ 把设计空间分为两个区域，如图 1-5 所示。一个区域内所有点都满足约束条件，即 $g_u(\boldsymbol{X})<0$ 部分；另一个区域不满足约束条件，即 $g(\boldsymbol{X})>0$ 部分，用阴影线表示。分界线 $g(\boldsymbol{X})=0$ 称为约束线（多维时为约束面、约束超曲面）。在阴影线一侧的区域中的任一点 $\boldsymbol{X}$ 均使 $g_u(\boldsymbol{X})>0$，即不满足约束条件，故该区域称为非可行域，域中的任一点称为非可行点（也称为外点）。显然，阴影线区域的另一侧为可行域，域中的点为可行点（也称为内点）。故可行域也看做满足所有约束条件设计点的集合。

例如，某个二维设计问题有 4 个不等式约束，$g_u(\boldsymbol{X})\leqslant 0$（$u=1,2,3,4$），4 条约束线把设计平面围成的约束可行域 $\mathscr{D}$ 如图 1-6 所示。若再增加一个等式约束 $h_1(\boldsymbol{X})=0$，则可行域缩小为曲线段 AB；若再增加一个等式约束 $h_2(\boldsymbol{X})=0$，则可行域缩小为两条等式约束线的交点。显然，二维优化问题等式约束的个数最多为一个，n 维优化问题等式约束的个数应小于其维数 n。

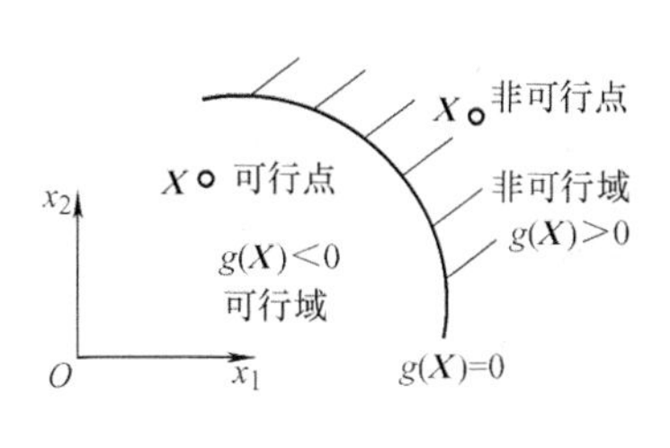

图 1-5　约束线

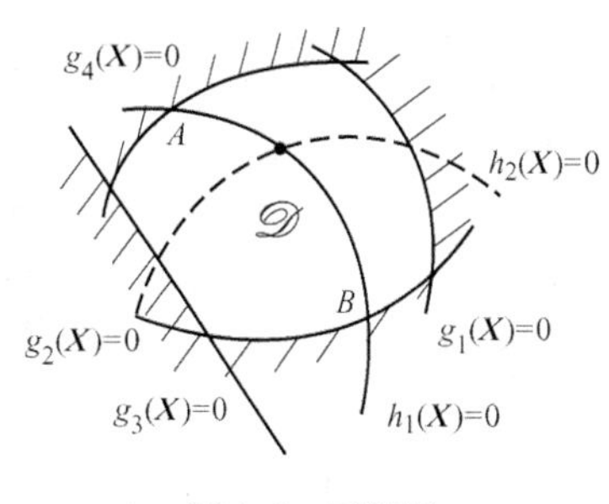

图 1-6　可行域

第三节　优化设计问题的几何描述

对于简单的二维优化问题，可在设计平面内直观地画出可行域、目标函数的等值线族，并且可以根据等值线与可行域的相互关系确定出最优点的位置。这种求解优化问题的方法称为图解法。图解法直观、概念清晰、便于理解，只适用于简单的二维问题的求解。虽然图解法没有什么实用价值，但由直观的二维图解建立优化求解的基本概念，对掌握最优解的存在规律有很大帮助，为后面多维问题的学习打下基础。

下面举两个简单的例子说明图解过程。

例 1-6　第一节中的例 1-2，其线性规划的数学模型改写为

$$\max f(x_1, x_2) = 60x_1 + 120x_2$$

$$\text{s. t.}\begin{cases} g_1(x_1, x_2) = 9x_1 + 4x_2 \leqslant 360 \\ g_2(x_1, x_2) = 3x_1 + 10x_2 \leqslant 300 \\ g_3(x_1, x_2) = 4x_1 + 5x_2 \leqslant 200 \\ g_4(x_1, x_2) = -x_1 \leqslant 0 \\ g_5(x_1, x_2) = -x_2 \leqslant 0 \end{cases}$$

解　如图 1-7 所示，先画出设计平面 x_1Ox_2，再令 5 个不等式约束函数等于零，画出 5 条约束直线，该 5 条约束线围成了可行域 $\mathscr{D}$。至于约束线划分的两个区域哪边是可行域，可以这样判断：任选一个点，为方便起见，选坐标原点，将 $x_1=0$、$x_2=0$ 代入约束方程，如果能满足约束条件，则该点所在的区域即是可行域，否则为非可行域。得出可行域后，再令目标函数等于一系列的常数画出等值线族（图中虚线所示），由于该问题是求最大值，故在这些平行直线族中，可找到离坐标原点最远，又与可行域多边形相交的等值线，该交点是可行域的一个顶点，即最优点 $\boldsymbol{X}^*$。其最优解为

$$\boldsymbol{X}^* = \begin{pmatrix} x_1^* \\ x_2^* \end{pmatrix} = \begin{pmatrix} 20 \\ 24 \end{pmatrix}$$

故得最优值为

$$f(\boldsymbol{X}^*) = 60 \times 20 + 120 \times 24 = 4080$$

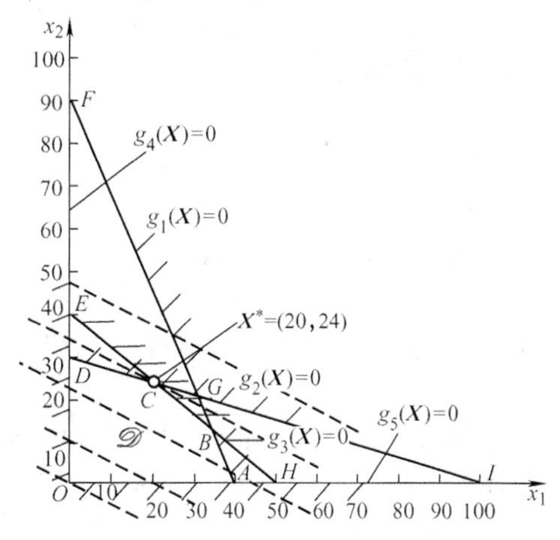

图 1-7　例 1-6 图解

例 1-7 用图解法求解非线性规划问题

$$\min f(\boldsymbol{X})=x_1^2+x_2^2-4x_1+4$$

$$\text{s. t.}\begin{cases}g_1(\boldsymbol{X})=x_2-x_1-2\leqslant 0\\ g_2(\boldsymbol{X})=x_1^2-x_2+1\leqslant 0\\ g_3(\boldsymbol{X})=-x_1\leqslant 0\end{cases}$$

的最优解。

解 这是一个非线性规划问题。其约束线是两条直线和一条二次曲线，等值线是圆心在(2，0）的同心圆族，如图 1-8 所示。由图可看出，最优点 $\boldsymbol{X}^*$ 是目标函数的等值线在下降方向上与可行域的一个切点，其最优解为

$$\boldsymbol{X}^*=\begin{pmatrix}x_1^*\\ x_2^*\end{pmatrix}=\begin{pmatrix}0.58\\ 1.34\end{pmatrix}$$

故得最优值为

$$f(\boldsymbol{X}^*)=0.58^2+1.34^2-4\times 0.58+4=3.812$$

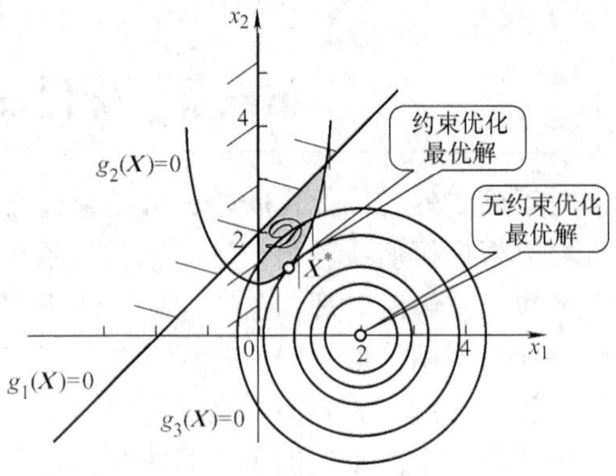

图 1-8 例 1-7 图解

一般来说，线性优化问题的最优点必定是两个或两个以上约束边界的交点，称为可行域的顶点。或者说，线性规划问题的最优点一定在可行域的顶点上取得。而非线性规划问题的最优点要么是一个内点（该情况在约束优化问题中很少出现)，要么是一个边界点，而此边界点必定是目标函数的一条等值线与可行边界的一个切点。

本章学习要点

1）掌握数学模型的一般形式。了解什么是线性规划、非线性规划、无约束优化及约束优化。重点掌握目标函数的等值线及其性质；设计变量的几何表示，设计点 $\boldsymbol{X}$ 表示一个以坐标原点为起点、$\boldsymbol{X}$ 为终点的向量；约束可行域和可行点的概念。

2）优化设计问题的几何描述概念清晰，对掌握最优解的存在规律有很大帮助，为后面的多维问题的学习打下基础。

习 题

1-1 单项选择题

(1）优化设计的自由度是指____。

A. 设计空间的维数 B. 可选优化方法数 C. 分目标函数数 D. 所提供约束条件数

(2）优化设计的数学模型设计变量维数为 n，等式约束的个数 p 应满足____。

A. $p<n$ B. $p=n$ C. $p>n$ D. $p\leqslant n$

1-2 用宽度为 4cm、长度为 100cm 的薄铁板做成 100cm 长的等腰梯形槽，试确定其边长和角度，从而使槽的容积最大，并写出优化设计的数学模型。

1-3 有宽度为 0.5m、长度为 50m 的钢带一条，欲做成高为 0.5m，直径分别为 0.22m、0.35m 和 0.5m 的三种圆形筒料。要求每种筒料不少于 10 件，三种总数不少于 30 件，问如何下料，才能最节省材料？试

写出优化设计的数学模型。

1-4　用图解法求解：

（1）

$$\min f(\boldsymbol{X}) = x_1^2 + x_2^2 - 12x_1 - 4x_2 + 40$$

$$\text{s. t.} \begin{cases} x_1^2 + x_2^2 - 9 \leqslant 0 \\ x_1 - x_2 + 2 \leqslant 0 \\ x_1 \geqslant 0 \\ x_2 \geqslant 0 \end{cases}$$

（2）

$$\min f(\boldsymbol{X}) = -x_1 - x_2$$

$$\text{s. t.} \begin{cases} x_1^2 - x_2 \leqslant 0 \\ -x_1 + x_2 - 1 \leqslant 0 \\ x_1 \geqslant 0 \end{cases}$$

第二章　优化设计方法的极值理论与数学基础

📖 **提示**：本章讨论优化设计方法的极值理论和有关的数学问题，是后面各章学习的理论基础。重点内容是：函数的梯度、多元函数的泰勒（Taylor）展开、海赛（Hessian）矩阵、无约束优化问题的极值条件、约束优化问题的极值条件和优化设计的基本迭代方法。本章的难点是约束优化问题的极值条件——（库恩-塔克 Kuhn-Tucker）条件。

优化设计数学模型的求解，实际上就是数学中的求极值问题。对于无约束优化问题，是求多元函数的无条件极值，约束优化问题是求多元函数的条件极值。尽管高等数学中的极值理论仍然是求解这种问题的基础，但由于机械、电气工程设计中建立的数学模型一般都较复杂，变量个数和各种约束条件都较多，难以用数学求极值的方法直接求最优解。因此，有必要对多变量约束优化问题的求解方法所涉及的数学概念、数值迭代的有关理论进行补充和扩展。

第一节　函数的梯度

一、偏导数

导数作为描述函数变化率的数学量在最优化理论中具有重要的意义。对于一元函数$f(x)$在点x_k的一阶导数$f'(x_k)$表示函数在该点的变化率。对于多元函数的偏导数是表示函数沿某个坐标轴方向的变化率。函数$f(x_1, x_2, \cdots, x_n)$在任一点$\boldsymbol{X}$沿$x_i(i=1, 2, \cdots, n)$坐标轴方向的变化率即是对x_i的偏导数，其表达形式为

$$\frac{\partial f(\boldsymbol{X})}{\partial x_i}=\lim_{\Delta x_i \to 0}\frac{f(x_1, x_2, \cdots, x_i+\Delta x_i, \cdots, x_n)-f(x_1, x_2, \cdots, x_i, \cdots, x_n)}{\Delta x_i} \quad (i=1, 2, \cdots n) \tag{2-1}$$

以二维为例，其几何意义如图 2-1 所示。它表示曲面$f(x_1, x_2)$被平面$x_2=x_2^{(0)}$所截成的曲线$f(x_1, x_2^{(0)})$在M点的切线对x_1轴的斜率，即

$$\tan\varphi_1=\frac{\partial f(x_1, x_2)}{\partial x_1}$$

同理，曲面$f(x_1, x_2)$被平面$x_1=x_1^{(0)}$所截成的曲线$f(x_1^{(0)}, x_2)$在M点的切线对x_2轴的斜率，即

$$\tan\varphi_2=\frac{\partial f(x_1, x_2)}{\partial x_2}$$

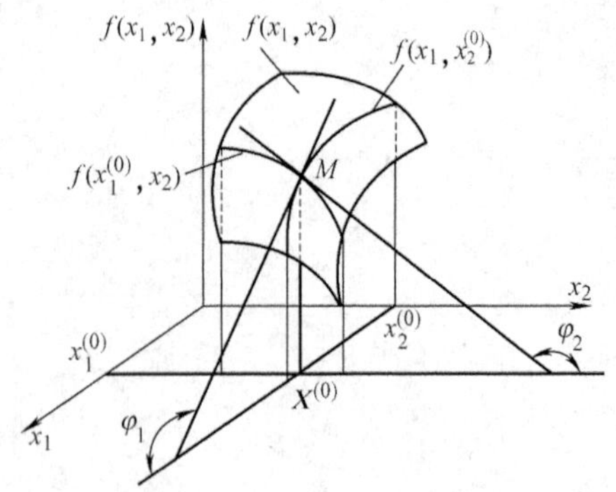

图 2-1　二维偏导数的几何意义

二、方向导数

方向导数是函数沿某个给定方向S的变化率。

现以二维为例，对于函数$f(x_1, x_2)$，在x_1Ox_2设计平面内，从任一点$\boldsymbol{X}$引一方向$\boldsymbol{S}$，与x_1和x_2轴的夹角分别为α_1，α_2，如图2-2所示。在方向$\boldsymbol{S}$上取一点$\boldsymbol{X}^{(1)}$，其坐标为$[x_1+\Delta x_1,\ x_2+\Delta x_2]^{\mathrm{T}}$。点$\boldsymbol{X}$和$\boldsymbol{X}^{(1)}$之间的距离$\|\Delta \boldsymbol{S}\| = \sqrt{(\Delta x_1)^2+(\Delta x_2)^2}$。由此可得，函数$f(x_1, x_2)$在点$\boldsymbol{X}$处沿方向$\boldsymbol{S}$的平均变化率为

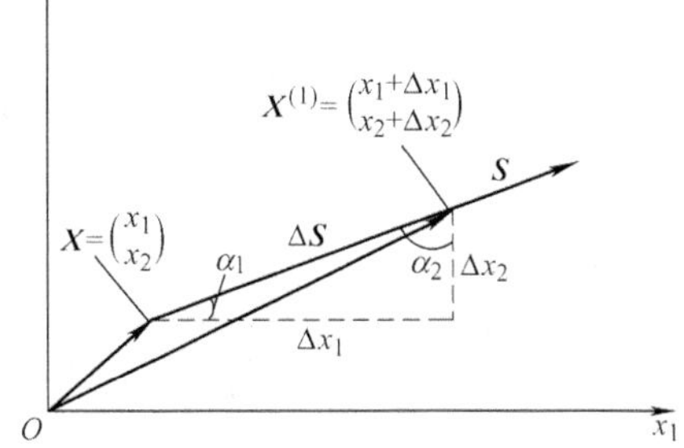

图2-2　二维方向导数的几何意义

$$\frac{\Delta f(\boldsymbol{X})}{\|\Delta \boldsymbol{S}\|} = \frac{f(x_1+\Delta x_1,\ x_2+\Delta x_2)-f(x_1,\ x_2)}{\|\Delta \boldsymbol{S}\|}$$

当$\|\Delta \boldsymbol{S}\| \to 0$时，如果上式极限存在，则称此极限为函数$f(x_1, x_2)$在任一点$\boldsymbol{X}$沿方向$\boldsymbol{S}$的方向导数，记作

$$\frac{\partial f(\boldsymbol{X})}{\partial \boldsymbol{S}} = \lim_{\|\Delta S\|\to 0}\frac{\Delta f(\boldsymbol{X})}{\|\Delta \boldsymbol{S}\|} = \lim_{\|\Delta S\|\to 0}\frac{f(x_1+\Delta x_1,\ x_2+\Delta x_2)-f(x_1,\ x_2)}{\|\Delta \boldsymbol{S}\|} \tag{2-2}$$

若将式(2-2)改写为以下形式：

$$\lim_{\|\Delta S\|\to 0}\frac{\Delta f(\boldsymbol{X})}{\|\Delta \boldsymbol{S}\|} = \lim_{\|\Delta S\|\to 0}\left[\frac{f(x_1+\Delta x_1,\ x_2+\Delta x_2)-f(x_1,\ x_2+\Delta x_2)}{\Delta x_1}\cdot\frac{\Delta x_1}{\|\Delta \boldsymbol{S}\|}+\frac{f(x_1,\ x_2+\Delta x_2)-f(x_1,\ x_2)}{\Delta x_2}\cdot\frac{\Delta x_2}{\|\Delta \boldsymbol{S}\|}\right]$$

由偏导数概念和图2-2，上式又可写为

$$\frac{\partial f(\boldsymbol{X})}{\partial \boldsymbol{S}} = \frac{\partial f(\boldsymbol{X})}{\partial x_1}\cos\alpha_1 + \frac{\partial f(\boldsymbol{X})}{\partial x_2}\cos\alpha_2 \tag{2-3}$$

这就是二维函数方向导数的计算公式。式中，$\cos\alpha_1 = \dfrac{\Delta x_1}{\|\Delta \boldsymbol{S}\|}$，$\cos\alpha_2 = \dfrac{\Delta x_2}{\|\Delta \boldsymbol{S}\|}$称为方向$\boldsymbol{S}$的方向余弦，且$\cos^2\alpha_1+\cos^2\alpha_2=1$。由式(2-3)可得

当$\alpha_1=0$，$\alpha_2=90°$时

$$\frac{\partial f(\boldsymbol{X})}{\partial \boldsymbol{S}} = \frac{\partial f(\boldsymbol{X})}{\partial x_1}$$

当$\alpha_2=0$，$\alpha_1=90°$时

$$\frac{\partial f(\boldsymbol{X})}{\partial \boldsymbol{S}} = \frac{\partial f(\boldsymbol{X})}{\partial x_2}$$

由此可看出，偏导数是方向导数的特例，方向导数是偏导数的推广。

推广到n维情形，可得多元函数的方向导数为

$$\frac{\partial f(\boldsymbol{X})}{\partial \boldsymbol{S}} = \sum_{i=1}^{n}\frac{\partial f(\boldsymbol{X})}{\partial x_i}\cos\alpha_i \tag{2-4}$$

且

$$\sum_{i=1}^{n}\cos^2\alpha_i = 1 \qquad (i=1,\ 2,\ \cdots,\ n)$$

式中，$\cos\alpha_i$为方向$\boldsymbol{S}$与坐标轴x_i方向之间夹角的余弦，简称方向余弦。

例 2-1 求函数$f(\boldsymbol{X})=\frac{\pi}{4}x_1^2x_2$分别沿以下两个方向：

$$\boldsymbol{S}_1=\begin{cases}\alpha_1=\frac{\pi}{4}\\ \alpha_2=\frac{\pi}{4}\end{cases},\ \boldsymbol{S}_2=\begin{cases}\alpha_1=\frac{\pi}{3}\\ \alpha_2=\frac{\pi}{6}\end{cases}$$

在点$\boldsymbol{X}^{(0)}=\begin{pmatrix}1\\1\end{pmatrix}$处的方向导数，如图 2-3 所示。

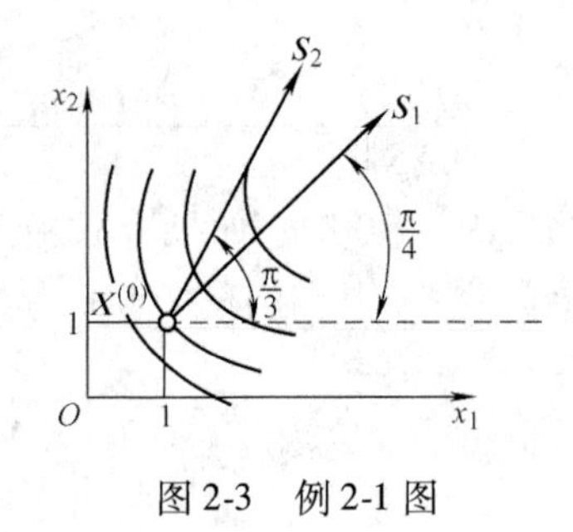

图 2-3 例 2-1 图

解 因为

$$\frac{\partial f(\boldsymbol{X})}{\partial x_1}=\frac{\pi}{2}x_1x_2\Big|_{\boldsymbol{X}=\boldsymbol{X}^{(0)}}=\frac{\pi}{2}$$

$$\frac{\partial f(\boldsymbol{X})}{\partial x_2}=\frac{\pi}{4}x_1^2\Big|_{\boldsymbol{X}=\boldsymbol{X}^{(0)}}=\frac{\pi}{4}$$

所以

$$\frac{\partial f(\boldsymbol{X}^{(0)})}{\partial \boldsymbol{S}_1}=\frac{\pi}{2}\cos\frac{\pi}{4}+\frac{\pi}{4}\cos\frac{\pi}{4}=1.6658$$

$$\frac{\partial f(\boldsymbol{X}^{(0)})}{\partial \boldsymbol{S}_2}=\frac{\pi}{2}\cos\frac{\pi}{3}+\frac{\pi}{4}\cos\frac{\pi}{6}=1.4656$$

计算结果表明，在同一点处，沿不同方向的方向导数数值是不相等的，也就是说，函数在该点沿不同方向有不同的变化率。

沿什么方向函数变化率最大呢？这是在优化设计迭代计算中最关心的问题。

三、函数的梯度

仍以二维函数为例进行讨论。将式(2-3)改写为

$$\frac{\partial f(\boldsymbol{X})}{\partial \boldsymbol{S}}=\frac{\partial f(\boldsymbol{X})}{\partial x_1}\cos\alpha_1+\frac{\partial f(\boldsymbol{X})}{\partial x_2}\cos\alpha_2=\left[\frac{\partial f(\boldsymbol{X})}{\partial x_1},\ \frac{\partial f(\boldsymbol{X})}{\partial x_2}\right]\begin{bmatrix}\cos\alpha_1\\ \cos\alpha_2\end{bmatrix} \tag{2-5}$$

式中，$\begin{bmatrix}\cos\alpha_1\\ \cos\alpha_2\end{bmatrix}=\boldsymbol{S}$，因为$\|\boldsymbol{S}\|=1$，故为单位矢量（矢量也称为向量，书中根据行业习惯有时称为向量）。而$\left[\frac{\partial f(\boldsymbol{X})}{\partial x_1},\ \frac{\partial f(\boldsymbol{X})}{\partial x_2}\right]^{\mathrm{T}}=\begin{pmatrix}\frac{\partial f(\boldsymbol{X})}{\partial x_1}\\ \frac{\partial f(\boldsymbol{X})}{\partial x_2}\end{pmatrix}$也是一个矢量，用符号$\nabla f(\boldsymbol{X})$表示，它与$\boldsymbol{S}$方向无关，完全取决于函数自身的性质。

由此，可将式(2-5)进一步改写为

$$\frac{\partial f(\boldsymbol{X})}{\partial \boldsymbol{S}}=[\nabla f(\boldsymbol{X})]^{\mathrm{T}}.\ \boldsymbol{S}=\|\nabla f(\boldsymbol{X})\|\cdot\|\boldsymbol{S}\|\cos\theta$$

式中，$\|\nabla f(\boldsymbol{X})\|$，$\|\boldsymbol{S}\|$分别为矢量$\nabla f(\boldsymbol{X})$，$\boldsymbol{S}$的模；$\theta$为这两个矢量间的夹角。

由于$-1\leqslant\cos\theta\leqslant1$，所以当$\boldsymbol{S}$取$\nabla f(\boldsymbol{X})$方向时（即$\cos\theta=1$），其$\frac{\partial f(\boldsymbol{X})}{\partial \boldsymbol{S}}$值为最大。

定义：把取得方向导数最大值的矢量$\nabla f(\boldsymbol{X})$称为函数$f(\boldsymbol{X})$在$\boldsymbol{X}$点的梯度(**grad** f)。

由此可知，梯度方向是指函数值增长率最快的方向。又因$\|\boldsymbol{S}\|=1$，故二维函数变化率的最大值为

$$\|\nabla f(\boldsymbol{X})\|=\sqrt{\left(\frac{\partial f(\boldsymbol{X})}{\partial x_1}\right)^2+\left(\frac{\partial f(\boldsymbol{X})}{\partial x_2}\right)^2}$$

推广到n维函数，梯度、梯度的模分别为

$$\nabla f(\boldsymbol{X})=\begin{pmatrix}\dfrac{\partial f(\boldsymbol{X})}{\partial x_1}\\ \vdots\\ \dfrac{\partial f(\boldsymbol{X})}{\partial x_n}\end{pmatrix},\ \|\nabla f(\boldsymbol{X})\|=\left[\sum_{i=1}^{n}\left(\frac{\partial f(\boldsymbol{X})}{\partial x_i}\right)^2\right]^{\frac{1}{2}} \tag{2-6}$$

梯度具有如下几个重要性质：

1）梯度$\nabla f(\boldsymbol{X})$是以$\dfrac{\partial f(\boldsymbol{X})}{\partial x_i}$（$i=1,2,\cdots,n$）为分量的一个矢量。$\nabla f(\boldsymbol{X})$是函数$f(\boldsymbol{X})$在点$\boldsymbol{X}$处的最速上升方向，$-\nabla f(\boldsymbol{X})$是最速下降方向。

2）$\|\nabla f(\boldsymbol{X})\|$的值因点而异。所以$\nabla f(\boldsymbol{X})$只能反映函数在$\boldsymbol{X}$点附近的性态——局部性态。

3）梯度$\nabla f(\boldsymbol{X})$与过点$\boldsymbol{X}$的等值线正交。

如图2-4所示，因为$f(\boldsymbol{X})$沿切线方向$\boldsymbol{S}$的变化率为0，所以，$\|\nabla f(\boldsymbol{X})\|\cdot\|\boldsymbol{S}\|\cos\theta=0$，从而可得$\theta=90°$，即$\nabla f(\boldsymbol{X})$是过点$\boldsymbol{X}$等值线的法线。

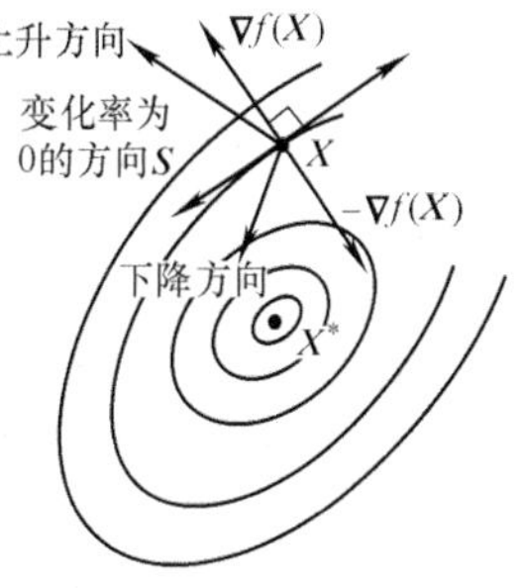

图2-4　梯度的性质

利用梯度可判断所给定的方向$\boldsymbol{S}$是上升方向还是下降方向。若$\nabla f^{\mathrm{T}}(X)\cdot\boldsymbol{S}<0$，则$\boldsymbol{S}$是下降方向；若$\nabla f^{\mathrm{T}}(X)\cdot\boldsymbol{S}>0$，则$\boldsymbol{S}$为上升方向，如图2-4所示。

梯度在优化设计中具有重要的作用。

例2-2　求函数$f(\boldsymbol{X})=(x_1-2)^2+(x_2-1)^2$在点$\boldsymbol{X}^{(1)}=[3,2]^{\mathrm{T}}$和$\boldsymbol{X}^{(2)}=[2,2]^{\mathrm{T}}$处的梯度和梯度的模，并作图表示。

解　根据定义，梯度和梯度的模分别为

$$\nabla f(\boldsymbol{X})=\begin{pmatrix}\dfrac{\partial f(\boldsymbol{X})}{\partial x_1}\\ \dfrac{\partial f(\boldsymbol{X})}{\partial x_2}\end{pmatrix}=\begin{pmatrix}2x_1-4\\ 2x_2-2\end{pmatrix}$$

$$\nabla f(\boldsymbol{X}^{(1)})=\begin{pmatrix}2x_1-4\\ 2x_2-2\end{pmatrix}_{\begin{bmatrix}3\\2\end{bmatrix}}=\begin{pmatrix}2\\2\end{pmatrix},\ \|\nabla f(\boldsymbol{X}^{(1)})\|=\sqrt{2^2+2^2}=2\sqrt{2}$$

$$\nabla f(\boldsymbol{X}^{(2)})=\begin{pmatrix}2x_1-4\\ 2x_2-2\end{pmatrix}_{\begin{bmatrix}2\\2\end{bmatrix}}=\begin{pmatrix}0\\2\end{pmatrix},\ \|\nabla f(\boldsymbol{X}^{(2)})\|=\sqrt{0^2+2^2}=2$$

在设计平面 x_1Ox_2 内画出点 $\boldsymbol{X}^{(1)}$ 和点 $\boldsymbol{X}^{(2)}$ 处的梯度 $\nabla f(\boldsymbol{X}^{(1)})=[2,\ 2]^{\mathrm{T}}$ 和 $\nabla f(\boldsymbol{X}^{(2)})=[0,\ 2]^{\mathrm{T}}$，如图 2-5 所示。由图可看出，目标函数的等值线是以点(2, 1)为中心的同心圆族，两梯度方向是相应的等值线的法线方向，也就是同心圆族的半径方向。

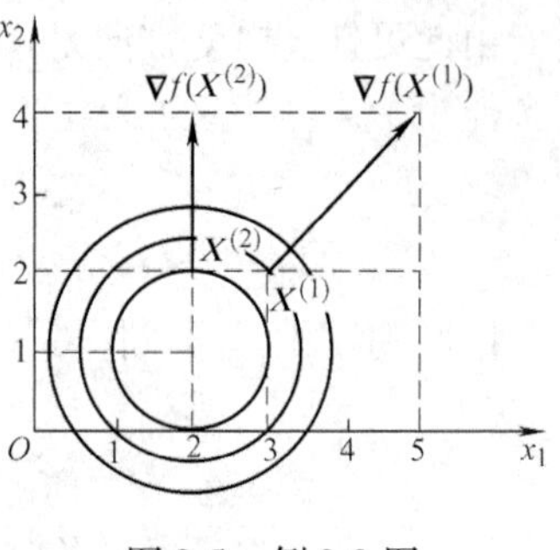

图 2-5 例 2-2 图

例 2-3 求函数

$$f(\boldsymbol{X})=3x_1^2-2x_1x_2+3x_2^2-2x_2x_3+3x_3^2-2x_1x_3$$

在点 $\boldsymbol{X}^{(1)}=[1,\ 2,\ 3]^{\mathrm{T}}$ 和点 $\boldsymbol{X}^{(2)}=[0,\ 0,\ 0]^{\mathrm{T}}$ 的梯度及梯度的模。

解 因为

$$\nabla f(\boldsymbol{X})=\begin{pmatrix}\dfrac{\partial f(\boldsymbol{X})}{\partial x_1}\\ \dfrac{\partial f(\boldsymbol{X})}{\partial x_2}\\ \dfrac{\partial f(\boldsymbol{X})}{\partial x_3}\end{pmatrix}=\begin{pmatrix}6x_1-2x_2-2x_3\\ -2x_1+6x_2-2x_3\\ -2x_1-2x_2+6x_3\end{pmatrix}$$

再将点 $\boldsymbol{X}^{(1)}=[1,\ 2,\ 3]^{\mathrm{T}}$，$\boldsymbol{X}^{(2)}=[0,\ 0,\ 0]^{\mathrm{T}}$ 坐标值代入，可分别求得两点处的梯度和梯度的模分别为

$$\nabla f(\boldsymbol{X}^{(1)})=[-4,\ 4,\ 12]^{\mathrm{T}},\ \|\nabla f[\boldsymbol{X}^{(1)}]\|=\sqrt{(-4)^2+4^2+12^2}=13.2665$$

$$\nabla f(\boldsymbol{X}^{(2)})=[0,\ 0,\ 0]^{\mathrm{T}},\ \|\nabla f(\boldsymbol{X}^{(2)})\|=0$$

第二节 多元函数的泰勒(Taylor)展开

在实际工程优化设计中，目标函数（或约束函数）一般是很复杂的非线性多元函数，往往需要用较简单函数对复杂函数作局部近似。由前述等值线的性质可知：“在极值点附近，等值线（面）呈近似的同心椭圆（球）族（近似地看成二次函数）”。因此，把原函数作泰勒（Taylor）展开，取到二次项来近似地代替原函数，从而使问题简化。所以，多元函数的泰勒展开式在优化设计方法理论研究中十分重要。

由高等数学可知，一元函数 $f(x)$ 在点 $x^{(k)}$ 若存在 1 到 n 阶导数，则在点 $x^{(k)}$ 处的泰勒展开式为

$$f(x)=f(x^{(k)})+f'(x^{(k)})(x-x^{(k)})+\frac{1}{2!}f''(x^{(k)})(x-x^{(k)})^2+\frac{1}{3!}f'''(x^{(k)})(x-x^{(k)})^3+\cdots+\frac{1}{n!}f^{(n)}(x^{(k)})(x-x^{(k)})^n+R^n \tag{2-7}$$

式中，R^n 为余项。

若忽略二阶以上的高阶微量，只取到二次项，则函数近似表达为

$$f(x)\approx f(x^{(k)})+f'(x^{(k)})(x-x^{(k)})+\frac{1}{2!}f''(x^{(k)})(x-x^{(k)})^2$$

类似一元函数，当多元函数在满足一定条件下，也可用二次多项式作它的近似。将多元

函数 $f(\boldsymbol{X})$ 在点 $\boldsymbol{X}^{(k)}$ 泰勒展开，只取到二次项，即

$$f(\boldsymbol{X}) \approx f(\boldsymbol{X}^{(k)}) + [\nabla f(\boldsymbol{X}^{(k)})]^{\mathrm{T}}(\boldsymbol{X}-\boldsymbol{X}^{(k)}) + \frac{1}{2}[\boldsymbol{X}-\boldsymbol{X}^{(k)}]^{\mathrm{T}}\nabla^2 f(\boldsymbol{X}^{(k)})[\boldsymbol{X}-\boldsymbol{X}^{(k)}] \tag{2-8}$$

式中，$\nabla^2 f(\boldsymbol{X}^{(k)})$ 是由函数在点 $\boldsymbol{X}^{(k)}$ 的所有二阶偏导数组成的矩阵，称为函数 $f(\boldsymbol{X})$ 在点 $\boldsymbol{X}^{(k)}$ 的二阶导数矩阵或海赛(Hessian)矩阵，简记作 $\boldsymbol{H}(\boldsymbol{X}^{(k)})$。在任一点 $\boldsymbol{X}$ 的 $\boldsymbol{H}(\boldsymbol{X})$ 表达形式为

$$\boldsymbol{H}(\boldsymbol{X}) = \nabla^2 f(\boldsymbol{X}) = \begin{pmatrix} \frac{\partial^2 f(\boldsymbol{X})}{\partial x_1^2} & \frac{\partial^2 f(\boldsymbol{X})}{\partial x_1 \partial x_2} & \cdots & \frac{\partial^2 f(\boldsymbol{X})}{\partial x_1 \partial x_n} \\ \frac{\partial^2 f(\boldsymbol{X})}{\partial x_2 \partial x_1} & \frac{\partial^2 f(\boldsymbol{X})}{\partial x_2^2} & \cdots & \frac{\partial^2 f(\boldsymbol{X})}{\partial x_2 \partial x_n} \\ \vdots & \vdots & & \vdots \\ \frac{\partial^2 f(\boldsymbol{X})}{\partial x_n \partial x_1} & \frac{\partial^2 f(\boldsymbol{X})}{\partial x_n \partial x_2} & \cdots & \frac{\partial^2 f(\boldsymbol{X})}{\partial x_n^2} \end{pmatrix} \tag{2-9}$$

由于 $\partial^2 f(\boldsymbol{X})/\partial x_i \partial x_j = \partial^2 f(\boldsymbol{X})/\partial x_j \partial x_i$，且 n 元函数的二阶偏导数有 $n \times n$ 个，所以 $\boldsymbol{H}(\boldsymbol{X})$ 矩阵是 $n \times n$ 阶对称矩阵。

例 2-4　用泰勒展开的方法将函数 $f(\boldsymbol{X}) = x_1^3 - x_2^3 + 3x_1^2 + 3x_2^2 - 9x_1$ 在点 $\boldsymbol{X}^{(0)} = [1,\ 1]^{\mathrm{T}}$ 简化成线性函数和二次函数。

解　分别求函数在点 $\boldsymbol{X}^{(0)} = [1,\ 1]^{\mathrm{T}}$ 的函数值、梯度和 $\boldsymbol{H}(\boldsymbol{X}^{(0)})$ 矩阵。

$$f(\boldsymbol{X}^{(0)}) = -3$$

$$\nabla f(\boldsymbol{X}^{(0)}) = \begin{pmatrix} \frac{\partial f(\boldsymbol{X})}{\partial x_1} \\ \frac{\partial f(\boldsymbol{X})}{\partial x_2} \end{pmatrix} = \begin{pmatrix} 3x_1^2 + 6x_1 - 9 \\ -3x_2^2 + 6x_2 \end{pmatrix}_{\begin{bmatrix} 1 \\ 1 \end{bmatrix}} = \begin{pmatrix} 0 \\ 3 \end{pmatrix}$$

$$\boldsymbol{H}(\boldsymbol{X}^{(0)}) = \begin{pmatrix} \frac{\partial^2 f(\boldsymbol{X})}{\partial x_1^2} & \frac{\partial^2 f(\boldsymbol{X})}{\partial x_1 \partial x_2} \\ \frac{\partial^2 f(\boldsymbol{X})}{\partial x_2 \partial x_1} & \frac{\partial^2 f(\boldsymbol{X})}{\partial x_2^2} \end{pmatrix} = \begin{pmatrix} 6x_1 + 6 & 0 \\ 0 & -6x_2 + 6 \end{pmatrix}_{\begin{bmatrix} 1 \\ 1 \end{bmatrix}} = \begin{pmatrix} 12 & 0 \\ 0 & 0 \end{pmatrix}$$

简化成线性函数，即只取到泰勒展开式的一次项：

$$f(\boldsymbol{X}) \approx f(\boldsymbol{X}^{(0)}) + [\nabla f(\boldsymbol{X}^{(0)})]^{\mathrm{T}}[\boldsymbol{X}-\boldsymbol{X}^{(0)}] = -3 + [0,\ 3]\begin{pmatrix} x_1 - 1 \\ x_2 - 1 \end{pmatrix} = -3 + 3(x_2 - 1) = 3x_2 - 6$$

简化成二次函数，即只取到泰勒展开式的二次项：

$$f(\boldsymbol{X}) \approx f(\boldsymbol{X}^{(0)}) + [\nabla f(\boldsymbol{X}^{(0)})]^{\mathrm{T}}(\boldsymbol{X}-\boldsymbol{X}^{(0)}) + \frac{1}{2}[\boldsymbol{X}-\boldsymbol{X}^{(0)}]^{\mathrm{T}}\boldsymbol{H}(\boldsymbol{X}^{(0)})[\boldsymbol{X}-\boldsymbol{X}^{(0)}]$$

$$= -3 + [0,\ 3]\begin{pmatrix} x_1 - 1 \\ x_2 - 1 \end{pmatrix} + \frac{1}{2}[x_1 - 1,\ x_2 - 1]\begin{pmatrix} 12 & 0 \\ 0 & 0 \end{pmatrix}\begin{pmatrix} x_1 - 1 \\ x_2 - 1 \end{pmatrix} = 6x_1^2 - 12x_1 + 3x_2$$

将 $\boldsymbol{X}^{(0)} = [1,\ 1]^{\mathrm{T}}$ 代入到简化所得的线性函数和二次函数中，其函数值都等于 -3，与原函数在点 $\boldsymbol{X}^{(0)} = [1,\ 1]^{\mathrm{T}}$ 的函数值是相等的，说明简化计算正确。

第三节　二次函数

一、二次函数的标准形式

在论述各种优化方法时，常常先将二次函数作为研究对象。其原因除了二次函数是最简单的非线性函数外，还因为由第二节讨论可知，任何一个复杂的多元函数都可采用泰勒二次展开式作局部逼近，使复杂函数简化为二次函数。因此，二次函数在最优化理论中具有重要的意义。二次函数的标准形式为

$$f(\boldsymbol{X})=\frac{1}{2}\boldsymbol{X}^T\boldsymbol{H}\boldsymbol{X}+\boldsymbol{B}^{\mathrm{T}}\boldsymbol{X}+C \tag{2-10}$$

式中，$\boldsymbol{H}$ 是 $n\times n$ 阶常数矩阵；$\boldsymbol{B}$ 为 n 阶常数列阵；C 为常数项。

二、正定矩阵、负定矩阵的判定

矩阵有正定矩阵和负定矩阵之分。若对于任意的非零向量 $\boldsymbol{X}=[x_1,\ x_2,\ \cdots,\ x_n]^{\mathrm{T}}$，即 x_1，x_2，…，x_n 不全为零：若有 $\boldsymbol{X}^{\mathrm{T}}\boldsymbol{H}\boldsymbol{X}>0$，则称矩阵 $\boldsymbol{H}$ 是正定矩阵；若有 $\boldsymbol{X}^{\mathrm{T}}\boldsymbol{H}\boldsymbol{X}\geqslant 0$，则称矩阵 $\boldsymbol{H}$ 是半正定矩阵；若有 $\boldsymbol{X}^{\mathrm{T}}\boldsymbol{H}\boldsymbol{X}<0$，则称矩阵 $\boldsymbol{H}$ 是负定矩阵；若有 $\boldsymbol{X}^{\mathrm{T}}\boldsymbol{H}\boldsymbol{X}\leqslant 0$，则称矩阵 $\boldsymbol{H}$ 是半负定矩阵；若有 $\boldsymbol{X}^{\mathrm{T}}\boldsymbol{H}\boldsymbol{X}=0$，则称矩阵 $\boldsymbol{H}$ 是不定矩阵。

由线性代数可知，矩阵的正定性除了可以用上面的定义判断外，还可以用矩阵的各阶主子式进行判别。所谓主子式，就是包含第一个元素在内的左上角各阶子矩阵所对应的行列式。

如果矩阵的各阶主子式均大于零，则该矩阵是正定矩阵。即

$$h_{11}>0,\quad \begin{vmatrix} h_{11} & h_{12} \\ h_{21} & h_{22} \end{vmatrix}>0,\quad \begin{vmatrix} h_{11} & h_{12} & h_{13} \\ h_{21} & h_{22} & h_{23} \\ h_{31} & h_{32} & h_{33} \end{vmatrix}>0,\quad \begin{vmatrix} h_{11} & h_{12} & h_{13} & h_{14} \\ h_{21} & h_{22} & h_{23} & h_{24} \\ h_{31} & h_{32} & h_{33} & h_{34} \\ h_{41} & h_{42} & h_{43} & h_{44} \end{vmatrix}>0,\ \cdots$$

如果矩阵的各阶主子式负正相间，则该矩阵是负定矩阵。即

$$h_{11}<0,\quad \begin{vmatrix} h_{11} & h_{12} \\ h_{21} & h_{22} \end{vmatrix}>0,\quad \begin{vmatrix} h_{11} & h_{12} & h_{13} \\ h_{21} & h_{22} & h_{23} \\ h_{31} & h_{32} & h_{33} \end{vmatrix}<0,\quad \begin{vmatrix} h_{11} & h_{12} & h_{13} & h_{14} \\ h_{21} & h_{22} & h_{23} & h_{24} \\ h_{31} & h_{32} & h_{33} & h_{34} \\ h_{41} & h_{42} & h_{43} & h_{44} \end{vmatrix}>0,\ \cdots$$

如果式（2-10）中的矩阵 $\boldsymbol{H}$ 是正定的，则该函数为正定的二次函数。在最优化理论中正定的二次函数具有特殊的作用。这是因为许多优化理论和方法都是根据正定的二次函数提出并加以证明的，而且是对所有正定的二次函数适用并有效的优化算法，经证明对一般的非线性函数也是适用和有效的。

可以证明，正定的二次函数具有以下的性质：

1）正定的二次函数的等值线（面）是一同心的椭圆（球）族，其中心就是二次函数的极小值点，如图 2-6 所示。

2）非正定的二次函数在极小值点附近的等值线（面）是近似的椭圆（球）族，如图 2-7 所示。

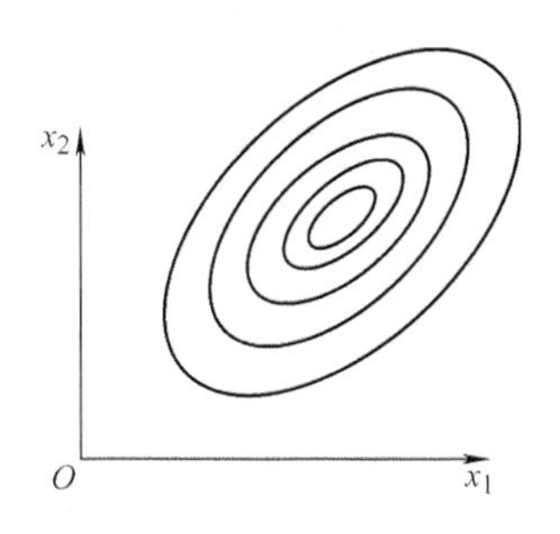

图 2-6 正定的二元二次函数的等值线

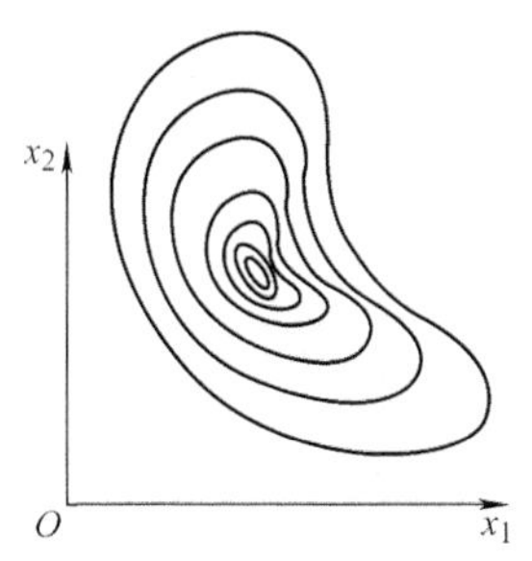

图 2-7 非正定的二元二次函数的等值线

第四节 无约束优化问题的极值条件

求解无约束优化问题的实质是求解目标函数 $f(\boldsymbol{X})$ 在 n 维空间 $\mathbf{R}^n$ 中的极值。

由高等数学可知，任何一个单值、连续并可微的一元函数，取得极值的必要条件是一阶导数等于零，即

$$f'(x^*)=0$$

仅满足此条件只表明该点是一个驻点，是极大值点、极小值点还是拐点需进一步利用二阶导数进行判断。故充分条件是：

若 $f''(x^*)>0$，则 x^* 是极小值点，如图 2-8a 所示；若 $f''(x^*)<0$，则 x^* 是极大值点，如图 2-8b 所示；若 $f''(x^*)=0$，则 x^* 是拐点，如图 2-8c 所示。

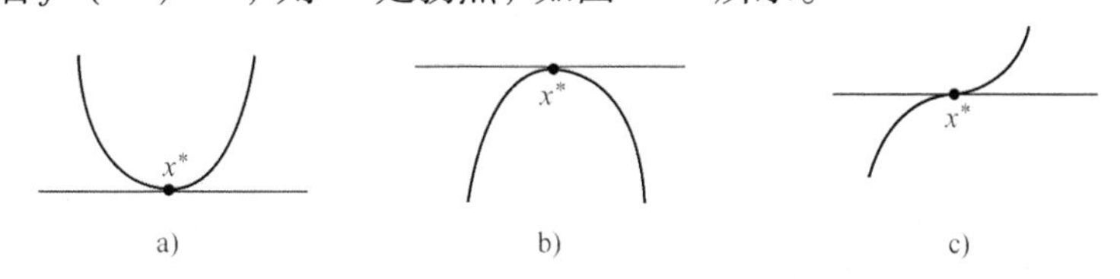

图 2-8 一元函数的驻点

a）极小值点 b）极大值点 c）拐点

同理，对多元函数 $f(\boldsymbol{X})$ 取得极值的必要条件是一阶导数等于零，即

$$\nabla f(\boldsymbol{X}^*)=\mathbf{0} \tag{2-11}$$

仅满足此条件只表明该点是一个驻点，是极大值点、极小值点还是鞍点需进一步利用二阶导数进行判断。故充分条件是：

若矩阵 $\boldsymbol{H}(\boldsymbol{X}^*)$ 正定，则 $\boldsymbol{X}^*$ 是极小值点，如图 2-9a 所示；若矩阵 $\boldsymbol{H}(\boldsymbol{X}^*)$ 负定，则 $\boldsymbol{X}^*$ 是极大值点，如图 2-9b 所示；若矩阵 $\boldsymbol{H}(\boldsymbol{X}^*)$ 不定，即不满足正定的条件也不满足负定的条件，则 $\boldsymbol{X}^*$ 是鞍点，如图 2-9c 所示。

极小值点的充分条件证明如下：

考虑在驻点 $\boldsymbol{X}^*$ 附近用泰勒展开二次近似式(2-8)来逼近函数 $f(\boldsymbol{X})$，即

$$f(\boldsymbol{X})\approx f(\boldsymbol{X}^*)+\nabla f^{\mathrm{T}}(\boldsymbol{X}^*)(\boldsymbol{X}-\boldsymbol{X}^*)+\frac{1}{2}[\boldsymbol{X}-\boldsymbol{X}^*]^{\mathrm{T}}\boldsymbol{H}(\boldsymbol{X}^*)[\boldsymbol{X}-\boldsymbol{X}^*]$$

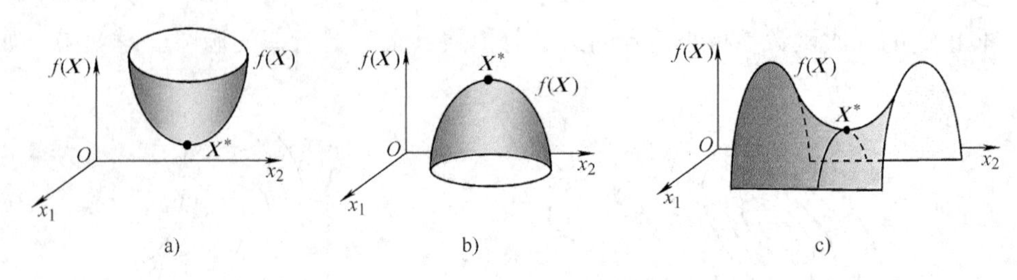

图 2-9　二元函数的驻点

a）极小值点　b）极大值点　c）鞍点

将极值点的必要条件$\nabla f(\boldsymbol{X}^*)=\boldsymbol{0}$代入上式，得

$$f(\boldsymbol{X})-f(\boldsymbol{X}^*)\approx\frac{1}{2}[\boldsymbol{X}-\boldsymbol{X}^*]^{\mathrm{T}}\boldsymbol{H}(\boldsymbol{X}^*)[\boldsymbol{X}-\boldsymbol{X}^*] \tag{2-12}$$

若$\boldsymbol{X}^*$是极小值点，则在该点邻近的区域内对一切的点$\boldsymbol{X}$，总有

$$f(\boldsymbol{X})-f(\boldsymbol{X}^*)>0$$

由式(2-12)得

$$[\boldsymbol{X}-\boldsymbol{X}^*]^{\mathrm{T}}\boldsymbol{H}(\boldsymbol{X}^*)[\boldsymbol{X}-\boldsymbol{X}^*]>0$$

由本章第三节正定矩阵的定义，上式的海赛矩阵$\boldsymbol{H}(\boldsymbol{X}^*)$为正定矩阵。因此，$\boldsymbol{X}^*$为极小值点的充分条件是海赛矩阵$\boldsymbol{H}(\boldsymbol{X}^*)$为正定矩阵。

同理，若$\boldsymbol{X}^*$是极大值点，则在该点邻近的区域内对一切的点$\boldsymbol{X}$，总有

$$f(\boldsymbol{X})-f(\boldsymbol{X}^*)<0$$

由式(2-12)得

$$[\boldsymbol{X}-\boldsymbol{X}^*]^{\mathrm{T}}\boldsymbol{H}(\boldsymbol{X}^*)[\boldsymbol{X}-\boldsymbol{X}^*]<0$$

这表明，上式的海赛矩阵$\boldsymbol{H}(\boldsymbol{X}^*)$为负定矩阵。因此，$\boldsymbol{X}^*$为极大值点的充分条件是海赛矩阵$\boldsymbol{H}(\boldsymbol{X}^*)$为负定矩阵。

例 2-5　求下列函数的极值点，并说明是极小值点还是极大值点并计算其函数值。

$$f(\boldsymbol{X})=60-10x_1-4x_2+x_1^2+x_2^2-x_1x_2$$

解　由极值点的必要条件：$\nabla f(\boldsymbol{X}^*)=\boldsymbol{0}$，得

$$\nabla f(\boldsymbol{X}^*)=\begin{pmatrix}-10+2x_1-x_2\\-4+2x_2-x_1\end{pmatrix}=\boldsymbol{0}$$

即

$$\begin{cases}-10+2x_1-x_2=0\\-4+2x_2-x_1=0\end{cases}$$

解得$x_1^*=8$，$x_2^*=6$，即驻点为

$$\boldsymbol{X}^*=[x_1^*,\ x_2^*]^{\mathrm{T}}=[8,\ 6]^{\mathrm{T}}$$

再由$\boldsymbol{H}(\boldsymbol{X}^*)$的正定性判断$\boldsymbol{X}^*$是极小值点还是极大值点。

$$\boldsymbol{H}(\boldsymbol{X}^*)=\begin{pmatrix}2&-1\\-1&2\end{pmatrix}$$

因为

$$2>0,\quad \begin{vmatrix} 2 & -1 \\ -1 & 2 \end{vmatrix} =4-1=3>0$$

所以 $\boldsymbol{H}(\boldsymbol{X}^*)$ 为正定矩阵。

由极值点的必要条件可知驻点 $\boldsymbol{X}^*=[x_1^*,\ x_2^*]^{\mathrm{T}}=[8,\ 6]^{\mathrm{T}}$ 是极小值点，其函数值 $f(\boldsymbol{X}^*)=8$。

第五节　凸函数与凸规划

函数的极值点一般是指与它附近局部区域中的各点相比较而言。有时，一个函数在整个可行域中有几个极值点，即局部极值点。利用第四节所介绍的极值条件解得的是局部极值点，而优化设计中要找的是全局最优点。但是，目前尚无完善的求解全局最优点的方法。不过，当函数具有凸性的情况下，其驻点不但是局部极值点而且还是全局最优点。因此，有必要讨论函数的凸性，即凸函数的概念。

一、函数的凸性

1. 一元凸函数

定义：若函数 $f(x)$ 曲线上任意两点的连线永远不在曲线 $f(x)$ 的下方，则 $f(x)$ 为凸函数。

其几何意义如图 2-10 所示。在曲线上任取 $A(x^{(1)},\ f(x^{(1)}))$，$B(x^{(2)},\ f(x^{(2)}))$ 两点，在区间 $[x^{(1)},\ x^{(2)}]$ 内任取一点 x，对应曲线 $f(x)$ 上和直线 AB 上的函数值分别为 $f(x)$ 和 Y，显然，$f(x)$ 为凸函数应满足：

$$f(x)\leqslant Y \tag{2-13}$$

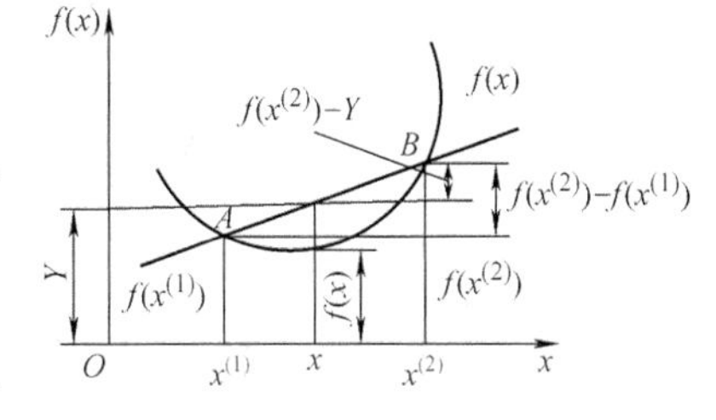

图 2-10　一元凸函数的几何意义

下面讨论凸函数具体的数学表达式。点 x 可表示为令

$$\frac{x^{(2)}-x}{x^{(2)}-x^{(1)}}=\lambda \qquad (0\leqslant\lambda\leqslant1)$$

则

$$x=\lambda x^{(1)}+(1-\lambda)x^{(2)} \tag{2-14}$$

上式中，当 $\lambda=1$ 时，$x=x^{(1)}$；当 $\lambda=0$ 时，$x=x^{(2)}$。

由图 2-10 可知

$$\frac{f(x^{(2)})-Y}{f(x^{(2)})-f(x^{(1)})}=\frac{x^{(2)}-x}{x^{(2)}-x^{(1)}}=\lambda$$

$$Y=\lambda f(x^{(1)})+(1-\lambda)f(x^{(2)})$$

将式(2-14)中 x 的值代入 $f(x)$，再将 $f(x)$ 和 Y 代入式(2-13)，得一元凸函数的数学表达式为

$$f[\lambda x^{(1)}+(1-\lambda)x^{(2)}]\leqslant\lambda f(x^{(1)})+(1-\lambda)f(x^{(2)}) \tag{2-15}$$

2. 多元凸函数

(1) 凸集　定义：设 $\mathscr{D}$ 为 $\mathbf{R}^n$ 中的一个集合，若对 $\mathscr{D}$ 中任意两点 $\boldsymbol{X}^{(1)}$，$\boldsymbol{X}^{(2)}$ 的连线仍在 $\mathscr{D}$ 中，则称 $\mathscr{D}$ 为 $\mathbf{R}^n$ 中的一个凸集。否则，为非凸集。

其几何意义如图2-11所示。

(2) 多元凸函数　参照上述一元凸函数的概念，多元凸函数的定义表达为：

设$f(\boldsymbol{X})$为定义在n维空间$\mathbf{R}^n$中一个凸集$\mathscr{D}$上的函数，如果对于任何实数$\lambda(0\leqslant\lambda\leqslant1)$以及对$\mathscr{D}$中任意两点$\boldsymbol{X}^{(1)}$，$\boldsymbol{X}^{(2)}$，恒有

$$f(\lambda\boldsymbol{X}^{(1)}+(1-\lambda)\boldsymbol{X}^{(2)})\leqslant\lambda f(\boldsymbol{X}^{(1)})+(1-\lambda)f(\boldsymbol{X}^{(2)}) \tag{2-16}$$

则$f(\boldsymbol{X})$为定义在凸集$\mathscr{D}$上的一个凸函数。如果式(2-16)中的“$\leqslant$”换成“$<$”，则$f(\boldsymbol{X})$为严格凸函数。若改为“$\geqslant$”或“$>$”，则$f(\boldsymbol{X})$为凹函数或严格凹函数。

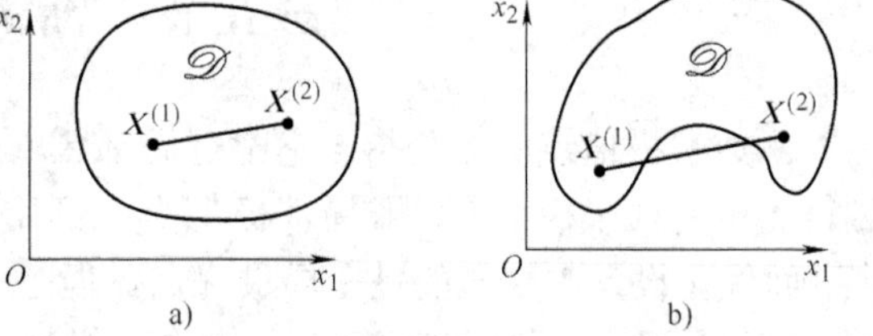

图2-11　二维的凸集与非凸集
a) 凸集　b) 非凸集

(3) 凸函数的判别方法　如果函数$f(\boldsymbol{X})$在$\mathbf{R}^n$中具有连续二阶偏导数，则可用海赛矩阵$\boldsymbol{H}(\boldsymbol{X})$的半正定作为判别条件(可由凸函数的定义导出，证明从略)，即若$\boldsymbol{H}(\boldsymbol{X})$矩阵处处半正定，则$f(\boldsymbol{X})$是凸函数；若$\boldsymbol{H}(\boldsymbol{X})$对每一点$\boldsymbol{X}\in\mathscr{D}$都是正定的，则$f(\boldsymbol{X})$是$\mathscr{D}$上的严格凸函数。反过来不一定成立，即这个条件是充分的，但非必要。

例2-6　判断函数$f(\boldsymbol{X})=60-10x_1-4x_2+3x_1^2+4x_2^2-3x_1x_2$是否为凸函数。

解　利用$\boldsymbol{H}(\boldsymbol{X})$矩阵判别，只需证明$\boldsymbol{H}(\boldsymbol{X})$矩阵是非负定即可。

$$\nabla f(\boldsymbol{X})=\begin{pmatrix}\dfrac{\partial f(\boldsymbol{X})}{\partial x_1}\\[2ex]\dfrac{\partial f(\boldsymbol{X})}{\partial x_2}\end{pmatrix}=\begin{pmatrix}-10+6x_1-3x_2\\-4+8x_2-3x_1\end{pmatrix}$$

$$\boldsymbol{H}(\boldsymbol{X})=\begin{pmatrix}\dfrac{\partial^2 f(\boldsymbol{X})}{\partial x_1^2} & \dfrac{\partial^2 f(\boldsymbol{X})}{\partial x_1\partial x_2}\\[2ex]\dfrac{\partial^2 f(\boldsymbol{X})}{\partial x_2\partial x_1} & \dfrac{\partial^2 f(\boldsymbol{X})}{\partial x_2^2}\end{pmatrix}=\begin{pmatrix}6 & -3\\-3 & 8\end{pmatrix}$$

因为

$$6>0,\quad\begin{vmatrix}6 & -3\\-3 & 8\end{vmatrix}=48-9=39>0$$

故$\boldsymbol{H}(\boldsymbol{X})$矩阵是正定矩阵，因此$f(\boldsymbol{X})$为严格凸函数。

3. 凸规划

所谓凸规划是指约束优化问题

$$\min_{\boldsymbol{X}\in\mathbf{R}^n} f(\boldsymbol{X})$$

$$\text{s. t.}\quad g_u(\boldsymbol{X})\leqslant0\quad(u=1,2,\cdots,m)$$

其中，目标函数$f(\boldsymbol{X})$是凸函数，不等式约束$g_u(\boldsymbol{X})\leqslant0\ (u=1,2,\cdots,m)$也是凸函数。

凸规划具有如下特性：

(1) $f(\boldsymbol{X})$的等值线呈大圈套小圈的形式；

(2) 可行域为凸集；

(3) 局部极小值点一定是全局最优解。

因此，对于凸规划问题，只要求出一个局部极小值点，它就是全局最优点。所以，许多优化的理论常限于凸规划问题上来讨论。但是，实际上一个具体的优化问题，由于目标函数和约束函数都比较复杂，不容易验证它是否为凸函数，所以，往往难以判断它是否为凸规划问题。实用的优化计算大多数采用数值迭代的方法，从多个初始点出发，进行多次迭代，求出几个局部极小值点，比较其结果从中选出全局最优点。因此，上述提及的一些概念与理论未加严格的证明，只需了解其结论即可。

第六节　约束优化问题的极值条件

约束优化问题

$$\min_{X \in \mathbf{R}^n} f(\boldsymbol{X})$$

$$\text{s. t.} \begin{cases} g_u(\boldsymbol{X}) \leqslant 0 & (u=1,\ 2,\ \cdots,\ m) \\ h_v(\boldsymbol{X})=0 & (v=1,\ 2,\ \cdots,\ p<n) \end{cases}$$

因受约束条件的限制，约束优化问题比无约束优化问题更为复杂。其最优解（极小值点和极小值）不仅与目标函数的性态有关，而且与约束函数的性态也密切相关。约束的最优点往往不是无约束优化问题的极值点。下面用几个二维问题的几何图形加以说明。

如图 2-12a 所示，四个约束函数形成的可行域为凸集，目标函数也是凸函数，其等值线的中心 $\boldsymbol{X}^*$ 位于可行域内，所以无约束优化的极值点 $\boldsymbol{X}^*$ 也是约束优化的极值点。

如图 2-12b 所示，目标函数和约束函数虽然都是凸函数，但是，目标函数本身的极值点 $\boldsymbol{X}^*$（无约束优化的极值点）位于可行域之外，显然它不是约束优化的极值点。而目标函数等值线中有一条与约束线 $g_2(\boldsymbol{X})=0$ 相切于点 $\boldsymbol{X}_1^*$，$\boldsymbol{X}_1^*$ 才是在满足约束条件下使目标函数值达

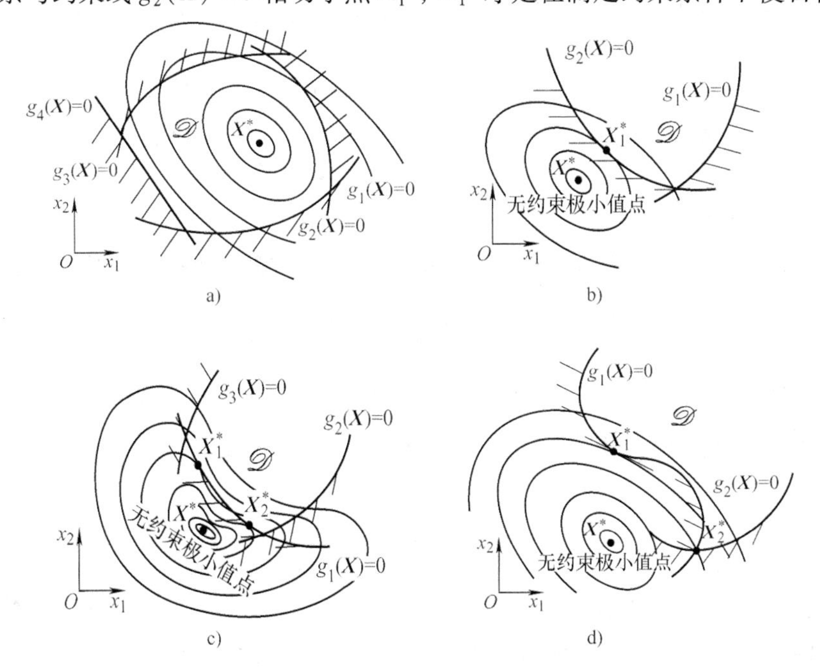

图 2-12　约束优化极值点的几种情况

a）极值点在可行域内　b）一个约束起作用　c）目标函数为非凸函数　d）可行域为非凸集

到最小的点，即约束最优点。约束线 $g_2(\boldsymbol{X})=0$ 对最优点起着直接限制作用，所以这个约束条件称为起作用的约束。

以上两种情况属于第五节所论述的凸规划问题，求得的极小值点就是全局最优点。

如图 2-12c 所示，目标函数等值线中有两条与约束线 $g_1(\boldsymbol{X})=0$ 有切点 $\boldsymbol{X}_1^*$，$\boldsymbol{X}_2^*$，这是由于目标函数为非凸函数所致。这种情况需要比较两个切点的函数值大小来判断全局最优点。

如图 2-12d 所示，约束线形成的可行域为非凸集，因而出现两个局部极小值点。对于这种情况，通常只能从几个初始点出发迭代求出几个极小值点，通过比较选出全局最优点。

综上所述，由于目标函数和约束函数的性态不同，致使求解约束优化问题带来许多困难。

一、等式约束的极值条件

求解等式约束优化问题

$$\left.\begin{aligned}&\min_{\boldsymbol{X}\in\mathbf{R}^n} f(\boldsymbol{X})\\&\text{s. t.}\quad h_v(\boldsymbol{X})=0\quad(v=1,2,\cdots,p<n)\end{aligned}\right\}\tag{2-17}$$

在数学中有两种经典的方法：消元法（降维法）和拉格朗日（Lagrange）乘子法（增维法）。

1. 消元法

对于式(2-17)，首先利用 $h_v(\boldsymbol{X})=0\ (v=1,2,\cdots,p)$ 作为 p 个联立方程，求出 n 个变量中的 p 个变量 x_1，x_2，…，x_p，用 $n-p$ 个变量 x_{p+1}，x_{p+2}，…，x_n 来表示，即

$$x_i=\varphi_i(x_{p+1},x_{p+2},\cdots,x_n)\quad(i=1,2,\cdots,p)$$

然后将它们代入到目标函数中去，消去 x_1，x_2，…，x_p，使目标函数变成 $n-p$ 个变量 x_{p+1}，x_{p+2}，…，x_n 的无约束优化问题（故称降维法）。因而可采用第四节无约束优化问题极值条件来处理。

这种降维法看起来似乎很简单，实际上可能求解相当困难，甚至无法实现。因 $h_v(\boldsymbol{X})=0$ $(v=1,2,\cdots,p)$ 含 p 个方程的非线性方程组难以求解。故这种消元法对较复杂的函数实用意义不大。

2. 拉格朗日乘子法

引入拉格朗日乘子 λ_v，把等式约束问题表达式(2-17)构造为拉格朗日函数，即

$$L(\boldsymbol{X},\lambda)=f(\boldsymbol{X})+\sum_{v=1}^{p}\lambda_v h_v(\boldsymbol{X})\tag{2-18}$$

这就将约束优化问题转化为无约束优化问题。根据无约束优化问题的极值必要条件，得

$$\left.\begin{aligned}&\frac{\partial L(\boldsymbol{X},\lambda)}{\partial x_i}=\frac{\partial f(\boldsymbol{X})}{\partial x_i}+\sum_{v=1}^{p}\lambda_v\frac{\partial h_v(\boldsymbol{X})}{\partial x_i}=0\quad(i=1,2,\cdots,n)\\&\frac{\partial L(\boldsymbol{X},\lambda)}{\partial \lambda_v}=h_v(\boldsymbol{X})=0\quad(v=1,2,\cdots,p)\end{aligned}\right\}\tag{2-19}$$

联立求解 $n+p$ 个方程，可得到 x_1^*，x_2^*，…，x_n^* 和 λ_1，λ_2，…，λ_p 共 $n+p$ 个变量的值，通常还要利用极值充分条件来判断所求的点是否为极值点。由于经过构造拉格朗日函数引入了 p 个拉格朗日乘子，使得维数增加至 $n+p$ 个，故称为增维法。

将式(2-19)第 1 个式子改写成如下梯度的形式：

$$-\nabla f(\boldsymbol{X}^*) = \sum_{v=1}^{p} \lambda_v \nabla h_v(\boldsymbol{X}^*) \tag{2-20}$$

上式表示在极值点处目标函数的负梯度 $-\nabla f(\boldsymbol{X}^*)$ 应等于各约束函数梯度 $\nabla h_v(\boldsymbol{X}^*)$ $(v=1, 2, \cdots, p)$ 的线性组合。

二、不等式约束的极值条件

不等式约束优化问题的极值必要条件就是非线性规划中著名的库恩-塔克（Kuhn-Tucker）条件，简称 K-T 条件。该条件的重要意义在于：利用 K-T 条件可以判断约束优化问题的解是否为最优解，从而考察该种算法是否可行及其收敛性。

不等式约束的优化问题

$$\left.\begin{aligned} &\min_{\boldsymbol{X}\in \mathbf{R}^n} f(\boldsymbol{X}) \\ &\text{s. t.}\quad g_u(\boldsymbol{X}) \leqslant 0 \quad (u=1, 2, \cdots, m) \end{aligned}\right\} \tag{2-21}$$

为利用上述等式约束的优化问题的拉格朗日乘子法的思想，将上面的不等式约束的优化问题引入 m 个松弛变量 $x_{n+u} \geqslant 0 (u=1, 2, \cdots, m)$ 后，化为等式约束优化问题

$$\begin{aligned} &\min_{\boldsymbol{X}\in \mathbf{R}^n} f(\boldsymbol{X}) \\ &\text{s. t.}\quad g_u(\boldsymbol{X}) + x_{n+u}^2 = 0 \quad (u=1, 2, \cdots, m) \end{aligned}$$

式中取 x_{n+u}^2 是为了使其恒为正，因此不必增加 x_{n+u} 非负的条件。

将上式构造为拉格朗日函数，即

$$L(\boldsymbol{X}, \lambda, \overline{\boldsymbol{X}}) = f(\boldsymbol{X}) + \sum_{u=1}^{m} \lambda_u (g_u(\boldsymbol{X}) + x_{n+u}^2) \tag{2-22}$$

式中，$\overline{\boldsymbol{X}} = [x_{n+1}, x_{n+2}, \cdots, x_{n+m}]^{\mathrm{T}}$ 为松弛变量组成的向量。

根据极值的必要条件，令拉格朗日函数的梯度等于零，即使

$$\nabla L(\boldsymbol{X}, \lambda, \overline{\boldsymbol{X}}) = 0$$

则有

$$\frac{\partial L(\boldsymbol{X}, \lambda, \overline{\boldsymbol{X}})}{\partial \boldsymbol{X}} = \nabla f(\boldsymbol{X}) + \sum_{u=1}^{m} \lambda_u \nabla g_u(\boldsymbol{X}) = \boldsymbol{0} \tag{2-23a}$$

$$\frac{\partial L(\boldsymbol{X}, \lambda, \overline{\boldsymbol{X}})}{\partial \lambda_u} = g_u(\boldsymbol{X}) + x_{n+u}^2 = 0 \tag{2-23b}$$

$$\frac{\partial L(\boldsymbol{X}, \lambda, \overline{\boldsymbol{X}})}{\partial x_{n+u}} = 2\lambda_u x_{n+u} = 0 \quad (u=1, 2, \cdots, m) \tag{2-23c}$$

对上式作如下分析：

1）若 $\lambda_u=0$ 而 $x_{n+u} \neq 0$。由式（2-23b），$g_u(\boldsymbol{X}) = -x_{n=u}^2 < 0$，这表明 $\boldsymbol{X}$ 点不在约束边界上，而是在可行域内部，也就是 $g_u(\boldsymbol{X}) \leqslant 0$ $(u=1, 2, \cdots, m)$ 为不起作用的约束。由式（2-23a），$\lambda_u=0$ $(u=1, 2, \cdots, m)$，则 $\nabla f(\boldsymbol{X}) = \boldsymbol{0}$，说明该极值点就是无约束的极值点，如图 2-12a 所示的情况。

2）若 $\lambda_u=0$ 且 $x_{n+u}=0$。由式（2-23b），$g_u(\boldsymbol{X})=0$，这表明 $\boldsymbol{X}$ 点落在某些约束边界上，该约束就是起作用的约束。另一方面，由式（2-23a），则 $\nabla f(\boldsymbol{X}) = \boldsymbol{0}$，表明无约束的极值点 $\boldsymbol{X}^*$ 与约束的极值点刚好重合，且落在约束边界上，如图 2-13 所示的情况。

3）若 $\lambda_u \neq 0$，由式(2-23c)，则必有 $x_{n+u}=0$。由式(2-23b)，$g_u(\boldsymbol{X})=0$，点 $\boldsymbol{X}$ 落在 $g_u(\boldsymbol{X})=0$ 约束边界上，对应的约束 $g_u(\boldsymbol{X}) \leqslant 0$ 为起作用的约束，如图 2-12b 所示的情况。

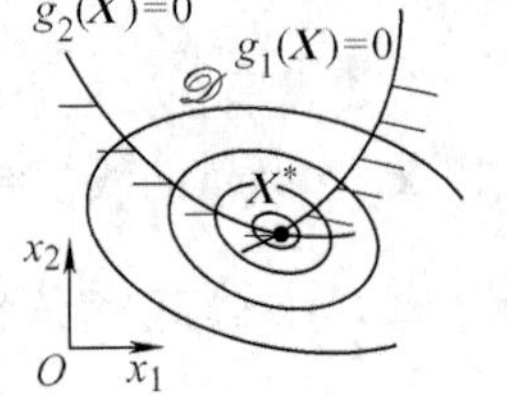

图 2-13 无约束极值点落在约束边界上

综上所述三种情况，不等式约束的优化问题的极值条件为

$$\nabla f(\boldsymbol{X}^*) + \sum_{u=1}^{q} \lambda_u \nabla g_u(\boldsymbol{X}^*) = 0 \quad (\lambda_u > 0) \tag{2-24}$$

此式就是不等式约束优化问题的 K-T 条件。式中，q 为起作用约束的个数，若式中的 q 换成 m（不等式约束的个数），则应取 $\lambda_u \geqslant 0$，也就是说，不起作用的约束对应的 λ 取 0。

为了对 K-T 条件有直观的理解，现以二维约束优化问题几何意义说明如下：

1. 只有一个约束条件起作用的情况

在图 2-14a 中，目标函数和约束函数均为凸函数，而且仅有一个起作用的约束。设在点 $\boldsymbol{X}^{(k)}$ 处目标函数的负梯度 $-\nabla f(\boldsymbol{X}^{(k)})$ 与约束函数的梯度 $\nabla g(\boldsymbol{X}^{(k)})$ 不共线，$\boldsymbol{S}$ 为约束线的切线。在这种情况下，当点 $\boldsymbol{X}^{(k)}$ 沿约束线移动时，在满足约束的条件下，目标函数值还可以继续下降，点 $\boldsymbol{X}^{(k)}$ 不是稳定点，因此，也不是约束最优点。由图可看出，在 $\boldsymbol{X}^{(k)}$ 点处目标函数等值线的切线与约束线的切线夹角的范围内，仍有无数个既满足约束条件又使目标函数值下降的方向，故称该夹角为下降可行方向的“可用角”。

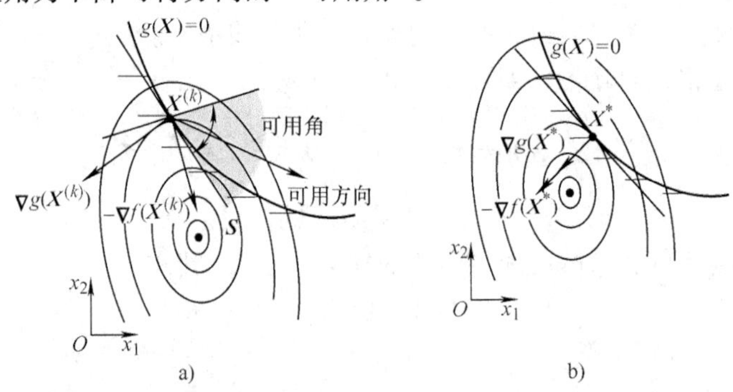

图 2-14 一个约束起作用极值点存在的条件
a）$\boldsymbol{X}^{(k)}$ 不是约束极值点 b）$\boldsymbol{X}^*$ 是约束极值点

在图 2-14b 中，在点 $\boldsymbol{X}^*$ 处目标函数的负梯度 $-\nabla f(\boldsymbol{X}^*)$ 与约束函数的梯度 $\nabla g(\boldsymbol{X}^*)$ 共线，即两矢量线性相关。如果目标函数值继续下降，必然破坏起作用的约束，使 $g(\boldsymbol{X})>0$。所以，在这种情况下，点 $\boldsymbol{X}^*$ 是目标函数值等值线与约束线的切点，是稳定点，也就是约束最优点。其数学表达式为

$$-\nabla f(\boldsymbol{X}^*) = \lambda \nabla g(\boldsymbol{X}^*) \quad (\lambda > 0) \tag{2-25}$$

这就是一个约束起作用的 K-T 条件。

2. 有两个约束条件起作用的情况

当有两个约束条件起作用时，情况如图 2-15a 所示，点 $\boldsymbol{X}^{(k)}$ 在两个起作用的约束线的交点处。在该点目标函数负梯度是 $-\nabla f(\boldsymbol{X}^{(k)})$，两个约束函数的梯度分别是 $\nabla g_1(\boldsymbol{X}^{(k)})$ 和 $\nabla g_2(\boldsymbol{X}^{(k)})$。在点 $\boldsymbol{X}^{(k)}$ 邻近区域沿图示可用角范围内任一个方向移动都是允许的，也就是说在

约束 $g_1(\boldsymbol{X})$ 和 $g_2(\boldsymbol{X})$ 均未破坏的条件下，目标函数值可继续下降。故点 $\boldsymbol{X}^{(k)}$ 不是稳定点，显然它不是约束优化的极值点。由图可见，在这种情况下几何图形的特点是：矢量 $-\nabla f(\boldsymbol{X}^{(k)})$ 不在由 $\nabla g_1(\boldsymbol{X}^{(k)})$ 和 $\nabla g_2(\boldsymbol{X}^{(k)})$ 矢量所组成的扇形区域内。也就是说，$-\nabla f(\boldsymbol{X}^{(k)})$ 与 $\nabla g_1(\boldsymbol{X}^{(k)})$、$\nabla g_2(\boldsymbol{X}^{(k)})$ 线性无关。

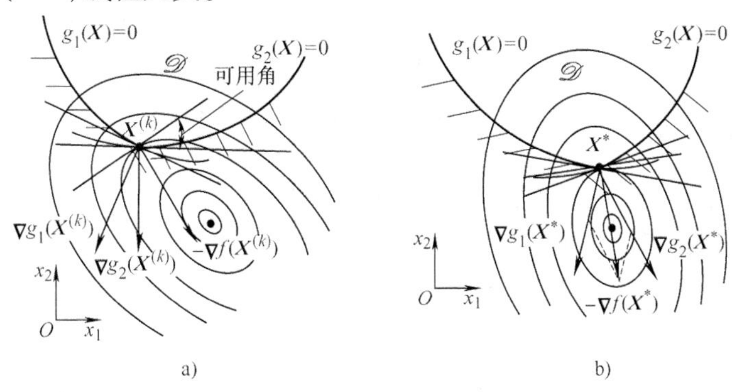

图 2-15　两个约束起作用极值点存在的条件

a) $\boldsymbol{X}^{(k)}$ 不是约束极值点　b) $\boldsymbol{X}^*$ 是约束极值点

如图 2-15b 所示，目标函数负梯度 $-\nabla f(\boldsymbol{X}^*)$ 位于两起作用的约束梯度 $\nabla g_1(\boldsymbol{X}^*)$ 和 $\nabla g_2(\boldsymbol{X}^*)$ 组成的扇形区域之内，此时点 $\boldsymbol{X}^*$ 是稳定点。在点 $\boldsymbol{X}^*$ 邻近区域内，沿任何可使目标函数值下降的方向作微小的移动，都会破坏约束条件 $g_1(\boldsymbol{X})\leqslant 0$ 或 $g_2(\boldsymbol{X})\leqslant 0$，所以在这种情况下，点 $\boldsymbol{X}^*$ 就是两个约束起作用时的极值点。由图可看出，矢量 $-\nabla f(\boldsymbol{X}^*)$ 是 $\nabla g_1(\boldsymbol{X}^*)$ 和 $\nabla g_2(\boldsymbol{X}^*)$ 两矢量的线性组合。其数学表达式为

$$-\nabla f(\boldsymbol{X}^*)=\lambda_1\nabla g_1(\boldsymbol{X}^*)+\lambda_2\nabla g_2(\boldsymbol{X}^*)\quad(\lambda_1,\ \lambda_2>0)\tag{2-26}$$

3. 多个约束条件起作用的情况

将上述条件推广到一般情况，就可以得到多个约束条件(包括不等式约束和等式约束)起作用时的 K-T 条件，其数学表达式为

$$\nabla f(\boldsymbol{X}^*)=-\left[\sum_{u=1}^{q}\lambda_u\nabla g_u(\boldsymbol{X}^*)+\sum_{v=1}^{p}\lambda_v\nabla h_v(\boldsymbol{X}^*)\right]\quad(\lambda_u>0,\ \lambda_v>0)\tag{2-27}$$

式中，q 为起作用不等式约束的个数；p 为等式约束的个数。

K-T 条件的几何意义是：目标函数负梯度向量应落在起作用约束的梯度向量在设计空间中所组成的锥体范围内，如图 2-16 所示。

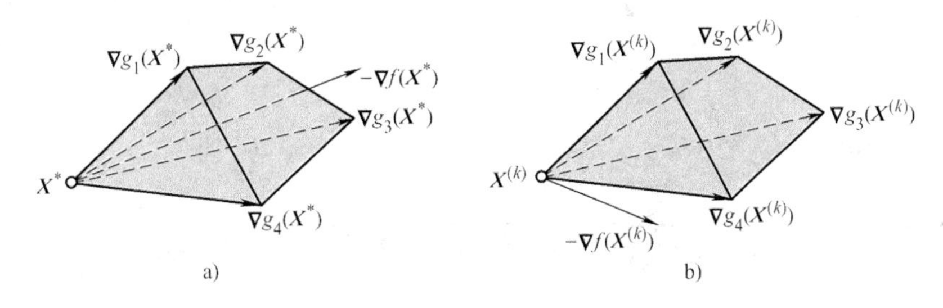

图 2-16　K-T 条件的几何意义

a) $\boldsymbol{X}^*$ 是条件极值点　b) $\boldsymbol{X}^{(k)}$ 不是条件极值点

必须指出：K-T 条件为判定约束优化问题局部极小值点的必要条件，不是充分条件。只有对于凸规划问题，K-T 条件为充分必要条件。

三、应用举例

例 2-7 试用 K-T 条件检验 $\boldsymbol{X}^* = [2, 0]^{\mathrm{T}}$ 是否为下列约束优化问题的极值点：

$$\min f(\boldsymbol{X}) = (x_1 - 3)^2 + x_2^2$$

$$\text{s.t.} \begin{cases} g_1(\boldsymbol{X}) = x_1^2 + x_2 - 4 \leqslant 0 \\ g_2(\boldsymbol{X}) = -x_2 \leqslant 0 \\ g_3(\boldsymbol{X}) = -x_1 \leqslant 0 \end{cases}$$

解 （1）找出起作用的约束

将 $\boldsymbol{X}^* = [2, 0]^{\mathrm{T}}$ 分别代入到三个约束函数中，得

$$g_1(\boldsymbol{X}^*) = 2^2 + 0 - 4 = 0$$

$$g_2(\boldsymbol{X}^*) = 0$$

$$g_3(\boldsymbol{X}^*) = -2 < 0$$

由此可见，$g_1(\boldsymbol{X})$，$g_2(\boldsymbol{X})$ 为起作用的约束，$g_3(\boldsymbol{X})$ 为不起作用的约束。

（2）求目标函数和起作用约束函数在点 $\boldsymbol{X}^* = [2, 0]^{\mathrm{T}}$ 处的梯度

$$\nabla f(\boldsymbol{X}^*) = \begin{pmatrix} 2(x_1 - 3) \\ 2x_2 \end{pmatrix}_{\binom{2}{0}} = \begin{pmatrix} -2 \\ 0 \end{pmatrix}$$

$$\nabla g_1(\boldsymbol{X}^*) = \begin{pmatrix} 2x_1 \\ 1 \end{pmatrix}_{\binom{2}{0}} = \begin{pmatrix} 4 \\ 1 \end{pmatrix}$$

$$\nabla g_2(\boldsymbol{X}^*) = \begin{pmatrix} 0 \\ -1 \end{pmatrix}$$

（3）代入 K-T 条件

$$-\nabla f(\boldsymbol{X}^*) = \lambda_1 \nabla g_1(\boldsymbol{X}^*) + \lambda_2 \nabla g_2(\boldsymbol{X}^*)$$

得

$$-\begin{pmatrix} -2 \\ 0 \end{pmatrix} = \lambda_1 \begin{pmatrix} 4 \\ 1 \end{pmatrix} + \lambda_2 \begin{pmatrix} 0 \\ -1 \end{pmatrix}$$

解得 $\lambda_1 = \lambda_2 = 0.5$

由于 λ_1，λ_2 均大于零，所以点 $\boldsymbol{X}^* = [2, 0]^{\mathrm{T}}$ 为极小值点。

其几何描述如图 2-17 所示。

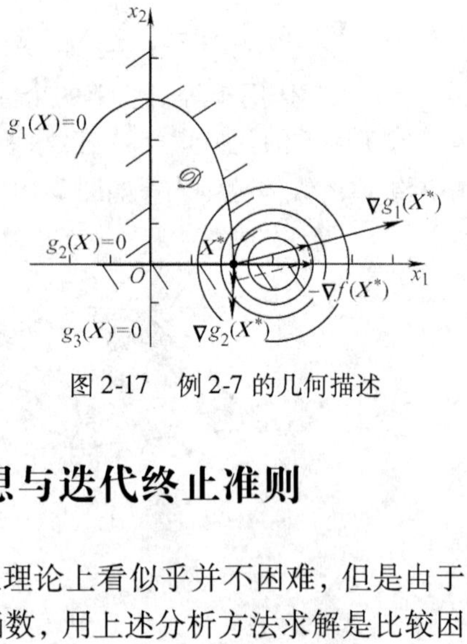

图 2-17 例 2-7 的几何描述

第七节 优化设计方法的基本思想与迭代终止准则

前面讨论求无约束和约束优化问题极值点的方法，从理论上看似乎并不困难，但是由于一般实际问题的目标函数和约束函数常常是高次非线性函数，用上述分析方法求解是比较困

难的，甚至很难解出。因此，随着电子计算机的发展，最优化方法常常采用适合于计算机的数值迭代法。

一、优化设计计算方法的基本思想

从某一个初始点出发，按照一定的原则寻找一个可行方向和适当步长，一步一步地重复数值计算，最终达到目标函数的最优点。简单来说，就是“搜索、迭代、逼近”，或者说“步步下降，步步逼近，最终逼近最优点”。

二、基本迭代公式

由图 2-18 所示，迭代的基本公式为

$$\boldsymbol{X}^{(k+1)}=\boldsymbol{X}^{(k)}+\alpha^{(k)}\boldsymbol{S}^{(k)}\quad(k=0,1,2,\cdots)\tag{2-28}$$

从而使

$$f(\boldsymbol{X}^{(k+1)})<f(\boldsymbol{X}^{(k)})$$

式中，$\boldsymbol{X}^{(k)}$ 为第 k 步迭代的初始点（出发点）；$\boldsymbol{X}^{(k+1)}$ 为第 k 步迭代产生的新点（终止点），也是第（$k+1$）步迭代的初始点；$\boldsymbol{S}^{(k)}$ 为第 k 步迭代搜索方向，是一个矢量；$\alpha^{(k)}$ 为第 k 步迭代最优步长因子，是标量。

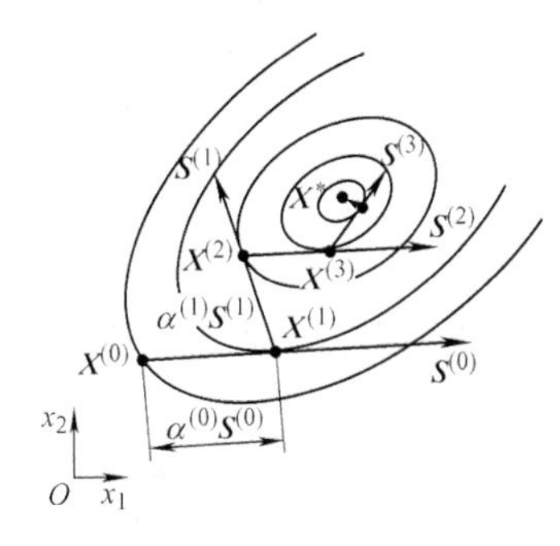

图 2-18　迭代算法示意图

由此不难看出，一个下降迭代算法需要解决两个基本问题：

1）如何选取搜索方向 $\boldsymbol{S}^{(k)}$。不同的 $\boldsymbol{S}^{(k)}$ 构成了不同的下降迭代算法，因此，寻找一个使目标函数值迅速下降的可行方向是优化设计研究的核心问题。

2）确定步长因子 $\alpha^{(k)}$。一般由一维搜索方法取得 $\alpha^{(k)}$。

三、收敛准则

1. 算法的收敛性

在反复迭代计算过程中，一系列搜索点向极小值点逼近的速度称为该算法的收敛速度。作为一种优化算法必须具有较好的收敛性和较快的收敛速度。算法的收敛性和收敛速度可以根据下式进行定义：

$$\lim_{k\to\infty}\frac{\|\boldsymbol{X}^{(k+1)}-\boldsymbol{X}^{*}\|}{\|\boldsymbol{X}^{(k)}-\boldsymbol{X}^{*}\|^{\beta}}=\sigma\quad(0<\sigma<1)\tag{2-29}$$

若存在 $\beta>0$ 使上式成立，则：

1）当 $\beta=1$ 时，算法具有线性收敛或具有线性收敛速度；

2）当 $\beta=2$ 时，算法具有二次收敛性或具有二阶收敛速度；

3）当 $1<\beta<2$ 时，算法具有超线性收敛性。

一般来说，具有二次收敛性的算法是收敛速度最快的算法，而具有超线性收敛性的算法可以认为是收敛速度较快的算法。

2. 算法的收敛准则

因为数值迭代计算是逐步向最优点逼近的过程，实际上要达到最优点，需要迭代很多次，计算工作量相当大，所以一般采用迭代到相当靠近理论最优点并满足计算精度要求的点作为最优点。为此，需要有评定最优解的近似程度的准则，这个准则称为收敛准则，又称终止准则，通常有以下三种：

(1)点距准则　一般情况下，迭代点向极值点的逼近速度是逐渐变慢的，越接近极值点，相邻两迭代点间的距离越短。当相邻两迭代点间的距离充分小，即当

$$\|\boldsymbol{X}^{(k+1)}-\boldsymbol{X}^{(k)}\|\leqslant\varepsilon \quad 或 \quad \sqrt{\sum_{i=1}^{n}(x_i^{k+1}-x_i^{k})^2}\leqslant\varepsilon \tag{2-30}$$

时，便可认为迭代点 $\boldsymbol{X}^{(k+1)}$ 已充分接近极值点，可令 $\boldsymbol{X}^*=\boldsymbol{X}^{(k+1)}$。其中，$\varepsilon$ 是一充分小的正数，称为收敛精度。

(2) 值差准则　当迭代点接近极值点时，不仅迭代点间的距离变短，而且相邻两迭代点的函数值之差也越来越小。因此，可以将相邻两迭代点的函数值之差作为终止准则。即对一充分小的正数 ε，如果

$$|f(\boldsymbol{X}^{(k+1)})-f(\boldsymbol{X}^{(k)})|\leqslant\varepsilon \quad 或 \quad \frac{|f(\boldsymbol{X}^{(k+1)})-f(\boldsymbol{X}^{(k)})|}{|f(\boldsymbol{X}^{(k)})|}\leqslant\varepsilon \tag{2-31}$$

成立，则可以认为点 $\boldsymbol{X}^{(k+1)}$ 就是满足收敛精度要求的近似最优点 $\boldsymbol{X}^*$。

(3) 梯度准则　由无约束优化问题的极值必要条件可知，梯度近似于 0 的点则必定是接近极值点的点。因此，当

$$\|\nabla f(\boldsymbol{X}^{(k+1)})\|\leqslant\varepsilon \tag{2-32}$$

时，将点 $\boldsymbol{X}^{(k+1)}$ 作为满足收敛精度要求的近似最优点 $\boldsymbol{X}^*$。

通常，上述三个准则都可单独使用。只要其中一个得到满足，即可认为达到了近似的最优解，终止迭代计算。

但是，在某些特殊情况下，相邻两迭代点间的距离和对应的函数值之差不可能同时达到充分小，如图 2-19 所示。这时可将点距准则和值差准则联合起来使用。

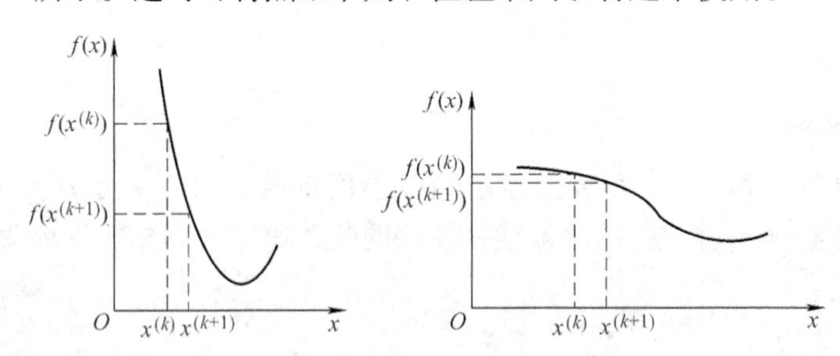

图 2-19　相邻两迭代点与其函数值不同时收敛的情况

本章学习要点

本章内容是学习后面各章优化方法的理论基础，读者应充分重视。

1）梯度是以函数一阶偏导数为分量的一个矢量，其模就是函数值的最大变化率，是函数的局部性态。

2）熟练掌握函数二次泰勒展开式(2-8)、海赛矩阵的求法，以及正定矩阵、负定矩阵判定的方法。

3）掌握无约束优化极值的必要和充分条件，对简单的无约束优化问题应会应用该条件

求解极值点。

4）了解函数的凸性、凸函数的判断方法以及凸规划的特点。

5）掌握判定约束优化问题局部极小值点的必要条件——K-T 条件。应用该书中的式(2-24)或式(2-27)时要注意两点:①数学模型中不等式约束为小于等于零的形式；②$\lambda_u>0$（$u=1,2,\cdots,q$），q 为起作用约束的个数。

6）优化设计计算方法是数值迭代法，基本思想是:“搜索、迭代、逼近”。了解迭代计算的三个收敛准则——点距准则、值差准则和梯度准则。

习　题

2-1　单项选择题

(1) 对于极小化优化设计问题，从 $\boldsymbol{X}^{(k)}$ 点出发，为保证新点 $\boldsymbol{X}^{(k+1)}$ 的目标函数值下降，所选搜索方向 $\boldsymbol{S}^{(k)}$ 应满足____。

A. $\nabla f^{\mathrm{T}}(\boldsymbol{X}^{(k)})\boldsymbol{S}^{(k)}<0$　B. $\nabla f^{\mathrm{T}}(\boldsymbol{X}^{(k)})\boldsymbol{S}^{(k)}=0$　C. $\nabla f^{\mathrm{T}}(\boldsymbol{X}^{(k)})\boldsymbol{S}^{(k)}>0$　D. $\nabla f^{\mathrm{T}}(\boldsymbol{X}^{(k)})\boldsymbol{S}^{(k)}\leqslant 0$

(2) 在极小化无约束优化设计中，任意 n 维函数的极小值点必为 $f(\boldsymbol{X})$ 的____。

A. 最小值点　B. 最优点　C. 驻点　D. 梯度不等于零的点

(3) 若矩阵是$\begin{pmatrix}1 & 2\\ 3 & 1\end{pmatrix}$，则它为____。

A. 对称矩阵　B. 不定矩阵　C. 负定矩阵　D. 正定矩阵

(4) 已知优化设计问题为

$$\min f(\boldsymbol{X})$$
$$\text{s.t.}\quad g_u(\boldsymbol{X})\leqslant 0\quad (u=1,2,\cdots,m)$$

当取 $\lambda_u>0$ 时，则约束极值点 K-T 条件表达式为____。

A. $\nabla f(\boldsymbol{X}^*)+\sum_{u=1}^{q}\lambda_u\nabla g_u(\boldsymbol{X}^*)=\boldsymbol{0}$，其中 q 为起作用约束的个数

B. $\nabla f(\boldsymbol{X}^*)-\sum_{u=1}^{q}\lambda_u\nabla g_u(\boldsymbol{X}^*)=\boldsymbol{0}$，其中 q 为起作用约束的个数

C. $-\nabla f(\boldsymbol{X}^*)=\sum_{u=1}^{m}\lambda_u\nabla g_u(\boldsymbol{X}^*)$

D. $\nabla f(\boldsymbol{X}^*)=\sum_{u=1}^{m}\lambda_u\nabla g_u(\boldsymbol{X}^*)$

(5) 多元函数 $f(\boldsymbol{X})$ 在 $\boldsymbol{X}^*$ 点附近存在偏导数且连续，则该点为极小值点的条件是____。

A. $\Delta f(\boldsymbol{X}^*)=0$ 且 $\boldsymbol{H}(\boldsymbol{X}^*)$ 正定　B. $\Delta f(\boldsymbol{X}^*)=0$ 且 $\boldsymbol{H}(\boldsymbol{X}^*)$ 负定

C. $\nabla f(\boldsymbol{X}^*)=\boldsymbol{0}$ 且 $\boldsymbol{H}(\boldsymbol{X}^*)$ 正定　D. $\nabla f(\boldsymbol{X}^*)=\boldsymbol{0}$ 且 $\boldsymbol{H}(\boldsymbol{X}^*)$ 负定

2-2　求下列函数在点 $\boldsymbol{X}^{(1)}=[1,1]^{\mathrm{T}}$，$\boldsymbol{X}^{(2)}=[1,3]^{\mathrm{T}}$，$\boldsymbol{X}^{(3)}=(-2,1)^{\mathrm{T}}$ 的梯度及其模，并作图表示。

(1) $f(\boldsymbol{X})=x_1^2+x_2^2-6x_2$

(2) $f(\boldsymbol{X})=x_1^2+x_2^2+8x_1-6x_2$

(3) $f(\boldsymbol{X})=x_1^2+4x_2^2-2x_1-16x_2$

2-3　求下列函数的极值点，并判断是极大值点、极小值点或鞍点。

(1) $f(\boldsymbol{X})=5x_1^2+4x_1x_2+8x_2^2-32x_1-56x_2$

(2) $f(\boldsymbol{X})=x_1^2+x_1x_2+2x_2^2+4x_1-6x_2+10$

(3) $f(\boldsymbol{X})=(x_1-2x_2)^2+(x_2+2)^2$

(4) $f(\boldsymbol{X})=x_1^3-x_2^3+3x_1^2+3x_2^2-9x_1$

2-4 将下列函数在点 $\boldsymbol{X}^{(0)}=[1,1]^{\mathrm{T}}$ 处简化为线性函数和二次函数。

（1） $f(\boldsymbol{X})=x_1^3-x_2^3+3x_1^2+3x_2^2-8x_1$

（2） $f(\boldsymbol{X})=x_1^4-2x_1^2x_2+x_2^2-x_1^2-2x_1+5$

（3） $f(\boldsymbol{X})=x_1^5+x_2^4$

2-5 用K-T条件求解下列等式约束优化问题的极值点。

（1） $\min f(\boldsymbol{X})=x_1^2-2x_2^2$

$\text{s.t.}\quad x_1+2x_2=0$

（2） $\min f(\boldsymbol{X})=x_1^2+4x_2^2-2x_1$

$$\text{s.t.}\begin{cases}x_1^2+x_2^2-1=0\\(x_1-2)^2+x_2^2-1=0\end{cases}$$

2-6 用K-T条件判断点 $\boldsymbol{X}^*=[3,4]^{\mathrm{T}}$ 是否为下列约束优化问题的极值点。

$$\min f(\boldsymbol{X})=4x_1-x_2^2-12$$

$$\text{s.t.}\begin{cases}g_1(\boldsymbol{X})=25-x_1^2-x_2^2\geqslant 0\\g_2(\boldsymbol{X})=10x_1-x_1^2+10x_2-x_2^2-45\geqslant 0\\g_3(\boldsymbol{X})=(x_1-3)^2+(x_2-1)^2\geqslant 0\\g_4(\boldsymbol{X})=x_1\geqslant 0\\g_5(\boldsymbol{X})=x_2\geqslant 0\end{cases}$$

2-7 用K-T条件判断点 $\boldsymbol{X}^{(0)}=[1,1,1]^{\mathrm{T}}$ 是否为下列约束优化问题的最优解。

$$\min f(\boldsymbol{X})=-3x_1^2+x_2^2+2x_3^2$$

$$\text{s.t.}\begin{cases}g_1(\boldsymbol{X})=x_1-x_2\leqslant 0\\g_2(\boldsymbol{X})=x_1^2-x_3^2\leqslant 0\\g_3(\boldsymbol{X})=x_1\geqslant 0\\g_4(\boldsymbol{X})=x_2\geqslant 0\\g_5(\boldsymbol{X})=x_3\geqslant 0\end{cases}$$

第三章　一维搜索方法

提示： 本章主要讨论两种常用的一维搜索方法：0.618 法（黄金分割法）和二次插值法。重点是单峰区间确定、搜索方法的基本原理与具体的迭代步骤。

求一维函数的极值点的数值迭代法称为一维搜索方法，也可称为一维优化方法。

实际工程优化问题的目标函数是一元函数的并不多，但是，在求解多元函数最优解的过程中，常常伴随着一系列的一维搜索。一维搜索方法对整个算法的收敛速度、精度都有较大的影响。可以说一维搜索是优化方法的重要支柱。

在第二章中介绍了下降迭代算法的基本迭代公式

$$\boldsymbol{X}^{(k+1)}=\boldsymbol{X}^{(k)}+\alpha^{(k)}\boldsymbol{S}^{(k)}\quad(k=0,1,2,\cdots)$$

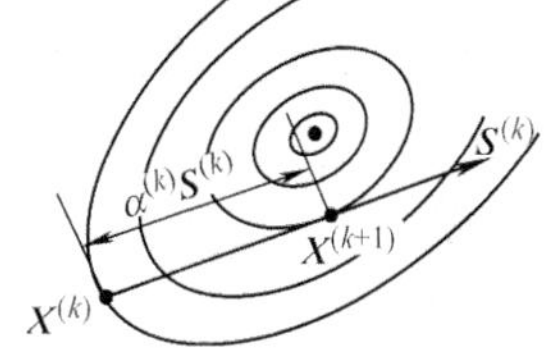

图 3-1　一维搜索示意图

由图 3-1 可知，当第 k 步迭代的初始点 $\boldsymbol{X}^{(k)}$ 及搜索方向 $\boldsymbol{S}^{(k)}$ 确定后，迭代所得到的新点 $\boldsymbol{X}^{(k+1)}$ 取决于步长因子 $\alpha^{(k)}$，不同的 $\alpha^{(k)}$ 会得到不同的点 $\boldsymbol{X}^{(k+1)}$ 和不同的函数值 $f(\boldsymbol{X}^{(k+1)})$。因此，在多维优化的过程中一维搜索的目的是在既定的 $\boldsymbol{X}^{(k)}$ 和 $\boldsymbol{S}^{(k)}$ 下，寻求最优步长因子 $\alpha^{(k)}$，使第 k 步迭代产生的新点 $\boldsymbol{X}^{(k+1)}$ 的函数值 $f(\boldsymbol{X}^{(k+1)})$ 为最小，即

$$\min f(\boldsymbol{X}^{(k+1)})=\min f(\boldsymbol{X}^{(k)}+\alpha\boldsymbol{S}^{(k)})=\min f(\alpha)\tag{3-1}$$

显然，求解上式就是一维优化问题。如果一元函数是次数较低的简单函数，可使用一阶导数等于零来求解。若是高次复杂的函数，其一阶导数的次数仍较高，难以求解，则需采用数值迭代的方法求近似解，这就是本章所讨论的一维搜索方法。

一维搜索方法有较多种：0.618 法（黄金分割法）、二次插值法、三次插值法和牛顿（Newton）法等。本章只介绍常用的 0.618 法和二次插值法。

一维搜索主要步骤分为两步：

（1）确定搜索区间（单峰区间）。这是各种一维搜索的共性问题。

（2）在搜索区间内求最优步长因子 $\alpha^{(k)}$，即选用具体的优化方法。

第一节　搜索区间的确定及区间消去法原理

一、搜索区间的确定

1. 单峰区间

在进行一维搜索时，首先要在给定的方向上确定包含函数值最小值点的搜索区间，而且在该区间内，函数 $f(\alpha)$ 有唯一的极小值点 α^*。这种只有一个函数峰值的区间，称为单峰区间。如图 3-2 所示，在极小值点 α^* 的左边函数值是严格下降的，而在极小值点 α^* 的右边函数值是严格上升的。其函数图形呈“高—低—高”的形状。

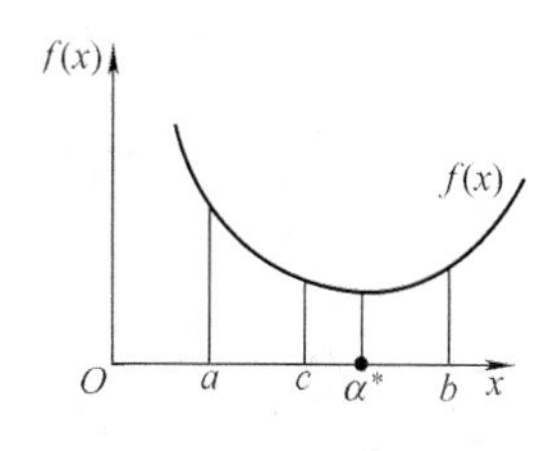

图 3-2　单峰区间

2. 单峰区间的确定

在进行一维搜索时，必须首先找到单峰区间。若能事先估计出极小值点的大致位置，可直接得到单峰区间；否则，需要用试探的方法寻找单峰区间，其常用的方法是进退试算法。

进退试算法的基本思想是：按照一定的规律给出三个试算点，依次比较各试算点函数值的大小，直到找出函数值按"大—小—大"变化的区间为止。具体迭代步骤如下：

(1) 给定初始点 a_1 和初始步长 h；

(2) 令 $a_2=a_1+h$，得两个试算点 a_1，a_2，计算它们的函数值 $f_1=f(a_1)$，$f_2=f(a_2)$；

(3) 比较 f_1 和 f_2 的大小，存在两种情况：

1) 若 $f_1>f_2$(如图 3-3a 所示)，则作前进运算。为了加速计算过程，步长增大一倍，令 $h=2h$(这里的"="意为赋值)。取第三个试算点 $a_3=a_2+h$，计算函数值 $f_3=f(a_3)$，并比较 f_2 和 f_3 的大小：

若 $f_3>f_2$(如图 3-3b 所示)，则找到了连续的三个试算点 a_1，a_2，a_3 的函数值按"大—小—大"变化，故有搜索区间 $[a, b]=[a_1, a_3]$；

若 $f_3<f_2$(如图 3-3a 所示)，则抛弃点 a_1，即令 $a_1=a_2$，$f_1=f_2$，$a_2=a_3$，$f_2=f_3$，返回到第(3)中的 1)步，重复该过程，直至找到连续的三个试算点 a_1，a_2，a_3，其函数值按"大—小—大"变化要求为止。

2) 若 $f_1<f_2$(如图 3-3c 所示)，则作后退运算。令 $h=-h$，将 a_1，f_1 与 a_2，f_2 对调，并取第三个试算点 $a_3=a_2+h$，计算函数值 $f_3=f(a_3)$，比较对调后的函数值 f_2 与 f_3：

若 $f_3>f_2$，则搜索区间 $[a, b]=[a_3, a_1]$；

若 $f_3<f_2$，则步长加倍，抛弃点 a_1，继续作后退运算，直至找到单峰区间为止。

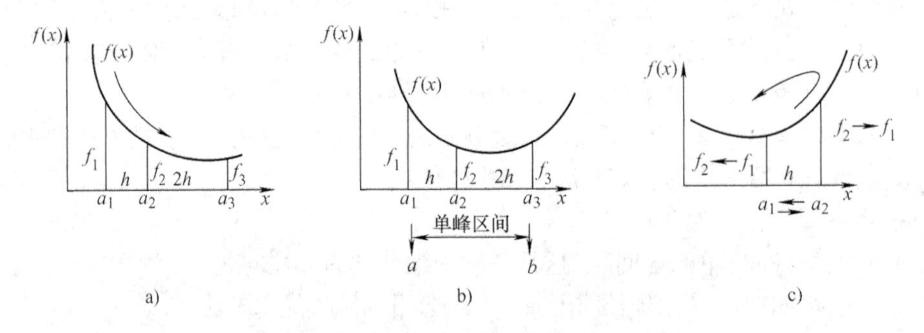

图 3-3 进退法确定单峰区间

a) 前进运算 b) 找到单峰区间 c) 后退运算

上述用进退试算法确定单峰区间的算法框图如图 3-4 所示。

二、区间消去法原理

各种一维搜索方法的共同点是，在找到单峰区间后，再将单峰区间逐渐缩小，从而找到极小值点的近似解。

区间消去法的基本思想是：在单峰区间 $[a, b]$ 内取两个点，通过比较该两点的函数值的大小，抛掉函数值较大的段，保留极小值点所在的段，反复比较抛舍，直至极小值点所在的单峰区间缩小到满足精度要求的长度，即 $\overline{ab}\leqslant\varepsilon$($\varepsilon$ 为给定的精度)，从而找到近似的极小值点。

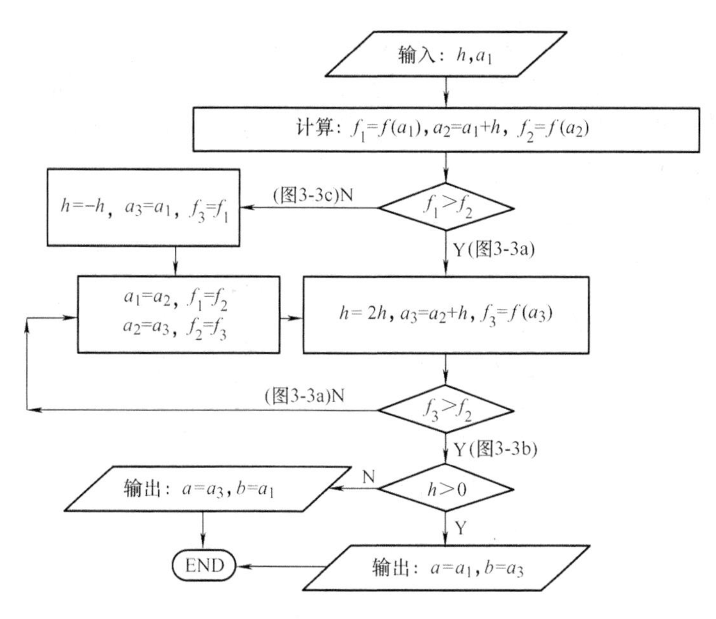

图 3-4　进退法确定单峰区间的算法框图

如图 3-5 所示，在单峰区间$[a, b]$内取两个点 x_1，x_2，并计算对应的函数值f_1，f_2。若$f_1>f_2$，如图 3-5a 所示，显然极小值点不在 ax_1 段内，取 $a=x_1$，即消去了 ax_1 段，得到一个较小的新的单峰区间。同理，如图 3-5b 所示，$f_2>f_1$，取 $b=x_2$，即消去 x_2b 段；如图 3-5c 所示，$f_2=f_1$，可取 $a=x_1$，$b=x_2$，即同时消去 ax_1 段和 x_2b 段。但往往为了简化程序，将图 3-5c 所示的情况归并到前两种情况之一中去。点 x_1，x_2 选取的方法不同，就得到不同的一维搜索方法。

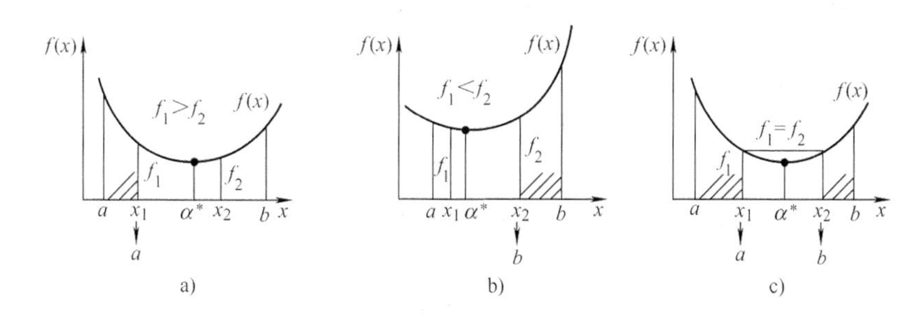

图 3-5　区间消去法原理图

a）消去 ax_1 段　b）消去 x_2b 段　c）同时消去 ax_1，x_2b 段

第二节　0.618 法（黄金分割法）

0.618 法又称黄金分割法，它是一种等比例缩短区间的搜索方法。其基本思想是：在单峰区间内取两对称点，逐步把区间缩小，直到极小值点所在的区间缩小到给定的精度范围内，从而得到近似的最优解。

一、方法原理

设函数$f(x)$，如图 3-6 所示，初始单峰区间为$[a, b]$，其长 $L=b-a$，在$[a, b]$内取两对

称点 x_1，x_2，$ax_2 = x_1 b = \lambda L$，计算对应的函数值 $f_1 = f(x_1)$，$f_2 = f(x_2)$，比较它们的大小：

如图 3-6a 所示，若 $f_1 > f_2$，显然，极小值点必在区间 $[x_1, b]$ 内，因而抛掉区间 $[a, x_1]$，即取 $a = x_1$，则新区间为 $[x_1, b]$，为了程序循环迭代，换名：$a = x_1$，$x_1 = x_2$，$f_1 = f_2$，然后计算新点 $x_2 = a + \lambda(b - a)$，函数值 $f_2 = f(x_2)$。

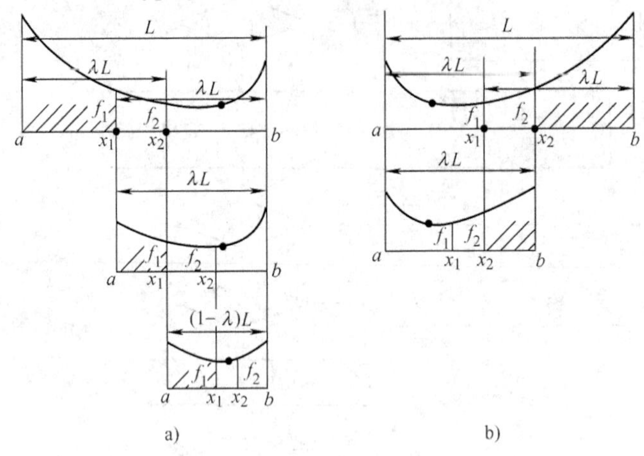

图 3-6　0.618 法区间消去原理

a) $f_1 > f_2$ 的情况　b) $f_1 < f_2$ 的情况

令区间缩短率为

$$\frac{新区间长}{原区间长} = \frac{\lambda L}{L} = \lambda \tag{3-2}$$

在得到的新区间内继续比较 f_1，f_2 的大小，若 $f_1 > f_2$，如图 3-6a 所示，因而抛掉区间 $[a, x_1]$，即取 $a = x_1$，则新区间为 $[x_1, b]$，作相应的换名：$a = x_1$，$x_1 = x_2$，$f_1 = f_2$，然后计算新点 $x_2 = a + \lambda(b - a)$ 和函数值 $f_2 = f(x_2)$。则区间缩短率为

$$\frac{新区间长}{原区间长} = \frac{(1-\lambda)L}{\lambda L} = \frac{1-\lambda}{\lambda} \tag{3-3}$$

0.618 法的特点是取每次的缩短率相等，由式(3-2)和式(3-3)得

$$\lambda = \frac{1-\lambda}{\lambda}$$

即

$$\lambda^2 + \lambda - 1 = 0$$

由上式可解得 $\lambda = 0.618$，即每次缩小区间后，所得到的新区间是原区间的 0.618 倍，舍弃的区间是原区间的 0.382 倍。在反复迭代计算过程中，除初始区间要找两个计算点外，在以后每次缩短的新区间内只需要再计算一个新点的函数值即可。

同理，如图 3-6b 所示，若 $f_1 < f_2$，应消去区间 $[x_2, b]$，新区间为 $[a, x_2]$，作相应的换名：$b = x_2$，$x_2 = x_1$，$f_2 = f_1$，然后计算新点 $x_1 = b - \lambda(b - a)$ 和函数值 $f_1 = f(x_1)$，比较 f_1，f_2 的大小，重复迭代。

二、迭代步骤与程序框图

由以上讨论，0.618 法的迭代步骤如下：

1）给定单峰区间$[a, b]$、$\lambda=0.618$及收敛精度ε。

2）在该区间内取两对称点并计算对应的函数值：

$$x_1=b-\lambda(b-a),\ f_1=f(x_1)$$

$$x_2=a+\lambda(b-a),\ f_2=f(x_2)$$

3）比较函数值f_1和f_2的大小：

若$f_1>f_2$，则取$[x_1, b]$为新区间，而x_2则作为新区间内的第一个试算点，即令

$$a=x_1,\ x_1=x_2,\ f_1=f_2$$

而另一个试算点要重新计算

$$x_2=a+\lambda(b-a),\ f_2=f(x_2)$$

若$f_1\leqslant f_2$，则取$[a, x_2]$为新区间，而x_1则作为新区间内的第二个试算点，即令

$$b=x_2,\ x_2=x_1,\ f_2=f_1$$

而另一个试算点要重新计算

$$x_1=b-\lambda(b-a),\ f_1=f(x_1)$$

4）若满足迭代精度

$$b-a\leqslant\varepsilon$$

则转下一步，否则返回步骤(3)，进行下一次迭代计算，进一步缩短区间。

5）输出最优解

$$x^*=0.5(b+a),\ f^*=f(x^*)$$

0.618法算法程序框图如图3-7所示。

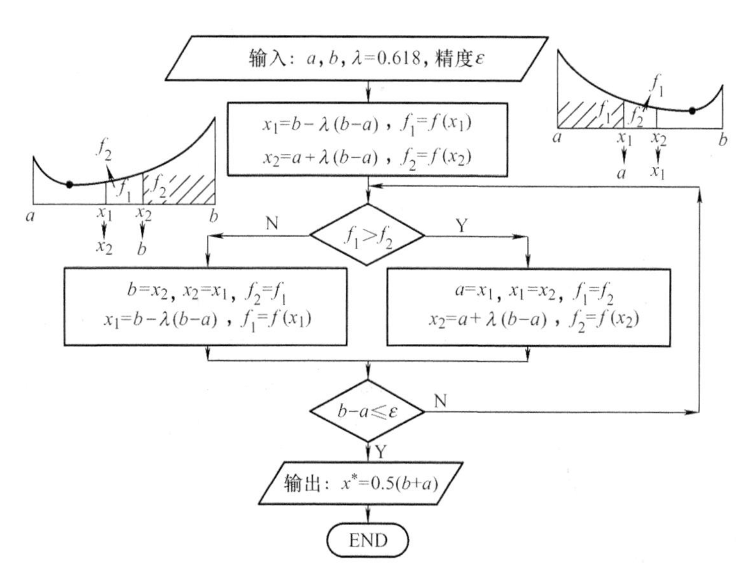

图3-7　0.618法算法程序框图

例3-1　试用0.618法求函数$f(x)=x(x+2)$的极小值点，设初始单峰区间$[a, b]=[-3, 5]$，给定收敛精度$\varepsilon=0.3$。

解　第一次迭代：

(1)在区间$[a, b]=[-3, 5]$中取两对称点并计算对应的函数值

$$x_1 = a + 0.382(b - a) = -3 + 0.382(5 + 3) = 0.056$$
$$x_2 = a + 0.618(b - a) = -3 + 0.618(5 + 3) = 1.944$$
$$f_1 = f(x_1) = 0.056(0.056 + 2) = 0.115$$
$$f_2 = f(x_2) = 1.944(1.944 + 2) = 7.667$$

（2）比较函数值 f_1 和 f_2 的大小

因 $f_1 < f_2$，则取 $[a, x_2]$ 为新区间，而 x_1 在新区间中应为 x_2，应作如下的运算：

$$b = x_2 = 1.944, \ x_2 = x_1 = 0.056, \ f_2 = f_1 = 0.115$$
$$x_1 = a + 0.382(b - a) = -3 + 0.382(1.944 + 3) = -1.111$$
$$f_1 = f(x_1) = -1.111(-1.111 + 2) = -0.988$$

（3）收敛精度判断

$$b - a = 1.944 - (-3) = 4.944 > \varepsilon$$

因不满足终止条件，故返回到第(2)步，继续缩短区间，进行第二次迭代。

各次迭代计算结果见表 3-1。由该表可知，经过 8 次迭代，其区间缩小为

$$b - a = -0.836 - (-1.111) = 0.275 < \varepsilon = 0.3$$

故可停止迭代，输出最优解

$$x^* = 0.5(a + b) = 0.5(-1.111 - 0.836) = -0.9735$$
$$f(x^*) = -0.9735(-0.9735 + 2) = -0.9993$$

其精确解是：$x^* = -1, f(x^*) = -1$。

表 3-1 例 3-1 的迭代计算结果

迭代次数	a	b	x_1	x_2	f_1	比较	f_2	$b-a$
1	-3	5	0.056	1.944	0.155	<	7.667	8.000
2	-3	1.944	-1.111	0.056	-0.988	<	0.115	4.944
3	-3	0.056	-0.833	-1.111	-0.306	>	-0.988	3.056
4	-1.833	0.056	-1.111	-0.666	-0.988	<	-0.888	1.889
5	-1.833	-0.666	-0.666	-1.111	-0.850	>	-0.988	1.167
6	-1.387	-0.666	-1.111	0.941	-0.988	>	-0.997	0.721
7	-1.111	-0.666	-0.941	-0.836	-0.977	<	-0.973	0.445
8	-1.111	-0.836						0.275

三、0.618 法的特点

1）每次区间的缩短率都相等，$\lambda = 0.618$；

2）每一次只需要计算一个新点(x_1 或 x_2)的函数值，另一点利用上次旧迭代点的信息，节省计算时间；

3）方法简单，对函数没有特殊要求(只要能计算出函数值，函数是什么样的表达形式均可)，故适应性强；

4）没有利用函数自身的数学性态，收敛速度较慢。

为了充分利用函数自身的数学性态以加快收敛速度，可采用下一节的二次插值法。

第三节　二次插值法

插值法包括二次插值法（又称抛物线法）和三次插值法（又称微分法），都属于利用多项式逼近的近似法（曲线拟合法）。二次插值法计算较简单，且具有一定的计算精度，收敛速度一般比0.618法要快，故应用较广。本节仅讨论二次插值法。

一、二次插值法的基本思想

设一维函数$f(x)$的单峰区间$[x_1, x_3]$已确定，如图3-8所示。在该区间内再取一点x_2，且$x_1 < x_2 < x_3$，它们对应的函数值分别为f_1，f_2，f_3。将这三个点作为插值节点，构造二次插值函数（图中虚线所示）

$$p(x) = a + bx + cx^2 \tag{3-4}$$

逼近原函数$f(x)$。由插值理论可知，在三个插值节点处，$f(x)$和$p(x)$应有相同的函数值，即二次多项式（3-4）应满足条件

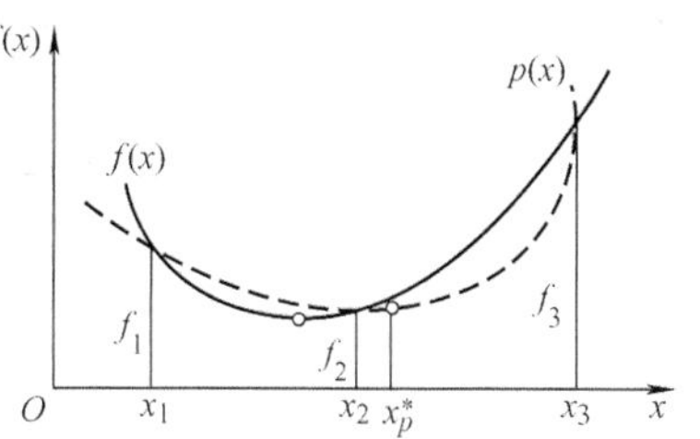

图3-8　二次插值法原理

$$\left.\begin{aligned} p(x_1) &= a + bx_1 + cx_1^2 = f(x_1) = f_1 \\ p(x_2) &= a + bx_2 + cx_2^2 = f(x_2) = f_2 \\ p(x_3) &= a + bx_3 + cx_3^2 = f(x_3) = f_3 \end{aligned}\right\} \tag{3-5}$$

由上式可解得$p(x)$的待定系数a，b，c。而插值函数$p(x)$的极值点较容易求得，令其一阶导数等于零，得

$$\frac{\mathrm{d}p(x)}{\mathrm{d}x} = b + 2cx = 0$$

$$x_p^* = -\frac{b}{2c} \tag{3-6}$$

显然，若原函数$f(x)$是二次函数，x_p^*就是原函数的极值点。若$f(x)$不是二次函数，可将x_p^*作为单峰区间内另一个点，利用区间消去法原理进行迭代求解。

故二次插值法的基本思想是：用插值函数$p(x)$的极值点x_p^*作为单峰区间$[x_1, x_3]$中的一个新点，通过比较$f(x_p^*)$与$f(x_2)$的大小，确定取舍区间，再反复插值，逐渐缩小区间逼近极值点。

二、方法原理

1. x_p^* 的计算公式

由式（3-5）解出待定系数a，b，c后，代入极值点式（3-6），得

$$x_p^* = \frac{1}{2}\left[\frac{(x_2^2 - x_3^2)f_1 + (x_3^2 - x_1^2)f_2 + (x_1^2 - x_2^2)f_3}{(x_2 - x_3)f_1 + (x_3 - x_1)f_2 + (x_1 - x_2)f_3}\right] \tag{3-7}$$

为便于计算，可将上式改写为

令

$$C_1=\frac{f_3-f_1}{x_3-x_1},\ C_2=\frac{(f_2-f_1)/(x_2-x_1)-C_1}{(x_2-x_3)} \tag{3-8}$$

$$x_p^*=0.5\left(x_1+x_3-\frac{C_1}{C_2}\right) \tag{3-9}$$

2. 缩短区间

当比较$f(x_p^*)$与$f(x_2)$的大小后，确定了取舍区间，得到新区间。为了便于循环迭代计算，利用同一个插值函数极值点的计算公式，则要求新区间两端点及区间内保留的一个点及其函数值的名称仍与上次迭代时相同，即$x_1<x_2<x_3$，它们对应的函数值分别为f_1，f_2，f_3。令$x_4=x_p^*$，具体换名情况见表3-2。

表3-2 二次插值法区间缩短的四种情况

	$f_2<f_4$	$f_2>f_4$
$x_2<x_4$	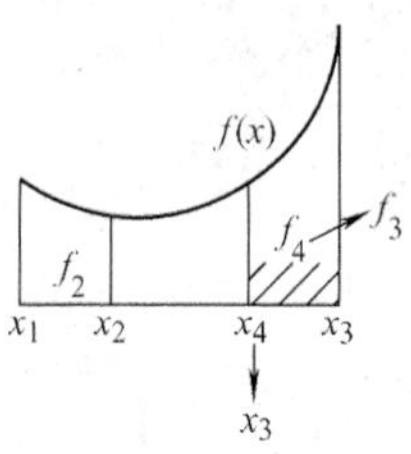 $f(x)$；f_2；$f_4 \to f_3$；x_1 x_2 x_4 x_3；$x_4 \to x_3$	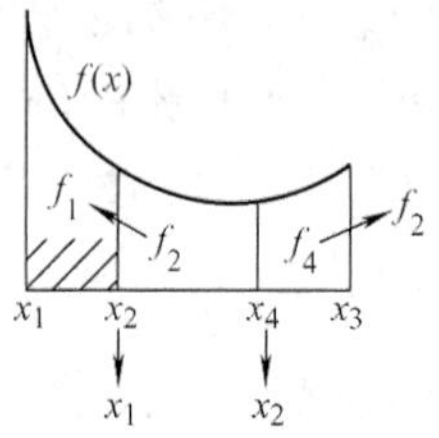 $f(x)$；f_1，f_2；$f_4 \to f_2$；x_1 x_2 x_4 x_3；$x_2 \to x_1$，$x_4 \to x_2$
$x_2>x_4$	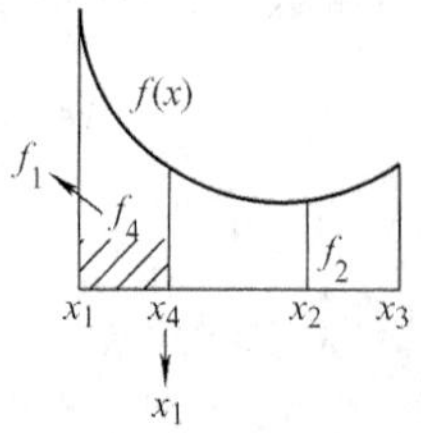 $f(x)$；f_1，f_4；f_2；x_1 x_4 x_2 x_3；$x_4 \to x_1$	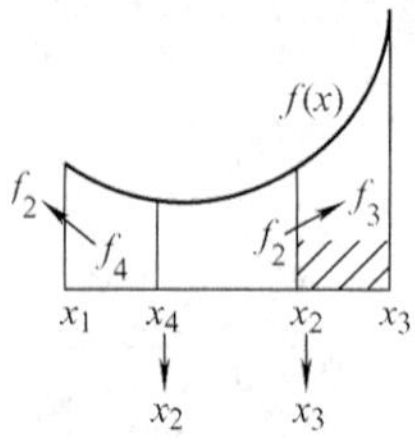 $f(x)$；f_2，f_4；$f_2 \to f_3$；x_1 x_4 x_2 x_3；$x_4 \to x_2$，$x_2 \to x_3$

三、迭代步骤与计算程序框图

二次插值法的计算步骤如下：

1）给定初始单峰区间$[x_1, x_3]$和收敛精度ε。

2）在区间内取一点x_2，设$x_1<x_2<x_3$，计算它们对应的函数值分别为$f_1=f(x_1)$，$f_2=f(x_2)$，$f_3=f(x_3)$。

3）按式(3-8)和式(3-9)计算二次插值函数的极值点x_p^*，并令$x_4=x_p^*$，计算$f_4=f(x_4)$。

4）判断收敛精度：$|x_2-x_4|\leqslant\varepsilon$是否满足。若满足，则判断：$f_2<f_4$是否成立。若成立，则输出：$x^*=x_2$，否则输出：$x^*=x_4$，迭代计算结束。

若$|x_2-x_4|\leqslant\varepsilon$不满足，则按照表3-2缩短搜索区间，返回到第3)步，继续迭代计算。

二次插值法的计算程序框图如图3-9所示。算法程序框图中的两点说明：

(1) 判别框$C_2=0$？若成立，由式(3-8)则有

$$\frac{f_2-f_1}{x_2-x_1}-C_1=0$$

$$C_1=\frac{f_3-f_1}{x_3-x_1}$$

即

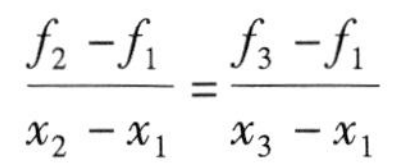

$$\frac{f_2-f_1}{x_2-x_1}=\frac{f_3-f_1}{x_3-x_1}$$

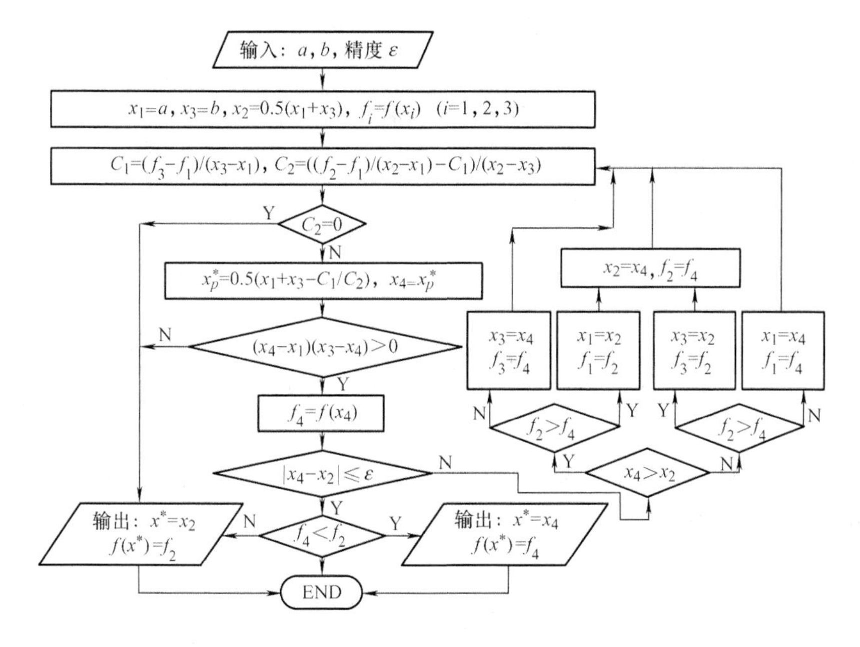

图 3-9 二次插值法计算程序框图

这说明三个插值节点(x_1, f_1)，(x_2, f_2)，(x_3, f_3)在同一直线上，如图 3-10 所示。又因x_1，x_2，x_3是单峰区间，$f_1<f_2<f_3$，故三个插值节点应在同一水平线上，输出任一点均可作为极值点。

(2) 判别框$(x_4-x_1)(x_3-x_4)>0$? 若不成立，即$(x_4-x_1)(x_3-x_4)<0$，说明点x_4落在区间$[x_1, x_3]$之外。

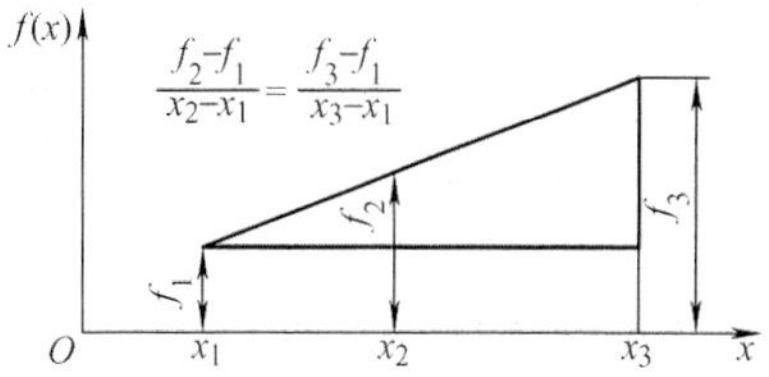

图 3-10 三个插值节点在同一直线上

以上两种情况只是在区间缩得很小时，三个插值节点已十分接近，由于计算机的舍入误差才可能出现的情况。因此可把中间点x_2及其函数值$f(x_2)$作为最优解输出。

例 3-2 试用二次插值法计算函数$f(x)=(x-3)^2$的极值点。初始区间为$[1, 7]$，收敛精度$\varepsilon=0.01$。

解 (1) 初始插值节点

$x_1=1$，$f_1=f(x_1)=4$；$x_2=0.5(x_1+x_3)=4$，$f_2=f(x_2)=1$；$x_3=7$，$f_3=f(x_3)=16$

(2) 计算插值函数的极小值点与极小值

将上述三个插值节点的数据代入式(3-8)和式(3-9)得

$$x_p^* = 3 = x_4, f_4 = f(x_4) = (3-3)^2 = 0$$

(3) 判断精度

$|x_2 - x_4| = |4-3| = 1 > \varepsilon = 0.01$

故继续迭代计算;

(4) 缩短区间

因　$x_2 > x_4, f_2 > f_4$，由表3-2得

$$x_3 = x_2 = 4, f_3 = f_2 = 1; x_2 = x_4 = 3, f_2 = f_4 = 0$$

(5) 重复步骤(2)

$$x_p^* = 3 = x_4, f_4 = f(x_4) = (3-3)^2 = 0$$

(6) 判断精度

$$|x_2 - x_4| = |3-3| = 0 < \varepsilon = 0.01$$

满足精度要求，终止迭代。

最优解:$x^* = 3, f^* = f(x^*) = 0$

由此例可见，对于二次函数用二次插值法求极值点，理论上只需一次迭代计算即可达到极值点。对于非二次函数，随着区间的缩短使函数的二次性态加强，因而收敛速度也是较快的。

例3-3　试用二次插值法计算函数$f(x) = e^{x+1} - 5(x+1)$的极值点。初始区间为[-0.5, 2.5]，收敛精度$\varepsilon = 0.005$。

解　(1) 初始插值节点

$$x_1 = -0.5, f_1 = f(x_1) = -0.851279$$

$$x_2 = 0.5(x_1 + x_3) = 1, f_2 = f(x_2) = -2.619044$$

$$x_3 = 2.5, f_3 = f(x_3) = 15.615452$$

(2) 计算插值函数的极小值点与极小值

将上述三个插值节点的数据代入式(3-8)和式(3-9)得

$$x_p^* = 0.382067 = x_4, f_4 = f(x_4) = -2.927209$$

(3) 判断精度

$$|x_2 - x_4| = |1 - 0.382067| = 0.617933 > \varepsilon = 0.005$$

故继续迭代计算;

(4) 缩短区间

因　$x_2 > x_4, f_2 > f_4$，由表3-2得

$$x_3 = x_2 = 1, f_3 = f_2 = -2.619044; \quad x_2 = x_4 = 0.382067, f_2 = f_4 = -2.927209$$

(5) 重复步骤(2)

$$x_p^* = 0.557065 = x_4, f_4 = f(x_4) = -3.040450$$

(6) 判断精度

$$|x_2 - x_4| = |0.382067 - 0.557065| = 0.174998 > \varepsilon$$

未满足收敛精度，返回步骤(2)。

本题迭代计算结果见表3-3。

表 3-3　例 3-3 的迭代计算结果

计算次数	1	2	3	4	5
x_1	-0.5	-0.5	0.382067	0.557065	0.593226
x_2	1.0	0.382067	0.557065	0.593226	0.605217
x_3	2.5	1.0	1.0	1.0	1.0
f_1	-0.851279	-0.851279	-2.927209	-3.040450	-3.046534
f_2	-2.610944	-2.927209	-3.040450	-3.046534	-3.047145
f_3	15.615452	-2.610944	-2.610944	-2.610944	-2.610944
x_4	0.382067	0.557065	0.593226	0.605217	0.608188
f_4	-2.927209	-3.040450	-3.046534	-3.047145	-3.047188
$\|x_2-x_4\|$	0.617933	0.174998	0.036161	0.011991	0.002971

本章学习要点

1）结合图形理解进退法确定单峰区间的迭代过程。单峰区间程序的出口即是 0.618 法和二次插值法程序框图的入口。

2）0.618 法和二次插值法都是利用区间消去法原理逼近极值点，区别在于区间内所选取试算点的方法不同。0.618 法是取两对称点，每次区间缩短率都相等（$\lambda=0.618$）。二次插值法是取插值函数的极值点作为其中一个试算点，利用了函数自身的数学性态，其收敛速度较快。

3）运用二次插值法需要重点理解每次缩短区间并将新区间插值节点名称作相应更换的规律，可结合表 3-2 进行理解。

习　题

3-1　单项选择题

（1）初始单峰区间为[-10, 10]，用 0.618 法计算两个试算点 x_1，x_2 为____。

A. $x_1=-2.36$，$x_2=2.36$　B. $x_1=-2$，$x_2=2$　C. $x_1=2.36$，$x_2=-2.36$　D. $x_1=2$，$x_2=-2$

（2）在用 0.618 法求函数极小值的迭代中，x_1，x_2 为搜索区间[a, b]中的两点，其函数值分别记为 f_1，f_2。已知 $f_2>f_1$，在下次搜索区间中，应作如下符号置换____。

（3）在单峰搜索区间[x_1, x_3]（$x_1<x_3$）内取一点 x_2，用二次插值法计算得 x_4（在[x_1, x_3]内），若 $x_2<x_4$，并且其函数值 $f(x_2)<f(x_4)$，则取新区间为____。

A. [x_1, x_4]　B. [x_2, x_3]　C. [x_1, x_2]　D. [x_4, x_3]

3-2　用进退试算法确定函数 $f(x)=3x^3-8x+9$ 的单峰区间，给定初始点 $x_1=0$，初始步长 $h=0.1$。

3-3　用 0.618 法求函数 $f(x)=x^2-x+2$ 的极小值点。设初始区间[a, b]=[-1, 3]，作一次迭代计算，确定第二次迭代的区间。

3-4　现已知汽车行驶速度 x 与每千米耗油量 f 的函数关系为 $f(x)=x+\dfrac{20}{x}$，试用 0.618 法确定速度 x 在每分钟 0.2～1km 时的最经济速度 x^*。取精度 $\varepsilon=0.01$。

3-5　试用二次插值法计算上题的最经济速度 x^*。

第四章 无约束优化方法

📖 **提示**：无约束优化方法是优化技术中极为重要也是最基本的内容之一。本章主要介绍目前工程设计中较常用的几种方法：鲍威尔（Powell）法、单纯形法、梯度法、共轭梯度法、牛顿（Newton）法和变尺度（DFP）法。

本章的重点和难点是：共轭方向、鲍威尔（Powell）法和 DFP 法。

学习本章时首先抓住对各种优化方法基本思想的理解，然后是具体的计算方法和迭代步骤。

无约束优化问题的数学模型为

$$\min_{\boldsymbol{X} \in \mathbf{R}^n} f(\boldsymbol{X})$$

无约束优化方法不仅可解决设计中无约束优化问题，更重要的是通过对无约束优化方法的研究，给求解约束优化方法提供良好的概念和理论基础，而且约束优化问题通过数学处理可化为无约束优化问题，利用无约束优化方法来求解。所以，无约束优化方法在优化设计中有十分重要的作用。

根据确定搜索方向所使用的信息和方法不同，无约束优化方法可分为两大类：

（1）直接法　这类方法仅利用计算目标函数值的信息来构造搜索方向。如坐标轮换法、鲍威尔（Powell）法和单纯形法等。由于只需要计算和比较目标函数值，对于那些无法求导数或求导数很困难的函数，这类方法就有适用性广和可靠性高的显著优越性，但是这类方法一般收敛速度较慢。

（2）间接法（解析法）这类方法利用函数的一阶导数甚至二阶导数的信息来构造搜索方向。如梯度法、共轭梯度法、牛顿（Newton）法和变尺度（DFP）法等。由于需要计算函数的一阶导数甚至二阶导数，因此这类方法计算量较大，但收敛速度较快。

本章首先讨论直接法，然后讨论间接法。

第一节 共轭方向

在优化方法中，共轭方向的概念有着重要的意义。一些有效的无约束优化方法大多都是以共轭方向为搜索方向而形成的。

以二维函数为例，如图 4-1a 所示，若目标函数等值线为同心圆族，由任一点 $\boldsymbol{X}^{(0)}$ 出发，沿下降方向 $\boldsymbol{S}^{(1)}$ 进行一维搜索得点 $\boldsymbol{X}^{(1)}$，再由点 $\boldsymbol{X}^{(1)}$ 出发，沿与方向 $\boldsymbol{S}^{(1)}$ 正交的方向 $\boldsymbol{S}^{(2)}$ 进行一维搜索即可得到极值点 $\boldsymbol{X}^*$。

如图 4-1b 所示，若目标函数等值线为同心椭圆族，分别由点 $\boldsymbol{X}^{(0)\prime}$ 和 $\boldsymbol{X}^{(0)\prime\prime}$ 出发，沿两个平行的下降方向 $\boldsymbol{S}^{(1)}$ 进行一维搜索得点 $\boldsymbol{X}^{(1)}$ 和 $\boldsymbol{X}^{(2)}$，连这两个点得方向 $\boldsymbol{S}^{(2)}$，沿该方向进行一维搜索即可得到极值点 $\boldsymbol{X}^*$。这是由于同心椭圆族有一个特性：任意两条平行切线的切点的

连线必通过椭圆族的中心。

以上两例中方向 $\boldsymbol{S}^{(1)}$ 与 $\boldsymbol{S}^{(2)}$ 就是共轭方向的简单直观概念。

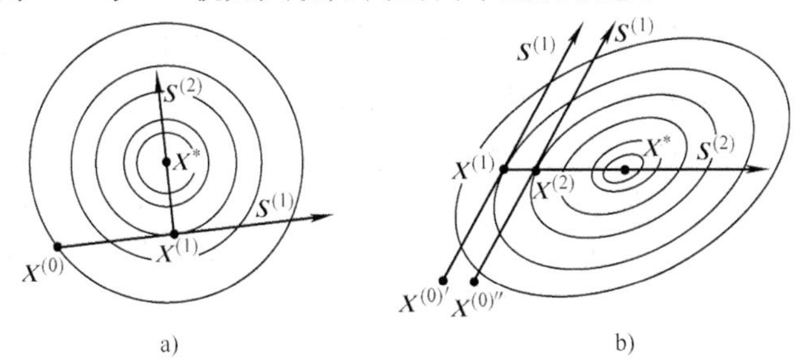

图 4-1　共轭方向

a）等值线为同心圆族　b）等值线为同心椭圆族

一、共轭方向的定义

首先考察二维的二次函数

$$f(\boldsymbol{X}) = \frac{1}{2}\boldsymbol{X}^{\mathrm{T}}\boldsymbol{A}\boldsymbol{X} + \boldsymbol{B}^{\mathrm{T}}\boldsymbol{X} + C \tag{4-1}$$

如图 4-2 所示，设由任一点 $\boldsymbol{X}^{(0)}$ 出发，沿下降方向 $\boldsymbol{S}^{(0)}$ 进行一维搜索得点 $\boldsymbol{X}^{(1)}$，且

$$\boldsymbol{X}^{(1)} = \boldsymbol{X}^{(0)} + \alpha^{(0)}\boldsymbol{S}^{(0)}$$

再由点 $\boldsymbol{X}^{(1)}$ 出发，沿直指极值点 $\boldsymbol{X}^*$ 的方向 $\boldsymbol{S}^{(1)}$ 进行一维搜索得极值点 $\boldsymbol{X}^*$。

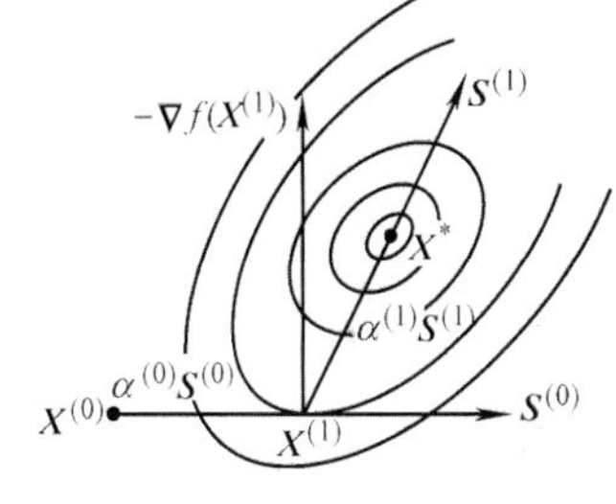

图 4-2　共轭方向的定义

显然

$$\boldsymbol{X}^* = \boldsymbol{X}^{(1)} + \alpha^{(1)}\boldsymbol{S}^{(1)} \tag{4-2}$$

下面分析直指极值点 $\boldsymbol{X}^*$ 的方向 $\boldsymbol{S}^{(1)}$ 与方向 $\boldsymbol{S}^{(0)}$ 的关系。

由式(4-1)得

$$\nabla f(\boldsymbol{X}) = \boldsymbol{A}\boldsymbol{X} + \boldsymbol{B}$$

由极值条件　$$\nabla f(\boldsymbol{X}^*) = \boldsymbol{A}\boldsymbol{X}^* + \boldsymbol{B} = \boldsymbol{0}$$

将式(4-2)代入上式，得

$$\nabla f(\boldsymbol{X}^*) = \boldsymbol{A}(\boldsymbol{X}^{(1)} + \alpha^{(1)}\boldsymbol{S}^{(1)}) + \boldsymbol{B} = (\boldsymbol{A}\boldsymbol{X}^{(1)} + \boldsymbol{B}) + \alpha^{(1)}\boldsymbol{A}\boldsymbol{S}^{(1)} = \boldsymbol{0}$$

上式改写为

$$\nabla f(\boldsymbol{X}^*) = \nabla f(\boldsymbol{X}^{(1)}) + \alpha^{(1)}\boldsymbol{A}\boldsymbol{S}^{(1)} = \boldsymbol{0}$$

将上式两边点乘 $\boldsymbol{S}^{(0)}$，得

$$\boldsymbol{S}^{(0)\mathrm{T}}\nabla f(\boldsymbol{X}^{(1)}) + \alpha^{(1)}\boldsymbol{S}^{(0)\mathrm{T}}\boldsymbol{A}\boldsymbol{S}^{(1)} = \boldsymbol{0} \tag{4-3}$$

由梯度的性质可知：$\nabla f(\boldsymbol{X}^{(1)})$ 与 $\boldsymbol{S}^{(0)}$ 正交，即

$$\boldsymbol{S}^{(0)\mathrm{T}}\nabla f(\boldsymbol{X}^{(1)}) = \boldsymbol{0}$$

又由于最优步长因子 $\alpha^{(1)}$ 不等于零，故有

$$\boldsymbol{S}^{(0)\mathrm{T}}\boldsymbol{A}\boldsymbol{S}^{(1)} = \boldsymbol{0} \tag{4-4}$$

这就是两个向量共轭的数学表达式。

定义：设 $\boldsymbol{A}$ 为 $n \times n$ 阶实对称正定矩阵，如果有两个 n 维非零向量 $\boldsymbol{S}^{(1)}$ 与 $\boldsymbol{S}^{(2)}$，若满足：

$$\boldsymbol{S}^{(1)\mathrm{T}}\boldsymbol{A}\boldsymbol{S}^{(2)} = \boldsymbol{0}$$

则称向量$S^{(1)}$与$S^{(2)}$关于对称正定矩阵A是共轭的，或简称向量$S^{(1)}$与$S^{(2)}$关于A共轭。

若非零向量组$S^{(1)}$，$S^{(2)}$，…，$S^{(k)}$，满足：

$$S^{(i)\mathrm{T}}AS^{(j)}=0 \quad (i\neq j;\ i,\ j=1,\ 2,\ \cdots,\ k)$$

则称向量组$S^{(1)}$，$S^{(2)}$，…，$S^{(k)}$关于矩阵A是共轭的。

A的一个特例是目标函数的海赛矩阵。

若A是单位阵I，则$S^{(1)\mathrm{T}}IS^{(2)}=S^{(1)\mathrm{T}}S^{(2)}=0$。若$A$不是单位阵$I$，则可理解为$S^{(2)}$经矩阵$A$线性变换后的向量$(S^{(2)})'=AS^{(2)}$与向量$S^{(1)}$正交(点积为零)。这说明正交向量是共轭的一种特例，或者说向量共轭是正交的推广。

例 4-1 已知：$S^{(1)}=\begin{pmatrix}3\\0\end{pmatrix}$，$S^{(2)}=\begin{pmatrix}2\\-6\end{pmatrix}$，$A=\begin{pmatrix}6 & 2\\2 & 3\end{pmatrix}$，问向量$S^{(1)}$与$S^{(2)}$关于对称正定矩阵$A$是否共轭？

解 由共轭向量的定义

$$S^{(1)\mathrm{T}}AS^{(2)}=[3,\ 0]\begin{pmatrix}6 & 2\\2 & 3\end{pmatrix}\begin{pmatrix}2\\-6\end{pmatrix}=[3,\ 0]\begin{pmatrix}0\\-14\end{pmatrix}=0$$

满足共轭的条件，故向量$S^{(1)}$与$S^{(2)}$关于矩阵A是共轭的。

若取$S^{(1)}=\begin{pmatrix}0\\3\end{pmatrix}$，$S^{(2)}=\begin{pmatrix}-3\\2\end{pmatrix}$，则

$$S^{(1)\mathrm{T}}AS^{(2)}=[0,\ 3]\begin{pmatrix}6 & 2\\2 & 3\end{pmatrix}\begin{pmatrix}-3\\2\end{pmatrix}=[0,\ 3]\begin{pmatrix}-14\\0\end{pmatrix}=0$$

说明关于矩阵A共轭的向量$S^{(1)}$，$S^{(2)}$不是唯一的。

二、共轭方向的性质

可以证明，对于一般的函数，共轭方向具有以下重要性质，这里设A为$n\times n$阶实对称正定矩阵：

(1) 若$S^{(1)}$，$S^{(2)}$，…，$S^{(n)}$为关于矩阵A共轭的n个非零向量，则这一组向量线性无关。由此可得

推论：在n维空间中相互共轭的非零向量的个数不超过n个。

(2) 设向量$S_i^{(1)}$ $(i=1,\ 2,\ \cdots,\ n)$是一组线性无关的非零向量，则可构造出n个非零向量$S_i^{(2)}$ $(i=1,\ 2,\ \cdots,\ n)$，使满足：

$$S_i^{(2)\mathrm{T}}AS_j^{(1)}=0 \quad (i\neq j;\ i,\ j=1,\ 2,\ \cdots,\ n)$$

这说明共轭向量由线性无关的向量构造。由于坐标轴方向是线性无关的，故可得

推论：可由坐标轴方向来构造共轭向量。

(3) 若$S^{(1)}$，$S^{(2)}$，…，$S^{(n)}$为关于矩阵A共轭的n个非零向量，则对于正定的n维二次函数

$$f(X)=\frac{1}{2}X^{\mathrm{T}}AX+B^{\mathrm{T}}X+C$$

从任意点$X^{(0)}$出发，依次沿$S^{(i)}$ $(i=1,\ 2,\ \cdots,\ n)$方向进行一维搜索，至多n次便可收敛到极

小值点 $\boldsymbol{X}^*$。

这说明沿共轭方向搜索具有二次收敛性(二阶收敛速度)。

而对于非二次函数上述的极小值点还不是该函数的极小值点，需要进一步搜索，得到新的共轭方向组，反复迭代，直到最后逼近极值点。

共轭方向的概念和它的性质十分重要，是后面要介绍的几种算法的理论依据。

三、共轭方向的形成

以二维正定的二次函数式(4-1)为例。如图 4-3 所示，在第 k 轮一维搜索中得两个迭代点：

$$\boldsymbol{X}_1^{(k)} = \boldsymbol{X}_0^{(k)} + \alpha_1 \boldsymbol{S}_1$$

$$\boldsymbol{X}_2^{(k)} = \boldsymbol{X}_1^{(k)} + \alpha_2 \boldsymbol{S}_2$$

连接该轮迭代的起始点 $\boldsymbol{X}_0^{(k)}$ 和终止点 $\boldsymbol{X}_2^{(k)}$ 得向量

$$\boldsymbol{S} = \boldsymbol{X}_2^{(k)} - \boldsymbol{X}_0^{(k)} \tag{4-5}$$

则向量 $\boldsymbol{S}$ 与 $\boldsymbol{S}_2$ 共轭。

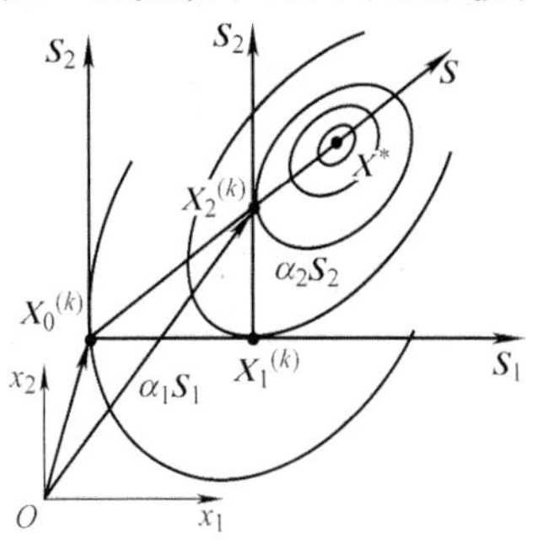

图 4-3　共轭方向的形成

证明　对于正定的二次函数

$$f(\boldsymbol{X}) = \frac{1}{2}\boldsymbol{X}^{\mathrm{T}}\boldsymbol{A}\boldsymbol{X} + \boldsymbol{B}^{\mathrm{T}}\boldsymbol{X} + C$$

其梯度

$$\nabla f(\boldsymbol{X}) = \boldsymbol{A}\boldsymbol{X} + \boldsymbol{B}$$

在点 $\boldsymbol{X}_2^{(k)}$

$$\nabla f(\boldsymbol{X}_2^{(k)}) = \boldsymbol{A}\boldsymbol{X}_2^{(k)} + \boldsymbol{B} \tag{4-6}$$

在点 $\boldsymbol{X}_0^{(k)}$

$$\nabla f(\boldsymbol{X}_0^{(k)}) = \boldsymbol{A}\boldsymbol{X}_0^{(k)} + \boldsymbol{B} \tag{4-7}$$

将式(4-6)和式(4-7)两边点乘 S_2，得

$$\boldsymbol{S}_2^{\mathrm{T}} \nabla f(\boldsymbol{X}_2^{(k)}) = \boldsymbol{S}_2^{\mathrm{T}}(\boldsymbol{A}\boldsymbol{X}_2^{(k)} + \boldsymbol{B}) \tag{4-8}$$

$$\boldsymbol{S}_2^{\mathrm{T}} \nabla f(\boldsymbol{X}_0^{(k)}) = \boldsymbol{S}_2^{\mathrm{T}}(\boldsymbol{A}\boldsymbol{X}_0^{(k)} + \boldsymbol{B}) \tag{4-9}$$

由梯度的性质可知：$\nabla f(\boldsymbol{X}_2^{(k)})$ 与 $\boldsymbol{S}_2$ 正交，$\nabla f(\boldsymbol{X}_0^{(k)})$ 与 $\boldsymbol{S}_2$ 正交，即

$$\boldsymbol{S}_2^{\mathrm{T}} \nabla f(\boldsymbol{X}_2^{(k)}) = \boldsymbol{S}_2^{\mathrm{T}}(\boldsymbol{A}\boldsymbol{X}_2^{(k)} + \boldsymbol{B}) = 0$$

$$\boldsymbol{S}_2^{\mathrm{T}} \nabla f(\boldsymbol{X}_0^{(k)}) = \boldsymbol{S}_2^{\mathrm{T}}(\boldsymbol{A}\boldsymbol{X}_0^{(k)} + \boldsymbol{B}) = 0$$

将上述两式相减，得

$$\boldsymbol{S}_2^{\mathrm{T}}\boldsymbol{A}(\boldsymbol{X}_2^{(k)} - \boldsymbol{X}_0^{(k)}) = 0$$

即

$$\boldsymbol{S}_2^{\mathrm{T}}\boldsymbol{A}\boldsymbol{S} = 0$$

故 $\boldsymbol{S}$ 与 $\boldsymbol{S}_2$ 关于矩阵 $\boldsymbol{A}$ 共轭。

同理可推广到 n 维函数。

n 维函数共轭方向的形成：沿 n 个线性无关的方向进行一轮一维搜索，连接该轮迭代的起始点 $\boldsymbol{X}_0^{(k)}$ 和终止点 $\boldsymbol{X}_n^{(k)}$ 的向量，即为新产生的共轭方向。

第二节　共轭方向法及其改进——Powell 法

一、共轭方向法

1. 基本思想

根据上节共轭方向的概念和性质，共轭方向法的基本思想是：首先采用坐标轴方向作为第一轮的搜索方向进行一轮一维搜索迭代。然后将第一轮迭代的初始点与最末一个极小值点连接构成一个新方向，以该新方向作为最末一个方向，淘汰第一个方向，得下一轮迭代的 n 个搜索方向。依此下去，直至逼近极值点。

2. 共轭方向法的迭代步骤

1）给定初始点 $\boldsymbol{X}_0$，迭代轮数 $k=1$，令 $\boldsymbol{X}_0^{(k)}=\boldsymbol{X}_0$，维数 n，收敛精度 ε；

2）输入坐标轴方向作为第一轮的搜索方向，即

$$\boldsymbol{S}_i^{(k)}=\boldsymbol{e}_i,\ \boldsymbol{e}_i=[0,\ \cdots,\ 1,\ 0,\ \cdots,\ 0]^{\mathrm{T}}\quad(i=1,\ 2,\ \cdots,\ n)$$

3）从 $\boldsymbol{X}_0^{(k)}$ 开始，依次沿方向 $\boldsymbol{S}_i^{(k)}$ 进行 n 次一维搜索得到 n 个一维极小值点 $\boldsymbol{X}_i^{(k)}$ （$i=1,\ 2,\ \cdots,\ n$），连接点 $\boldsymbol{X}_0^{(k)}$ 与 $\boldsymbol{X}_n^{(k)}$，构造出第一个共轭方向：

$$\boldsymbol{S}_{n+1}^{(k)}=\boldsymbol{X}_n^{(k)}-\boldsymbol{X}_0^{(k)}$$

4）从 $\boldsymbol{X}_n^{(k)}$ 出发沿 $\boldsymbol{S}_{n+1}^{(k)}$进行一维搜索，得极小值点 $\boldsymbol{X}_{n+1}^{(k)}$(完成了一轮迭代)；

5）收敛精度判断

若$\|\boldsymbol{X}_{n+1}^{(k)}-\boldsymbol{X}_0^{(k)}\|\leqslant\varepsilon$ 满足，则输出 $\boldsymbol{X}^*=\boldsymbol{X}_{n+1}^{(k)}$，结束。否则，淘汰 $\boldsymbol{S}_1^{(k)}$，增加 $\boldsymbol{S}_{n+1}^{(k)}$，构成第 $k+1$ 轮的搜索方向：

$$\boldsymbol{S}_i^{(k+1)}=\boldsymbol{S}_{i+1}^{(k)}\quad(i=1,\ 2,\ \cdots,\ n)\tag{4-10}$$

6）将 $\boldsymbol{X}_{n+1}^{(k)}\rightarrow\boldsymbol{X}_0^{(k+1)}$，令 $k=k+1$，返回步骤(3)。

三维问题的共轭方向法搜索过程如图 4-4a 所示。

3. 共轭方向法存在的问题

在上述共轭方向基本算法中，方向组的替换采用式(4-10)的固定格式，运算比较简便。但由此形成的方向组中，有可能出现几个方向线性相关或近似线性相关的现象。也就是说，在新的方向组中有可能存在两个方向平行(或三个方向共面)的情况。显然，这将导致新的方向组共轭方向个数减少，从而使迭代运算退化到一个较低维的空间中进行，即降维搜索，因此无法得到真正的极小值点。

现以三维为例说明。

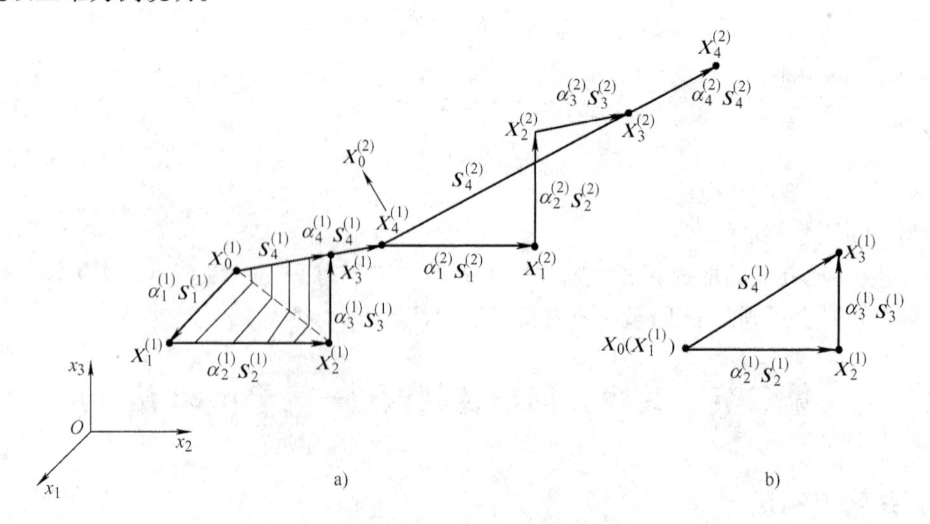

图 4-4　共轭方向法搜索过程

a）共轭方向法搜索过程　b）三个方向线性相关

如图4-4a所示，从点$\boldsymbol{X}_0^{(1)}$出发分别沿三个方向作一维搜索，得到三个方向上的极小值点为

$$\boldsymbol{X}_1^{(1)}=\boldsymbol{X}_0^{(1)}+\alpha_1^{(1)}\boldsymbol{S}_1^{(1)}$$

$$\boldsymbol{X}_2^{(1)}=\boldsymbol{X}_1^{(1)}+\alpha_2^{(1)}\boldsymbol{S}_2^{(1)}=\boldsymbol{X}_0^{(1)}+\alpha_1^{(1)}\boldsymbol{S}_1^{(1)}+\alpha_2^{(1)}\boldsymbol{S}_2^{(1)}$$

$$\boldsymbol{X}_3^{(1)}=\boldsymbol{X}_2^{(1)}+\alpha_3^{(1)}\boldsymbol{S}_3^{(1)}=\boldsymbol{X}_0^{(1)}+\alpha_1^{(1)}\boldsymbol{S}_1^{(1)}+\alpha_2^{(1)}\boldsymbol{S}_2^{(1)}+\alpha_3^{(1)}\boldsymbol{S}_3^{(1)}$$

由首末两点构造的新方向为

$$\boldsymbol{S}_4^{(1)}=\boldsymbol{X}_3^{(1)}-\boldsymbol{X}_0^{(1)}=\alpha_1^{(1)}\boldsymbol{S}_1^{(1)}+\alpha_2^{(1)}\boldsymbol{S}_2^{(1)}+\alpha_3^{(1)}\boldsymbol{S}_3^{(1)}$$

若其中的$\alpha_1^{(1)}=0$或$\alpha_1^{(1)}\approx0$，也就是说，在方向$\boldsymbol{S}_1^{(1)}$上函数无下降或者下降得很小，则上式为

$$\boldsymbol{S}_4^{(1)}=\alpha_2^{(1)}\boldsymbol{S}_2^{(1)}+\alpha_3^{(1)}\boldsymbol{S}_3^{(1)}$$

若以$\boldsymbol{S}_4^{(1)}$替换$\boldsymbol{S}_1^{(1)}$，则由上式看出，由此形成的三个方向$\boldsymbol{S}_2^{(1)}$，$\boldsymbol{S}_3^{(1)}$，$\boldsymbol{S}_4^{(1)}$线性相关，或者说该三个方向共面，如图4-4b所示。因此，以后的迭代运算将始终局限于该平面内，使三维的问题退化到二维问题。显然在二维平面内无法搜索到三维空间中真正的极小值点。

鉴于上述问题，M. J. D. Powell（鲍威尔）于1964年对共轭方向基本算法进行了改进，形成了以下的修正算法。

二、共轭方向法的改进——Powell法

1. 基本思想

修正的共轭方向法——Powell法与上述未改进的共轭方向法迭代过程基本相同。其不同点是：

1）在$(k+1)$轮迭代中，是否选用新产生的方向$\boldsymbol{S}_{n+1}^{(k)}$要进行判断；

2）若选用，也不一定淘汰第k轮的第一个方向$\boldsymbol{S}_1^{(k)}$，淘汰哪一个方向也要进行判断。其目的是避免新一轮的搜索方向线性相关，出现退化现象，导致降维。

2. 共轭方向$\boldsymbol{S}_{n+1}^{(k)}$的选取与淘汰方向的判断

在得到新的方向

$$\boldsymbol{S}_{n+1}^{(k)}=\boldsymbol{X}_n^{(k)}-\boldsymbol{X}_0^{(k)}$$

之后，沿方向$\boldsymbol{S}_{n+1}^{(k)}$找出点$\boldsymbol{X}_0^{(k)}$关于点$\boldsymbol{X}_n^{(k)}$的反射点$\boldsymbol{X}_{n+2}^{(k)}$，如图4-5a所示。

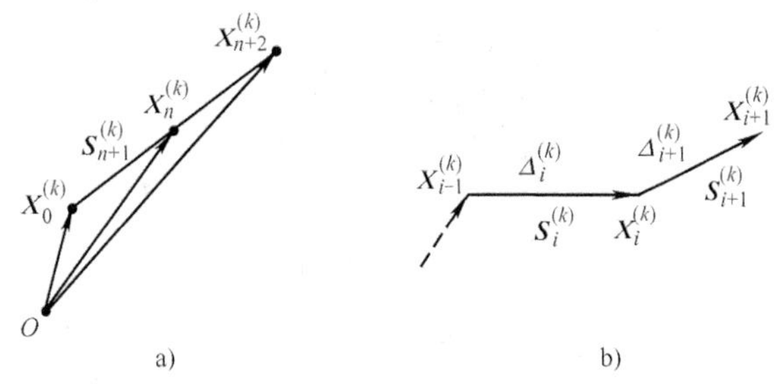

图4-5　Powell法的判别量

a）反射点　b）搜索方向上的下降量

$$\boldsymbol{X}_{n+2}^{(k)}=\boldsymbol{X}_n^{(k)}+(\boldsymbol{X}_n^{(k)}-\boldsymbol{X}_0^{(k)})=2\boldsymbol{X}_n^{(k)}-\boldsymbol{X}_0^{(k)} \tag{4-11}$$

分别计算三个点的函数值

$$f_1=f(\boldsymbol{X}_0^{(k)}),\ f_2=f(\boldsymbol{X}_n^{(k)}),\ f_3=f(\boldsymbol{X}_{n+2}^{(k)})$$

然后找出前一轮一维搜索过程中函数值下降量最大的方向 $S_m^{(k)}$ 及其最大的下降量 Δ_m，即

$$\Delta_m^{(k)} = \max_{i=1,2,\cdots,n} |f(X_{i-1}^{(k)}) - f(X_i^{(k)})|$$

Powell 的研究结果，若以下关系

$$\left.\begin{array}{l} f_3 < f_1 \\ (f_1+f_3-2f_2)(f_1-f_2-\Delta_m^{(k)})^2 < \dfrac{1}{2}\Delta_m^{(k)}(f_1-f_3)^2 \end{array}\right\} \tag{4-12}$$

同时满足，则表明方向 $S_{n+1}^{(k)}$ 与原方向组线性无关，因此可以用来替换。替代的方向就是 Δ_m 所对应的方向 $S_m^{(k)}$。即淘汰原方向 $S_m^{(k)}$，而把新的方向 $S_{n+1}^{(k)}$ 加到方向组的末尾，如下所示：

第 k 轮：$S_1^{(k)}$, $S_2^{(k)}$, $S_3^{(k)}$, $\cdots S_{m-1}^{(k)}$, $S_m^{(k)}$, $S_{m+1}^{(k)}$, $\cdots$, $S_{n-1}^{(k)}$, $S_n^{(k)}$, $S_{n+1}^{(k)}$

第 $k+1$ 轮：$S_1^{(k+1)}$, $S_2^{(k+1)}$, $S_3^{(k+1)}$, $\cdots S_{m-1}^{(k+1)}$, $S_m^{(k+1)}$, $S_{m+1}^{(k+1)}$, $\cdots$, $S_{n-1}^{(k+1)}$, $S_n^{(k+1)}$

替换的通式为

$$\left.\begin{array}{l} S_i^{(k+1)} = S_i^{(k)},\ i<m \\ S_i^{(k+1)} = S_{i+1}^{(k)},\ i \geqslant m \end{array} \quad (i=1,2,\cdots,n)\right\} \tag{4-13}$$

若式(4-12)不满足，则表明 $S_{n+1}^{(k)}$ 与原方向组中的某些方向线性相关，因此不能选用新方向，仍用第 k 轮的迭代方向作为第 $k+1$ 轮的搜索方向，即令

$$S_i^{(k+1)} = S_i^{(k)} \quad (i=1,2,\cdots,n) \tag{4-14}$$

3. Powell 法迭代步骤与计算程序框图

1）给定：初始点 X_0，迭代轮数 $k=1$，令 $X_0^{(k)}=X_0$，维数 n，收敛精度 ε_1，ε_2；

2）输入坐标轴方向作为第一轮的搜索方向，即

$$S_i^{(k)} = e_i,\ e_i = [0,\cdots,1,0,\cdots,0]^{\mathrm{T}} \quad (i=1,2,\cdots,n)$$

3）从 $X_0^{(k)}$ 开始，依次沿方向 $S_i^{(k)}$ 进行一轮（n 次）一维搜索得到 n 个一维极小值点：

$$X_i^{(k)} = X_{i-1}^{(k)} + \alpha_i^{(k)} S_i^{(k)} \quad (i=1,2,\cdots,n)$$

计算：$\Delta_m^{(k)} = \max\limits_{i=1,2,\cdots,n} |f(X_{i-1}^{(k)}) - f(X_i^{(k)})|$，得相应的方向 $S_m^{(k)}$；

4）收敛精度判断：若满足 $\|X_n^{(k)} - X_0^{(k)}\| \leqslant \varepsilon_1$ 并且 $\left|\dfrac{f(X_0^{(k)}) - f(X_n^{(k)})}{f(X_0^{(k)})}\right| \leqslant \varepsilon_2$，则令 $X^* = X_n^{(k)}$，$f(X^*) = f(X_n^{(k)})$，结束迭代；否则，转下一步；

5）构造共轭方向　连接点 $X_0^{(k)}$ 与 $X_n^{(k)}$ 构造共轭方向

$$S_{n+1}^{(k)} = X_n^{(k)} - X_0^{(k)}$$

6）求反射点

$$X_{n+2}^{(k)} = 2X_n^{(k)} - X_0^{(k)}$$

计算函数值：　$f_1 = f(X_0^{(k)})$，$f_2 = f(X_n^{(k)})$，$f_3 = f(X_{n+2}^{(k)})$

7）Powell 条件判别：若满足判别式

$$\left\{\begin{array}{l} f_3 < f_1 \\ (f_1+f_3-2f_2)(f_1-f_2-\Delta_m^{(k)})^2 < \dfrac{1}{2}\Delta_m^{(k)}(f_1-f_3)^2 \end{array}\right.$$

则取共轭方向 $S_{n+1}^{(k)}$，转下一步；不满足，则转步骤 10；

8）从点 $X_n^{(k)}$ 出发，沿方向 $S_{n+1}^{(k)}$ 作一维搜索求得极小值点：

$$X_{n+1}^{(k)}=X_n^{(k)}+\alpha_n^{(k)}S_{n+1}^{(k)}$$

9）进行方向替换，构成新的方向组 $S_i^{(k+1)}(i=1, 2, \cdots, n)$，令

$$\begin{cases}S_i^{(k+1)}=S_i^{(k)}, & i<m\\ S_i^{(k+1)}=S_{i+1}^{(k)}, & i\geqslant m\end{cases}\quad(i=1, 2, \cdots, n)$$

$X_0^{(k+1)}=X_{n+1}^{(k)}$，$k=k+1$，转步骤3）；

10）不进行方向替换，仍用第 k 轮的搜索方向组，令

$$S_i^{(k+1)}=S_i^{(k)}\quad(i=1, 2, \cdots, n)$$

若 $f_2<f_3$ 时，取 $X_0^{(k+1)}=X_n^{(k)}$；否则，取 $X_0^{(k+1)}=X_{n+2}^{(k)}$，$k=k+1$，转步骤3）；

Powell 法的计算程序框图如图4-6所示。

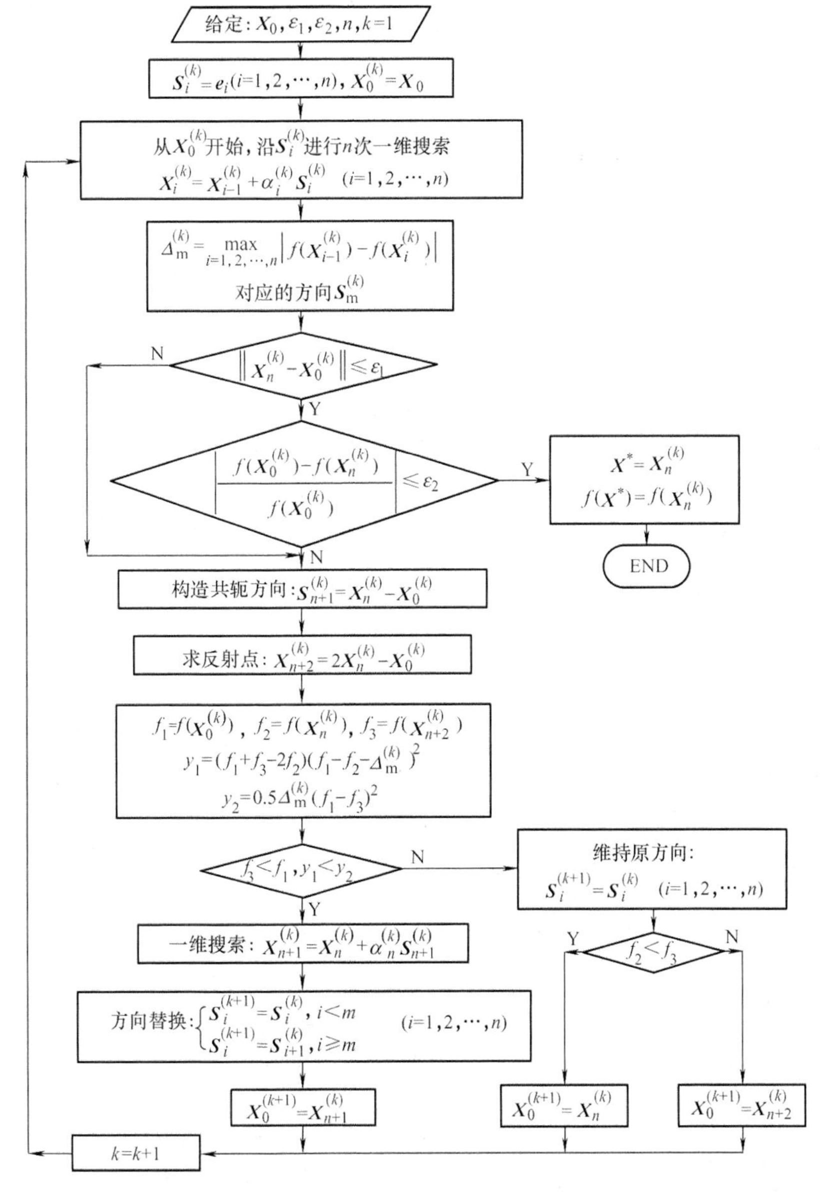

图4-6 Powell 法计算程序框图

例 4-2 用 Powell 法求解下列无约束优化问题，已知初始点 $\boldsymbol{X}_0=[1,\ 1]^{\mathrm{T}}$，收敛精度 $\varepsilon_1=\varepsilon_2=0.1$。

$$\min f(\boldsymbol{X})=x_1^2+2x_2^2-2x_1x_2-4x_1$$

解 （1）第一轮迭代

取 $$\boldsymbol{S}_1^{(1)}=\boldsymbol{e}_1=\begin{pmatrix}1\\0\end{pmatrix},\ \boldsymbol{S}_2^{(1)}=\boldsymbol{e}_2=\begin{pmatrix}0\\1\end{pmatrix},\ \boldsymbol{X}_0^{(1)}=\begin{pmatrix}1\\1\end{pmatrix},\ f(\boldsymbol{X}_0^{(1)})=-3$$

1）沿方向 $\boldsymbol{S}_1^{(1)}$ 进行一维搜索

$$\boldsymbol{X}_1^{(1)}=\boldsymbol{X}_0^{(1)}+\alpha\boldsymbol{S}_1^{(1)}=\begin{pmatrix}1\\1\end{pmatrix}+\alpha\begin{pmatrix}1\\0\end{pmatrix}=\begin{pmatrix}1+\alpha\\1\end{pmatrix}$$

将上式代入原函数，得

$$f(\boldsymbol{X}_1^{(1)})=(1+\alpha)^2+2-2(1+\alpha)-4(1+\alpha)$$

令$\dfrac{\mathrm{d}f(\boldsymbol{X}_1^{(1)})}{\mathrm{d}\alpha}=0$，解得 $\alpha=2$，故有

$$\boldsymbol{X}_1^{(1)}=\begin{pmatrix}3\\1\end{pmatrix},\ f(\boldsymbol{X}_1^{(1)})=-7,\ \Delta_1^{(1)}=|f(\boldsymbol{X}_1^{(1)})-f(\boldsymbol{X}_0^{(1)})|=|-7-(-3)|=4$$

2）沿方向 $\boldsymbol{S}_2^{(1)}$ 进行一维搜索

$$\boldsymbol{X}_2^{(1)}=\boldsymbol{X}_1^{(1)}+\alpha\boldsymbol{S}_2^{(1)}=\begin{pmatrix}3\\1\end{pmatrix}+\alpha\begin{pmatrix}0\\1\end{pmatrix}=\begin{pmatrix}3\\1+\alpha\end{pmatrix}$$

将上式代入原函数，得

$$f(\boldsymbol{X}_2^{(1)})=3^2+2(1+\alpha)^2-6(1+\alpha)-12$$

令$\dfrac{\mathrm{d}f(\boldsymbol{X}_2^{(1)})}{\mathrm{d}\alpha}=0$，解得 $\alpha=0.5$，故有

$$\boldsymbol{X}_2^{(1)}=\begin{pmatrix}3\\1.5\end{pmatrix},\ f(\boldsymbol{X}_2^{(1)})=-7.5,\ \Delta_2^{(1)}=|f(\boldsymbol{X}_2^{(1)})-f(\boldsymbol{X}_1^{(1)})|=|-7.5-(-7)|=0.5$$

3）收敛精度判断：因 $\|\boldsymbol{X}_2^{(1)}-\boldsymbol{X}_0^{(1)}\|=\sqrt{2^2-0.5^2}=2.06>\varepsilon_1=0.1$，故继续迭代计算。

4）因 $\Delta_1^{(1)}>\Delta_2^{(1)}$，故 $\Delta_{\mathrm{m}}^{(1)}=\Delta_1^{(1)}$，对应的方向为 $\boldsymbol{S}_1^{(1)}$。

5）构造共轭方向

$$\boldsymbol{S}_3^{(1)}=\boldsymbol{X}_2^{(1)}-\boldsymbol{X}_0^{(1)}=\begin{pmatrix}3\\1.5\end{pmatrix}-\begin{pmatrix}1\\1\end{pmatrix}=\begin{pmatrix}2\\0.5\end{pmatrix}$$

6）沿方向 $\boldsymbol{S}_3^{(1)}$ 进行一维搜索

$$\boldsymbol{X}_3^{(1)}=\boldsymbol{X}_2^{(1)}+\alpha\boldsymbol{S}_3^{(1)}=\begin{pmatrix}3\\1.5\end{pmatrix}+\alpha\begin{pmatrix}2\\0.5\end{pmatrix}=\begin{pmatrix}3+2\alpha\\1.5+0.5\alpha\end{pmatrix}$$

将上式代入原函数，得

$$f(\boldsymbol{X}_3^{(1)})=(3+2\alpha)^2+2(1.5+0.5\alpha)^2-2(3+2\alpha)(1.5+0.5\alpha)-4(3+2\alpha)$$

令$\dfrac{\mathrm{d}f(\boldsymbol{X}_3^{(1)})}{\mathrm{d}\alpha}=0$，解得 $\alpha=0.4$，故有

$$\boldsymbol{X}_3^{(1)}=\begin{pmatrix}3+2\alpha\\1.5+0.5\alpha\end{pmatrix}=\begin{pmatrix}3.8\\1.7\end{pmatrix}$$

7）计算反射点

$$\boldsymbol{X}_4^{(1)}=2\boldsymbol{X}_2^{(1)}-\boldsymbol{X}_0^{(1)}=2\begin{pmatrix}3\\1.5\end{pmatrix}-\begin{pmatrix}1\\1\end{pmatrix}=\begin{pmatrix}5\\2\end{pmatrix}$$

8）Powell 条件判断

$$f_1=f(\boldsymbol{X}_0^{(1)})=-3,\ f_2=f(\boldsymbol{X}_2^{(1)})=-7.5,\ f_3=f(\boldsymbol{X}_4^{(1)})=-7$$

$$y_1=(f_1+f_3-2f_2)(f_1-f_2-\Delta_{\mathrm{m}}^{(k)})^2=1.25$$

$$y_2=\frac{1}{2}\Delta_{\mathrm{m}}^{(k)}(f_1-f_3)^2=32$$

所以

$$f_3<f_1,\ y_1<y_2$$

满足 Powell 条件，选用新方向 $\boldsymbol{S}_3^{(1)}$，淘汰原方向 $\boldsymbol{S}_1^{(1)}$。

9）进行方向替换

$$\boldsymbol{S}_1^{(2)}=\boldsymbol{S}_2^{(1)}=\begin{pmatrix}0\\1\end{pmatrix},\ \boldsymbol{S}_2^{(2)}=\boldsymbol{S}_3^{(1)}=\begin{pmatrix}2\\0.5\end{pmatrix}$$

令 $\boldsymbol{X}_0^{(2)}=\boldsymbol{X}_3^{(1)}=\begin{pmatrix}3.8\\1.7\end{pmatrix}$，继续下一轮迭代。

（2）第二轮迭代

1）沿方向 $\boldsymbol{S}_1^{(2)}$ 进行一维搜索

$$\boldsymbol{X}_1^{(2)}=\boldsymbol{X}_0^{(2)}+\alpha\boldsymbol{S}_1^{(2)}=\begin{pmatrix}3.8\\1.7\end{pmatrix}+\alpha\begin{pmatrix}0\\1\end{pmatrix}=\begin{pmatrix}3.8\\1.7+\alpha\end{pmatrix}$$

将上式代入原函数，得

$$f(\boldsymbol{X}_1^{(2)})=3.8^2+2(1.7+\alpha)^2-2\times3.8(1.7+\alpha)-4\times3.8$$

令$\dfrac{\mathrm{d}f(\boldsymbol{X}_1^{(2)})}{\mathrm{d}\alpha}=0$，解得 $\alpha=0.2$，故有

$$\boldsymbol{X}_1^{(2)}=\begin{pmatrix}3.8\\1.7+0.2\end{pmatrix}=\begin{pmatrix}3.8\\1.9\end{pmatrix},\ f(\boldsymbol{X}_1^{(2)})=-7.98,\ \Delta_1^{(2)}=0.08$$

2）沿方向 $\boldsymbol{S}_2^{(2)}$ 进行一维搜索

$$\boldsymbol{X}_2^{(2)}=\boldsymbol{X}_1^{(2)}+\alpha\boldsymbol{S}_2^{(2)}=\begin{pmatrix}3.8\\1.9\end{pmatrix}+\alpha\begin{pmatrix}2\\0.5\end{pmatrix}=\begin{pmatrix}3.8+2\alpha\\1.9+0.5\alpha\end{pmatrix}$$

将上式代入原函数，得

$$f(\boldsymbol{X}_2^{(2)})=(3.8+2\alpha)^2+2(1.9+0.5\alpha)^2-2(3.8+2\alpha)(1.9+0.5\alpha)-4(3.8+2\alpha)$$

令$\dfrac{\mathrm{d}f(\boldsymbol{X}_2^{(2)})}{\mathrm{d}\alpha}=0$，解得 $\alpha=0.08$，故有

$$\boldsymbol{X}_2^{(2)}=\begin{pmatrix}3.8+2\alpha\\1.9+0.5\alpha\end{pmatrix}=\begin{pmatrix}3.96\\1.94\end{pmatrix},\ f(\boldsymbol{X}_2^{(2)})=-7.996,\ \Delta_2^{(2)}=|-7.996-(-7.98)|=0.016$$

3）收敛精度判断

$$\boldsymbol{X}_2^{(2)}-\boldsymbol{X}_0^{(2)}=\begin{pmatrix}3.96\\1.94\end{pmatrix}-\begin{pmatrix}3.8\\1.7\end{pmatrix}=\begin{pmatrix}0.16\\0.24\end{pmatrix}$$

$$\|\boldsymbol{X}_2^{(2)}-\boldsymbol{X}_0^{(2)}\|=\sqrt{0.16^2+0.24^2}=0.288>\varepsilon$$

4）构造共轭方向

$$\boldsymbol{S}_3^{(2)}=\boldsymbol{X}_2^{(2)}-\boldsymbol{X}_0^{(2)}=\begin{pmatrix}3.96\\1.94\end{pmatrix}-\begin{pmatrix}3.8\\1.7\end{pmatrix}=\begin{pmatrix}0.16\\0.24\end{pmatrix}$$

5）沿方向 $\boldsymbol{S}_3^{(2)}$ 进行一维搜索

$$\boldsymbol{X}_3^{(2)}=\boldsymbol{X}_2^{(2)}+\alpha\boldsymbol{S}_3^{(2)}=\begin{pmatrix}3.96\\1.94\end{pmatrix}+\alpha\begin{pmatrix}0.16\\0.24\end{pmatrix}=\begin{pmatrix}3.96+0.16\alpha\\1.94+0.24\alpha\end{pmatrix}$$

将上式代入原数，得

$$f(\boldsymbol{X}_3^{(2)})=(3.96+0.16\alpha)^2+2(1.94+0.24\alpha)^2-2(3.96+0.16\alpha)(1.94+0.24\alpha)-4(3.96+0.16\alpha)$$

令$\dfrac{\mathrm{d}f(\boldsymbol{X}_3^{(2)})}{\mathrm{d}\alpha}=0$，解得

$$\alpha=0.25，故有$$

$$\boldsymbol{X}_3^{(2)}=\begin{pmatrix}3.96+0.16\alpha\\1.94+0.24\alpha\end{pmatrix}=\begin{pmatrix}4\\2\end{pmatrix},\ f(\boldsymbol{X}_3^{(2)})=-8$$

经检验，$\boldsymbol{X}_3^{(2)}$ 就是该问题的极值点，故终止迭代。验证如下：

$$\nabla f(\boldsymbol{X}^*)=\nabla f(\boldsymbol{X}_3^{(2)})=\begin{pmatrix}2x_1-2x_2-4\\4x_2-2x_1\end{pmatrix}_{\begin{bmatrix}4\\2\end{bmatrix}}=\begin{pmatrix}0\\0\end{pmatrix}$$

显然符合无约束优化问题的极值必要条件。

目标函数的海赛矩阵为

$$\boldsymbol{H}=\begin{pmatrix}\dfrac{\partial^2 f(\boldsymbol{X})}{\partial x_1^2}&\dfrac{\partial^2 f(\boldsymbol{X})}{\partial x_1\partial x_2}\\\dfrac{\partial^2 f(\boldsymbol{X})}{\partial x_2\partial x_1}&\dfrac{\partial^2 f(\boldsymbol{X})}{\partial x_2^2}\end{pmatrix}=\begin{pmatrix}2&-2\\-2&4\end{pmatrix},\ 2>0,\ \begin{vmatrix}2&-2\\-2&4\end{vmatrix}=4>0$$

海赛矩阵正定，$\boldsymbol{X}^*$ 为极小值点。

由于
$$(\boldsymbol{S}_3^{(1)})^{\mathrm{T}}\boldsymbol{H}\boldsymbol{S}_3^{(2)}=[2,\ 0.5]\begin{pmatrix}2 & -2\\ -2 & 4\end{pmatrix}\begin{pmatrix}0.16\\ 0.24\end{pmatrix}=0$$

这说明 $\boldsymbol{S}_3^{(1)}$ 与 $\boldsymbol{S}_3^{(2)}$ 关于 $\boldsymbol{H}$ 共轭。目标函数为正定的二次函数，因此沿两共轭方向搜索两步即可到达极值点。

本例题的迭代路线如图 4-7 所示。

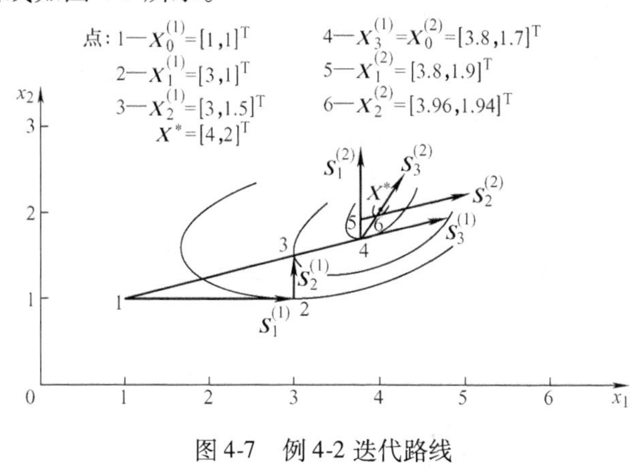

图 4-7　例 4-2 迭代路线

第三节　单 纯 形 法

单纯形法只需要计算目标函数值，是无需一维搜索，也无需进行求导的一种直接法。其优点计算比较简单，几何概念清晰，适用于目标函数求导比较困难或不知道目标函数的具体表达式而仅知其具体计算方法的情况。

一、基本思想

所谓 n 维欧氏空间中的单纯形，是指在 n 维空间中由 $n+1$ 个顶点构成的简单图形或多面体。例如，在二维平面中的单纯形应具有三个顶点，即三角形，如图 4-8a 所示。在三维空间中的单纯形应具有四个顶点，即四面体，如图 4-8b 所示。当各顶点之间的距离相等时，这种几何图形就称为正规单纯形。

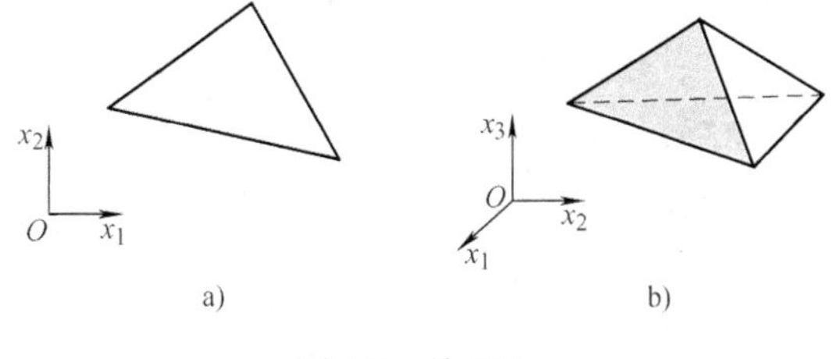

图 4-8　单纯形
a）二维单纯形　b）三维单纯形

单纯形法的基本思想是：选 $n+1$ 个顶点构成初始单纯形，计算并比较各顶点目标函数值的大小，确定它们当中函数值最大的顶点及函数值的下降方向，再设法找到一个函数值较小的新点替换函数值最大的顶点，从而构成新的单纯形。随着这种取代过程的不断进行，新的单纯形向着极小值点收缩逼近，从而求得极小值点。

迭代过程的主要步骤：反射、延伸、压缩。

二、单纯形法的方法原理

现以二维问题为例说明单纯形法的方法原理。

1. 构造初始单纯形

如图4-9所示，设二维目标函数为$f(\boldsymbol{X})=f(x_1, x_2)$，在二维平面上选三个线性无关的顶点$\boldsymbol{X}_1$，$\boldsymbol{X}_2$，$\boldsymbol{X}_3$构成初始单纯形。计算这三个顶点处的目标函数值$f(\boldsymbol{X}_1)$，$f(\boldsymbol{X}_2)$，$f(\boldsymbol{X}_3)$并比较其大小。

若 $f(\boldsymbol{X}_1)>f(\boldsymbol{X}_2)>f(\boldsymbol{X}_3)$

把目标函数值最小的点$\boldsymbol{X}_3$称为好点，用$\boldsymbol{X}_L$表示；把目标函数值最大的点$\boldsymbol{X}_1$称为最坏点，用$\boldsymbol{X}_H$表示；把目标函数值次大的点$\boldsymbol{X}_2$称为次坏点，用$\boldsymbol{X}_G$表示。求除$\boldsymbol{X}_H$以外的所有顶点（在二维问题中只有两个点）的几何形心$\boldsymbol{X}_C$。

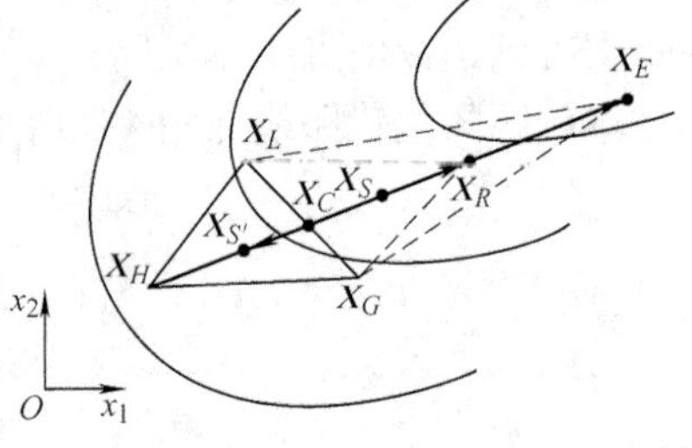

图4-9 单纯形法迭代示意图

2. 反射

一般来说，目标函数值下降方向在最坏点$\boldsymbol{X}_H$关于形心$\boldsymbol{X}_C$的对称位置的方向可能性最大。故首先求反射点，以探测目标函数值的变化趋向。

求$\boldsymbol{X}_L$，$\boldsymbol{X}_G$的中点$\boldsymbol{X}_C$，在$\boldsymbol{X}_H$与$\boldsymbol{X}_C$延长线上取一点$\boldsymbol{X}_R$，使

$$\boldsymbol{X}_R=\boldsymbol{X}_C+\alpha(\boldsymbol{X}_C-\boldsymbol{X}_H) \tag{4-15}$$

点$\boldsymbol{X}_R$称为最坏点$\boldsymbol{X}_H$关于形心$\boldsymbol{X}_C$的反射点；α称为反射系数，一般取$\alpha=1$。故式(4-15)变为

$$\boldsymbol{X}_R=2\boldsymbol{X}_C-\boldsymbol{X}_H \tag{4-16}$$

计算函数值$f(\boldsymbol{X}_R)$，若$f(\boldsymbol{X}_R)<f(\boldsymbol{X}_L)$，说明所取的探索方向正确，可沿该方向进一步扩大效果。

3. 延伸（扩张）

将搜索点延伸到$\boldsymbol{X}_E$，且

$$\boldsymbol{X}_E=\boldsymbol{X}_C+\gamma(\boldsymbol{X}_R-\boldsymbol{X}_C) \tag{4-17}$$

式中，γ为扩张系数，$\gamma=1.2\sim2.0$，一般取$\gamma=2$。

如果$f(\boldsymbol{X}_E)<f(\boldsymbol{X}_R)$，说明扩张有利，以$\boldsymbol{X}_E$代替最坏点$\boldsymbol{X}_H$得到新的单纯形顶点$\{\boldsymbol{X}_E, \boldsymbol{X}_G, \boldsymbol{X}_L\}$；如果$f(\boldsymbol{X}_E)>f(\boldsymbol{X}_R)$，说明扩张不利，舍弃$\boldsymbol{X}_E$，仍以$\boldsymbol{X}_R$代替最坏点$\boldsymbol{X}_H$得到新的单纯形顶点$\{\boldsymbol{X}_R, \boldsymbol{X}_G, \boldsymbol{X}_L\}$。

若$f(\boldsymbol{X}_H)>f(\boldsymbol{X}_R)>f(\boldsymbol{X}_G)$，说明反射点$\boldsymbol{X}_R$比次坏点还差，表明反射点取得太远，应沿点$\boldsymbol{X}_R$向点$\boldsymbol{X}_C$方向压缩。

4. 压缩

压缩点$\boldsymbol{X}_S$如图4-9所示，其表达式为

$$\boldsymbol{X}_S=\boldsymbol{X}_C+\beta(\boldsymbol{X}_R-\boldsymbol{X}_C) \tag{4-18}$$

式中，β为压缩系数，通常取$\beta=0.5$，或$0.25\sim0.75$。

若$f(\boldsymbol{X}_S)<f(\boldsymbol{X}_H)$，则用压缩点$\boldsymbol{X}_S$替换最坏点$\boldsymbol{X}_H$得到新的单纯形顶点$\{\boldsymbol{X}_S, \boldsymbol{X}_G, \boldsymbol{X}_L\}$。

若反射点$\boldsymbol{X}_R$的函数值$f(\boldsymbol{X}_R)>f(\boldsymbol{X}_H)$，说明点$\boldsymbol{X}_R$比最坏点$\boldsymbol{X}_H$还差，则应压缩得更多，即将新点压缩至$\boldsymbol{X}_H$与$\boldsymbol{X}_C$之间，此时所得到的压缩点应为

$$\boldsymbol{X}_{S'}=\boldsymbol{X}_C+\beta(\boldsymbol{X}_H-\boldsymbol{X}_C) \tag{4-19}$$

点$\boldsymbol{X}_{S'}$如图4-9所示。若$f(\boldsymbol{X}_{S'})<f(\boldsymbol{X}_H)$，则用新的压缩点$\boldsymbol{X}_{S'}$替换最坏点$\boldsymbol{X}_H$，得到新的单纯

形顶点$\{X_{S'}, X_G, X_L\}$。否则：

当$X_H X_C$连线上所有点的函数值$f(X)$都大于$f(X_H)$时，说明沿反射方向探索失败。此时应将单纯形向最好点X_L收缩。即以X_L为基点，将原单纯形边长减半，得到新的单纯形如图4-10所示，其新的顶点表达式为

$$\left.\begin{aligned}X_{G'} &= X_L + 0.5(X_G - X_L)\\ X_{H'} &= X_L + 0.5(X_H - X_L)\end{aligned}\right\} \tag{4-20}$$

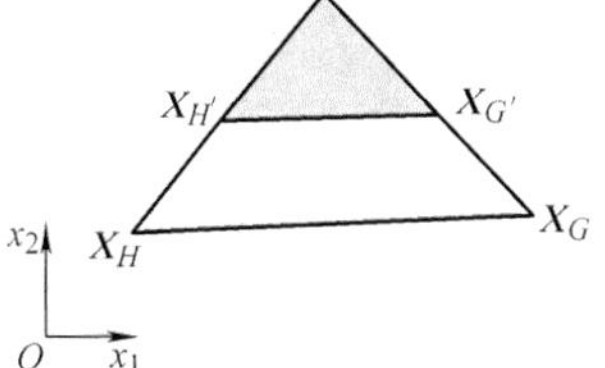

图4-10　压缩单纯形

三、单纯形法的计算步骤

（1）构造初始单纯形　设目标函数$f(X)$为n维函数。取$n+1$个顶点$X_1, X_2, \cdots, X_{n+1}$，要保证$X_j - X_1(j=2, 3, \cdots, n+1)$ n个向量线性无关。否则，将导致搜索过程在一个较低维的空间内进行，可能漏掉真正的极小值点。具体方法是：

选取初始顶点$X_1^{(0)}$（尽可能靠近极值点），从点$X_1^{(0)}$出发沿各坐标轴方向以步长h找其余n个顶点：

$$X_j^{(0)} = X_1^{(0)} + h e_i,\ e_i = [0, \cdots, 0, 1, 0, \cdots, 0]^{\mathrm{T}} \quad (j=i+1,\ i=1, 2, \cdots, n) \tag{4-21}$$

式中，h为步长，一般取$h=0.5\sim15$，初始取$h=1.6\sim1.7$。

（2）计算各顶点目标函数值，按大小排队，找出函数值最大的最坏点$X_H^{(k)}$，函数值第二大的次坏点$X_G^{(k)}$，函数值最小的最好点$X_L^{(k)}$，k为迭代的轮数。

（3）求反射点$X_{n+3}^{(k)}$　求除最坏点$X_H^{(k)}$外其余各点几何图形的形心$X_{n+2}^{(k)}$。

形心点：
$$X_{n+2}^{(k)} = \frac{1}{n}\left(\sum_{j=1}^{n+1} X_j^{(k)} - X_H^{(k)}\right) \tag{4-22}$$

反射点：
$$X_{n+3}^{(k)} = 2X_{n+2}^{(k)} - X_H^{(k)} \tag{4-23}$$

（4）延伸（扩张）　若$f(X_{n+3}^{(k)}) < f(X_L^{(k)})$，则进行延伸，延伸点为（见式（4-17））：

$$X_{n+4}^{(k)} = X_{n+2}^{(k)} + \gamma(X_{n+3}^{(k)} - X_{n+2}^{(k)}) \tag{4-24}$$

若$f(X_{n+4}^{(k)}) < f(X_{n+3}^{(k)})$，则用延伸点$X_{n+4}^{(k)}$代替最坏点$X_H^{(k)}$，转第（7）步；否则，用反射点$X_{n+3}^{(k)}$代替最坏点$X_H^{(k)}$，转第（7）步。

（5）若$f(X_{n+3}^{(k)}) > f(X_L^{(k)})$，即反射点比最好点差；

若$f(X_{n+3}^{(k)}) < f(X_G^{(k)})$，说明反射点比次坏点好，则用反射点$X_{n+3}^{(k)}$代替最坏点$X_H^{(k)}$，转第（7）步；

若$f(X_G^{(k)}) \leqslant f(X_{n+3}^{(k)}) < f(X_H^{(k)})$，用反射点$X_{n+3}^{(k)}$代替最坏点$X_H^{(k)}$后进行压缩，求压缩点$X_{n+5}^{(k)}$；否则，直接求压缩点$X_{n+5}^{(k)}$（见式（4-18）、式（4-19））。

$$X_{n+5}^{(k)} = X_{n+2}^{(k)} + \beta(X_H^{(k)} - X_{n+2}^{(k)}) \tag{4-25}$$

（6）若$f(X_{n+5}^{(k)}) < f(X_H^{(k)})$，则用压缩点$X_{n+5}^{(k)}$代替最坏点$X_H^{(k)}$，转第（7）步；否则，将单纯形向最好点$X_L^{(k)}$收缩。

$$X_j^{(k)} = X_L^{(k)} + 0.5(X_j^{(k)} - X_L^{(k)}) \quad (j=1, 2, \cdots, n+1) \tag{4-26}$$

（7）进行收敛性检验：

若
$$\left\{\frac{1}{n+1}\sum_{j=1}^{n+1}\left[f(X_j^{(k)}) - f(X_{n+2}^{(k)})\right]^2\right\}^{\frac{1}{2}} \leqslant \varepsilon \tag{4-27}$$

则停止迭代，输出：$X^* = X_L^{(k)}$，$f(X^*)$；否则，令$k=k+1$，转第（2）步。

其计算框图如图 4-11 所示。

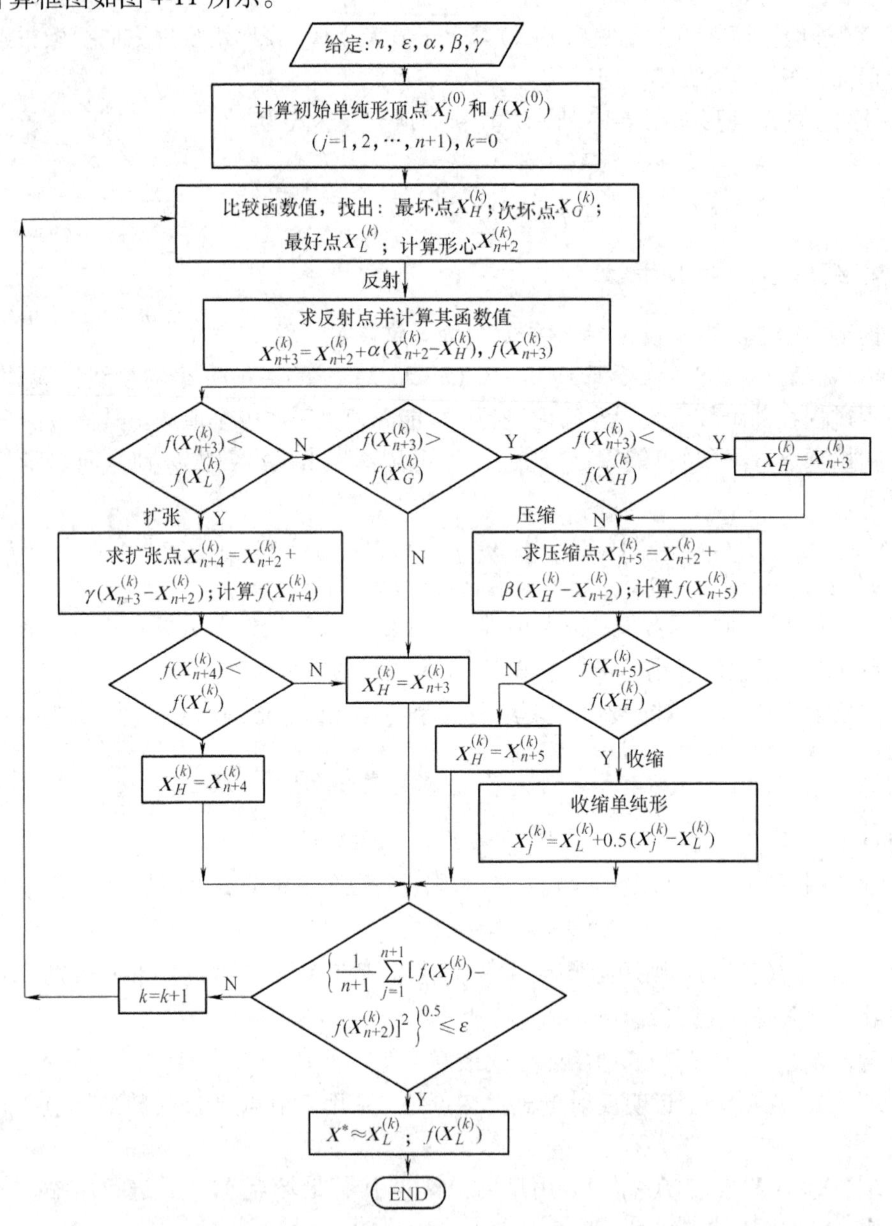

图 4-11 单纯形法的计算程序框图

例 4-3 试用单纯形法求解目标函数为 $f(\boldsymbol{X})=4(x_1-5)^2+(x_2-6)^2$ 的极小值，精度 $\varepsilon=0.01$。

解 因是二维问题，所以单纯形为具有三个顶点的三角形。取初始顶点：

$$\boldsymbol{X}_1^{(0)}=[8,\ 9]^{\mathrm{T}},\ \boldsymbol{X}_2^{(0)}=[10,\ 11]^{\mathrm{T}},\ \boldsymbol{X}_3^{(0)}=[8,\ 11]^{\mathrm{T}}$$

探索零阶段($k=0$)：计算 $f(\boldsymbol{X}_1^{(0)})=45$，$f(\boldsymbol{X}_2^{(0)})=125$，$f(\boldsymbol{X}_3^{(0)})=61$。显然最坏点为 $\boldsymbol{X}_H^{(0)}=\boldsymbol{X}_2^{(0)}$，最好点为 $\boldsymbol{X}_L^{(0)}=\boldsymbol{X}_1^{(0)}$，次坏点为 $\boldsymbol{X}_G^{(0)}=\boldsymbol{X}_3^{(0)}$。

求 $\boldsymbol{X}_G^{(0)}$ 与 $\boldsymbol{X}_L^{(0)}$ 的形心 $\boldsymbol{X}_{n+2}^{(0)}$，由式(4-22)得

$$X_{n+2}^{(0)}=X_4^{(0)}=0.5\begin{pmatrix}(8+10+8)-10\\(9+11+11)-11\end{pmatrix}=\begin{pmatrix}8\\10\end{pmatrix},\ f(X_4^{(0)})=52$$

求 $X_H^{(0)}$ 的反射点 $X_{2+3}^{(0)}$，由式(4-23)得

$$X_5^{(0)}=2\begin{pmatrix}8\\10\end{pmatrix}-\begin{pmatrix}10\\11\end{pmatrix}=\begin{pmatrix}6\\9\end{pmatrix},\ f(X_5^{(0)})=13$$

比较 $f(X_5^{(0)})$ 与 $f(X_L^{(0)})$，因 $f(X_5^{(0)})=13<f(X_L^{(0)})=45$，故可扩张(延伸)，由式(4-24)得扩张(延伸)点：

$$X_{n+4}^{(0)}=X_6^{(0)}=\begin{pmatrix}8\\10\end{pmatrix}+2\begin{pmatrix}6-8\\9-10\end{pmatrix}=\begin{pmatrix}4\\8\end{pmatrix},\ f(X_6^{(0)})=8$$

因为 $f(X_6^{(0)})=8<f(X_L^{(0)})=45$，故用 $X_6^{(0)}$ 替换 $X_2^{(0)}$，然后按式(4-27)检验收敛精度：

$$\left\{\frac{1}{3}[(45-52)^2+(61-52)^2+(8-52)^2]\right\}^{0.5}=26.2>\varepsilon=0.01$$

所以必须继续进行探索。表 4-1 列出了前 4 次探索的顶点坐标及其函数值。读者可自己画图，加深理解单纯形法的探索路线。该题的理论解为 $X^*=(5,6)^T$。

表 4-1　用单纯形法求解例 4-3 前 4 次探索结果

探索序号	单纯形的顶点			$f(X)$	附　注
	X	x_1	x_2		
0	$X_1^{(0)}$	8	9	45	$X_L=X_1^{(0)}$
0	$X_2^{(0)}$	10	11	125	$X_H=X_2^{(0)}$
0	$X_3^{(0)}$	8	11	61	$X_G=X_3^{(0)}$
0	$X_5^{(0)}$	6	9	13	由式(4-23)计算反射点
0	$X_2^{(1)}=X_6^{(0)}$	4	8	8	由式(4-24)计算，用 $X_6^{(0)}$ 代替 $X_2^{(0)}$
1	$X_3^{(2)}=X_5^{(1)}$	4	6	4	用 $X_5^{(1)}=X_3^{(2)}$ 代替 $X_3^{(0)}$
2	$X_1^{(3)}=X_7^{(2)}$	6	8	8	用 $X_7^{(3)}=X_1^{(4)}$ 代替 $X_1^{(0)}$
3	$X_1^{(4)}=X_7^{(3)}$	5	7.5	2.25	用 $X_7^{(4)}$ 代替 $X_1^{(3)}$
4	$X_2^{(5)}=X_5^{(4)}$	5	5.5	0.25	用 $X_5^{(5)}$ 代替 $X_2^{(1)}$

第四节　梯　度　法

由梯度的概念可知，函数值变化最快的方向是其梯度方向。因此，选择目标函数的梯度方向作为探索方向，就可使优化过程的计算效率大为提高。梯度法就是基于这一点选择负梯度方向作为探索方向，来求目标函数的极小值。故此方法又称最速下降法。但值得注意的是，它是一种较古老的优化方法，由梯度的性质可知，梯度是函数的局部性态，也就是说函数在某点的梯度是指在该点很小的邻域内沿梯度方向函数值变化得最快。对于全域来说，该负梯度方向并不是最速下降方向，或者说该方向并不是直指全域最优点的方向，只有当目标函数的等值线为同心圆族，任一点处的负梯度方向才是全域的最速下降方向。因此，后面的几节所讨论的方法都是对梯度法的改进。

一、基本思想

由迭代基本公式 $\boldsymbol{X}^{(k+1)}=\boldsymbol{X}^{(k)}+\alpha^{(k)}\boldsymbol{S}^{(k)}$，可得梯度法的迭代公式：

$$\boldsymbol{X}^{(k+1)}=\boldsymbol{X}^{(k)}-\alpha^{(k)}\nabla f(\boldsymbol{X}^{(k)}) \tag{4-28}$$

式中，$\alpha^{(k)}$ 为最优步长因子，由一维搜索确定。

梯度法的基本思想是：每次都用目标函数的负梯度方向作为搜索方向进行迭代求解，逼近极小值点。其迭代路线如图 4-12 所示。

由迭代公式(4-28)，得

$$f(\boldsymbol{X}^{(k+1)})=f(\boldsymbol{X}^{(k)}-\alpha^{(k)}\nabla f(\boldsymbol{X}^{(k)}))$$

由极值的必要条件，得

$$\frac{\mathrm{d}f(\boldsymbol{X}^{(k+1)})}{\mathrm{d}\alpha}=0$$

由复合函数的求导法则，有

$$\frac{\mathrm{d}f(\boldsymbol{X}^{(k+1)})}{\mathrm{d}\alpha}=-[\nabla f(\boldsymbol{X}^{(k+1)})]^{\mathrm{T}}\nabla f(\boldsymbol{X}^{(k)})=0$$

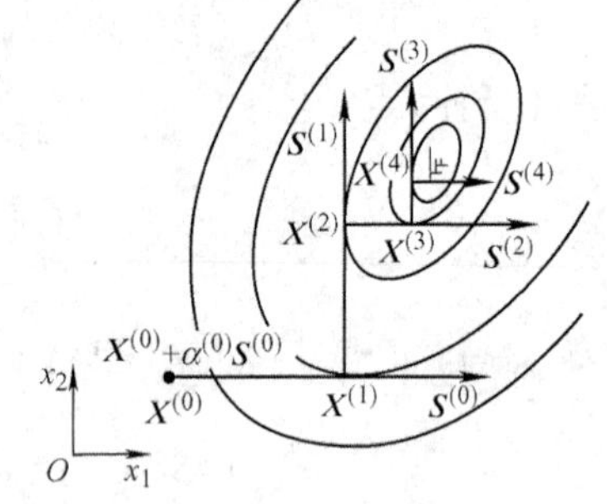

图 4-12 梯度法的迭代路线

此式表明，相邻两迭代点的梯度是彼此正交的。也就是说，在梯度法的迭代过程中，相邻的搜索方向相互垂直。这就意味着梯度法向极小值点的逼近路径是一条曲折的直角锯齿形路线，而且越接近极小值点，锯齿越细，前进速度越慢，如图 4-12 所示。

二、迭代步骤

1）给定初始点 $\boldsymbol{X}^{(0)}$ 和收敛精度 ε，置 $k=0$；

2）计算梯度，并构造搜索方向：$\boldsymbol{S}^{(k)}=-\nabla f(\boldsymbol{X}^{(k)})$；

3）一维搜索，求新的迭代点：$\boldsymbol{X}^{(k+1)}=\boldsymbol{X}^{(k)}+\alpha^{(k)}\boldsymbol{S}^{(k)}$；

4）收敛精度判断：若满足 $\|\nabla f(\boldsymbol{X}^{(k+1)})\|\leqslant\varepsilon$，则输出最优解：$\boldsymbol{X}^{*}=\boldsymbol{X}^{(k+1)}$；$f(\boldsymbol{X}^{*})=f(\boldsymbol{X}^{(k+1)})$，终止迭代；否则，令 $k=k+1$，转步骤 2）。

梯度法的计算程序框图如图 4-13 所示。

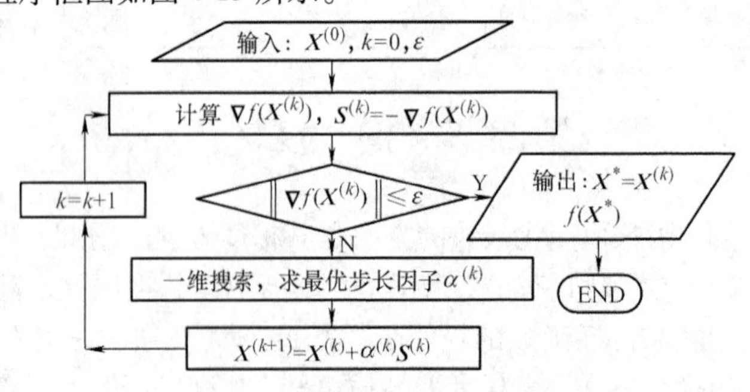

图 4-13 梯度法计算程序框图

三、梯度法的特点

1）几何概念直观，方法、程序简单，存储量较小；

2）相邻两个搜索方向相互垂直，搜索路径曲折，越接近极值点搜索速度越慢(图 4-12)；

3）目标函数本身的性态、初始点的位置，对收敛速度影响较大；

4）梯度法属于线性收敛，一般不单独使用，开始时用梯度法，然后改用其他方法。

例 4-4　用梯度法求解例 4-2 无约束优化问题：

$$\min \quad f(\boldsymbol{X}) = x_1^2 + 2x_2^2 - 2x_1x_2 - 4x_1$$

已知初始点 $\boldsymbol{X}^{(0)} = [1,\ 1]^{\mathrm{T}}$，收敛精度 $\varepsilon = 0.1$。

解　(1) 第一次迭代

求目标函数的梯度：

$$\nabla f(\boldsymbol{X}) = \begin{pmatrix} 2x_1 - 2x_2 - 4 \\ -2x_1 + 4x_2 \end{pmatrix};\ \nabla f(\boldsymbol{X}^{(0)}) = \begin{pmatrix} -4 \\ 2 \end{pmatrix}$$

搜索方向为

$$\boldsymbol{S}^{(0)} = -\nabla f(\boldsymbol{X}^{(0)}) = \begin{pmatrix} 4 \\ -2 \end{pmatrix}$$

迭代新点为

$$\boldsymbol{X}^{(1)} = \boldsymbol{X}^{(0)} + \alpha \boldsymbol{S}^{(0)} = \begin{pmatrix} 1 \\ 1 \end{pmatrix} + \alpha \begin{pmatrix} 4 \\ -2 \end{pmatrix} = \begin{pmatrix} 1 + 4\alpha \\ 1 - 2\alpha \end{pmatrix}$$

$$f(\boldsymbol{X}^{(1)}) = (1 + 4\alpha)^2 + 2(1 - 2\alpha)^2 - 2(1 + 4\alpha)(1 - 2\alpha) - 4(1 + 4\alpha)$$

求最优步长因子：令 $\dfrac{\mathrm{d}f(\boldsymbol{X}^{(1)})}{\mathrm{d}\alpha} = 0$，解得 $\alpha = 0.25$。将 $\alpha = 0.25$ 代入点 $\boldsymbol{X}^{(1)}$ 得

$$\boldsymbol{X}^{(1)} = [2,\ 0.5]^{\mathrm{T}};\ f(\boldsymbol{X}^{(1)}) = -5.5$$

求点 $\boldsymbol{X}^{(1)}$ 处的梯度：

$$\nabla f(\boldsymbol{X}^{(1)}) = \begin{pmatrix} 2x_1 - 2x_2 - 4 \\ -2x_1 + 4x_2 \end{pmatrix}_{\boldsymbol{X} = \boldsymbol{X}^{(1)}} = \begin{pmatrix} 2 \times 2 - 2 \times 0.5 - 4 \\ -2 \times 2 + 4 \times 0.5 \end{pmatrix} = \begin{pmatrix} -1 \\ -2 \end{pmatrix}$$

精度判断：

$$\|\nabla f(\boldsymbol{X}^{(1)})\| = \sqrt{(-1)^2 + (-2)^2} = \sqrt{5} > \varepsilon = 0.1$$

故进行下一次迭代。

(2) 第二次迭代

搜索方向为

$$\boldsymbol{S}^{(1)} = -\nabla f(\boldsymbol{X}^{(1)}) = \begin{pmatrix} 1 \\ 2 \end{pmatrix}$$

迭代新点为

$$\boldsymbol{X}^{(2)} = \boldsymbol{X}^{(1)} + \alpha \boldsymbol{S}^{(1)} = \begin{pmatrix} 2 \\ 0.5 \end{pmatrix} + \alpha \begin{pmatrix} 1 \\ 2 \end{pmatrix} = \begin{pmatrix} 2 + \alpha \\ 0.5 + 2\alpha \end{pmatrix}$$

$$f(\boldsymbol{X}^{(1)}) = (2 + \alpha)^2 + 2(0.5 + 2\alpha)^2 - 2(2 + \alpha)(0.5 + 2\alpha) - 4(2 + \alpha)$$

求最优步长因子：令$\frac{df(\boldsymbol{X}^{(2)})}{d\alpha}=0$，解得$\alpha=0.5$。将$\alpha=0.5$代入点$\boldsymbol{X}^{(2)}$得

$$\boldsymbol{X}^{(2)}=[2.5,\ 1.5]^{T};\ f(\boldsymbol{X}^{(2)})=-6.75$$

求点$\boldsymbol{X}^{(2)}$处的梯度：

$$\nabla f(\boldsymbol{X}^{(2)})=\begin{pmatrix}2x_1-2x_2-4\\ \\ -2x_1+4x_2\end{pmatrix}_{\boldsymbol{X}=\boldsymbol{X}^{(2)}}=\begin{pmatrix}2\times2.5-2\times1.5-4\\ \\ -2\times2.5+4\times1.5\end{pmatrix}=\begin{pmatrix}-2\\ \\ 1\end{pmatrix}$$

精度判断：

$$\|\nabla f(\boldsymbol{X}^{(2)})\|=\sqrt{(-2)^2+1^2}=\sqrt{5}>\varepsilon=0.1$$

故还应继续迭代。

以上迭代路线如图4-14所示。

此问题的最优解为

$$\boldsymbol{X}^{*}=\begin{pmatrix}4\\ \\ 2\end{pmatrix};\quad f(\boldsymbol{X}^{*})=-8$$

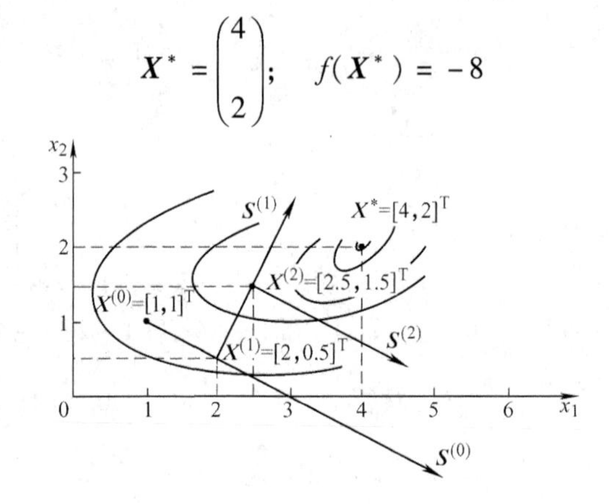

图4-14　例4-4迭代路线

第五节　共轭梯度法

鉴于梯度法在远离极值点时很有效，但经几步搜索之后，尤其到极值点附近收敛速度迅速减慢，而共轭方向法具有二次收敛的等特点，将两者结合，便形成了共轭梯度法。

一、基本思想

初始方向采用出发点的负梯度方向，从第二次开始，搜索方向根据共轭条件对负梯度方向进行修正，沿修正后的共轭方向逐次迭代逼近最优点。

特点：具有二次收敛性。

二、方法原理

如前所述，在极小值点附近可用二次函数逼近一般的函数，因此，一种方法对二次函数有效，那么它对一般的函数也会有效。故下面先讨论二次函数，然后再推广到一般函数的情况。

设二次函数为 $f(\boldsymbol{X})=\frac{1}{2}\boldsymbol{X}^{\mathrm{T}}\boldsymbol{A}\boldsymbol{X}+\boldsymbol{B}^{\mathrm{T}}\boldsymbol{X}+C$，其中 C 为常数，$\boldsymbol{B}$，$\boldsymbol{X}$ 为 n 维列向量，$\boldsymbol{A}$ 为对称正定矩阵。

如图 4-15 所示，共轭梯度法搜索第一步从点 $\boldsymbol{X}^{(k)}$ 出发沿方向 $\boldsymbol{S}^{(k)}=-\nabla f(\boldsymbol{X}^{(k)})$ 进行一维搜索得点 $\boldsymbol{X}^{(k+1)}$。与梯度法不同的是，不再沿新点的负梯度方向 $-\nabla f(\boldsymbol{X}^{(k+1)})$ 搜索，而是沿与上一次搜索方向共轭的方向 $\boldsymbol{S}^{(k+1)}$ 进行一维搜索直达最优点 $\boldsymbol{X}^*$。

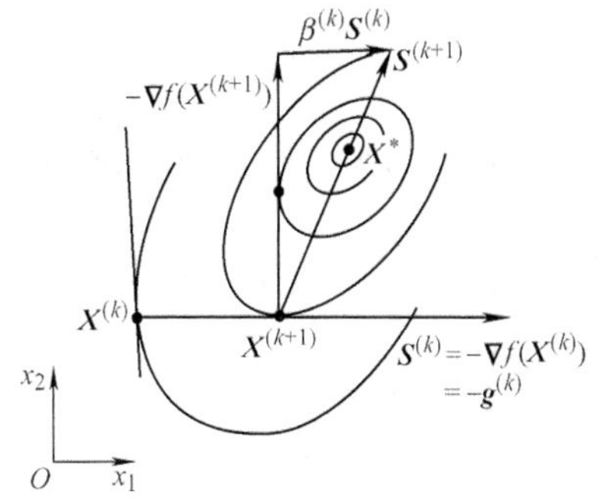

图 4-15　共轭梯度法的探索路径

令
$$\boldsymbol{S}^{(k+1)}=-\nabla f(\boldsymbol{X}^{(k+1)})+\beta^{(k)}\boldsymbol{S}^{(k)} \tag{4-29}$$

上式表明，新构造的方向 $\boldsymbol{S}^{(k+1)}$ 是原来的负梯度方向 $-\nabla f(\boldsymbol{X}^{(k)})$ 与新点的负梯度方向 $-\nabla f(\boldsymbol{X}^{(k+1)})$ 的线性组合，其几何意义如图 4-15 所示。式中，系数 $\beta^{(k)}$ 的选择，应使两个非零向量 $\boldsymbol{S}^{(k)}$ 与 $\boldsymbol{S}^{(k+1)}$ 关于矩阵 $\boldsymbol{A}$ 共轭，故称 $\beta^{(k)}$ 为共轭系数。即
$$[\boldsymbol{S}^{(k+1)}]^{\mathrm{T}}\boldsymbol{A}\boldsymbol{S}^{(k)}=0 \tag{4-30}$$

为书写方便起见，令
$$\boldsymbol{g}^{(k)}=\nabla f(\boldsymbol{X}^{(k)})=\boldsymbol{B}+\boldsymbol{A}\boldsymbol{X}^{(k)}$$
$$\boldsymbol{g}^{(k+1)}=\nabla f(\boldsymbol{X}^{(k+1)})=\boldsymbol{B}+\boldsymbol{A}\boldsymbol{X}^{(k+1)}$$

上述两式相减，得
$$\boldsymbol{g}^{(k+1)}-\boldsymbol{g}^{(k)}=\boldsymbol{A}(\boldsymbol{X}^{(k+1)}-\boldsymbol{X}^{(k)})$$

将 $\boldsymbol{X}^{(k+1)}=\boldsymbol{X}^{(k)}+\alpha^{(k)}\boldsymbol{S}^{(k)}$ 代入上式，得
$$\boldsymbol{g}^{(k+1)}-\boldsymbol{g}^{(k)}=\alpha^{(k)}\boldsymbol{A}\boldsymbol{S}^{(k)}$$

用 $\boldsymbol{S}^{(k+1)}$ 左乘上式两端，由式(4-30)，得
$$[\boldsymbol{S}^{(k+1)}]^{\mathrm{T}}(\boldsymbol{g}^{(k+1)}-\boldsymbol{g}^{(k)})=\alpha^{(k)}[\boldsymbol{S}^{(k+1)}]^{\mathrm{T}}\boldsymbol{A}\boldsymbol{S}^{(k)}=0$$

将式(4-29)代入上式，得
$$[\boldsymbol{g}^{(k+1)}-\beta^{(k)}\boldsymbol{S}^{(k)}]^{\mathrm{T}}(\boldsymbol{g}^{(k+1)}-\boldsymbol{g}^{(k)})=0 \tag{4-31}$$

又因相邻两点的梯度方向正交，即
$$[\boldsymbol{g}^{(k+1)}]^{\mathrm{T}}\boldsymbol{g}^{(k)}=0$$

由 $\boldsymbol{S}^{(k)}=-\boldsymbol{g}^{(k)}$，化简式(4-31)，得
$$[\boldsymbol{g}^{(k+1)}]^{\mathrm{T}}\boldsymbol{g}^{(k+1)}-\beta^{(k)}[\boldsymbol{g}^{(k)}]^{\mathrm{T}}\boldsymbol{g}^{(k)}=0$$

从而得共轭系数
$$\beta^{(k)}=\frac{[\boldsymbol{g}^{(k+1)}]^{\mathrm{T}}\boldsymbol{g}^{(k+1)}}{[\boldsymbol{g}^{(k)}]^{\mathrm{T}}\boldsymbol{g}^{(k)}}=\frac{\|\boldsymbol{g}^{(k+1)}\|^2}{\|\boldsymbol{g}^{(k)}\|^2}=\frac{\|\nabla f(\boldsymbol{X}^{(k+1)})\|^2}{\|\nabla f(\boldsymbol{X}^{(k)})\|^2} \tag{4-32}$$

式(4-32)最先由 R. Fletcher 及 C. M. Reeves 提出，故共轭梯度法又称 FR 法。将式(4-32)代入式(4-29)，即可求得共轭方向 $\boldsymbol{S}^{(k+1)}$。式(4-29)和式(4-32)表明：可以不计算矩阵 $\boldsymbol{A}$，而仅通过计算目标函数的梯度来构造共轭方向 $\boldsymbol{S}^{(k+1)}$。

三、迭代步骤

1）给定初始点 $\boldsymbol{X}^{(0)}$ 和收敛精度 ε，输入维数 n。

计算函数在初始点 $\boldsymbol{X}^{(0)}$ 处的梯度：$\boldsymbol{g}^{(0)}=\nabla f(\boldsymbol{X}^{(0)})$，令 $k=0$，搜索方向 $\boldsymbol{S}^{(0)}=-\boldsymbol{g}^{(0)}$。

2）沿方向 $\boldsymbol{S}^{(k)}$ 进行一维搜索得

$$\boldsymbol{X}^{(k+1)}=\boldsymbol{X}^{(k)}+\alpha^{(k)}\boldsymbol{S}^{(k)}$$

3）计算目标函数在点 $\boldsymbol{X}^{(k+1)}$ 处的梯度

$$\boldsymbol{g}^{(k+1)}=\nabla f(\boldsymbol{X}^{(k+1)})$$

4）收敛精度判断：若满足 $\|\nabla f(\boldsymbol{X}^{(k+1)})\|\leqslant\varepsilon$，则输出最优解：$\boldsymbol{X}^*=\boldsymbol{X}^{(k+1)}$；$f(\boldsymbol{X}^*)=f(\boldsymbol{X}^{(k+1)})$，终止迭代；否则转下一步。

5）判断 $k+1$ 是否等于 n，若 $k+1=n$，则令 $\boldsymbol{X}^{(0)}=\boldsymbol{X}^{(k+1)}$，并转步骤 1)；若 $k+1<n$，则转下一步。

6）构造共轭方向

共轭系数：
$$\beta^{(k)}=\frac{\|\boldsymbol{g}^{(k+1)}\|^2}{\|\boldsymbol{g}^{(k)}\|^2}=\frac{\|\nabla f(\boldsymbol{X}^{(k+1)})\|^2}{\|\nabla f(\boldsymbol{X}^{(k)})\|^2}$$

共轭方向：
$$\boldsymbol{S}^{(k+1)}=-\nabla f(\boldsymbol{X}^{(k+1)})+\beta^{(k)}\boldsymbol{S}^{(k)}$$

令 $k=k+1$，转步骤 2)。

计算程序框图如图 4-16 所示。

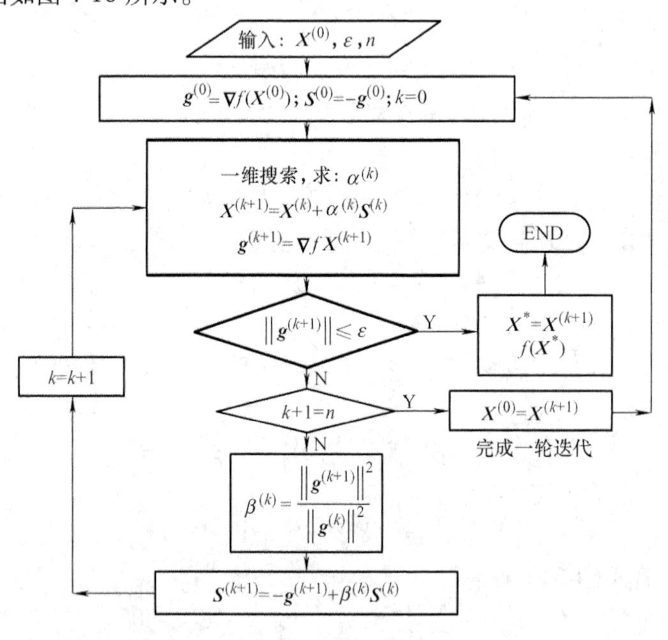

图 4-16 共轭梯度法的计算程序框图

例 4-5 用共轭梯度法求解例 4-2 无约束优化问题：

$$\min \quad f(\boldsymbol{X})=x_1^2+2x_2^2-2x_1x_2-4x_1$$

已知初始点 $\boldsymbol{X}^{(0)}=[1,1]^{\mathrm{T}}$，收敛精度 $\varepsilon=0.1$。

解 （1）第一次迭代沿负梯度方向搜索。由例 4-4 得

搜索方向为

$$\boldsymbol{S}^{(0)}=-\nabla f(\boldsymbol{X}^{(0)})=\begin{pmatrix}4\\-2\end{pmatrix}$$

迭代新点为

$$\boldsymbol{X}^{(1)}=\begin{pmatrix}2\\0.5\end{pmatrix};\quad \nabla f(\boldsymbol{X}^{(1)})=\begin{pmatrix}-1\\-2\end{pmatrix}$$

（2）第二次迭代

求共轭系数，得

$$\beta_0=\frac{\|\nabla f(\boldsymbol{X}^{(1)})\|^2}{\|\nabla f(\boldsymbol{X}^{(0)})\|^2}=\frac{1^2+2^2}{4^2+2^2}=0.25$$

构造共轭方向为

$$\boldsymbol{S}^{(1)}=-\nabla f(\boldsymbol{X}^{(1)})+\beta_0\boldsymbol{S}^{(0)}=-\begin{pmatrix}-1\\-2\end{pmatrix}+0.25\begin{pmatrix}4\\-2\end{pmatrix}=\begin{pmatrix}2\\1.5\end{pmatrix}$$

求迭代新点，得

$$\boldsymbol{X}^{(2)}=\boldsymbol{X}^{(1)}+\alpha\boldsymbol{S}^{(1)}=\begin{pmatrix}2\\0.5\end{pmatrix}+\alpha\begin{pmatrix}2\\1.5\end{pmatrix}=\begin{pmatrix}2+2\alpha\\0.5+1.5\alpha\end{pmatrix}$$

求最优步长因子：令$\dfrac{\mathrm{d}f(\boldsymbol{X}^{(2)})}{\mathrm{d}\alpha}=0$，解得$\alpha=1$。将$\alpha=1$代入点$\boldsymbol{X}^{(2)}$解得

$$\boldsymbol{X}^{(2)}=(4,2)^{\mathrm{T}};\ f(\boldsymbol{X}^{(2)})=-8;\ \nabla f(\boldsymbol{X}^{(2)})=(0,0)^{\mathrm{T}}$$

因$\|\nabla f(\boldsymbol{X}^{(2)})\|=0<\varepsilon$，所以$\boldsymbol{X}^{(2)}=(4,2)^{\mathrm{T}}$，$f(\boldsymbol{X}^{(2)})=-8$就是所求的最优解。由此可知，用共轭梯度法经过两次迭代便求得二元二次优化问题的极小值点。

从共轭梯度法的计算过程可看出，第一个搜索方向取作负梯度方向，这就是最速下降法。其余各步的搜索方向是将负梯度方向偏转了一个角度，即对负梯度方向进行了修正。所以共轭梯度法实质上是对最速下降法进行的一种改进，故又被称为旋转梯度法。

第六节　牛　顿　法

牛顿法（Newton）是一种经典的优化方法，该方法也是梯度法进一步的改进与发展。为了加快收敛速度，更快地求得目标函数的极值点，牛顿法是同时利用目标函数的一、二阶偏导数所提供的信息来构造搜索方向的。牛顿法分原始的牛顿法和阻尼牛顿法两种。

一、原始的牛顿法基本思想

首先考察一元函数$f(x)$，如图4-17所示。过点$A(x^{(k)},f(x^{(k)}))$作一条与曲线$f(x)$密切的二次曲线$\varphi(x)$，图中虚线所示，点$B(x_\varphi^*,\varphi(x_\varphi^*))$是函数$\varphi(x)$的极值点。点$x_\varphi^*$可由函数$f(x)$在点$x^{(k)}$处的二阶泰勒展开式求得

$$f(x)\approx f(x^{(k)})+f'(x^{(k)})(x-x^{(k)})+\frac{1}{2!}f''(x^{(k)})(x-x^{(k)})^2$$

令上式为$\varphi(x)$。由极值的必要条件：$\varphi'(x)=f'(x^{(k)})+f''(x^{(k)})(x-x^{(k)})=0$解得

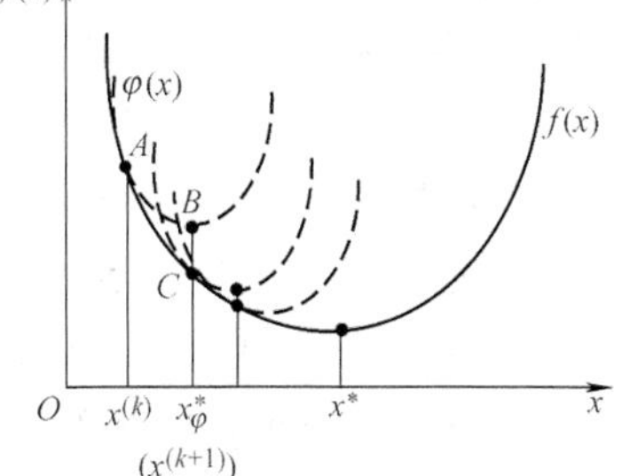

图4-17　一元函数牛顿法迭代过程

$$x_{\varphi}^{*}=x^{(k)}-\frac{f'(x^{(k)})}{f''(x^{(k)})} \tag{4-33}$$

显然，若目标函数$f(x)$是二次函数，则点x_{φ}^{*}就是函数$f(x)$的极值点。若不是二次函数，可令$x^{(k+1)}=x_{\varphi}^{*}$，也就是说式(4-33)就是一元函数牛顿法的迭代式，即

$$x^{(k+1)}=x^{(k)}-\frac{f'(x^{(k)})}{f''(x^{(k)})} \tag{4-34}$$

重复上述过程，在点C(图4-17)再进行二阶泰勒展开求得新的迭代点。反复迭代，直至逼近极值点。

同理，推广到n维多元函数$f(\boldsymbol{X})$，在$\boldsymbol{X}^{(k)}$点泰勒展开，只取到二次项，得

$$f(\boldsymbol{X})\approx f(\boldsymbol{X}^{(k)})+[\nabla f(\boldsymbol{X}^{(k)})]^{\mathrm{T}}[\boldsymbol{X}-\boldsymbol{X}^{(k)}]+\frac{1}{2}[\boldsymbol{X}-\boldsymbol{X}^{(k)}]^{\mathrm{T}}\boldsymbol{H}(\boldsymbol{X}^{(k)})[\boldsymbol{X}-\boldsymbol{X}^{(k)}]=\varphi(\boldsymbol{X})$$

由极值的必要条件$\nabla\varphi(\boldsymbol{X})=\boldsymbol{0}$得

$$\nabla\varphi(\boldsymbol{X})=\nabla f(\boldsymbol{X}^{(k)})+\boldsymbol{H}(\boldsymbol{X}^{(k)})(\boldsymbol{X}-\boldsymbol{X}^{(k)})=\boldsymbol{0} \tag{4-35}$$

将上式两边左乘$[\boldsymbol{H}(\boldsymbol{X}^{(k)})]^{-1}$可解得极值点

$$\boldsymbol{X}_{\varphi}^{*}=\boldsymbol{X}^{(k)}-[\boldsymbol{H}(\boldsymbol{X}^{(k)})]^{-1}\nabla f(\boldsymbol{X}^{(k)}) \tag{4-36}$$

当$f(\boldsymbol{X})$是二次函数时，上式中$\boldsymbol{X}_{\varphi}^{*}$即是目标函数$f(\boldsymbol{X})$的极值点$\boldsymbol{X}^{*}$。由此可看出牛顿法变得极为简单、有效，且$\boldsymbol{H}(\boldsymbol{X}^{(k)})$是一个常数矩阵，而式(4-36)为精确解。若$f(\boldsymbol{X})$不是二次函数，则点$\boldsymbol{X}_{\varphi}^{*}$作为新的迭代点$\boldsymbol{X}^{(k+1)}$，重复迭代求解。其迭代公式为

$$\boldsymbol{X}^{(k+1)}=\boldsymbol{X}^{(k)}-[\boldsymbol{H}(\boldsymbol{X}^{(k)})]^{-1}\nabla f(\boldsymbol{X}^{(k)}) \tag{4-37}$$

与一般的迭代公式:$\boldsymbol{X}^{(k+1)}=\boldsymbol{X}^{(k)}+\alpha^{(k)}\boldsymbol{S}^{(k)}$进行对比可看出

牛顿法搜索方向：$\boldsymbol{S}^{(k)}=-[\boldsymbol{H}(\boldsymbol{X}^{(k)})]^{-1}\nabla f(\boldsymbol{X}^{(k)})$——牛顿方向

最优步长因子：$\alpha^{(k)}=1$

牛顿法的基本思想是：在点$\boldsymbol{X}^{(k)}$邻域内用一个二次函数$\varphi(\boldsymbol{X})$去近似代替$f(\boldsymbol{X})$，然后求出函数$\varphi(\boldsymbol{X})$的极小值点$\boldsymbol{X}_{\varphi}^{*}$，作为$f(\boldsymbol{X})$的下次迭代点$\boldsymbol{X}^{(k+1)}$。重复迭代，逼近最优点$\boldsymbol{X}^{*}$。其迭代公式为式(4-37)。

几何解释如图4-18所示。函数$f(\boldsymbol{X})$过点$\boldsymbol{X}^{(k)}$的等值线在点$\boldsymbol{X}^{(k)}$处用一个与$f(\boldsymbol{X})$等值线密切的二次曲线$\varphi(\boldsymbol{X})$来近似地替代(图中的虚线)。二次曲线$\varphi(\boldsymbol{X})$的中心即是函数$\varphi(\boldsymbol{X})$的极值点$\boldsymbol{X}_{\varphi}^{*}$，连接点$\boldsymbol{X}^{(k)}$与$\boldsymbol{X}_{\varphi}^{*}$的方向即是牛顿方向。由图可看出，牛顿方向实际上是将目标函数$f(\boldsymbol{X})$在点$\boldsymbol{X}^{(k)}$处的负梯度方向$-\nabla f(\boldsymbol{X}^{(k)})$偏转了一个角度后而得到的。或者说是用矩阵$[\boldsymbol{H}(\boldsymbol{X}^{(k)})]^{-1}$乘以负梯度方向$-\nabla f(\boldsymbol{X}^{(k)})$变换而得到的。

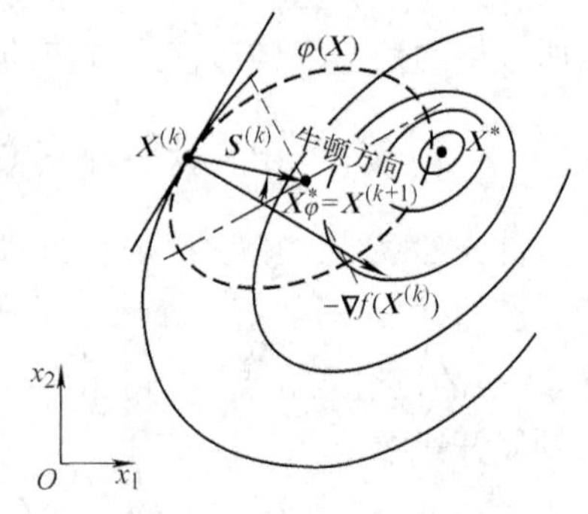

图4-18 牛顿法几何解释

在上述原始的牛顿法迭代过程中，最优步长因子$\alpha^{(k)}$统一取为1，这样有可能出现如下两种不足之处。

如图4-19a所示，若取$\boldsymbol{X}^{(k+1)}=\boldsymbol{X}_{\varphi}^{*}$，显然迭代效率较低，可由点$\boldsymbol{X}^{(k)}$沿牛顿方向进行一维搜索，得点$\boldsymbol{X}^{(k+1)}$，即$\boldsymbol{X}^{(k+1)}=\boldsymbol{X}^{(k)}-\alpha^{(k)}[\boldsymbol{H}(\boldsymbol{X}^{(k)})]^{-1}\nabla f(\boldsymbol{X}^{(k)})$。若如图4-19b所示，取

$X^{(k+1)}=X_{\varphi}^{*}$，则目标函数值反而增大。为了克服上述缺点，对古典的牛顿法进行修改，即所谓的“阻尼牛顿法”。

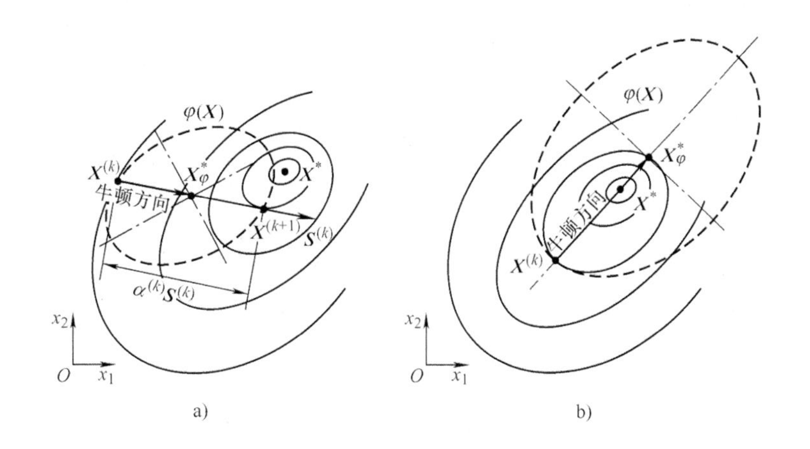

图 4-19　牛顿法不足之处

a）迭代效率较低　b）函数值反而增大

二、阻尼牛顿法（修正牛顿法或广义牛顿法）

1. 基本思想

不统一取步长因子 $\alpha^{(k)}=1$，而是沿点 $X^{(k)}$ 处的牛顿方向进行一维搜索求得极小值点作为迭代的新点 $X^{(k+1)}$。其迭代公式为

$$X^{(k+1)}=X^{(k)}-\alpha^{(k)}\left[H(X^{(k)})\right]^{-1}\nabla f(X^{(k)}) \tag{4-38}$$

阻尼牛顿法在牛顿方向上加进了一维搜索，因此可保证迭代点的严格下降性，可适用于任何函数，而且对初始点的选择也无需提出过于苛刻的要求。

2. 迭代步骤

1）给定初始点 $X^{(0)}$ 和收敛精度 ε，置 $k=0$；

2）计算目标函数在点 $X^{(k)}$ 处的梯度、海赛矩阵及其逆矩阵；

3）构造牛顿方向

$$S^{(k)}=-\left[H(X^{(k)})\right]^{-1}\nabla f(X^{(k)})$$

4）沿牛顿方向进行一维搜索，得迭代新点

$$X^{(k+1)}=X^{(k)}-\alpha^{(k)}\left[H(X^{(k)})\right]^{-1}\nabla f(X^{(k)})$$

5）收敛精度判断。若满足 $\|\nabla f(X^{(k+1)})\|\leqslant\varepsilon$，则输出最优解：$X^{*}=X^{(k+1)}$；$f(X^{*})=f(X^{(k+1)})$，终止迭代；否则，令 $k=k+1$，转步骤 2）继续迭代计算。

牛顿法计算程序框图如图 4-20 所示。

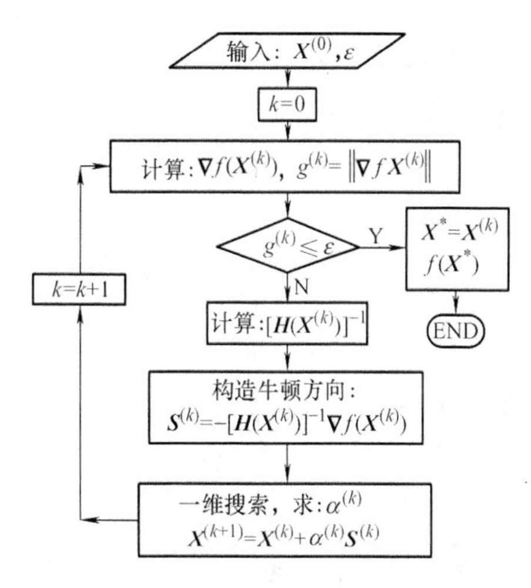

图 4-20　牛顿法计算程序框图

例 4-6　用牛顿法求解例 4-2 无约束优化问题：

$$\min\quad f(X)=x_1^2+2x_2^2-2x_1x_2-4x_1$$

已知初始点 $X^{(0)}=[1,\ 1]^{\mathrm{T}}$，收敛精度 $\varepsilon=0.1$。

解

$$\nabla f(\boldsymbol{X})=\begin{pmatrix}2x_1-2x_2-4\\-2x_1+4x_2\end{pmatrix};\ \nabla f(\boldsymbol{X}^{(0)})=\begin{pmatrix}2x_1-2x_2-4\\-2x_1+4x_2\end{pmatrix}_{\begin{bmatrix}1\\1\end{bmatrix}}=\begin{pmatrix}-4\\2\end{pmatrix}$$

$$\boldsymbol{H}(\boldsymbol{X})=\begin{pmatrix}2&-2\\-2&4\end{pmatrix};\ [\boldsymbol{H}(\boldsymbol{X})]^{-1}=\begin{pmatrix}1&0.5\\0.5&0.5\end{pmatrix}$$

牛顿方向为

$$\boldsymbol{S}^{(0)}=-[\boldsymbol{H}(\boldsymbol{X}^{(0)})]^{-1}\nabla f(\boldsymbol{X}^{(0)})=-\begin{pmatrix}1&0.5\\0.5&0.5\end{pmatrix}\begin{pmatrix}-4\\2\end{pmatrix}=\begin{pmatrix}3\\1\end{pmatrix}$$

迭代新点为

$$\boldsymbol{X}^{(1)}=\boldsymbol{X}^{(0)}+\alpha\boldsymbol{S}^{(0)}=\begin{pmatrix}1\\1\end{pmatrix}+\alpha\begin{pmatrix}3\\1\end{pmatrix}=\begin{pmatrix}1+3\alpha\\1+\alpha\end{pmatrix}$$

求最优步长因子：令$\dfrac{df(\boldsymbol{X}^{(1)})}{d\alpha}=0$，解得 $\alpha=1$。将 $\alpha=1$ 代入点 $\boldsymbol{X}^{(1)}$ 解得

$$\boldsymbol{X}^{(1)}=[4,\ 2]^{T};\ f(\boldsymbol{X}^{(1)})=-8;\ \nabla f(\boldsymbol{X}^{(1)})=[0,\ 0]^{T}$$

因$\|\nabla f(\boldsymbol{X}^{(1)})\|=0<\varepsilon$，所以 $\boldsymbol{X}^{(1)}=[4,\ 2]^{T}$，$f(\boldsymbol{X}^{(1)})=-8$ 就是所求的最优解。

可见二次函数用牛顿法一次迭代就可达到极值点。

三、牛顿法的特点

1）初始点要求不严格且具有二次收敛性；

2）若海赛矩阵 $\boldsymbol{H}(\boldsymbol{X}^{(k)})$ 为奇异矩阵，即不存在逆矩阵$[\boldsymbol{H}(\boldsymbol{X}^{(k)})]^{-1}$，则不构成牛顿方向，迭代无法继续进行；

3）构造牛顿方向需要计算：$\nabla f(\boldsymbol{X}^{(k)})$，$\boldsymbol{H}(\boldsymbol{X}^{(k)})$，$[\boldsymbol{H}(\boldsymbol{X}^{(k)})]^{-1}$，计算较困难且存储量较大。

综上所述，牛顿法在工程优化设计中很少直接被利用。因此，能否找到另一种方法，该方法对初始点要求不严格，又保持二次收敛性，既保持牛顿法的优点，但又不需要求函数的二阶导数矩阵（海赛矩阵）和其逆矩阵。这就是下一节所讨论的变尺度法。

第七节　变尺度法（DFP 法）

变尺度法是在克服了梯度法收敛速度慢和牛顿法计算量、存储量大的缺点的基础上而发展起来的，被公认为是求解无约束优化问题最有效的算法之一，现已在工程优化设计中得到了广泛的应用。变尺度法的种类较多，这里只介绍其中最常用的两种方法：DFP 法和 BFGS 法。DFP 变尺度法先由戴维顿（Davidon）于 1959 年提出，后经费莱彻（Fletcher）和鲍威尔（Powell）于 1963 年改进而成，故又称 DFP 法。

一、基本思想

构造一个 $n\times n$ 阶矩阵 $\boldsymbol{A}^{(k)}$，计算过程中以递推的形式逐步逼近海赛矩阵的逆矩阵 $[\boldsymbol{H}(\boldsymbol{X}^{(k)})]^{-1}$，并且计算简单、工作量小。

迭代公式为

$$\boldsymbol{X}^{(k+1)}=\boldsymbol{X}^{(k)}-\alpha^{(k)}\boldsymbol{A}^{(k)}\nabla f(\boldsymbol{X}^{(k)}) \tag{4-39}$$

式中，$-\boldsymbol{A}^{(k)}\nabla f(\boldsymbol{X}^{(k)})$ 为变尺度法的搜索方向；$\boldsymbol{A}^{(k)}$ 为变尺度矩阵，在迭代过程中逐次形成并改变。

当 $\boldsymbol{A}^{(k)}=\boldsymbol{I}$(单位阵)时，式(4-39)变为

$$\boldsymbol{X}^{(k+1)}=\boldsymbol{X}^{(k)}-\alpha^{(k)}\nabla f(\boldsymbol{X}^{(k)})\text{——梯度法的迭代公式}$$

当 $\boldsymbol{A}^{(k)}=[\boldsymbol{H}(\boldsymbol{X}^{(k)})]^{-1}$ 时，式(4-39)变为

$$\boldsymbol{X}^{(k+1)}=\boldsymbol{X}^{(k)}-\alpha^{(k)}[\boldsymbol{H}(\boldsymbol{X}^{(k)})]^{-1}\nabla f(\boldsymbol{X}^{(k)})\text{——牛顿法的迭代公式}$$

显然，式(4-39)是梯度法、牛顿法和变尺度法的迭代通式。

变尺度法的关键是如何构造变尺度矩阵 $\boldsymbol{A}^{(k)}$，详述于下。

二、构造变尺度矩阵 $\boldsymbol{A}^{(k)}$ 的基本要求

简单来说，构造变尺度矩阵 $\boldsymbol{A}^{(k)}$ 应具有："下降性、收敛性、计算简便性(便于递推迭代)"。

1）构造的变尺度矩阵 $\boldsymbol{A}^{(k)}$ 所形成的搜索方向 $\boldsymbol{S}^{(k)}$ 必须是目标函数值的下降方向。

下降搜索方向 $\boldsymbol{S}^{(k)}$ 应满足：

$$(\boldsymbol{S}^{(k)})^{\mathrm{T}}(-\nabla f(\boldsymbol{X}^{(k)}))>0 \tag{4-40}$$

将变尺度法的搜索方向 $-\boldsymbol{A}^{(k)}\nabla f(\boldsymbol{X}^{(k)})$ 代入上式，得

$$(\nabla f(\boldsymbol{X}^{(k)})^{\mathrm{T}}\boldsymbol{A}^{(k)}\nabla f(\boldsymbol{X}^{(k)})>0 \tag{4-41}$$

上式表明，变尺度矩阵 $\boldsymbol{A}^{(k)}$ 必须是对称正定矩阵，方向 $-\boldsymbol{A}^{(k)}\nabla f(\boldsymbol{X}^{(k)})$ 才是目标函数值的下降方向。

2）构造的变尺度矩阵 $\boldsymbol{A}^{(k)}$ 必须满足逐次逼近 $[\boldsymbol{H}(\boldsymbol{X}^{(k)})]^{-1}$。也就是说，变尺度法的搜索方向最终逼近牛顿方向 $\boldsymbol{S}^{(k)}=-[\boldsymbol{H}(\boldsymbol{X}^{(k)})]^{-1}\nabla f(\boldsymbol{X}^{(k)})$，这个条件称为 DFP 条件。

将目标函数 $f(\boldsymbol{X})$ 在点 $\boldsymbol{X}^{(k)}$ 处泰勒展开，只取到二次项，得

$$f(\boldsymbol{X})\approx f(\boldsymbol{X}^{(k)})+[\nabla f(\boldsymbol{X}^{(k)})]^{\mathrm{T}}(\boldsymbol{X}-\boldsymbol{X}^{(k)})+\frac{1}{2}(\boldsymbol{X}-\boldsymbol{X}^{(k)})^{\mathrm{T}}\boldsymbol{H}(\boldsymbol{X}^{(k)})(\boldsymbol{X}-\boldsymbol{X}^{(k)})$$

其梯度为

$$\nabla f(\boldsymbol{X})=\nabla f(\boldsymbol{X}^{(k)})+\boldsymbol{H}(\boldsymbol{X}^{(k)})(\boldsymbol{X}-\boldsymbol{X}^{(k)})$$

点 $\boldsymbol{X}^{(k+1)}$ 处的梯度为

$$\nabla f(\boldsymbol{X}^{(k+1)})=\nabla f(\boldsymbol{X}^{(k)})+\boldsymbol{H}(\boldsymbol{X}^{(k)})(\boldsymbol{X}^{(k+1)}-\boldsymbol{X}^{(k)})$$

用 $[\boldsymbol{H}(\boldsymbol{X}^{(k)})]^{-1}$ 左乘上式两端，得

$$[\boldsymbol{H}(\boldsymbol{X}^{(k)})]^{-1}[\nabla f(\boldsymbol{X}^{(k+1)})-\nabla f(\boldsymbol{X}^{(k)})]=\boldsymbol{X}^{(k+1)}-\boldsymbol{X}^{(k)}$$

令 $\boldsymbol{g}^{(k+1)}=\nabla f(\boldsymbol{X}^{(k+1)})$，$\boldsymbol{g}^{(k)}=\nabla f(\boldsymbol{X}^{(k)})$，上式简写为

$$[\boldsymbol{H}(\boldsymbol{X}^{(k)})]^{-1}(\boldsymbol{g}^{(k+1)}-\boldsymbol{g}^{(k)})=\boldsymbol{X}^{(k+1)}-\boldsymbol{X}^{(k)}$$

即

$$\Delta X^{(k)}=[H(X^{(k)})]^{-1}\Delta g^{(k)} \tag{4-42}$$

式中，$\Delta X^{(k)}$，$\Delta g^{(k)}$分别表示相邻两迭代点间的向量差和梯度之差。因为$\Delta X^{(k)}=X^{(k+1)}-X^{(k)}$是本次搜索的搜索方向，应为牛顿方向，所以式(4-42)称为牛顿条件。如果使变尺度矩阵$A^{(k)}$满足这个条件，即用$A^{(k+1)}$代替$[H(X^{(k)})]^{-1}$，则式(4-42)可改写为

$$A^{(k+1)}\Delta g^{(k)}=\Delta X^{(k)} \tag{4-43}$$

这样变尺度法将具有与牛顿法相接近的搜索方向和收敛速度，故式(4-43)称为DFP条件或拟牛顿条件。

3）构造的变尺度矩阵可递推，并便于迭代求解。变尺度矩阵的构造应具有简单的迭代格式，而且能利用已知的信息，以固定的格式计算出下一次迭代的变尺度矩阵，也就是说可递推迭代求解。其简单的迭代格式为

$$A^{(k+1)}=A^{(k)}+E^{(k)} \tag{4-44}$$

式中，$E^{(k)}$为校正矩阵。

本次迭代变尺度矩阵$A^{(k)}$已知，若求得$E^{(k)}$，便可求得$A^{(k+1)}$，进行下次迭代。而第一次迭代取$A^{(0)}=I$(单位阵)。

三、校正矩阵$E^{(k)}$的推导

将式(4-44)代入DFP条件(变尺度条件)式(4-43)并化简得

$$E^{(k)}\Delta g^{(k)}=\Delta X^{(k)}-A^{(k)}\Delta g^{(k)} \tag{4-45}$$

式中，$\Delta g^{(k)}$，$\Delta X^{(k)}$，$A^{(k)}$都是前一次迭代点的有关信息，是已知的。所以，求解式(4-45)就可得到校正矩阵$E^{(k)}$。但满足式(4-45)的$E^{(k)}$是无穷多的，为了根据式(4-45)给出的条件，便于构造一个校正矩阵，先假定$E^{(k)}$写成下面的形式：

$$E^{(k)}=\Delta X^{(k)}(U_k)^{\mathrm{T}}-A^{(k)}\Delta g^{(k)}(V_k)^{\mathrm{T}} \tag{4-46}$$

式中，U_k，V_k是两个待定的向量。

用$\Delta g^{(k)}$右乘式(4-46)两端，得

$$E^{(k)}\Delta g^{(k)}=\Delta X^{(k)}(U_k)^{\mathrm{T}}\Delta g^{(k)}-A^{(k)}\Delta g^{(k)}(V_k)^{\mathrm{T}}\Delta g^{(k)} \tag{4-47}$$

比较式(4-45)与式(4-47)，显然

$$(U_k)^{\mathrm{T}}\Delta g^{(k)}=1,\ (V_k)^{\mathrm{T}}\Delta g^{(k)}=1 \tag{4-48}$$

再令

$$U_k=\alpha_k\Delta X^{(k)},\ V_k=\beta_k A^{(k)}\Delta g^{(k)} \tag{4-49}$$

式中，α_k，β_k为待定系数。

将U_k，V_k分别代入式(4-48)，得

$$\alpha_k=\frac{1}{(\Delta X^{(k)})^{\mathrm{T}}\Delta g^{(k)}},\ \beta_k=\frac{1}{(A^{(k)}\Delta g^{(k)})^{\mathrm{T}}\Delta g^{(k)}} \tag{4-50}$$

将α_k，β_k代入式(4-49)，得

$$U_k=\frac{\Delta X^{(k)}}{(\Delta X^{(k)})^{\mathrm{T}}\Delta g^{(k)}},\ V_k=\frac{A^{(k)}\Delta g^{(k)}}{(A^{(k)}\Delta g^{(k)})^{\mathrm{T}}\Delta g^{(k)}} \tag{4-51}$$

再将U_k，V_k代入式(4-46)，并注意到$A^{(k)}$为对称正定矩阵，得校正矩阵的计算公式为

$$E^{(k)}=\frac{\Delta X^{(k)}[\Delta X^{(k)}]^{\mathrm{T}}}{[\Delta X^{(k)}]^{\mathrm{T}}\Delta g^{(k)}}-\frac{A^{(k)}\Delta g^{(k)}[\Delta g^{(k)}]^{\mathrm{T}}A^{(k)}}{[\Delta g^{(k)}]^{\mathrm{T}}A^{(k)}\Delta g^{(k)}} \tag{4-52}$$

变尺度矩阵的递推公式为

$$A^{(k+1)}=A^{(k)}+\frac{\Delta X^{(k)}[\Delta X^{(k)}]^{\mathrm{T}}}{[\Delta g^{(k)}]^{\mathrm{T}}\Delta X^{(k)}}-\frac{A^{(k)}\Delta g^{(k)}[\Delta g^{(k)}]^{\mathrm{T}}A^{(k)}}{[\Delta g^{(k)}]^{\mathrm{T}}A^{(k)}\Delta g^{(k)}} \tag{4-53}$$

上式常称 DFP 公式。由公式可看出，变尺度矩阵的确定取决于在第 k 次迭代中的信息：$\Delta g^{(k)}$，$\Delta X^{(k)}$，$A^{(k)}$。因此，它不必求海赛矩阵及其逆矩阵。初始变尺度矩阵可取单位阵，即 $A^{(0)}=I$。

四、变尺度法的迭代步骤

1）给定初始点 $X^{(0)}$、收敛精度 ε 和维数 n；

2）置 $k=0$，$A^{(k)}=A^{(0)}=I$（$n\times n$ 阶单位阵），计算梯度 $g^{(k)}=\nabla f(X^{(k)})$，搜索方向 $S^{(k)}=-A^{(k)}\nabla f(X^{(k)})=-A^{(k)}g^{(k)}$；

3）进行一维搜索求最优步长因子，迭代点：

$$\min f(X^{(k)}+\alpha^{(k)}S^{(k)});\qquad X^{(k+1)}=X^{(k)}+\alpha^{(k)}S^{(k)}$$

4）收敛精度判断：计算 $g^{(k+1)}=\nabla f(X^{(k+1)})$，若满足 $\|\nabla f(X^{(k+1)})\|\leqslant\varepsilon$，则输出最优解：$X^*=X^{(k+1)}$，$f(X^*)=f(X^{(k+1)})$，终止迭代；否则，转步骤 5）；

5）检查迭代次数，若 $k=n$（完成一轮迭代仍未能满足精度要求），则令 $X^{(0)}=X^{(n+1)}$，转步骤 2）进行下一轮迭代计算；若 $k<n$，则进行下一步；

6）构造新的迭代方向：计算 $\Delta X^{(k)}$，$\Delta g^{(k)}$，$A^{(k)}$，$E^{(k)}$，$A^{(k+1)}=A^{(k)}+E^{(k)}$，$S^{(k+1)}=-A^{(k+1)}\nabla f(X^{(k+1)})=-A^{(k+1)}g^{(k+1)}$，令 $k=k+1$，转步骤 3）。

DFP 法计算程序框图如图 4-21 所示。

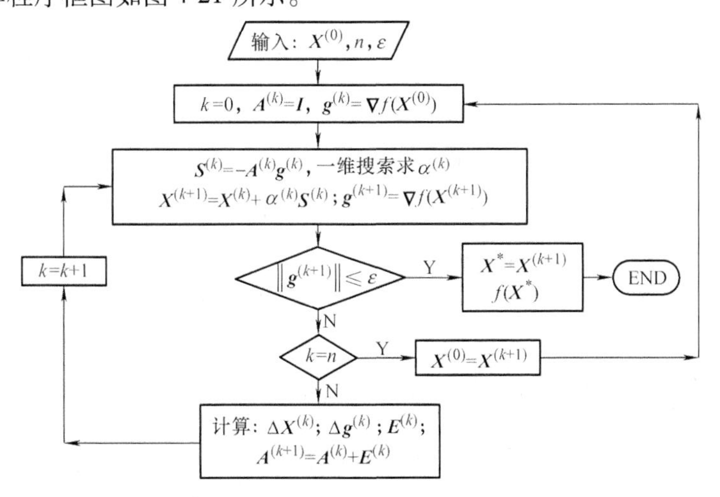

图 4-21　DFP 法计算程序框图

例 4-7　用 DFP 法求解例 4-2 无约束优化问题：

$$\min\quad f(X)=x_1^2+2x_2^2-2x_1x_2-4x_1$$

已知初始点 $X^{(0)}=[1,\ 1]^{\mathrm{T}}$，收敛精度 $\varepsilon=0.1$。

解　(1) 第一次迭代由于初始变尺度矩阵取单位矩阵，所以实际上是沿负梯度方向搜索。

$$\nabla f(\boldsymbol{X})=\begin{pmatrix}2x_1-2x_2-4\\-2x_1+4x_2\end{pmatrix},\ \nabla f(\boldsymbol{X}^{(0)})=\boldsymbol{g}^{(0)}=\begin{pmatrix}2x_1-2x_2-4\\-2x_1+4x_2\end{pmatrix}_{\begin{bmatrix}1\\1\end{bmatrix}}=\begin{pmatrix}-4\\2\end{pmatrix}$$

$$\boldsymbol{A}^{(0)}=\begin{pmatrix}1&0\\0&1\end{pmatrix},\ \boldsymbol{X}^{(1)}=\boldsymbol{X}^{(0)}-\alpha^{(0)}\boldsymbol{A}^{(0)}\nabla f(\boldsymbol{X}^{(0)})=\boldsymbol{X}^{(0)}-\alpha^{(0)}\nabla f(\boldsymbol{X}^{(0)})$$

由例4-4：

$$\boldsymbol{X}^{(1)}=\begin{pmatrix}2\\0.5\end{pmatrix},\ \nabla f(\boldsymbol{X}^{(1)})=\boldsymbol{g}^{(1)}=\begin{pmatrix}-1\\-2\end{pmatrix}$$

(2) 第二次迭代采用 DFP 变尺度矩阵

计算

$$\Delta\boldsymbol{X}^{(0)}=\boldsymbol{X}^{(1)}-\boldsymbol{X}^{(0)}=\begin{pmatrix}2\\0.5\end{pmatrix}-\begin{pmatrix}1\\1\end{pmatrix}=\begin{pmatrix}1\\-0.5\end{pmatrix}$$

$$\Delta\boldsymbol{g}^{(0)}=\boldsymbol{g}^{(1)}-\boldsymbol{g}^{(0)}=\begin{pmatrix}-1\\-2\end{pmatrix}-\begin{pmatrix}-4\\2\end{pmatrix}=\begin{pmatrix}3\\-4\end{pmatrix}$$

将上述数据代入式(4-52)，$k=0$，得

$$\boldsymbol{E}^{(k)}=\frac{\Delta\boldsymbol{X}^{(k)}[\Delta\boldsymbol{X}^{(k)}]^{\mathrm{T}}}{[\Delta\boldsymbol{g}^{(k)}]^{\mathrm{T}}\Delta\boldsymbol{X}^{(k)}}-\frac{\boldsymbol{A}^{(k)}\Delta\boldsymbol{g}^{(k)}[\Delta\boldsymbol{g}^{(k)}]^{\mathrm{T}}\boldsymbol{A}^{(k)}}{[\Delta\boldsymbol{g}^{(k)}]^{\mathrm{T}}\boldsymbol{A}^{(k)}\Delta\boldsymbol{g}^{(k)}}$$

$$=\frac{\begin{pmatrix}1\\-0.5\end{pmatrix}[1,\ -0.5]}{[3,\ -4]\begin{pmatrix}1\\-0.5\end{pmatrix}}-\frac{\begin{pmatrix}1&0\\0&1\end{pmatrix}\begin{pmatrix}3\\-4\end{pmatrix}[3,\ -4]\begin{pmatrix}1&0\\0&1\end{pmatrix}}{[3,\ -4]\begin{pmatrix}1&0\\0&1\end{pmatrix}\begin{pmatrix}3\\-4\end{pmatrix}}$$

$$=\frac{\begin{pmatrix}1&-0.5\\-0.5&0.25\end{pmatrix}}{5}-\frac{\begin{pmatrix}9&-12\\-12&16\end{pmatrix}}{25}=\begin{pmatrix}-0.16&0.38\\0.38&-0.59\end{pmatrix}$$

由此可看出得到的校正矩阵是对称矩阵。

计算

$$\boldsymbol{A}^{(1)}=\boldsymbol{A}^{(0)}+\boldsymbol{E}^{(0)}=\begin{pmatrix}1&0\\0&1\end{pmatrix}+\begin{pmatrix}-0.16&0.38\\0.38&-0.59\end{pmatrix}=\begin{bmatrix}0.84&0.38\\0.38&0.41\end{bmatrix}$$

$$\boldsymbol{S}^{(1)}=-\boldsymbol{A}^{(1)}\nabla f(\boldsymbol{X}^{(1)})=-\begin{pmatrix}0.84&0.38\\0.38&0.41\end{pmatrix}\begin{pmatrix}-1\\-2\end{pmatrix}=\begin{pmatrix}1.6\\1.2\end{pmatrix}$$

$$\boldsymbol{X}^{(2)}=\boldsymbol{X}^{(1)}+\alpha^{(1)}\boldsymbol{S}^{(1)}$$

$$=\begin{pmatrix}2\\0.5\end{pmatrix}+\alpha^{(1)}\begin{pmatrix}1.6\\1.2\end{pmatrix}=\begin{pmatrix}2+1.6\alpha^{(1)}\\0.5+1.2\alpha^{(1)}\end{pmatrix}$$

将 $\boldsymbol{X}^{(2)}$ 代入目标函数，求最优步长因子 $\alpha^{(1)}$：令 $\dfrac{\mathrm{d}f(\boldsymbol{X}^{(2)})}{\mathrm{d}\alpha^{(2)}}=0$，解得 $\alpha^{(2)}=1.25$。

计算迭代新点：

$$\boldsymbol{X}^{(2)}=\begin{pmatrix}2+1.6\alpha^{(1)}\\0.5+1.2\alpha^{(1)}\end{pmatrix}=\begin{pmatrix}4\\2\end{pmatrix}$$

收敛精度检验：

$$\nabla f(\boldsymbol{X}^{(2)})=\begin{pmatrix}2x_1-2x_2-4\\-2x_1+4x_2\end{pmatrix}_{\begin{bmatrix}4\\2\end{bmatrix}}=\begin{pmatrix}0\\0\end{pmatrix},\ \|\nabla f(\boldsymbol{X}^{(2)})\|=0<\varepsilon$$

因此最优解为

$$\boldsymbol{X}^*=\boldsymbol{X}^{(1)}=[4,\ 2]^{\mathrm{T}},\ f(\boldsymbol{X}^*)=-8$$

上述迭代路线与牛顿法基本重合。

五、DFP 法的特点

1）DFP 法具有牛顿法的二阶收敛速度，因变尺度矩阵 $\boldsymbol{A}^{(k)}$ 最终逼近 $[\boldsymbol{H}(\boldsymbol{X}^{(k)})]^{-1}$。

2）对任意给定的初始点 $\boldsymbol{X}^{(0)}$，都具有最速下降方向 $\boldsymbol{S}^{(k)}=-\nabla f(\boldsymbol{X}^{(k)})$。这是由于初始变尺度矩阵 $\boldsymbol{A}^{(0)}=\boldsymbol{I}$（单位阵），所以搜索方向 $\boldsymbol{S}^{(0)}=-\boldsymbol{A}^{(0)}\nabla f(\boldsymbol{X}^{(k)})=-\nabla f(\boldsymbol{X}^{(k)})$。

3）每次搜索产生的方向都是共轭的。

4）计算公式具有递推性，便于迭代。只要给出 $\boldsymbol{X}^{(0)}$，$\boldsymbol{A}^{(0)}$，即可往下计算。

5）计算方便，无需计算二阶导数矩阵及其逆矩阵。

故 DFP 法在函数的梯度向量容易求得的情况下，是非常有效的。对于多维（$n>100$）问题，由于收敛速度快、效果亦佳，被公认为是求解无约束优化问题最有效的算法之一。

但是计算 DFP 变尺度矩阵 $\boldsymbol{A}^{(k)}$ 的计算量较大，在校正矩阵公式中，其分母含有近似矩阵 $\boldsymbol{A}^{(k)}$，特别在有舍入误差时，使之计算中引起数值不稳定，甚至有可能得到奇异矩阵。为了克服 DFP 变尺度法数值不稳定的缺点，在 20 世纪 70 年代初 C. G. Broyden，R. Fletcher，D. Goldfarb，D. F. Shanno 又提出了另一种方法，称为 BFGS 变尺度法。BFGS 法比 DFP 法具有较好的数值稳定性，所以 BFGS 法是当前最成功的一种变尺度法。

六、BFGS 法

BFGS 变尺度法与 DFP 变尺度法的迭代步骤相同，不同之处只是校正矩阵的计算公式不同。BFGS 变尺度法的变尺度矩阵迭代公式仍为

$$\boldsymbol{A}^{(k+1)}=\boldsymbol{A}^{(k)}+\boldsymbol{E}^{(k)} \tag{4-54}$$

其中的校正矩阵计算公式为

$$\boldsymbol{E}^{(k)}=\frac{1}{[\Delta\boldsymbol{X}^{(k)}]^{\mathrm{T}}\Delta\boldsymbol{g}^{(k)}}\Big\{\Delta\boldsymbol{X}^{(k)}[\Delta\boldsymbol{X}^{(k)}]^{\mathrm{T}}+\frac{\Delta\boldsymbol{X}^{(k)}[\Delta\boldsymbol{X}^{(k)}]^{\mathrm{T}}[\Delta\boldsymbol{g}^{(k)}]^{\mathrm{T}}\boldsymbol{A}^{(k)}\Delta\boldsymbol{g}^{(k)}}{[\Delta\boldsymbol{X}^{(k)}]^{\mathrm{T}}\Delta\boldsymbol{g}^{(k)}}-\boldsymbol{A}^{(k)}\Delta\boldsymbol{g}^{(k)}[\Delta\boldsymbol{X}^{(k)}]^{\mathrm{T}}-\Delta\boldsymbol{X}^{(k)}[\Delta\boldsymbol{g}^{(k)}]^{\mathrm{T}}\boldsymbol{A}^{(k)}\Big\} \tag{4-55}$$

式中，$\Delta\boldsymbol{X}^{(k)}$，$\Delta\boldsymbol{g}^{(k)}$，$\boldsymbol{A}^{(k)}$ 与 DFP 变尺度法相同。可见，BFGS 变尺度法的校正矩阵计算公式

中 $\boldsymbol{E}^{(k)}$ 的分母不再含有近似矩阵 $\boldsymbol{A}^{(k)}$。BFGS 变尺度法与 DFP 变尺度法有相同的特点，但 BFGS 法比 DFP 法数值稳定性更好。

本章学习要点

1）首先要抓住并理解各种优化方法的基本思想、具体的迭代步骤，读懂计算程序框图；其次是较复杂的数学推导。对于工程技术人员来说，主要是应用。因此，对每种优化方法书中都有较简单的数学模型的例题，用手算的迭代过程，读者将例题与计算程序框图结合起来，认真地阅读理解。有条件最好再上机运算，在实践中进一步理解每种优化方法的迭代逻辑。

2）共轭方向在优化方法中占有重要位置，因大多数有效的优化方法都是以共轭方向为搜索方向。因此，要掌握共轭方向的定义、形成及其性质。

3）表 4-2 总结了本章所论述的几种优化方法的特点和应用范围，供学习时参考。

表 4-2　无约束优化方法的特点及应用范围

优化方法		特点及应用范围
直接法	Powell 法	不需要求导，只需计算函数值，适用于中、小型无约束最优化问题。它是一种较为有效的优化方法。但对维数较多时，收敛速度较慢
	单纯形法	只计算目标函数值，无需求导，也无需一维搜索。计算、程序比较简单，几何概念清晰，收敛速度较快。适用于目标函数求导比较困难或甚至于不知道目标函数的具体表达式而仅知其具体计算方法的情况。适用于中小型设计问题
解析法	梯度法	迭代计算简单，存储量小。对初始点的选择要求较低。最初几步迭代函数值下降较快，但越接近极值点下降越慢，故常与其他方法混合使用
	共轭梯度法	它是对梯度法(最速下降法)在收敛速度上的重大改进，具有二阶收敛速度。而计算又比牛顿法大为简化。计算简单，存储量小，常用于多维的最优化计算
	牛顿法	收敛速度较快。但对初始点的选择要求较高，且要计算二阶导数矩阵及其逆矩阵。计算量和存储量都以维数(n^2)比例增加。故在工程优化设计中很少直接应用
	DFP(变尺度法)	可用到维数 $n \geqslant 100$ 的优化问题。对于高维大型问题，由于收敛速度快，效果好，被认为是无约束优化最有效方法之一，但需要较大的存储量。DFP 法在数值稳定性不够理想的情况下，可用 BFGS 变尺度法

习　题

4-1　单项选择题

(1) 优化设计迭代的基本公式是____。

A. $\boldsymbol{X}^{(k+1)} = \boldsymbol{X}^{(k)} + \alpha_k \boldsymbol{S}^{(k)}$　　B. $\boldsymbol{X}^{(k)} = \boldsymbol{X}^{(k+1)} + \alpha_k \boldsymbol{S}^{(k)}$

C. $\boldsymbol{X}^{(k+1)} > \boldsymbol{X}^{(k)} + \alpha_k \boldsymbol{S}^{(k)}$　　D. $\boldsymbol{X}^{(k)} < \boldsymbol{X}^{(k+1)} + \alpha_k \boldsymbol{S}^{(k)}$

(2) 下列向量中，与向量 $\boldsymbol{S}_1 = [1,\ 0]^{\mathrm{T}}$ 关于矩阵 $\boldsymbol{A} = \begin{pmatrix} 2 & -1 \\ -1 & 2 \end{pmatrix}$ 共轭的向量是____。

A. $\boldsymbol{S}_2 = [1,\ 0]^{\mathrm{T}}$　　B. $\boldsymbol{S}_2 = [0,\ 1]^{\mathrm{T}}$　　C. $\boldsymbol{S}_2 = [1,\ 2]^{\mathrm{T}}$　　D. $\boldsymbol{S}_2 = [1,\ 1]^{\mathrm{T}}$

(3) 用 Powell 法对二维二次正定函数，使用____即可达到极小值点。

A. 两个共轭方向　　B. 一个共轭方向

C. 三个共轭方向　　D. 四个共轭方向

(4) 下列无约束优化方法中，不具有二次收敛性的方法是____。

A. DFP方法　　B. 梯度法　　C. 牛顿法　　D. Powell法

4-2　用单纯形法求解下列优化问题，收敛精度 $\varepsilon=0.1$。

(1) $\min f(\boldsymbol{X})=x_1^2+2x_2^2-4x_1-2x_1x_2$，初始点:$\boldsymbol{X}^{(0)}=[1,1]^{\mathrm{T}}$。

(2) $\min f(\boldsymbol{X})=3x_1^2+x_2^2-12x_1-6x_2+21$，初始点:$\boldsymbol{X}^{(0)}=[3,4]^{\mathrm{T}}$。

4-3　用梯度法求解下列优化问题(作两次迭代计算)：

(1) $\min f(\boldsymbol{X})=x_1^2+4x_2^2$，初始点:$\boldsymbol{X}^{(0)}=[4,4]^{\mathrm{T}}$。

(2) $\min f(\boldsymbol{X})=(x_1+x_2-5)^2+(x_1-x_2)^2$，初始点:$\boldsymbol{X}^{(0)}=[1,2]^{\mathrm{T}}$。

(3) $\min f(\boldsymbol{X})=x_1^2+x_2^2-x_1x_2-10x_1-4x_2$，初始点: $\boldsymbol{X}^{(0)}=[1,1]^{\mathrm{T}}$。

4-4　用牛顿法求解下列优化问题：

(1) $\min f(\boldsymbol{X})=x_1^2+4x_2^2+9x_3^2-2x_1+18x_3$，初始点: $\boldsymbol{X}^{(0)}=[1,2,1]^{\mathrm{T}}$。

(2) $\min f(\boldsymbol{X})=x_1^2-2x_1x_2+1.5{x_2}^2+x_1-2x_2$，初始点: $\boldsymbol{X}^{(0)}=[1,2]^{\mathrm{T}}$。

(3) $\min f(\boldsymbol{X})=x_1^3-x_2^3+3x_1^2+2x_2^2-9x_1$，初始点: $\boldsymbol{X}^{(0)}=[1,1]^{\mathrm{T}}$。

4-5　用变尺度法求解下列优化问题：

(1) $\min f(\boldsymbol{X})=x_1^2+x_2^2-x_1x_2-10x_1-4x_2$，初始点:$\boldsymbol{X}^{(0)}=[1,1]^{\mathrm{T}}$。

(2) $\min f(\boldsymbol{X})=x_1^2-2x_1x_2+2x_2^2-4x_1$，初始点: $\boldsymbol{X}^{(0)}=[1,1]^{\mathrm{T}}$。

(3) $\min f(\boldsymbol{X})=x_1^2-2x_1x_2+3{x_2}^2-4x_1-5x_2$，初始点: $\boldsymbol{X}^{(0)}=[1,1]^{\mathrm{T}}$。

4-6　用共轭梯度法求解习题4-4。

4-7　用Powell法求解习题4-4。

第五章 线 性 规 划

提示：本章主要介绍线性规划的基本概念及其求解的基本方法——单纯形法。单纯形法求解的基本原理是本章的重点，也是本章的难点。然后介绍单纯形法的迭代公式与单纯形表。学习本章时结合例题进行理解效果会更好。

所谓线性规划在第一章中已定义，即目标函数和全部的约束函数都是线性函数。线性规划在工程管理和经济领域中应用十分广泛。例如：生产组织与计划、物资调运、工厂布局以及生产加工中下料等优化问题都属于线性规划。在机械、电气工程设计中，也有一些是线性规划，虽然大多优化问题属非线性规划问题，但可将非线性规划问题转化为一系列线性规划问题来迭代计算。因而线性规划在优化设计中占有重要位置。

线性规划是数学规划中研究较早、理论与计算方法已相当成熟的一个重要分支。与非线性规划相比，有其自身的特性和求解方法。本章结合具体的实例介绍线性规划的基本概念和基本性质，然后论述线性规划的求解方法——单纯形法。该方法是求解线性规划的一种主要方法，1947 年由丹茨(G. B. Dantzing)提出，多年的计算实践证明它是非常有效且实用的方法。值得注意的是，“单纯形”一词是在该方法研究中对某种特殊问题所引用的术语，它与现在的线性规划单纯形法已没有什么联系，只是人们习惯地沿用下来了。不言而喻，这里的单纯形法与非线性规划无约束优化方法中的单纯形法也毫无共同之处。

第一节 线性规划的标准形式

一、线性规划的标准形式

线性规划问题的数学模型同样由设计变量、目标函数和约束函数(条件)组成，除设计变量非负性限制外，所有的函数均为线性函数，且约束函数都采用等式约束。因此线性规划问题的标准形式为

$$\left.\begin{aligned} &\min\quad f(\boldsymbol{X})=c_1x_1+c_2x_2+\cdots+c_nx_n\\ &\text{s. t.}\quad \begin{cases} g_1(\boldsymbol{X})=a_{11}x_1+a_{12}x_2+\cdots+a_{1n}x_n=b_1\\ g_2(\boldsymbol{X})=a_{21}x_1+a_{22}x_2+\cdots+a_{2n}x_n=b_2\\ \qquad\qquad\vdots\\ g_m(\boldsymbol{X})=a_{m1}x_1+a_{m2}x_2+\cdots+a_{mn}x_n=b_m\\ x_1,x_2,\cdots,x_n\geqslant 0 \end{cases} \end{aligned}\right\}\tag{5-1}$$

也可写成求和的形式，即

$$\left.\begin{aligned}&\min \quad f(\boldsymbol{X}) = \sum_{j=1}^{n} c_j x_j \\ &\text{s. t.} \quad \begin{cases}\sum_{j=1}^{n} c_{ij} x_j = b_i & (i = 1,2,\cdots,m) \\ x_j \geqslant 0 & (j = 1,2,\cdots,n)\end{cases}\end{aligned}\right\} \tag{5-2}$$

还可以写成向量形式，即

$$\left.\begin{aligned}&\min \quad f(\boldsymbol{X}) = \boldsymbol{c}^{\mathrm{T}} \boldsymbol{X} \\ &\text{s. t.} \quad \begin{cases}\boldsymbol{AX} = \boldsymbol{b} \\ x_j \geqslant 0 & (j = 1,2,\cdots,n)\end{cases}\end{aligned}\right\} \tag{5-3}$$

式中，

$$\boldsymbol{X} = [x_1, x_2, \cdots, x_n]^{\mathrm{T}}, \boldsymbol{c} = [c_1, c_2, \cdots, c_n]^{\mathrm{T}}, \boldsymbol{b} = [b_1, b_2, \cdots, b_m]^{\mathrm{T}}$$

$$\boldsymbol{A} = \begin{pmatrix} a_{11} & a_{12} & \cdots & a_{1n} \\ a_{21} & a_{22} & \cdots & a_{2n} \\ \vdots & \vdots & & \vdots \\ a_{m1} & a_{m2} & \cdots & a_{mn} \end{pmatrix}$$

$\boldsymbol{AX} = \boldsymbol{b}$ 为约束方程；$\boldsymbol{A}$ 为系数矩阵；$\boldsymbol{b}$，$\boldsymbol{c}$ 为常数向量；$x_j \geqslant 0 (j = 1, 2, \cdots, n)$ 为非负约束。式(5-1)中 m 个约束方程应是相互独立的，因而式(5-3)中系数矩阵 $\boldsymbol{A}$ 的秩为 m，即为满秩矩阵。

一般情况下，应有 $m < n$。因为 $m = n$ 时约束方程只有一个唯一解，没有可供选择的其他解，也就不存在其为优化问题。当 $m < n$ 时，约束方程有无穷多组解，线性规划就是从这些无穷多组解中寻找一组使目标函数值最小的最优解。

为了论述问题和计算上的方便，线性规划的数学模型都应化为标准形式。

首先，要把不等式约束化为等式约束。如果不等式约束为“≤”形式，应当加一个非负的松弛变量，使不等式约束化为等式约束。例如，第 k 个约束条件为

$$a_{k1} x_1 + a_{k2} x_2 + \cdots + a_{kn} x_n \leqslant b_k$$

加入松弛变量 $x_{n+k} \geqslant 0$，于是上式约束条件变为

$$a_{k1} x_1 + a_{k2} x_2 + \cdots + a_{kn} x_n + x_{n+k} = b_k$$

显然，若不等式约束为“≥”，则应减去一个非负的松弛变量，使不等式约束化为等式约束。

应当特别指出的是，松弛变量只引入约束方程，而不出现在目标函数中，或者说目标函数中的松弛变量的系数为零。

其次，如果原问题是求目标函数 $f(\boldsymbol{X})$ 的最大值，则要化为求目标函数 $(-f(\boldsymbol{X}))$ 的最小值。

二、算例

第一章例 1-2 和例 1-6 的生产计划优化问题是一个线性规划，其数学模型重抄于下：

$$\max \quad f(\boldsymbol{X}) = 60x_1 + 120x_2$$

$$\text{s.t.} \quad \begin{cases} g_1(\boldsymbol{X}) = 9x_1 + 4x_2 \leqslant 360 \\ g_2(\boldsymbol{X}) = 3x_1 + 10x_2 \leqslant 300 \\ g_3(\boldsymbol{X}) = 4x_1 + 5x_2 \leqslant 200 \\ g_4(\boldsymbol{X}) = -x_1 \leqslant 0 \\ g_5(\boldsymbol{X}) = -x_2 \leqslant 0 \end{cases}$$

对于上述数学模型应化为线性规划数学模型的标准形式。由于有两个设计变量 x_1，x_2 和三个不等式约束，因此应分别加入三个松弛变量 x_3，x_4，x_5。又因目标函数是求最大值，故应将目标函数加一个负号化为求最小值。上述线性规划问题数学模型的标准形式为

$$\min \quad f(x_1, x_2) = -60x_1 - 120x_2 \tag{5-4a}$$

$$\text{s.t.} \quad \begin{cases} \left.\begin{aligned} 9x_1 + 4x_2 + x_3 \qquad\qquad &= 360 \\ 3x_1 + 10x_2 \qquad + x_4 \qquad &= 300 \\ 4x_1 + 5x_2 \qquad\qquad + x_5 &= 200 \end{aligned}\right\} \quad (5\text{-}4b) \\ x_i \geqslant 0 \quad (i = 1,2,3,4,5) \quad (5\text{-}4c) \end{cases}$$

第二节　线性规划的基本解与基本可行解

为理解线性规划的基本性质，先对一个具体的算例进行求解，在此基础上总结出一般的情况。

一、线性规划的基本解与基本可行解

仍以上节算例进行求解，说明线性规划的基本解与基本可行解。

如果令松弛变量 $x_3 = x_4 = x_5 = 0$，则三个约束方程在 x_1Ox_2 平面上作出三条约束线（直线），如图 1-7 所示。这三条直线与 $x_1 = 0$，$x_2 = 0$ 两条坐标轴围成的可行域是一个凸多边形 $OABCD$。目标函数的等值线与可行域最高的交点为可行域的顶点 C，即是最优点 $\boldsymbol{X}^* = [20, 24]^{\mathrm{T}}$，其目标函数的最优值为 $f(\boldsymbol{X}^*) = -4080$，这在第一章第三节已讨论过。

现用单纯形法的基本思想来求解。式(5-4b)三个联立方程中有变量的个数 $n = 5$，方程数 $m = 3$，即 $m < n$，故有无穷多组解。若令其中 $n - m = 5 - 3 = 2$ 个变量等于零，则剩下 m 个变量由 m 个方程可求得唯一解。而在 x_1，x_2，x_3，x_4，x_5 五个变量中，令其中任意两个变量为零均可得到另三个变量的唯一解。因而其解的个数应为

$$C_n^m = \frac{n!}{m!\ (n-m)!} = \frac{5!}{3!\ (5-3)!} = 10$$

用消元法解出这 10 个解列于表 5-1。

表中所列的 10 个解称为基本解，它们是在令两个变量为零由三个方程联立求得的。这 10 个解中，1，5，9，10，3 号解对应图 1-7 可行域的五个顶点 O，A，B，C，D，因这五组解都满足所有的约束条件，故又称之为基本可行解。而另外五个基本解 2，4，6，7，8 号对应图 1-7 中的 F，E，I，H，G 五个点，它们都在非可行域内，不满足所有的约束条件。从表中也可看出，这五个解中总有一个或两个变量是负的，显然违反了非负约束条件，即式

(5-4c)，因此这五个解就不是可行解，当然也不是基本可行解。由该例和图 1-7 可看出，可行域中任一点都是可行解，故可行解为无穷多个，而基本可行解则仅仅在可行域的顶点上取得。

表 5-1　算例的 10 个基本解

序号		1	2	3	4	5	6	7	8	9	10
变量	x_1	0	0	0	0	40	100	50	400/13	1000/29	20
	x_1	0	90	30	40	0	0	0	270/13	360/29	24
	x_3	360	0	240	200	0	-540	-90	0	0	84
	x_4	300	-600	0	-100	180	0	150	0	2100/29	0
	x_5	200	-250	50	0	40	-200	0	-350/13	0	0
图 1-7 中对应的顶点		O	F	D	E	A	I	H	G	B	C

由此例推广到一般情况。

在式(5-3)约束方程系数矩阵 $\boldsymbol{A}$ 中，选 m 列线性无关的向量构成 $m\times m$ 阶非奇异子矩阵 $\boldsymbol{B}$，则称 $\boldsymbol{B}$ 是线性规划解的一个基底，简称基。不妨设前 m 列为线性无关的向量，即

$$\boldsymbol{P}_1=\begin{pmatrix}a_{11}\\a_{21}\\\vdots\\a_{m1}\end{pmatrix},\boldsymbol{P}_2=\begin{pmatrix}a_{12}\\a_{22}\\\vdots\\a_{m2}\end{pmatrix},\cdots,\boldsymbol{P}_m=\begin{pmatrix}a_{1m}\\a_{2m}\\\vdots\\a_{mm}\end{pmatrix}\tag{5-5}$$

则基为

$$\boldsymbol{B}=(\boldsymbol{P}_1,\boldsymbol{P}_2,\cdots,\boldsymbol{P}_m)=\begin{pmatrix}a_{11}&a_{12}&\cdots&a_{1m}\\a_{21}&a_{22}&\cdots&a_{2m}\\\vdots&\vdots&&\vdots\\a_{m1}&a_{m2}&\cdots&a_{mm}\end{pmatrix}\tag{5-6}$$

而 $\boldsymbol{P}_1,\boldsymbol{P}_2,\cdots,\boldsymbol{P}_m$ 称为基向量。与基向量对应的变量 $x_1,x_2,\cdots,x_m$ 称为基变量。n 个变量中余下的 $n-m$ 个变量 $x_{m+1},x_{m+2},\cdots,x_n$,称之为非基变量,其对应式(5-3)约束方程系数矩阵 $\boldsymbol{A}$ 中除去基之外的 $n-m$ 个列向量 $\boldsymbol{P}_{m+1},\boldsymbol{P}_{m+2},\cdots,\boldsymbol{P}_n$，这些列向量构成子矩阵 $\boldsymbol{N}=[\boldsymbol{P}_{m+1},\boldsymbol{P}_{m+2},\cdots,\boldsymbol{P}_n]$。

综上所述,系数矩阵 $\boldsymbol{A}$ 写成分块形式为

$$\boldsymbol{A}=[\boldsymbol{B}\mid\boldsymbol{N}]=[\boldsymbol{P}_1,\boldsymbol{P}_2,\cdots,\boldsymbol{P}_m\mid\boldsymbol{P}_{m+1},\boldsymbol{P}_{m+2},\cdots,\boldsymbol{P}_n]\tag{5-7}$$

由于系数矩阵 $\boldsymbol{A}$ 有 n 列,从中任取 m 列都可构成一个基 $\boldsymbol{B}$,不同的列组合就构成不同的基 $\boldsymbol{B}$。由此可知,一个线性规划问题的基的个数等于 n 的 m 组合数,即

$$\mathrm{C}_n^m=\frac{n!}{m!\ (n-m)!}\tag{5-8}$$

相应地,变量也可写成基变量和非基变量两部分,即

$$\boldsymbol{X}=\begin{pmatrix}\boldsymbol{X}^B\\\boldsymbol{X}^N\end{pmatrix}=[x_1,x_2,\cdots,x_m\mid x_{m+1},x_{m+2},\cdots,x_n]^{\mathrm{T}}\tag{5-9}$$

将式(5-7)和式(5-9)代入式(5-3)的约束方程中,有

$$[\boldsymbol{B},\boldsymbol{N}]\begin{pmatrix}\boldsymbol{X}^B\\ \boldsymbol{X}^N\end{pmatrix}=\boldsymbol{b} \quad 或 \quad \boldsymbol{B}\boldsymbol{X}^B+\boldsymbol{N}\boldsymbol{X}^N=\boldsymbol{b}$$

用$\boldsymbol{B}^{-1}$左乘上式两端得

$$\boldsymbol{X}^B=\boldsymbol{B}^{-1}\boldsymbol{b}-\boldsymbol{B}^{-1}\boldsymbol{N}\boldsymbol{X}^N$$

将上式代入式(5-9),得到由非基变量表示的基本解为

$$\boldsymbol{X}=\begin{pmatrix}\boldsymbol{X}^B\\ \boldsymbol{X}^N\end{pmatrix}=\begin{pmatrix}\boldsymbol{B}^{-1}\boldsymbol{b}-\boldsymbol{B}^{-1}\boldsymbol{N}\boldsymbol{X}^N\\ \boldsymbol{X}^N\end{pmatrix} \tag{5-10}$$

若令非基变量$\boldsymbol{X}^N=\boldsymbol{0}$，则由上式便可得到一个基本解为

$$\boldsymbol{X}=\begin{pmatrix}\boldsymbol{X}^B\\ \boldsymbol{X}^N\end{pmatrix}=\begin{pmatrix}\boldsymbol{B}^{-1}\boldsymbol{b}\\ \boldsymbol{0}\end{pmatrix}=[x_1,x_2,\cdots,x_m,0,0,\cdots,0]^{\mathrm{T}} \tag{5-11}$$

如果$\boldsymbol{B}^{-1}\boldsymbol{b}\geqslant\boldsymbol{0}$，则基变量$x_1$，$x_2$，…，$x_m$为非负，这个基本解是基本可行解。当$\boldsymbol{B}^{-1}\boldsymbol{b}>\boldsymbol{0}$，即基变量全为正数时，则称其为非退化的基本可行解；否则为退化的基本可行解。

例 5-1 由第一节算例式(5-4b)可写出约束方程中系数矩阵$\boldsymbol{A}$和列向量$\boldsymbol{b}$如下:

$$\begin{matrix} & \boldsymbol{P}_1 & \boldsymbol{P}_2 & \boldsymbol{P}_3 & \boldsymbol{P}_4 & \boldsymbol{P}_5 \end{matrix}$$

$$\boldsymbol{A}=\begin{pmatrix}9&4&1&0&0\\3&10&0&1&0\\4&5&0&0&1\end{pmatrix},\ \boldsymbol{b}=\begin{pmatrix}360\\300\\200\end{pmatrix}$$

（1）取$\boldsymbol{A}$中后三列构成基，即

$$\begin{matrix}\boldsymbol{P}_3 & \boldsymbol{P}_4 & \boldsymbol{P}_5\end{matrix}$$

$$\boldsymbol{B}=\begin{pmatrix}1&0&0\\0&1&0\\0&0&1\end{pmatrix}$$

这是单位矩阵，故称之为标准基。其逆矩阵仍是单位矩阵，即$\boldsymbol{B}^{-1}=\boldsymbol{B}$，对应的基变量为$\boldsymbol{X}^B=[x_3,\ x_4,\ x_5]^{\mathrm{T}}$，非基变量为$\boldsymbol{X}^N=[x_1,\ x_2]^{\mathrm{T}}$，若令非基变量$\boldsymbol{X}^N=[x_1,\ x_2]^{\mathrm{T}}=[0,\ 0]^{\mathrm{T}}$，由式(5-11)很容易求得基变量的值为

$$\boldsymbol{X}^B=\begin{pmatrix}x_3\\x_4\\x_5\end{pmatrix}=\boldsymbol{B}^{-1}\boldsymbol{b}=\begin{pmatrix}1&0&0\\0&1&0\\0&0&1\end{pmatrix}\begin{pmatrix}360\\300\\200\end{pmatrix}=\begin{pmatrix}360\\300\\200\end{pmatrix}$$

于是得到一个基本解$\boldsymbol{X}=[0,\ 0,\ 360,\ 300,\ 200]^{\mathrm{T}}$(对应表 5-1 中的$O$点)，因满足非负条件，故该基本解是基本可行解。

（2）若取$\boldsymbol{A}$中$\boldsymbol{P}_2$，$\boldsymbol{P}_3$，$\boldsymbol{P}_4$三列构成另一个基，即

$$\begin{matrix}\boldsymbol{P}_2 & \boldsymbol{P}_3 & \boldsymbol{P}_4\end{matrix}$$

$$\boldsymbol{B}=\begin{pmatrix}4&1&0\\10&0&1\\5&0&0\end{pmatrix}$$

令非基变量 $\boldsymbol{X}^N=[x_1, x_5]^{\mathrm{T}}=[0, 0]^{\mathrm{T}}$，由式(5-11)求得基变量的值为

$$\boldsymbol{X}^B=\begin{pmatrix}x_2\\x_3\\x_4\end{pmatrix}=\boldsymbol{B}^{-1}\boldsymbol{b}=\begin{pmatrix}0&0&\dfrac{1}{5}\\1&0&-\dfrac{4}{5}\\0&1&-2\end{pmatrix}\begin{pmatrix}360\\300\\200\end{pmatrix}=\begin{pmatrix}40\\200\\-100\end{pmatrix}$$

又得到一个基本解 $\boldsymbol{X}=[x_1, x_2, x_3, x_4, x_5]^{\mathrm{T}}=[0, 40, 200, -100, 0]^{\mathrm{T}}$（对应表5-1中序号4），因为该解中变量 x_4 为负值，不满足非负条件，因此该解不是基本可行解。

同理，还可以选择不同的列构成另外8个基，算出相应的8个基本解，其结果与表5-1中解相同。由此可归纳出线性规划的重要性质。

二、线性规划的性质

1）每个基本解对应的基变量和非基变量各不相同，所以不能离开基本解来区分哪些是基变量，哪些是非基变量。

2）线性规划问题的可行域是一个凸集，且这个凸多边形（凸多面体）的每个顶点（极值点）对应一个基本可行解。由于凸集顶点的个数是有限的，故基本可行解的个数也是有限的。

3）如果线性规划存在唯一的最优解，则一定在可行域的一个顶点上达到。也就是说，最优解必然是在所有基本可行解中，目标函数值达到最小的那个。

上述基本性质告诉我们，线性规划的最优解只要在可行域的有限个顶点中搜索就可得到。实际上，线性规划解法就是一种关于基本可行解的迭代算法，或者说是一种可行域顶点的转换算法。

上面算例有唯一最优解，它在可行域一个顶点上达到。但也可能出现一些其他特殊情况，如图5-1所示。当目标函数的某条等值线与一个约束边界重合，其最优解不是唯一的，而是有无穷多个解，如图5-1a所示。若可行域是无界域（可行域不封闭），如图5-1b所示，如果求目标函数极小值，在顶点 A 上达到。如果求目标函数极大值，则是无界解。若约束函数围不成可行域，显然也就无可行解，如图5-1c所示。

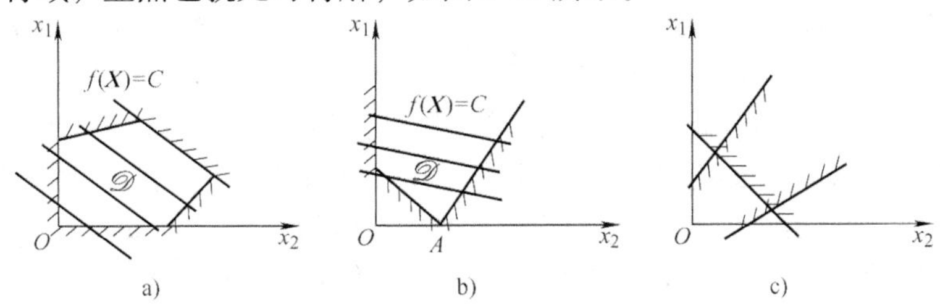

图5-1　线性规划解的三种特殊情况

a）无穷多个解　b）无界解　c）无可行解

第三节　单纯形法的基本原理与迭代公式

上节线性规划的性质指出，线性规划的最优解只要在可行域的有限个顶点中搜索就可得到。于是自然会想到把全部基本可行解算出来，然后从中选出目标函数值最小的那一个即

可。这种方法实际上是枚举法。对于变量较少、简单的线性规划问题尚且可行，但对于变量较多、约束条件也较多复杂的线性规划问题，要将全部基本可行解都算出来是很繁琐，甚至很难办到的。显然枚举法不是科学的优化方法。

一、单纯形法的基本思想

单纯形法与枚举法不同，其求解的基本思想是：先确定一个初始基本可行解(可行域的一个顶点)，再迭代计算出相邻的目标函数值下降最多的一个基本可行解，判断是否达到最优。如此反复迭代直至取得最优解。

单纯形法的优点：整个迭代过程只需要计算一部分基本可行解，计算量小。

根据上述的基本思想，单纯形法求解线性规划的过程需要解决下面三个关键问题：

1）如何确定初始基本可行解；

2）如何由一个初始基本可行解迭代出另一个基本可行解，而且使目标函数值下降得最多；

3）如何判断一个基本可行解是否为最优解。

仍用第一节的算例来说明单纯形法的求解过程，再归纳出一般的迭代算式。

二、算例

$$\left.\begin{aligned}&\min\quad f(x_1,x_2)=-60x_1-120x_2\\&\text{s. t.}\quad\begin{cases}9x_1+4x_2+x_3=360 & ①\\3x_1+10x_2+x_4=300 & ②\\4x_1+5x_2+x_5=200 & ③\\x_i\geqslant 0\quad(i=1,2,3,4,5)\end{cases}\end{aligned}\right\}\tag{5-12}$$

1. 确定基本可行解

由第二节例5-1可知，要求得基本可行解，需在系数矩阵 $\boldsymbol{A}$ 中取一个基 $\boldsymbol{B}$，然后求出其逆矩阵 $\boldsymbol{B}^{-1}$，令非基变量 $\boldsymbol{X}^N=\boldsymbol{0}$ 即可算出基变量 $\boldsymbol{X}^B=\boldsymbol{B}^{-1}\boldsymbol{b}$。该例中选取了三个松弛变量的系数单位向量作为基向量，因此所构成的基是单位矩阵，利用这种标准基很容易求得基本解为 $\boldsymbol{X}^{(0)}=[x_1,\ x_2,\ x_3,\ x_4,\ x_5]^{\mathrm{T}}=[0,\ 0,\ 360,\ 300,\ 200]^{\mathrm{T}}$。

由上可看出，利用松弛变量系数构成的单位矩阵作为基(标准基)来求初始基本可行解，是一种十分简便而普遍应用的方法。但当系数矩阵 $\boldsymbol{A}$ 中不含标准基时，例如约束方程本身就是等式约束，即不用引入松弛变量，因而不能从系数矩阵中直接找到一个单位矩阵作为基，则需要采用其他方法来确定初始基本可行解，这将在后面第五节中进行论述。

2. 从一个基本可行解迭代出另一个基本可行解，并判断是否为最优解

将初始基本可行解 $\boldsymbol{X}^{(0)}$ 中的 $x_1=0$，$x_2=0$ 代入到式(5-12)目标函数中得 $f(\boldsymbol{X}^{(0)})=0$。从目标函数中可直接看出，由于 x_1，x_2 的系数都是负数，如果使 x_1，x_2 由零变为正数，则目标函数值显然可以下降。所以，初始基本可行解 $\boldsymbol{X}^{(0)}$ 不是最优解，需要进行变换基本可行解的迭代运算。

从上节例5-1可知，取不同的基可得到不同的基本解。因此，从一个基本可行解迭代到另一个基本可行解，必须从一个基变换出另一个基，而且这种基变换应遵循以下两个重要的原则：

1）经变换后的新基所得到的基本解应当是基本可行解，即所有的基变量应满足非负条件；

2）由新基得到的基本可行解应使目标函数值下降得最多。

再考察图1-7可行域的五个顶点 O，A，B，C，D，初始基本可行解对应的是坐标原点 O（$x_1=0$，$x_2=0$），而其他的4个顶点（A，B，C，D）的 x_1，x_2 不全为零。因而，从 O 点向相邻的顶点变换可使目标函数值下降。这就有应该先变换哪一个变量的问题。

根据上述的原则2），从目标函数 $f(x_1, x_2)=-60x_1-120x_2$ 来判断，显然应选非基变量 x_2 由零变为正数，目标函数值下降得最多。也就是说，要把 x_2 变成基变量，这叫做“进基”。其规律是：当目标函数中非基变量的系数有正有负（或均为负）时，应选择绝对值较大的负系数那个变量来变换，即“进基”。如果非基变量的系数全部已是正的，表明已达到最优解，因为无论将任何非基变量由零变为正数，不仅不能使目标函数值下降，反而会增大。“非基变量的系数全部为正”就是判断达到最优解的准则。

为了保证基变量和非基变量的个数保持不变，要从原来的基变量 x_3，x_4，x_5 中选择一个变为非基变量，即“离基”。现在的问题是应该选择哪一个基变量离基。

根据上述的原则1），经变换后的新基所得到的解必须是基本可行解，即基变量满足非负条件。根据这个条件，分析如下：

因已确定 x_2 进基，而 x_1 仍是非基变量，即 $x_1=0$，将 $x_1=0$ 代入式（5-12）中得

$$x_3=360-4x_2$$

$$x_4=300-10x_2$$

$$x_5=200-5x_2$$

从目标函数值下降尽可能多来考虑，应使进基变量 x_2 尽可能大，但必须受变量非负的约束，即要满足：

$$\begin{aligned} x_3&=360-4x_2\geqslant 0 & & x_2\leqslant 90\\ x_4&=300-10x_2\geqslant 0 & \text{或}\quad & x_2\leqslant 30\\ x_5&=200-5x_2\geqslant 0 & & x_2\leqslant 40 \end{aligned}$$

由上式可知，要 x_3，x_4，x_5 满足非负的条件，$x_2=\min\{360/4, 300/10, 200/5\}=30$。于是，只能取 x_4 变为零，即确定 x_4 离基。

确定离基变量的方法是：将进基变量的系数分别除以对应方程的右端的常数项，取最小者所对应方程的基变量离基。

确定 x_2 进基，x_4 离基之后，就可以进行两者相互变换的运算。目的是要将 x_2 的系数向量 $\boldsymbol{P}_2=[4, 10, 5]^{\mathrm{T}}$ 变换为基向量 $\boldsymbol{P}_2=[0, 1, 0]^{\mathrm{T}}$。该种变换运算即是线性代数中的初等变换（高斯消元法），以 x_2 的系数10为主元（枢轴）作如下运算：

第二步　$-4\times$式⑤+式①　$\dfrac{39}{5}x_1+0+x_3-\dfrac{2}{5}x_4=240$　④

第一步　式②$\div 10$　$\dfrac{3}{10}x_1+x_2+\dfrac{1}{10}x_4=30$　⑤

第三步　$-5\times$式⑤+式③　$\dfrac{5}{2}x_1+0-\dfrac{1}{2}x_4+x_5=50$　⑥

在进基变换过程中，x_4 的系数向量自然由基向量 $\boldsymbol{P}_4=[0,\ 1,\ 0]^{\mathrm{T}}$ 变成了非基向量 $\boldsymbol{P}_4=[-2/5,\ 1/10,\ -1/2]^{\mathrm{T}}$,即同时完成了进基和离基变换。

式(5-12)中的目标函数也应作相应的变换，即用新的非基变量 x_4 代替新的基变量 x_2，使目标函数仍是非基变量的函数。具体做法是：由式⑤解出 x_2 代入目标函数中，得

$$f(\boldsymbol{X})=-3600-24x_1+12x_4 \tag{7}$$

经上述换基变换后，约束方程④~约束方程⑥的系数矩阵和常数向量 $\boldsymbol{b}$ 分别为

$$\begin{matrix} & \boldsymbol{P}_1 & \boldsymbol{P}_2 & \boldsymbol{P}_3 & \boldsymbol{P}_4 & \boldsymbol{P}_5 \end{matrix}$$

$$\boldsymbol{A}=\begin{pmatrix} \frac{39}{5} & 0 & 1 & -\frac{2}{5} & 0 \\ \frac{3}{10} & 1 & 0 & \frac{1}{10} & 0 \\ \frac{5}{2} & 0 & 0 & -\frac{1}{2} & 1 \end{pmatrix},\ \boldsymbol{b}=\begin{pmatrix} 240 \\ 30 \\ 50 \end{pmatrix}$$

其中新的标准基为

$$\begin{matrix} & \boldsymbol{P}_3 & \boldsymbol{P}_2 & \boldsymbol{P}_5 \end{matrix}$$

$$\boldsymbol{B}=\begin{pmatrix} 1 & 0 & 0 \\ 0 & 1 & 0 \\ 0 & 0 & 1 \end{pmatrix}$$

有了标准基就很容易求得新的基本可行解，令 $x_1=x_4=0$，由式④~式⑥直接求得 $x_2=30$，$x_3=240$，$x_5=50$。于是新的基本可行解 $\boldsymbol{X}^{(1)}=[x_1,\ x_2,\ x_3,\ x_4,\ x_5]^{\mathrm{T}}=[0,\ 30,\ 240,\ 0,\ 50]^{\mathrm{T}}$，将 $x_1=x_4=0$ 代入目标函数⑦，得 $f(\boldsymbol{X}^{(1)})=-3600$。

由目标函数⑦可知，非基变量 x_1 的系数仍然是负的，将 x_1 由零变为正数，目标函数值还可进一步下降，因此上述的解不是最优解，需再作换基运算，求新的基本可行解。显然进基变量是 x_1，离基变量按上述方法(非负原则)确定，由方程④~方程⑥求得

$$\min\left\{\frac{240}{39/5},\ \frac{30}{3/10},\ \frac{50}{5/2}\right\}=\min\{30,\ 100,\ 20\}=20$$

于是可以确定与20对应的方程⑥中基变量 x_5 为离基变量。应以 x_1 的系数(5/2)为主元作换基运算。

第三步 $-(39/5)\times$式⑩+式④ $$+x_3+\frac{29}{25}x_4-\frac{78}{25}x_5=84 \tag{8}$$

第二步 $-(3/10)\times$式⑩+式⑤ $$+x_2+\frac{4}{25}x_4-\frac{3}{25}x_5=24 \tag{9}$$

第一步 $(2/5)\times$式⑥ $$x_1-\frac{1}{5}x_4+\frac{2}{5}x_5=20 \tag{10}$$

同时要将目标函数变换为非基变量的函数，由式⑩解出 x_1 代入目标函数⑦中，得

$$f(\boldsymbol{X})=-4080+\frac{36}{5}x_4+\frac{48}{5}x_5$$

由式⑧~式⑩可知，新的基变量为 x_3，x_2，x_1，新基为标准基。令 $x_4=x_5=0$，直接求

得 $x_1=20$，$x_2=24$，$x_3=84$。于是新的基本可行解 $\boldsymbol{X}^{(2)}=[x_1, x_2, x_3, x_4, x_5]^{\mathrm{T}}=[20, 24, 84, 0, 0]^{\mathrm{T}}$，将 $x_4=x_5=0$ 代入上面目标函数中，得 $f(\boldsymbol{X}^{(2)})=-4080$。由于目标函数中非基变量 x_4，x_5 的系数都是正数，再作任何的迭代运算均不可能使目标函数值下降，所以基本可行解 $\boldsymbol{X}^{(2)}$（图 1-7 中的顶点 C）就是该问题的最优解。

从上面算例的迭代求解过程看到，每迭代出一个新的基本可行解，都要判断是否为最优解。其方法是考察目标函数中非基变量的系数是否全为正数（对极小化而言）。并且每作一次进基、离基变换后都要将目标函数变成非基变量的函数。

上述的算例说明了单纯形法的基本思路与迭代过程，就此可归纳出单纯形法一般的迭代公式。

三、单纯形法的迭代公式

单纯形法的迭代计算主要需解决三个问题：①如何进行进基和离基变换？即基变换公式。②最优性条件是什么？③如何确定进基与离基变量。下面进行详细论述。

1. 基变换公式

设约束方程为

$$\left.\begin{array}{l} x_1 \qquad\qquad\qquad + a_{1,m+1}x_{m+1} + \cdots + a_{1n}x_n = b_1 \\ \quad x_2 \qquad\qquad + a_{2,m+1}x_{m+1} + \cdots + a_{2n}x_n = b_2 \\ \qquad \ddots \qquad\qquad\qquad \vdots \\ \qquad\qquad x_m \quad + a_{m,m+1}x_{m+1} + \cdots + a_{mn}x_n = b_m \\ \qquad\qquad\qquad x_i \geqslant 0 \quad (i=1,2,\cdots,n) \end{array}\right\} \tag{5-13}$$

将上式的系数与右端的常数项写成增广矩阵为

$$\begin{array}{c} \begin{array}{cccccccc} \boldsymbol{P}_1 & \boldsymbol{P}_2 & \cdots & \boldsymbol{P}_m & \boldsymbol{P}_{m+1} & \cdots & \boldsymbol{P}_n & \end{array} \\ \begin{pmatrix} 1 & & & & a_{1,m+1} & \cdots & a_{1n} & b_1 \\ & 1 & & & a_{2,m+1} & \cdots & a_{2n} & b_2 \\ & & \ddots & & \vdots & & \vdots & \vdots \\ & & & 1 & a_{m,m+1} & \cdots & a_{mn} & b_m \end{pmatrix} \end{array} \tag{5-14}$$

其中，变量 $x_1, x_2, \cdots, x_m$ 对应的系数向量 $\boldsymbol{P}_1, \boldsymbol{P}_2, \cdots, \boldsymbol{P}_m$ 为单位向量，它们构成了一个标准基 $\boldsymbol{B}=[\boldsymbol{P}_1, \boldsymbol{P}_2, \cdots, \boldsymbol{P}_m]=\boldsymbol{I}$（单位矩阵）。这种含有标准基的约束方程称为“典则式”，它在单纯形法中具有重要的意义。因若令非基变量 $x_{m+1}=x_{m+2}=\cdots=x_n=0$，则容易写出基变量的值 $x_1=b_1, x_2=b_2, \cdots, x_m=b_m$。如果 $b_i \geqslant 0\ (i=1,2,\cdots,m)$，即可得到一个基本可行解：$\boldsymbol{X}=[b_1, b_2, \cdots, b_m, 0, \cdots, 0]^{\mathrm{T}}$。

在本节的算例中由于引入了松弛变量，其系数构成的单位矩阵作为基，再调换变量的排列顺序，其系数的增广矩阵就符合式（5-14）典则式的形式。对于不含标准基的一般形式，则要通过矩阵的初等变换化成典则式。因此，下面的基变换就以典则式为基础论述。

现假定从非基变量中确定 $x_k\ (m+1 \leqslant k \leqslant n)$ 为进基变量，从基变量中确定 $x_l\ (1 \leqslant l \leqslant m)$ 为离基变量，则变换就是要把 x_k 的系数向量 $\boldsymbol{P}_k$ 变为单位向量，用以代替 x_l 原来的系数单位向量 $\boldsymbol{P}_l$，即

$$P_k=\begin{pmatrix}a_{1k}\\a_{2k}\\\vdots\\a_{lk}\\\vdots\\a_{mk}\end{pmatrix}\rightarrow\begin{pmatrix}0\\0\\\vdots\\1\\\vdots\\0\end{pmatrix}$$

也就是使 $a_{lk}=1(i=l),a_{ik}=0(i=1,2,\cdots,m,i\neq l)$。实际上,是以系数 a_{lk} 为主元进行高斯消元运算(初等变换)。在运算中 $\boldsymbol{P}_k$ 变为单位向量的同时,原来的系数单位向量 $\boldsymbol{P}_l$ 必然会变为非基向量,同时完成了进基和离基变换。具体运算如下:

1) 将 a_{lk} 变为1的方法:用 a_{lk} 除以增广矩阵式(5-14)的第 l 行,即

$$\frac{a_{l1}}{a_{lk}},\cdots,\frac{a_{ll}}{a_{lk}},\cdots,\frac{a_{lm}}{a_{lk}},\cdots,\frac{a_{l,k-1}}{a_{lk}},1,\frac{a_{l,k+1}}{a_{lk}},\cdots,\frac{a_{ln}}{a_{lk}},\frac{b_l}{a_{lk}} \tag{5-15}$$

对于典则式,上式中 $a_{ll}=1,a_{lj}=0(j=1,2,\cdots,m;j\neq l)$。

2) 将 a_{ik} 变为 $0(i=1,2,\cdots,m,i\neq l)$ 的方法:分别用 $-a_{ik}(i=1,2,\cdots,m;i\neq l)$ 遍乘式(5-15),加于增广矩阵式(5-14)对应的第 $i(i=1,2,\cdots,m,i\neq l)$ 行,使第 k 列除 $a_{lk}=1$ 外,其余各项全为零。经上述两步运算后,典则式(5-14)变为

$$\begin{array}{ccccccccccc}\boldsymbol{P}_1 & & \boldsymbol{P}_l & \cdots & \boldsymbol{P}_m & \boldsymbol{P}_{m+1} & \cdots & \boldsymbol{P}_k & \cdots & \boldsymbol{P}_n & \end{array}$$

$$\begin{pmatrix}1 & \cdots & a'_{1l} & \cdots & 0 & a'_{1,m+1} & \cdots & 0 & \cdots & a'_{1n} & b'_1\\0 & \cdots & a'_{2l} & \cdots & 0 & a'_{2,m+1} & \cdots & 0 & \cdots & a'_{2n} & b'_2\\\vdots & & \vdots & & \vdots & \vdots & & \vdots & & \vdots & \vdots\\0 & \cdots & a'_{ll} & \cdots & 0 & a'_{l,m+1} & \cdots & 1 & \cdots & a'_{ln} & b'_l\\\vdots & & \vdots & & \vdots & \vdots & & \vdots & & \vdots & \vdots\\0 & \cdots & a'_{ml} & \cdots & 1 & a'_{m,m+1} & \cdots & 0 & \cdots & a'_{mn} & b'_m\end{pmatrix} \tag{5-16}$$

上述变换归纳成一般的迭代公式(对于非典则式亦适用)如下:

$$a'_{ij}=\begin{cases}\dfrac{a_{lj}}{a_{lk}} & (i=l)\\[2ex] a_{ij}-a_{ik}\dfrac{a_{lj}}{a_{lk}} & (i\neq l)\end{cases}\quad(i=1,2,\cdots,m;\ j=1,2,\cdots,m,m+1,\cdots,n) \tag{5-17a}$$

$$b'_i=\begin{cases}\dfrac{b_l}{a_{lk}} & (i=l)\\[2ex] b_i-a_{ik}\dfrac{b_l}{a_{lk}} & (i\neq l)\end{cases}\quad(i=1,2,\cdots,m) \tag{5-17b}$$

对于式(5-16)的典则式,上式中存在 $a_{11}=a_{22}=\cdots=a_{l-1,l-1}=a_{l+1,l+1}=\cdots=a_{mm}=1,a_{ij}=0$ $(i=1,2,\cdots,m;j=1,2,\cdots,m;i\neq j)$ 这样一些特殊的系数。

变换后的增广矩阵式(5-16)中含有一个新的标准基为 $\boldsymbol{B}'=[\boldsymbol{P}_1,\boldsymbol{P}_2,\cdots,\boldsymbol{P}_{l-1},\boldsymbol{P}_k,\boldsymbol{P}_{l+1},\cdots,\boldsymbol{P}_m]$,利用这个标准基,很容易求得新的基本解为

$$\boldsymbol{X}=[b'_1,b'_2,\cdots,b'_{l-1},0,b'_{l+1},\cdots,b'_m,0,\cdots,b'_l,\cdots,0]^{\mathrm{T}}$$

2. 最优性条件

每迭代出一个新的基本可行解,都要判断其是否是最优解,以便确定是否继续迭代。由上面的算例表明,当目标函数用非基变量表示,且所有的系数都是正数时,就达到最优解。下面就根据这个最优解的准则推导最优性条件的判别式。

设目标函数的一般形式为

$$f(\boldsymbol{X}) = \sum_{i=1}^{n} c_i x_i = \sum_{i=1}^{m} c_i x_i^B + \sum_{j=m+1}^{n} c_j x_j^{\boldsymbol{N}} \tag{5-18}$$

目标函数要变为非基变量的函数,即要将目标函数中基变量用非基变量表示(或消去基变量)。对于典则式,则有

$$\begin{aligned} x_1^{\boldsymbol{B}} &= b_1 - a_{1,m+1} x_{m+1}^{\boldsymbol{N}} - \cdots - a_{1n} x_n^{\boldsymbol{N}} \\ x_2^{\boldsymbol{B}} &= b_2 - a_{2,m+1} x_{m+1}^{\boldsymbol{N}} - \cdots - a_{2n} x_n^{\boldsymbol{N}} \\ &\vdots \\ x_m^{\boldsymbol{B}} &= b_m - a_{m,m+1} x_{m+1}^{\boldsymbol{N}} - \cdots - a_{mn} x_n^{\boldsymbol{N}} \end{aligned}$$

或写为

$$x_i^{\boldsymbol{B}} = b_i - \sum_{j=m+1}^{n} a_{ij} x_j^{\boldsymbol{N}} \quad (i = 1,2,\cdots,m)$$

将上式代入式(5-18)得

$$\begin{aligned} f(\boldsymbol{X}) &= \sum_{i=1}^{m} c_i x_i^{\boldsymbol{B}} + \sum_{j=m+1}^{n} c_j x_j^{\boldsymbol{N}} \\ &= \sum_{i=1}^{m} c_i \left(b_i - \sum_{j=m+1}^{n} a_{ij} x_j^{\boldsymbol{N}} \right) + \sum_{j=m+1}^{n} c_j x_j^{\boldsymbol{N}} \\ &= \sum_{i=1}^{m} c_i b_i + \sum_{j=m+1}^{n} \left(c_j - \sum_{i=1}^{m} c_i a_{ij} \right) x_j^{\boldsymbol{N}} \end{aligned} \tag{5-19}$$

令

$$f_0 = \sum_{i=1}^{m} c_i b_i, \ \sigma_j = c_j - \sum_{i=1}^{m} c_i a_{ij}$$

式(5-19)又可写为

$$f(\boldsymbol{X}) = f_0 + \sum_{j=m+1}^{n} \sigma_j x_j^{\boldsymbol{N}} \tag{5-20}$$

显然,σ_j 是非基变量的系数。在迭代出新的基本可行解的同时也计算出了 σ_j 的值。根据最优解的准则,得到最优性条件:

$$\sigma_j = c_j - \sum_{i=1}^{m} c_i a_{ij} \geqslant 0 \quad (j = 1,2,\cdots,n) \tag{5-21}$$

通常 σ_j 又称之为判别数(或检验系数)。

式(5-21)的判别数 σ_j 是根据目标函数包含有基变量和非基变量的一般形式而导出的。如果原目标函数只含有非基变量(如算例约束方程中引入了松弛变量 x_3, x_4, x_5 后作为基变量,但在目标函数中未引入这些基变量),则式(5-21)中基变量系数 $c_i = 0(i = 1, 2, \cdots, m)$,这时,判别数 $\sigma_j = c_j(j = m+1, \cdots, n)$。

另外,由于基本可行解中的非基变量 $x_j^N(j = m+1, m+2, \cdots, n)$的值为零,由式(5-20)得

$$f(\boldsymbol{X}) = f_0 = \sum_{i=1}^{m} c_i b_i \tag{5-22}$$

3. 进基变量 x_k 和离基变量 x_l 的确定

进基变量 x_k 和离基变量 x_l 的确定在算例中已讨论，现小结如下：

（1）进基变量的确定　选择目标函数中绝对值最大的负系数的非基变量。其原因是使目标函数值下降得最多。显然，可利用上面讲的判别数 σ_j 来确定，其数学表达式为

$$\sigma_k = \min_{m+1 \leqslant j \leqslant n} \{\sigma_j\} \tag{5-23}$$

系数为 σ_k 的非基变量 x_k 就确定为进基变量。对应系数矩阵 $\boldsymbol{A}$ 中的第 k 列向量 $\boldsymbol{P}_k$ 要变换为单位向量。但哪个分量要变为 1(其余分量全为零)，则由离基变量决定。

（2）离基变量的确定　满足变量非负的原则。其原因是，迭代出新的解必须保证是基本可行解。

设经过基变换得到的基本解为

$$\boldsymbol{X} = [b_1', b_2', \cdots, b_{l-1}', 0, b_{l+1}', \cdots, b_m', 0, \cdots, b_l', \cdots, 0]^{\mathrm{T}}$$

基本可行解应满足(参见式(5-17))：

$$\left.\begin{aligned} x_1' = b_1' = b_1 - b_l \frac{a_{1k}}{a_{lk}} \geqslant 0 \\ x_2' = b_2' = b_2 - b_l \frac{a_{2k}}{a_{lk}} \geqslant 0 \\ \vdots \\ x_m' = b_m' = b_m - b_l \frac{a_{mk}}{a_{lk}} \geqslant 0 \end{aligned}\right\} \tag{5-24}$$

和

$$x_k' = b_l' = \frac{b_l}{a_{lk}} \geqslant 0$$

式中，b_1，b_2，…，b_l，…，b_m 是原始基本可行解的基变量值，肯定是非负值。由于当 $a_{ik} < 0 (i=1, 2, \cdots, m)$时，式(5-24)中各式均成立，因此，只需考察 $a_{ik} > 0$ 的情况。将上式改写为

$$\frac{b_l}{a_{lk}} \leqslant \frac{b_i}{a_{ik}} \quad (i = 1, 2, \cdots, m) \tag{5-25}$$

离基变量的序号“l”应根据比值 $\frac{b_i}{a_{ik}}$ $(a_{ik} > 0, \ i = 1, 2, \cdots, m)$ 取最小值来确定，即

$$\frac{b_l}{a_{lk}} = \min_{1 \leqslant i \leqslant m} \left\{ \frac{b_i}{a_{ik}} \middle| a_{ik} > 0 \right\} \tag{5-26}$$

按照上式确定序号“l”，即确定了 x_l 为离基变量，则系数 a_{lk} 应变换为 1。

例 5-2　求线性规划问题

$$\min \quad f(\boldsymbol{X}) = x_1 + x_2$$

$$\text{s. t.} \quad \begin{cases} 5x_1 - 4x_2 + 13x_3 - 2x_4 + x_5 = 20 \\ x_1 - x_2 + 5x_3 - x_4 + x_5 = 8 \\ x_1, \ x_2, \ x_3, \ x_4, \ x_5 \geqslant 0 \end{cases}$$

解　构造约束方程系数增广矩阵

$$\begin{array}{ccccc} P_1 & P_2 & P_3 & P_4 & P_5 \end{array}$$
$$\begin{pmatrix} 5 & -4 & 13 & -2 & 1 & 20 \\ 1 & -1 & 5 & -1 & 1 & 8 \end{pmatrix}$$

此问题：$m=2$，$n=5$，在系数增广矩阵中没有标准基(不含 $m\times m$ 阶单位矩阵)，即不是典则式。因此，首先要进行初等变换化成典则式再求解。不妨取 x_1，x_2 为基变量，即要将 $\boldsymbol{P}_1$，$\boldsymbol{P}_2$ 化为单位向量。分别以 $a_{11}=5$，$a_{22}=-1$ 为主元进行两次初等变换，得

$$\begin{array}{ccccc} P_1 & P_2 & P_3 & P_4 & P_5 \end{array}$$
$$\begin{pmatrix} 1 & 0 & -7 & 2 & -3 & -12 \\ 0 & 1 & -12 & 3 & -4 & -20 \end{pmatrix}$$

令非基变量 $x_3=x_4=x_5=0$，得到一个基本解为

$$\boldsymbol{X}^{(1)}=[x_1,\ x_2,\ x_3,\ x_4,\ x_5]^{\mathrm{T}}=[-12,\ -20,\ 0,\ 0,\ 0]^{\mathrm{T}}$$

由于 $x_1=-12$，$x_2=-20$ 均小于零，不满足非负约束条件，所以此解不是基本可行解。改变基变量，若取 x_1，x_5 为基变量，则要将 $\boldsymbol{P}_5=[-3,\ -4]^{\mathrm{T}}\rightarrow[0,\ 1]^{\mathrm{T}}$，即要以 $a_{25}=-4$ 为主元进行初等变换，得

$$\begin{array}{ccccc} P_1 & P_2 & P_3 & P_4 & P_5 \end{array}$$
$$\begin{pmatrix} 1 & -\frac{3}{4} & 2 & -\frac{1}{4} & 0 & 3 \\ 0 & -\frac{1}{4} & 3 & -\frac{3}{4} & 1 & 5 \end{pmatrix}$$

由此得到另一个基本解为

$$\boldsymbol{X}^{(2)}=[x_1,\ x_2,\ x_3,\ x_4,\ x_5]^{\mathrm{T}}=[3,\ 0,\ 0,\ 0,\ 5]^{\mathrm{T}}$$

因所有的变量均满足非负约束条件，故此解为基本可行解。

用非基变量表示基变量，有

$$x_1=\frac{3}{4}x_2-2x_3+\frac{1}{4}x_4+3$$

$$x_5=\frac{1}{4}x_2-3x_3+\frac{3}{4}x_4+5$$

将 x_1 代入目标函数(目标函数要用非基变量表示)，得

$$f(\boldsymbol{X}^{(2)})=\frac{7}{4}x_2-2x_3+\frac{1}{4}x_4+3$$

由上式可知，非基变量的系数——判别数 $\sigma_2=\frac{7}{4}$，$\sigma_3=-2$，$\sigma_4=\frac{1}{4}$，由于 $\sigma_2=-2<0$，所以上述解不是最优解，应作下一次变换。

确定进基向量 $\boldsymbol{P}_k$：由式(5-23)得

$\sigma_k=\min\{\sigma_2,\ \sigma_3,\ \sigma_4\}=\min\left\{\frac{7}{4},\ -2,\ \frac{1}{4}\right\}=-2=\sigma_3$，即 $k=3$，向量 $\boldsymbol{P}_3$ 进基。

确定离基向量 $\boldsymbol{P}_l$：由式(5-26)得

$$\min\left\{\frac{b_i}{a_{ik}}\middle| a_{ik}>0(i=1,\ 2;\ k=3)\right\}=\min\left\{\frac{3}{2},\ \frac{5}{3}\right\}=\frac{3}{2}=\frac{b_1}{a_{1k}}$$，即 $l=1$，向量 $\boldsymbol{P}_1$ 离基。

因此，下一次变换应将 $\boldsymbol{P}_3=[2,\ 3]^{\mathrm{T}}\to[1,\ 0]^{\mathrm{T}}$，即要以 $a_{13}=2$ 为主元进行初等变换，得

$$\begin{matrix} \boldsymbol{P}_1 & \boldsymbol{P}_2 & \boldsymbol{P}_3 & \boldsymbol{P}_4 & \boldsymbol{P}_5 & \end{matrix}$$
$$\begin{pmatrix} \frac{1}{2} & -\frac{3}{8} & 1 & -\frac{1}{8} & 0 & \frac{3}{2} \\ -\frac{3}{2} & \frac{7}{8} & 0 & -\frac{3}{8} & 1 & \frac{1}{2} \end{pmatrix}$$

令非基变量 $x_1=x_2=x_4=0$，得到一个基本可行解为

$$\boldsymbol{X}^{(3)}=[x_1,\ x_2,\ x_3,\ x_4,\ x_5]^{\mathrm{T}}=\left[0,\ 0,\ \frac{3}{2},\ 0,\ \frac{1}{2}\right]^{\mathrm{T}}$$

代入目标函数有

$$f(\boldsymbol{X})=x_1+x_2$$

此时非基变量的系数——判别数 $\sigma_1=1$，$\sigma_2=1$，$\sigma_4=0$，全满足非负最优性条件，故

$$\boldsymbol{X}^{(3)}=[x_1,\ x_2]^{\mathrm{T}}=[0,\ 0]^{\mathrm{T}},\ f(\boldsymbol{X}^{(3)})=x_1+x_2=0$$

为最优解。

很容易验证 $\boldsymbol{X}^{(3)}=[x_1,\ x_2,\ x_3,\ x_4,\ x_5]^{\mathrm{T}}=[0,\ 0,\ 3/2,\ 0,\ 1/2]^{\mathrm{T}}$ 代入所有约束条件均能满足。

第四节　单纯形表迭代算法

单纯形法的求解过程和迭代公式已如前述，由于是对一般的线性规划问题，因此论述时显得较为繁复。如果对于不太复杂的线性规划问题，利用单纯形表来迭代计算，就比较简便明了。

一、单纯形表与其计算方法

单纯形表是以约束方程的增广矩阵为中心构造的一种变换表格，见表5-2。

表 5-2　单纯形表

基变量	变量	x_1	x_2	x_3	…	x_m	x_{m+1}	…	x_n	b_i
	系数	c_1	c_2	c_3	…	c_m	c_{m+1}	…	c_n	c_0
x_1	c_1	a_{11}	a_{12}	a_{13}	…	a_{1m}	$a_{1,m+1}$	…	a_{1n}	b_1
x_2	c_2	a_{21}	a_{22}	a_{23}	…	a_{2m}	$a_{2,m+1}$	…	a_{2n}	b_2
⋮	⋮	⋮	⋮	⋮		⋮	⋮		⋮	⋮
x_m	c_m	a_{m1}	a_{m2}	a_{m3}	…	a_{mm}	$a_{m+1,m+1}$	…	a_{mn}	b_m
判别数 σ_j		σ_1	σ_2	σ_3	…	σ_m	σ_{m+1}	…	σ_n	$f(\boldsymbol{X})$

单纯形表包含了线性规划求解过程的所有信息，如约束方程中系数 a_{ij} 和常数 b_i、目标函数中变量的系数 c_i 与判别数 σ_j、目标函数值以及划分出的基变量与非基变量。利用单纯形表可以简便地一步一步求得基本可行解，直至最优解。每一步迭代实际上就是对矩阵的初等变换运算。单纯形表的使用规则如下：

1）表中的量应根据线性规划问题填写。

2）一张表对应线性规划问题的一个基本解。这个基本解的基变量等于表中最后一列：$x_i = b_i(i=1, 2, \cdots, m)$，非基变量由 $x_j = 0(j=m+1, m+2, \cdots, n)$ 组成。右下角的 $f(\boldsymbol{X})$ 就是该基本解的目标函数值。当最后一列的 b_i 均为非负数时，此表对应的基本解就是基本可行解。

3）基本解或基本可行解的变换中，主元 a_{lk} 的列应选最小判别数所在的列 k，主元的行应选第 k 列中所有非负系数 a_{ik} 对应的 (b_i/a_{ik}) 值最小的行 l，即是确定进基和离基变量的式(5-23)和式(5-26)。

4）单纯形表的变换分两步进行：首先把主元行每一项除以 a_{lk}，使主元变成1，然后作 $(m-1)$ 次行变换，把主元列中除 $a_{lk}=1$ 外的其他系数全变为零。

5）表中的 c_i 是目标函数中各变量的系数，不在目标函数中出现的变量的系数均取为零。c_0 是目标函数的常数项的值。

6）各列的判别数 $\sigma_j = c_j - \sum_{i=1}^{m} c_i a_{ij}$，其计算方法是：等于该列顶端的 c_j 减去同列中各系数 a_{ij} 与左侧 c_i 乘积之和。右下角的函数值 $f(\boldsymbol{X})$ 等于最后一列上端的 c_0 加上各行的 b_i 与左端的 c_i 乘积之和，即 $f(\boldsymbol{X}) = c_0 + \sum_{i=1}^{m} c_i b_i$。

7）当所有判别数的值均为非负数时，此表对应的解就是所求线性规划问题的最优解。

下面通过具体例题说明单纯形表的求解方法。

例 5-3 仍用第一章例 1-2 的生产计划优化问题：

$$\max f(x_1, x_2) = 60x_1 + 120x_2$$

$$\text{s. t.} \quad \begin{cases} g_1(x_1, x_2) = 9x_1 + 4x_2 \leqslant 360 \\ g_2(x_1, x_2) = 3x_1 + 10x_2 \leqslant 300 \\ g_3(x_1, x_2) = 4x_1 + 5x_2 \leqslant 200 \\ x_1, x_2 \geqslant 0 \end{cases}$$

解 (1) 将目标函数改写为求极小值并引入松弛变量 x_3，x_4，x_5，将问题变为线性规划问题的标准形式：

$$\min \quad f(x_1, x_2) = -60x_1 - 120x_2$$

$$\text{s. t.} \quad \begin{cases} 9x_1 + 4x_2 + x_3 = 360 \\ 3x_1 + 10x_2 + x_4 = 300 \\ 4x_1 + 5x_2 + x_5 = 200 \\ x_i \geqslant 0(i=1, 2, 3, 4, 5) \end{cases}$$

(2) 取松弛变量为基变量，令 $x_1 = x_2 = 0$，由上述约束方程很容易求得一个基本解为

$$X^{(0)}=[x_1, x_2, x_3, x_4, x_5]^T=[0, 0, 360, 300, 200]^T, f(X^{(0)})=0$$

(3) 构造初始单纯形表

基变量	变量	x_1	$x_2\downarrow$	x_3	x_4	x_5	b_i
	系数	-60	-120	0	0	0	0
x_3	0	9	4	1	0	0	360
$\leftarrow x_4$	0	3	(10)	0	1	0	300
x_5	0	4	5	0	0	1	200
判别数 σ_j		-60	-120	0	0	0	0

由于判别数 σ_1 和 σ_2 均小于零，故 $X^{(0)}$ 不是最优解。需确定进基变量和离基变量继续迭代。

因 $$\min\{\sigma_1, \sigma_2\}=\min\{-60, -120\}=-120=\sigma_2$$

$$\min\left\{\frac{b_i}{a_{i2}}\middle| a_{i2}>0(i=1, 2, 3)\right\}=\min\{90, 30, 40\}=30=\frac{b_2}{a_{22}}$$

所以，非基变量 x_2 进基(↓)，基变量 x_4 离基(←)，$a_{22}=10$ 为变换主元(见表中符号)。

(4) 以 a_{22} 为变换主元(枢轴)进行初等变换得单纯形表

基变量	变量	$x_1\downarrow$	x_2	x_3	x_4	x_5	b_i
	系数	-60	-120	0	0	0	0
x_3	0	7.8	0	1	-0.4	0	240
x_2	-120	0.3	1	0	0.1	0	30
$\leftarrow x_5$	0	(2.5)	0	0	-0.5	1	50
判别数 σ_j		-24	0	0	12	0	-3600

对应的基本可行解为

$$X^{(1)}=[x_1, x_2, x_3, x_4, x_5]^T=[0, 30, 240, 0, 50]^T, f(X^{(1)})=-3600$$

因 $\sigma_1=-24<0$，故还需继续变换。因只有 $\sigma_1<0$，故此时 x_1 进基(↓)，别无选择。根据 $\min\left\{\frac{b_i}{a_{i1}}\middle| a_{i1}>0(i=1, 2, 3)\right\}=\min\left\{\frac{240}{7.8}, \frac{30}{0.3}, \frac{50}{2.5}\right\}=\min\{30.76, 100, 20\}=20=\frac{b_3}{a_{31}}$，故基变量 x_5 离基(←)，对应的 $a_{31}=2.5$ 为变换主元。

(5) 以 a_{31} 为变换主元(枢轴)进行初等变换得单纯形表

基变量	变量	x_1	x_2	x_3	x_4	x_5	b_i
	系数	-60	-120	0	0	0	0
x_3	0	0	0	1	1.16	-3.12	84
x_2	-120	0	1	0	0.16	-1.2	24
x_1	-60	1	0	0	-0.2	0.4	20
判别数 σ_j		0	0	0	7.2	9.6	-4080

对应的基本可行解为

$$X^{(2)}=[x_1, x_2, x_3, x_4, x_5]^T=[20, 24, 84, 0, 0]^T, f(X^{(2)})=-4080$$

由判别数均为非负数，符合最优性条件，故原线性规划问题的最优解为

$$X^* = [x_1, x_2]^T = [20, 24]^T, f(X^*) = 4080$$

例 5-4　将每根 10m 长的一批钢材截成长分别为 3m 和 4m 的毛坯，若这两种毛坯各不少于 100 段，应如何截才能使钢材用料根数最少？

解　有三种下料的方法：①每根截成三段 3m 长的毛坯，剩料头 1m；②每根截成两段 4m 长的毛坯，剩料头 2m；③每根截成两段 3m 长和一根 4m 长的毛坯，不剩料头。

(1) 建立数学模型

设 x_1，x_2，x_3 分别为上述三种截法所用钢材的根数，按照题意下料的数学模型为

$$\min \quad f(X) = x_1 + x_2 + x_3$$

$$\text{s. t.} \quad \begin{cases} 3x_1 + 2x_3 \geqslant 100 \\ 2x_2 + x_3 \geqslant 100 \\ x_1, x_2, x_3 \geqslant 0 \end{cases}$$

(2) 将上述数学模型化成标准形式，在约束方程中分别引入非负的松弛变量 x_4，x_5，故得标准形式为

$$\min \quad f(X) = x_1 + x_2 + x_3$$

$$\text{s. t.} \quad \begin{cases} 3x_1 \quad + 2x_3 - x_4 \quad = 100 \\ \quad 2x_2 + x_3 \quad - x_5 = 100 \\ x_i \geqslant 0 \quad (i = 1, 2, 3, 4, 5) \end{cases}$$

(3) 上面的约束方程不含标准基，故先要进行初等变换使其含有标准基，即

$$x_1 + \frac{2}{3}x_3 - \frac{1}{3}x_4 = \frac{100}{3}$$

$$x_2 + 0.5x_3 - 0.5x_5 = 50$$

取 x_1，x_2 为基变量，x_3，x_4，x_5 为非基变量并令其为零，得一个基本解为

$$X^{(0)} = [x_1, x_2, x_3, x_4, x_5]^T = \left[\frac{100}{3}, 50, 0, 0, 0\right]^T, f(X^{(0)}) = \frac{250}{3}$$

由约束方程解得基变量为

$$x_1 = -\frac{2}{3}x_3 + \frac{1}{3}x_4 + \frac{100}{3}$$

$$x_2 = -0.5x_3 + 0.5x_5 + 50$$

目标函数用非基变量表示为

$$f(X) = -\frac{1}{6}x_3 + \frac{1}{3}x_4 + \frac{1}{2}x_5 + \frac{250}{3}$$

(4)构造出初始单纯形表

基变量	变量	x_1	x_2	$x_3\downarrow$	x_4	x_5	b_i
	系数	1	1	1	0	0	0
$\leftarrow x_1$	1	1	0	(2/3)	−1/3	0	100/3
x_2	1	0	1	1/2	0	−1/2	50
判别数 σ_j		0	0	−1/6	1/3	1/2	250/3

由于判别数 $\sigma_3 = -1/6 < 0$，故 $\boldsymbol{X}^{(0)}$ 不是最优解。需确定进基变量和离基变量继续迭代。

因只有 $\sigma_3 < 0$，故此 x_3 进基(↓)，别无选择。又因

$$\min\left\{\frac{b_i}{a_{i3}}\middle| a_{i3} > 0(i=1,\ 2)\right\} = \min\{50,\ 100\} = 50 = \frac{b_1}{a_{13}}$$

所以，非基变量 x_3 进基(↓)，基变量 x_1 离基(←)，$a_{13} = 2/3$ 为变换主元(枢轴)。

(5) 以 a_{13} 为变换主元(枢轴)进行初等变换得单纯形表

基变量	变量	x_1	x_2	x_3	x_4	x_5	b_i
	系数	1	1	1	0	0	0
x_3	1	3/2	0	1	−1/2	0	50
x_2	1	−3/4	1	0	1/4	−1/2	25
判别数 σ_j		1/4	0	0	1/4	1/2	75

对应的基本可行解为

$$\boldsymbol{X}^{(1)} = [x_1,\ x_2,\ x_3,\ x_4,\ x_5]^{\mathrm{T}} = [0,\ 25,\ 50,\ 0,\ 0]^{\mathrm{T}},\ f(\boldsymbol{X}^{(1)}) = 75$$

由于判别数均为非负数，符合最优性条件，故原线性规划问题的最优解为

$$\boldsymbol{X}^* = [x_1,\ x_2,\ x_3]^{\mathrm{T}} = [0,\ 25,\ 50]^{\mathrm{T}},\ f(\boldsymbol{X}^*) = 75$$

该下料优化问题的答案是：25 根钢材按截法②，每根截成 4m 长的两段，共得 50 段；50 根钢材按截法③，每根截成 3m 长的两段和 4m 长的一段，得 3m 长的 100 段和 4m 长的 50 段，共用 75 根钢材。

二、单纯形法迭代步骤与计算程序框图

对于变量和约束条件较多的大型线性规划问题，利用上述单纯形表计算显然是很繁琐的，因此需借助计算机来求解。综合上面迭代公式和单纯形表算法，单纯形算法步骤归纳如下，以供编程上机计算参考。

1. 单纯形法迭代步骤

1) 确定一个初始基本可行解 $\boldsymbol{X}^{(0)}$，置 $k' = 0$。

2) 计算判别数 σ_j(式(5-21))：$\sigma_j = c_j - \sum_{i=1}^{m} c_i a_{ij} (j = 1,2,\cdots,n)$。

3) 最优性条件检验：若 $\sigma_j \geqslant 0 (j = m+1,\ \cdots,\ n)$，则已求得最优解，停止迭代；否则，进行下一步。

4) 确定变换主元(枢轴) a_{lk}：

由 $\sigma_k = \min\{\sigma_j (j = m+1,\ \cdots,\ n)\}$ 确定进基变量 x_k；

由式(5-26) $\dfrac{b_l}{a_{lk}} = \min\limits_{1 \leqslant i \leqslant m}\left\{\dfrac{b_i}{a_{ik}}\middle| a_{ik} > 0\right\}$ 确定离基变量 x_l。

5) 按式(5-17)进行换基变换(初等变换)，求得基本可行解，返回第 2)步。

2. 单纯形法迭代计算程序框图如图 5-2 所示。

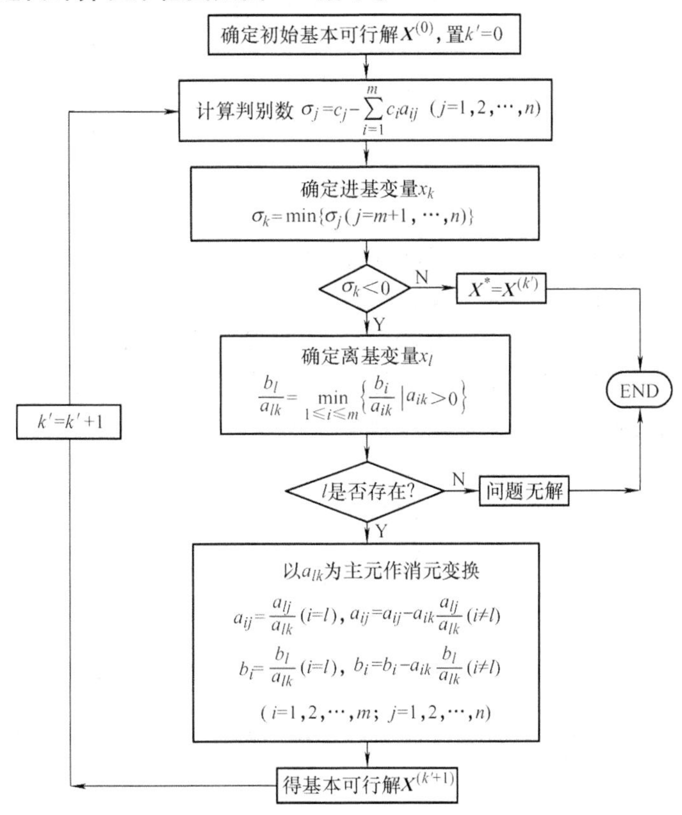

图 5-2　单纯形法迭代计算程序框图

第五节　人工变量与两段法

单纯形法求解线性规划时，首先要确定初始基本可行解。上节的两个例子都较容易得到初始基本可行解。在例 5-3 中引入松弛变量后，约束方程系数增广矩阵中构成了标准基(单位矩阵)，因而很容易得到初始基本可行解。在例 5-4 中虽然不含标准基，但是经过简单的初等变换后也能形成标准基，得到初始基本可行解。而有些线性规划数学模型不像上述例子那样可简便地得到初始基本可行解，如当约束方程均为等式约束而无法引入松弛变量时的情况。为使约束方程的系数增广矩阵中直接形成标准基，以便得到初始基本可行解，可人为地添加一些新的变量——“人工变量”，构造一个新的线性规划，称为辅助规划。对辅助规划加以变换得到初始基本可行解。

对于约束方程

$$\sum_{j=1}^{n}a_{ij}x_j = b_i \quad (i = 1,2,\cdots,m)$$

引入非负的人工变量 $x_{n+i}(i=1,\ 2,\ \cdots,\ m)$，建立以下的辅助规划问题：

$$
\left.\begin{aligned}
\min\quad & \tilde{f}(\boldsymbol{X}) = x_{n+1} + x_{n+2} + \cdots + x_{n+m} \\
\text{s. t.}\quad & a_{11}x_1 + a_{12}x_2 + \cdots + a_{1n}x_n + x_{n+1} = b_1 \\
& a_{21}x_1 + a_{22}x_2 + \cdots + a_{2n}x_n + x_{n+2} = b_2 \\
& \qquad \vdots \\
& a_{m1}x_1 + a_{m2}x_2 + \cdots + a_{mn}x_n + x_{n+m} = b_m \\
& x_j \geqslant 0 \quad (j = 1,\ 2,\ \cdots,\ n+m)
\end{aligned}\right\} \tag{5-27}
$$

由人工变量构造辅助规划后，求原规划问题的最优解分两个阶段进行：第一阶段求辅助规划的最优解。由式(5-27)可知，当人工变量 $x_i = 0(i = n+1,\ n+2,\ \cdots,\ n+m)$时，就是辅助规划的最优解，这时辅助规划最优解中 $x_i(i = 1,\ 2,\ \cdots,\ n)$的值可作为原规划的初始基本可行解，因为在这个解中已剔除了人工变量。第二阶段用已求得的原规划的初始基本可行解(即辅助规划的最优解)，求原规划的最优解。所以，称其为两段法。下面举例用单纯形表法说明两段法求解的过程。

例 5-5 求下面线性规划问题的最优解：

$$
\left.\begin{aligned}
\min\quad & f(\boldsymbol{X}) = 4x_1 + x_2 + x_3 \\
\text{s. t.}\quad & \begin{cases} 2x_1 + x_2 + 2x_3 = 4 \\ 3x_1 + 3x_2 + x_3 = 3 \\ x_1, x_2, x_3 \geqslant 0 \end{cases}
\end{aligned}\right\} \tag{a}
$$

解 (1) 引入非负的人工变量 x_4，x_5 构造辅助规划

$$
\left.\begin{aligned}
\min\quad & \tilde{f}(\boldsymbol{X}) = x_4 + x_5 \\
\text{s. t.}\quad & \begin{cases} 2x_1 + x_2 + 2x_3 + x_4 \qquad = 4 \\ 3x_1 + 3x_2 + x_3 \qquad + x_5 = 3 \\ x_1, x_2, x_3, x_4, x_5 \geqslant 0 \end{cases}
\end{aligned}\right\} \tag{b}
$$

(2) 第一阶段求辅助规划的最优解

取人工变量 x_4，x_5 作为基变量，令非基变量 $x_1 = x_2 = x_3 = 0$，由辅助规划很容易得初始基本可行解为 $\boldsymbol{X}^{(0)} = [0,\ 0,\ 0,\ 4,\ 3]^{\mathrm{T}}$。用非基变量表示辅助规划的目标函数得

$$\tilde{f}(\boldsymbol{X}) = -5x_1 - 4x_2 - 3x_3 + 7$$

列初始单纯形表

基变量	变量	$x_1\downarrow$	x_2	x_3	x_4	x_5	b_i
	系数	0	0	0	1	1	0
x_4	1	2	1	2	1	0	4
$\leftarrow x_5$	1	(3)	3	1	0	1	3
判别数 σ_j		−5	−4	−3	0	0	7

由 $\min\{\sigma_1,\ \sigma_2,\ \sigma_3\} = \min\{-5,\ -4,\ -3\} = -5 = \sigma_1$，确定非基变量 x_1 进基(↓)。

由 $\min\left\{\dfrac{b_i}{a_{i1}}\ \middle|\ a_{i1} > 0(i = 1,\ 2)\right\} = \min\left\{\dfrac{4}{2},\ \dfrac{3}{3}\right\} = 1 = \dfrac{b_2}{a_{21}}$，确定基变量 x_5 离基(←)，$a_{21} = 3$ 为变换主元(枢轴)。

以 a_{21} 为变换主元(枢轴)进行初等变换得单纯形表

基变量	变量	x_1	x_2	$x_3\downarrow$	x_4	x_5	b_i
	系数	0	0	0	1	1	0
$\leftarrow x_4$	1	0	-1	(4/3)	1	-2/3	2
x_1	0	1	1	1/3	0	1/3	1
判别数 σ_j		0	1	-4/3	0	5/3	2

因只有 $\sigma_3=-4/3<0$，故 x_3 进基(↓)，别无选择；又因 $\min\left\{\frac{b_i}{a_{i3}}\middle| a_{i3}>0(i=1,\ 2)\right\}=\min\left\{\frac{2}{4/3},\ \frac{1}{1/3}\right\}=\frac{3}{2}=\frac{b_1}{a_{13}}$，故 x_4 离基(←)。所以，以 $a_{13}=4/3$ 为变换主元(枢轴)。

以 a_{13} 为变换主元(枢轴)进行初等变换得单纯形表

基变量	变量	x_1	x_2	x_3	x_4	x_5	b_i
	系数	0	0	0	1	1	0
x_3	0	0	-3/4	1	3/4	-1/2	3/2
x_1	0	1	5/4	0	-1/4	1/2	1/2
判别数 σ_j		0	0	0	1	1	0

对应辅助规划的基本可行解为

$$\boldsymbol{X}=[x_1,\ x_2,\ x_3,\ x_4,\ x_5]^{\mathrm{T}}=[0.5,\ 0,\ 1.5,\ 0,\ 0]^{\mathrm{T}},\ \tilde{f}(\boldsymbol{X})=0$$

由于判别数均为非负数，符合最优性条件，故辅助规划问题的最优解为 $\boldsymbol{X}^*=[0.5,\ 0,\ 1.5,\ 0,\ 0]^{\mathrm{T}}$。因这个解中人工变量 $x_4=x_5=0$，将其剔除后，得原规划的初始基本可行解 $\boldsymbol{X}=[x_1,\ x_2,\ x_3]^{\mathrm{T}}=[0.5,\ 0,\ 1.5]^{\mathrm{T}}$。

(3) 第二阶段求原规划的最优解

由上表可知，基变量为 x_1 和 x_3，非基变量为 x_2。用非基变量表示基变量得

$$x_1=\frac{1}{2}-\frac{5}{4}x_2,\ x_3=\frac{3}{2}+\frac{3}{4}x_2$$

将其代入式(a)中的目标函数，得

$$f(\boldsymbol{X}^{(0)})=4x_1+x_2+x_3=\frac{7}{2}-\frac{13}{4}x_2$$

构造初始单纯形表

基变量	变量	x_1	$x_2\downarrow$	x_3	b_i
	系数	4	1	1	0
x_3	1	0	-3/4	1	3/2
$\leftarrow x_1$	4	1	(5/4)	0	1/2
判别数 σ_j		0	-13/4	0	7/2

因只有 $\sigma_2=-13/4<0$，故 x_2 进基(↓)，别无选择。又因在系数第二列中只有 $a_{22}>0$，所以 x_1 离基。以 a_{22} 为主元进行初等变换得单纯形表

基变量	变量	x_1	x_2	x_3	b_i
	系数	4	1	1	0
x_3	1	3/5	0	1	9/5
x_2	1	4/5	1	0	2/5
判别数 σ_j		13/5	0	0	11/5

对应的基本可行解为

$$\boldsymbol{X}^{(1)}=[x_1,\ x_2,\ x_3]^{\mathrm{T}}=[0,\ 0.4,\ 1.8]^{\mathrm{T}},\ f(\boldsymbol{X}^{(1)})=2.2$$

由于判别数均为非负数，符合最优性条件，故原线性规划问题的最优解为

$$\boldsymbol{X}^{*}=[x_1,\ x_2,\ x_3]^{\mathrm{T}}=[0,\ 0.4,\ 1.8]^{\mathrm{T}},\ f(\boldsymbol{X}^{*})=2.2$$

第六节　序列线性规划法(简介)

一、基本思想

序列线性规划的基本思想是：把非线性规划问题转化为一系列线性规划问题来求解。具体来讲，把非线性规划问题的目标函数和约束函数在靠近最优解的迭代点处作泰勒展开，略去二次以上各项只保留一次项，使原问题转变为近似的线性规划问题，用成熟的线性规划算法(如单纯形法)求得近似最优解。然后又以所求得的解作为迭代点，在该点附近对原问题再作泰勒展开得线性近似，再求解线性规划得近似最优解。如此反复进行迭代，直至满足所要求的精度为止。由于该方法是通过求解一系列的线性规划，使近似最优解序列逐渐逼近原非线性规划问题的最优解，故称之为序列线性规划法。其优点是：

1)求解中反复求解线性规划，计算简便可靠，适用于计算机迭代求解。

2)当非线性规划问题的目标函数和约束函数多数是线性的，少数是非线性的，则更为方便。

设非线性规划问题

$$\left.\begin{aligned}&\min_{\boldsymbol{X}\in\mathbf{R}^n} f(\boldsymbol{X})\\ &\text{s. t.}\quad \begin{cases}g_u(\boldsymbol{X})\leqslant 0 & (u=1,2,\cdots,m)\\ h_v(\boldsymbol{X})=0 & (v=1,2,\cdots,p<n)\end{cases}\end{aligned}\right\}\tag{5-28}$$

假设初步估计该问题一个较“合理”的初始点 $\boldsymbol{X}^{(0)}$(不管它是否是可行点)，在该点处将目标函数和约束函数作泰勒展开只保留线性项，得

$$\left.\begin{aligned}&f(\boldsymbol{X})\approx f(\boldsymbol{X}^{(0)})+[\boldsymbol{X}-\boldsymbol{X}^{(0)}]^{\mathrm{T}}\nabla f(\boldsymbol{X}^{(0)})=f^{(0)}(\boldsymbol{X})\\ &g_u(\boldsymbol{X})\approx g_u(\boldsymbol{X}^{(0)})+[\boldsymbol{X}-\boldsymbol{X}^{(0)}]^{\mathrm{T}}\nabla g_u(\boldsymbol{X}^{(0)})=g_u^{(0)}(\boldsymbol{X})\quad(u=1,2,\cdots,m)\\ &h_v(\boldsymbol{X})\approx h_v(\boldsymbol{X}^{(0)})+[\boldsymbol{X}-\boldsymbol{X}^{(0)}]^{\mathrm{T}}\nabla h_v(\boldsymbol{X}^{(0)})=h_v^{(0)}(\boldsymbol{X})\quad(v=1,2,\cdots,p<n)\end{aligned}\right\}\tag{5-29}$$

这样就把非线性规划问题表达式(5-28)转化为下面的线性规划问题：

$$\left.\begin{array}{l}\min\limits_{X\in\mathbf{R}^n} f^{(0)}(\boldsymbol{X})\\ \text{s. t.}\quad \begin{cases} g_u^{(0)}(\boldsymbol{X})\leqslant 0 & (u=1,2,\cdots,m)\\ h_v^{(0)}(\boldsymbol{X})=0 & (v=1,2,\cdots,p<n)\end{cases}\end{array}\right\} \tag{5-30}$$

用线性规划问题的单纯形法求出线性规划问题式(5-30)的最优解 $\boldsymbol{X}^{(1)}$，再以 $\boldsymbol{X}^{(1)}$ 点为迭代点，将原非线性规划问题式(5-28)作泰勒线性展开，构成新的线性规划问题：

$$\left.\begin{array}{l}\min\limits_{X\in\mathbf{R}^n} f^{(1)}(\boldsymbol{X})\\ \text{s. t.}\quad \begin{cases} g_u^{(1)}(\boldsymbol{X})\leqslant 0 & (u=1,\ 2,\ \cdots,\ m)\\ h_v^{(1)}(\boldsymbol{X})=0 & (v=1,\ 2,\ \cdots,\ p<n)\end{cases}\end{array}\right\} \tag{5-31}$$

用单纯形法再求线性规划问题表达式(5-31)的最优解 $\boldsymbol{X}^{(2)}$；再以 $\boldsymbol{X}^{(2)}$ 为迭代点，依照上述方法反复迭代，求得近似解序列 $\boldsymbol{X}^{(0)}$，$\boldsymbol{X}^{(1)}$，$\boldsymbol{X}^{(2)}$，…，$\boldsymbol{X}^{(k)}$，…，直至达到一定的收敛精度为止。

每求得一个近似解，都要进行收敛精度检验：

$$g_u(\boldsymbol{X}^{(k)})\leqslant\varepsilon_1 \quad (u=1,2,\cdots,m) \tag{5-32}$$

$$h_v(\boldsymbol{X}^{(k)})\leqslant\varepsilon_2 \quad (v=1,2,\cdots,p<n) \tag{5-33}$$

$$\|\boldsymbol{X}^{(k+1)}-\boldsymbol{X}^{(k)}\|\leqslant\varepsilon_3 \tag{5-34}$$

式(5-32)、(5-33)是用来检验 $\boldsymbol{X}^{(k)}$ 是否是可行点，式(5-36)是检验收敛精度。

对较为复杂的多维非线性规划问题，序列线性规划法收敛得较慢，且最后的近似解不满足非线性的约束条件，有时还会出现不收敛的情况。为了获得较好的收敛性而采用一些改进的措施，如保留旧约束法、限步法（或移动极限法、小步梯度法）等。

1. 限步法

把非线性规划问题的目标函数和约束函数在迭代点 $\boldsymbol{X}^{(k)}$ 处作泰勒展开时，泰勒展开式是有一定应用范围的，如果迭代点与最优点离开得较远，则线性近似误差就太大，泰勒展开式的高阶项是不可忽略的。为克服这个问题，比较有效的办法是，对线性后的近似最优解的移动范围附加一定的限制，使每一步迭代计算的步子不要走得过大，故称之为限步法。

设第 k 步求解线性化后的线性规划为

$$\left.\begin{array}{l} f^{(k)}(\boldsymbol{X})\approx f(\boldsymbol{X}^{(k)})+[\boldsymbol{X}-\boldsymbol{X}^{(k)}]^{\mathrm{T}}\nabla f(\boldsymbol{X}^{(k)})\\ g_u^{(k)}(\boldsymbol{X})\approx g_u(\boldsymbol{X}^{(k)})+[\boldsymbol{X}-\boldsymbol{X}^{(k)}]^{\mathrm{T}}\nabla g_u(\boldsymbol{X}^{(k)}) \quad (u=1,2,\cdots,m)\\ h_v^{(k)}(\boldsymbol{X})\approx h_v(\boldsymbol{X}^{(k)})+[\boldsymbol{X}-\boldsymbol{X}^{(k)}]^{\mathrm{T}}\nabla h_v(\boldsymbol{X}^{(k)}) \quad (v=1,2,\cdots,p<n)\end{array}\right\} \tag{5-35}$$

增加一个附加限制

$$-\boldsymbol{S}^{(k)}\leqslant(\boldsymbol{X}-\boldsymbol{X}^{(k)})\leqslant\boldsymbol{S}^{(k)} \tag{5-36}$$

或写为

$$|x-x_i^{(k)}|\leqslant s_i^{(k)} \quad (i=1,2,\cdots,n)$$

式中，$\boldsymbol{S}^{(k)}$ 是一个给定的常数向量；分量 $s_i^{(k)}$　$(i=1,\ 2,\ \cdots,\ n)$ 称为区域因子，其选择对收敛速度有直接的影响。根据经验，第一次迭代 $s_i^{(0)}$ 可取 $x_i^{(0)}$ 的 10% 左右。随着迭代次数的增加，$\boldsymbol{X}^{(k)}$ 越来越接近原问题的最优解，移动的步长应随之减小，通常可按 $s_i^{(k+1)}=cs_i^{(k)}$ 选取，c 称为变化系数，通常取 $c=0.8\sim1.0$。若在迭代过程中出现每次近似最优解不稳定，存在振荡现象，则表示移动步子过大，应减小步长，取 $c=0.5$。

2. 保留旧约束法

每次线性化后的线性规划，由于某些约束的线性近似后可能把原问题可行域切掉一些，可能最优点恰好就在这些被切掉的区域里，导致问题求解不收敛。故除了本次迭代点的线性化约束条件外，还需把前面各步迭代点线性化的约束条件保留在线性规划内来求解，故称为保留旧点法。保留旧约束后，增加了约束边界数，也增加了可行域的顶点数，因而使得有的顶点更接近于原问题的最优点。但是，随着迭代次数的增加，约束条件越来越多，求解的线性规划的规模也越大，计算工作量大为增加。因此，在计算过程进行一段时间后，可把某些老的近似约束丢掉，以简化计算。

二、迭代步骤与计算程序框图

1. 迭代步骤

1）给定初始点 $\boldsymbol{X}^{(0)}$，收敛精度 ε_1，ε_2，ε_3，区域因子向量 $\boldsymbol{S}^{(0)}$ 和变化系数 c，令 $k=0$；

2）构造线性规划子问题表达式(5-30)；

3）用单纯形法求解线性规划子问题，得点 $\boldsymbol{X}^{(k+1)}$；

4）收敛精度判断：若满足条件

$$g_u(\boldsymbol{X}^{(k)})\leqslant\varepsilon_1 \quad (u=1,\ 2,\ \cdots,\ m)$$
$$h_v(\boldsymbol{X}^{(k)})\leqslant\varepsilon_2 \quad (v=1,\ 2,\ \cdots,\ p<n)$$
$$\|\boldsymbol{X}^{(k+1)}-\boldsymbol{X}^{(k)}\|\leqslant\varepsilon_3$$

则令 $\boldsymbol{X}^*=\boldsymbol{X}^{(k+1)}$，$f(\boldsymbol{X}^*)=f(\boldsymbol{X}^{(k+1)})$，终止计算；否则，令 $s_i^{(k+1)}=cs_i^{(k)} \quad (i=1,\ 2,\ \cdots,\ n)$，$k=k+1$，转步骤2)继续迭代计算。

2. 计算程序框图

序列线性规划法计算程序框图如图5-3所示。

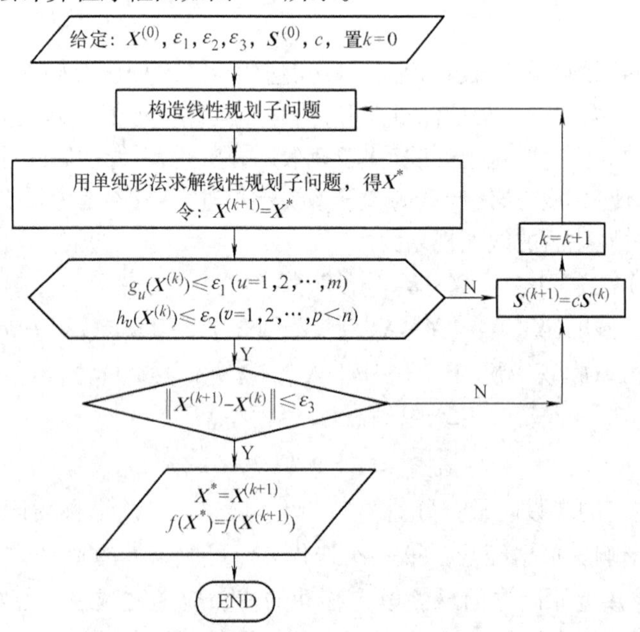

图5-3　序列线性规划法计算程序框图

下面举例说明序列线性规划法的具体迭代计算过程。

例 5-6 用序列线性规划法求解

$$\min \quad f(\boldsymbol{X}) = -2x_1 - x_2$$

$$\text{s. t.} \quad \begin{cases} g_1(\boldsymbol{X}) = x_1^2 - 6x_1 + x_2 \leqslant 0 \\ g_2(\boldsymbol{X}) = x_1^2 + x_2^2 - 80 \leqslant 0 \\ g_3(\boldsymbol{X}) = 3 - x_1 \leqslant 0 \\ g_4(\boldsymbol{X}) = -x_2 \leqslant 0 \end{cases}$$

解 设初始迭代点 $\boldsymbol{X}^{(0)} = [5, 8]^{\mathrm{T}}$，目标函数为线性函数，不用线性化处理。只将约束函数中的非线性函数在点 $\boldsymbol{X}^{(0)}$ 处泰勒展开线性近似处理。

$$\nabla g_1(\boldsymbol{X}^{(0)}) = \begin{pmatrix} 2x_1 - 6 \\ \\ 1 \end{pmatrix}_{x_1=5} = \begin{pmatrix} 4 \\ \\ 1 \end{pmatrix}$$

$$\nabla g_2(\boldsymbol{X}^{(0)}) = \begin{pmatrix} 2x_1 \\ \\ 2x_2 \end{pmatrix}_{\substack{x_1=5 \\ x_2=8}} = \begin{pmatrix} 10 \\ \\ 16 \end{pmatrix}$$

$$\begin{aligned} g_1^{(0)}(\boldsymbol{X}) &= g_1(\boldsymbol{X}^{(0)}) + [\boldsymbol{X} - \boldsymbol{X}^{(0)}]^{\mathrm{T}} \nabla g_1(\boldsymbol{X}^{(0)}) \\ &= 3 + 4(x_1 - 5) + (x_2 - 8) = 4x_1 + x_2 - 25 \end{aligned}$$

$$\begin{aligned} g_2^{(0)}(\boldsymbol{X}) &= g_2(\boldsymbol{X}^{(0)}) + [\boldsymbol{X} - \boldsymbol{X}^{(0)}]^{\mathrm{T}} \nabla g_2(\boldsymbol{X}^{(0)}) \\ &= 9 + 10(x_1 - 5) + 16(x_2 - 8) = 10x_1 + 16x_2 - 169 \end{aligned}$$

原问题转化为近似线性规划问题：

$$\min \quad f^{(0)}(\boldsymbol{X}) = -2x_1 - x_2$$

$$\text{s. t.} \quad \begin{cases} g_1^{(0)}(\boldsymbol{X}) = 4x_1 + x_2 - 25 \leqslant 0 \\ g_2^{(0)}(\boldsymbol{X}) = 10x_1 + 16x_2 - 169 \leqslant 0 \\ g_3^{(0)}(\boldsymbol{X}) = 3 - x_1 \leqslant 0 \\ g_4^{(0)}(\boldsymbol{X}) = -x_2 \leqslant 0 \end{cases}$$

用单纯形法解得近似解 $\boldsymbol{X}^{(1)} = [4.278, 7.888]^{\mathrm{T}}$，$f(\boldsymbol{X}^{(1)}) = -16.44$。再取点 $\boldsymbol{X}^{(1)}$ 为迭代点，把原问题作线性化处理，又得到一个新的线性规划问题：

$$\min \quad f^{(1)}(\boldsymbol{X}) = -2x_1 - x_2$$

$$\text{s. t.} \quad \begin{cases} g_1^{(1)}(\boldsymbol{X}) = 2.556x_1 + x_2 - 18.267 \leqslant 0 \\ g_2^{(1)}(\boldsymbol{X}) = 8.566x_1 + 15.776x_2 - 160.278 \leqslant 0 \\ g_3^{(1)}(\boldsymbol{X}) = 3 - x_1 \leqslant 0 \\ g_4^{(1)}(\boldsymbol{X}) = -x_2 \leqslant 0 \end{cases}$$

用单纯形法求得近似解 $\boldsymbol{X}^{(2)} = [4.03, 7.97]^{\mathrm{T}}$，$f(\boldsymbol{X}^{(2)}) = -16.03$。如此重复迭代，逐步向最优解 $\boldsymbol{X}^* = [4, 8]^{\mathrm{T}}$，$f(\boldsymbol{X}^*) = -16$ 逼近。

上例为较简单的二维优化问题，由上述的计算可看出，经两步迭代计算已经很接近原问题的最优解。

本章学习要点

1）本章的一些数学表达式看起来较繁琐和抽象，对初学者而言理解起来有一定的困难。建议学习时结合本章的算例和例题进行学习。

2）掌握线性规划的基本概念：数学模型的标准形式、基变量、非基变量、松弛变量、人工变量、基向量、基本解和基本可行解。

由 m 个线性无关的基向量组成的子矩阵称为解的一个基底，简称“基”，一个基对应一个基本解，不能离开基本解来区分哪些是基变量、哪些是非基变量。

3）掌握单纯形法的基本思想和迭代算法。

从一个基本可行解迭代出另一个基本可行解，就是非基变量与基变量的转换，其迭代公式(5-17)，实质上就是线性代数中的初等变换(或称高斯消元)。而迭代计算的关键是确定进基变量和离基变量。

进基变量的确定：选择目标函数中绝对值最大的负系数的非基变量。其原因是使目标函数值下降得最多。由式(5-23)$\sigma_k = \min\limits_{m+1\leqslant j\leqslant n}\{\sigma_j\}$确定 x_k 进基。

离基变量的确定：满足变量非负的原则。其原因是迭代出新的解必须保证是基本可行解。由式(5-26)$\dfrac{b_l}{a_{lk}} = \min\limits_{1\leqslant i\leqslant m}\left\{\dfrac{b_i}{a_{ik}}\middle| a_{ik}>0\right\}$确定 x_l 离基。

然后以 a_{lk} 为主元(枢轴)进行消元变换求解。

最优性条件：目标函数为非基变量的函数，且所有的系数都是非负数。即判别数：

$$\sigma_j \geqslant 0 \ (j=m+1,\ m+2,\ \cdots,\ n)$$

4）对于较简单的线性规划问题，单纯形表迭代算法是简单而实用的一种算法。掌握第四节单纯形表的使用规则。

5）对于不含标准基较复杂的线性规划问题，初始基本可行解可采用人工变量与两段法确定初始基本可行解。引入人工变量后，构造出辅助规划，求出辅助规划的最优解，令最优解中的人工变量为零，即可得原规划的初始基本可行解。

习　题

5-1　某工厂要生产 A，B 两种产品，每生产一台产品 A 可获产值 6 万元，需占用一车间工作日 2 天，二车间工作日 1 天；每生产一台产品 B 可获产值 4 万元，需占用一车间工作日 1 天，二车间工作日 1 天。现一车间可用于生产 A，B 产品的时间为 10 天，二车间可用于生产 A，B 产品的时间为 8 天，而且产品 B 的最大市场需求量为 7 台。现要求出生产组织者安排 A，B 两种产品的合理投产数，以使获得最大的总产质。

5-2　分别用图解法和单纯形法求解：

(1)

$$\min \quad f(\boldsymbol{X}) = -x_1 - x_2$$

$$\text{s.t.} \quad \begin{cases} g_1(\boldsymbol{X}) = 2x_1 + x_2 \leqslant 4 \\ g_2(\boldsymbol{X}) = x_1 + 3x_2 \leqslant 6 \\ x_1,\ x_2 \geqslant 0 \end{cases}$$

（2）

$$\min \quad f(\boldsymbol{X}) = -2x_1 - x_2$$

$$\text{s. t.} \quad \begin{cases} g_1(\boldsymbol{X}) = 3x_1 + 5x_2 \leqslant 15 \\ g_2(\boldsymbol{X}) = 6x_1 + 2x_2 \leqslant 24 \\ x_1,\ x_2 \geqslant 0 \end{cases}$$

5-3　用单纯形法求解：

$$\min \quad f(\boldsymbol{X}) = -3x_1 - x_2 - 3x_3$$

$$\text{s. t.} \quad \begin{cases} g_1(\boldsymbol{X}) = 2x_1 + x_2 + x_3 \leqslant 20 \\ g_2(\boldsymbol{X}) = x_1 + 2x_2 + 3x_3 \leqslant 50 \\ g_3(\boldsymbol{X}) = 2x_1 + 2x_2 + x_3 \leqslant 60 \\ x_1,\ x_2,\ x_3 \geqslant 0 \end{cases}$$

5-4　用两段法求解线性规划问题：

$$\min \quad f(\boldsymbol{X}) = -3x_1 - 2x_2 - x_3 + x_4$$

$$\text{s. t.} \quad \begin{cases} g_1(\boldsymbol{X}) = 3x_1 + 2x_2 + x_3 \leqslant 15 \\ g_2(\boldsymbol{X}) = 5x_1 + x_2 + 3x_3 \leqslant 20 \\ g_3(\boldsymbol{X}) = x_1 + 2x_2 + x_3 + x_4 \leqslant 10 \\ x_1,\ x_2,\ x_3,\ x_4 \geqslant 0 \end{cases}$$

第六章　约束优化方法

提示： 工程实际中的优化问题绝大多数都受约束条件限制，求解这类问题的方法称为约束优化方法。根据对约束条件处理方法的不同，可分为直接法和间接法。本章介绍直接法中的复合形法、可行方向法，间接法中的惩罚函数法、增广乘子法和广义简约梯度法等几种较常用的约束优化方法。工程中应用较多的惩罚函数法是本章的学习重点，但增广乘子法和广义简约梯度法在收敛速度和数值稳定性方面都优于惩罚函数法，是十分有效和可靠的优化方法，是本章学习的难点。

第一节　复合形法

复合形法是求解仅具有不等式约束条件优化问题的一种较直观、较简单的直接方法。它来源于求解无约束优化问题的单纯形法，是单纯形法在约束优化问题中的拓展。在单纯形法中，不需要计算目标函数的梯度，而是靠选取单纯形的顶点并比较各顶点处目标函数值的大小，来寻求下一步的搜索方向。在用于求解约束问题的复合形法中，复合形各顶点的选择和替换，不仅要满足目标函数值下降的要求，而且还要满足所有的约束条件。

一、复合形法的基本思想

复合形法适用于仅具有不等式约束条件的优化问题，其数学模型如下：

$$\min_{\boldsymbol{X}\in \boldsymbol{R}^n} \quad f(\boldsymbol{X})$$

$$\text{s. t.} \quad \begin{cases} g_u(\boldsymbol{X})\leqslant 0 & (u=1,\ 2,\ \cdots,\ m) \\ a_i\leqslant x_i\leqslant b_i & (i=1,\ 2,\ \cdots,\ n) \end{cases}$$

复合形法的基本思想是：在具有 n 维空间的可行域中按一定规则选取 k 个设计点（通常取 $n+1\leqslant k\leqslant 2n$）作为初始复合形（一般为多面体）的顶点，然后比较复合形各顶点目标函数值的大小，其中目标函数值最大的点为最坏点，目标函数值仅次于最坏点的点为次坏点，目标函数值最小的点为最好点。以最坏点之外其余各点的几何中心（即形心）为映射中心，寻找最坏点的映射点，此映射点的目标函数值一般来说会小于最坏点处的目标函数值，也就是说映射点优于最坏点。这时，以映射点替换最坏点，并与原复合形除最坏点之外其余各点构成具有 k 个顶点的新的复合形。如此反复迭代计算，在可行域中不断以目标函数值较小的新点代替目标函数值最大的最坏点，构成新复合形，从而使复合形不断向最优点移动和收缩，直至收缩到复合形的各顶点与形心非常接近，满足迭代精度要求时为止。最后输出复合形各顶点中目标函数值最小的顶点作为近似最优点。

现以图 6-1 所示的二维约束优化问题为例，来进一步说明。

在可行域内，先选定 $\boldsymbol{X}_1^{(0)}$，$\boldsymbol{X}_2^{(0)}$，$\boldsymbol{X}_3^{(0)}$ 和 $\boldsymbol{X}_4^{(0)}$ 4 个点（这里 $k=2n=4$）作为初始复合形的顶点，计算并比较这 4 个顶点所对应的目标函数值，可以确定函数值最大的点 $\boldsymbol{X}_1^{(0)}$ 为最坏

点，记为 $\boldsymbol{X}_H^{(0)}$，计算 $\boldsymbol{X}_2^{(0)}$，$\boldsymbol{X}_3^{(0)}$ 和 $\boldsymbol{X}_4^{(0)}$ 3 点的形心 $\boldsymbol{X}_C^{(0)}$：

$$\boldsymbol{X}_C^{(0)} = \frac{1}{3}\left(\sum_{j=2}^{4}\boldsymbol{X}_j^{(0)}\right) \tag{6-1}$$

以 $\boldsymbol{X}_C^{(0)}$ 为映射中心，寻找最坏点 $\boldsymbol{X}_H^{(0)}$ 的映射点 $\boldsymbol{X}_R^{(0)}$：

$$\boldsymbol{X}_R^{(0)} = \boldsymbol{X}_C^{(0)} + \alpha(\boldsymbol{X}_C^{(0)} - \boldsymbol{X}_H^{(0)}) \tag{6-2}$$

式中，α 为映射系数，一般 $\alpha > 1$，通常取 $\alpha = 1.3 \sim 2$。

检查 $\boldsymbol{X}_R^{(0)}$ 的可行性和下降性。若 $\boldsymbol{X}_R^{(0)}$ 在可行域内，且 $f(\boldsymbol{X}_R^{(0)}) < f(\boldsymbol{X}_H^{(0)})$，则用点 $\boldsymbol{X}_R^{(0)}$ 替换点 $\boldsymbol{X}_H^{(0)}$，与其他 3 个点组成新的复合形，完成一次迭代。若上述两条件得不到满足，则应将映射系数减半，即 $\alpha = 0.5\alpha$，仍按式(6-2)迭代，重新计算新的 $\boldsymbol{X}_R^{(0)}$，再检查是否满足上述条件，若已满足，则用 $\boldsymbol{X}_R^{(0)}$ 替换 $\boldsymbol{X}_H^{(0)}$ 构成新的复合形；反之，则继续将 α 减半，当减至很小(例如 $\alpha \leqslant 10^{-3}$ 时)仍然达不到上述要求时，则可用次坏点代替 $\boldsymbol{X}_H^{(0)}$ 进行映射，组成新的迭代过程。这样可使复合形向着目标函数值减小的方向移动和收缩，直至逼近最优解。

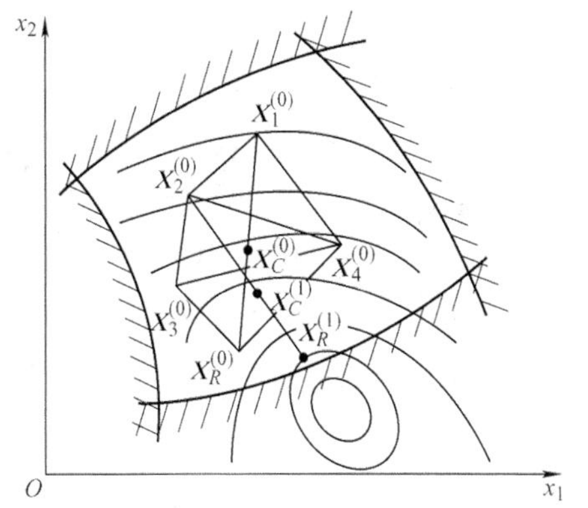

图 6-1　复合形法的基本原理

二、复合形顶点数 k 的选择

复合形顶点数 k 可按如下原则选取：

$$n + 1 < k < 2n \tag{6-3}$$

式中，n 为设计变量的维数。

一般当优化问题的维数较低，即 n 较小时，为避免降维，k 取大值；当维数 n 较大时，为减小计算量，k 取小值。

三、初始复合形顶点的确定

初始复合形的全部 k 个顶点都必须在可行域内。对于维数较低，不很复杂的优化问题，可以预先按实际情况人为确定 k 个可行设计点作为初始复合形的顶点；对于维数较高的优化问题，则要利用计算机采用随机方法产生初始复合形。现将随机方法产生初始复合形的过程说明如下：

设在可行域内首先给定一个初始顶点 $\boldsymbol{X}_1^{(0)}$，其余$(k-1)$个顶点 $\boldsymbol{X}_j^{(0)}$ $(j=2, 3, \cdots, k)$用随机数法产生。第 j 个顶点第 i 个分量按下式计算：

$$x_{ji}^{(0)} = a_i + \gamma_{ji}(b_i - a_i) \tag{6-4}$$

式中，j 为复合形顶点的标号$(j = 2, 3, \cdots, k)$；i 为设计变量的坐标分量标号$(i = 1, 2, \cdots, n)$；$x_{ji}^{(0)}$ 表示第 j 个顶点 $\boldsymbol{X}_j^{(0)}$ 的第 i 个坐标分量；a_i，b_i 分别为设计变量 $x_i$$(i = 1, 2, \cdots, n)$的上、下界；$\gamma_{ji}$为[0, 1]区间内的伪随机数。

显然，按上述方法产生的顶点必定满足每个变量的边界约束：$a_i \leqslant x_{ji} \leqslant b_i$，但不一定满

足约束条件 $g_u(\boldsymbol{X})\leqslant 0$。因此，对每一个顶点必须检查是否满足 $g_u(\boldsymbol{X})\leqslant 0$ 的条件。若满足，则可以作为初始复合形的顶点；否则，按照下述方法使其成为可行点。

设 $\boldsymbol{X}_1^{(0)}$，$\boldsymbol{X}_2^{(0)}$，$\boldsymbol{X}_3^{(0)}$，…，$\boldsymbol{X}_q^{(0)}$ $(2\leqslant q<k)$ 个顶点满足全部的约束条件，即均为可行点，求出这 q 个顶点的形心 $\boldsymbol{X}_C^{(0)}$，即

$$\boldsymbol{X}_C^{(0)}=\frac{1}{q}\sum_{j=1}^{q}\boldsymbol{X}_j^{(0)} \tag{6-5}$$

然后将其余 $(k-q)$ 个不满足约束条件的顶点 $\boldsymbol{X}_{q+1}^{(0)}$，$\boldsymbol{X}_{q+2}^{(0)}$，…，$\boldsymbol{X}_k^{(0)}$ 向形心 $\boldsymbol{X}_C^{(0)}$ 靠拢（图 6-2），得新点：

$$(\boldsymbol{X}_{q+j}^{(0)})'=\boldsymbol{X}_C^{(0)}+\beta(\boldsymbol{X}_{q+j}^{(0)}-\boldsymbol{X}_C^{(0)})\quad (j=1,2,\cdots,k-q) \tag{6-6}$$

系数 β 一般取 0.5，故上式又可写为

$$(\boldsymbol{X}_{q+j}^{(0)})'=0.5(\boldsymbol{X}_{q+j}^{(0)}+\boldsymbol{X}_C^{(0)})\quad (j=1,\ 2,\ \cdots,\ k-q)$$

若移动一次不满足约束条件，反复利用上式，直到 $(\boldsymbol{X}_{q+j}^{(0)})'$ 点变成可行点为止。

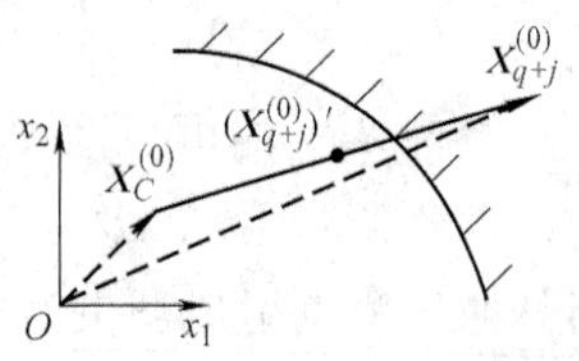

图 6-2 点 $\boldsymbol{X}_{q+j}^{(0)}$ 向形心 $\boldsymbol{X}_C^{(0)}$ 靠拢

四、复合形法基本原理

在可行域内确定初始复合形各个顶点后，首先要计算复合形各顶点的目标函数值，并比较其大小，求出最好点 $\boldsymbol{X}_L$、最坏点 $\boldsymbol{X}_H$ 及次坏点 $\boldsymbol{X}_G$，即

$$\left.\begin{aligned}&\boldsymbol{X}_L:f(\boldsymbol{X}_L)=\min\{f(\boldsymbol{X}_j^{(0)})\mid j=1,2,\cdots,k\}\\&\boldsymbol{X}_H:f(\boldsymbol{X}_H)=\max\{f(\boldsymbol{X}_j^{(0)})\mid j=1,2,\cdots,k\}\\&\boldsymbol{X}_G:f(\boldsymbol{X}_G)=\max\{f(\boldsymbol{X}_j^{(0)})\mid j=1,2,\cdots,k;j\neq H\}\end{aligned}\right\} \tag{6-7}$$

计算除去最坏点 $\boldsymbol{X}_H$ 外的 $(k-1)$ 个顶点的形心 $\boldsymbol{X}_C$：

$$\boldsymbol{X}_C=\frac{1}{k-1}\left(\sum_{j=1}^{k}\boldsymbol{X}_j-\boldsymbol{X}_H\right) \tag{6-8}$$

根据以上计算得到的信息，采用不同的搜索方法来改变复合形的形状，使其逐步向约束最优点趋近。改变复合形形状的搜索方法主要有以下几种：

1. 反射

反射是改变复合形形状的一种主要方法。一般情况下，最坏点 $\boldsymbol{X}_H$ 和形心 $\boldsymbol{X}_C$ 的连线方向通常为目标函数值下降的方向。为此，以形心点 $\boldsymbol{X}_C$ 为反射中心，将最坏点 $\boldsymbol{X}_H$ 按一定比例进行反射，反射点 $\boldsymbol{X}_R$ 的计算公式为

$$\boldsymbol{X}_R=\boldsymbol{X}_C+\alpha(\boldsymbol{X}_C-\boldsymbol{X}_H) \tag{6-9}$$

式中，α 为反射系数，一般取 $\alpha=1.3\sim2$。

反射点 $\boldsymbol{X}_R$ 与最坏点 $\boldsymbol{X}_H$、中心点 $\boldsymbol{X}_C$ 的相对位置如图 6-1 和图 6-3 所示。

若 $\boldsymbol{X}_R$ 为可行点，则比较 $\boldsymbol{X}_R$ 和 $\boldsymbol{X}_H$ 两点的目标函数值，如果 $f(\boldsymbol{X}_R)<f(\boldsymbol{X}_H)$，则用 $\boldsymbol{X}_R$ 取代 $\boldsymbol{X}_H$，构成新的复合形，完成一次迭代；如果 $f(\boldsymbol{X}_R)\geqslant f(\boldsymbol{X}_H)$，则将 α 缩小到原来的 7/10，用式(6-9)重新计算新的反射点，若仍有 $f(\boldsymbol{X}_R)\geqslant f(\boldsymbol{X}_H)$，继续缩小 α，直至 $f(\boldsymbol{X}_R)<f(\boldsymbol{X}_H)$ 为止。

若 $\boldsymbol{X}_R$ 为非可行点，则将 α 缩小到原来的 7/10，仍用式(6-9)计算反射点 $\boldsymbol{X}_R$，直至达到可行点为止。判别 $f(\boldsymbol{X}_R)$ 和 $f(\boldsymbol{X}_H)$ 的大小，若 $f(\boldsymbol{X}_R)<f(\boldsymbol{X}_H)$，就用 $\boldsymbol{X}_R$ 取代 $\boldsymbol{X}_H$，完成一次

迭代。

综上所述，反射成功的条件是

$$\left.\begin{array}{ll} g_u(\boldsymbol{X}_R) \leqslant 0 (u=1,2,\cdots,m) & (\text{可行条件}) \\ f(\boldsymbol{X}_R) < f(\boldsymbol{X}_H) & (\text{下降条件}) \end{array}\right\} \tag{6-10}$$

2. 扩张(延伸)

当求得的反射点 $\boldsymbol{X}_R$ 为可行点，且目标函数值下降较多，说明新点的目标函数值有望继续下降，则沿反射方向继续移动，即采用扩张的方法，可能找到更好的新点 $\boldsymbol{X}_E$，$\boldsymbol{X}_E$ 称为扩张点。其计算公式为

$$\boldsymbol{X}_E = \boldsymbol{X}_R + \gamma(\boldsymbol{X}_R - \boldsymbol{X}_C) \tag{6-11}$$

式中，γ 为扩张系数，一般取 $\gamma=1$。

扩张点 $\boldsymbol{X}_E$ 与形心点 $\boldsymbol{X}_C$、反射点 $\boldsymbol{X}_R$ 的相对位置如图 6-4 所示。

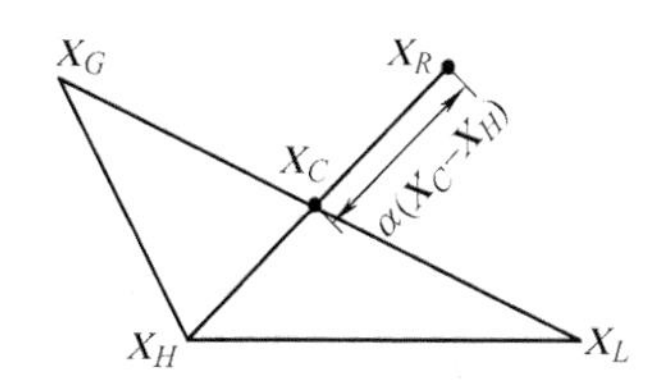

图 6-3　$\boldsymbol{X}_R$，$\boldsymbol{X}_H$ 与 $\boldsymbol{X}_C$ 的相对位置

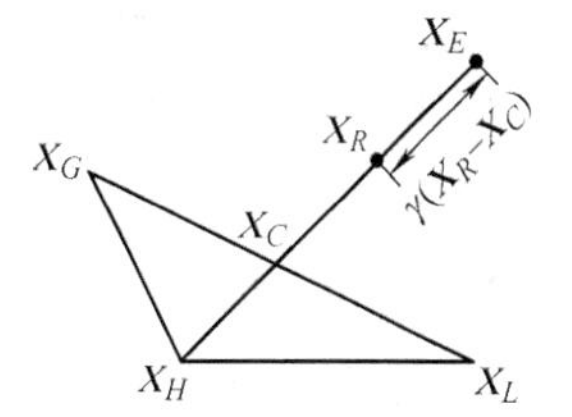

图 6-4　$\boldsymbol{X}_E$ 与 $\boldsymbol{X}_R$，$\boldsymbol{X}_C$ 的相对位置

若扩张点 $\boldsymbol{X}_E$ 为可行点，且 $f(\boldsymbol{X}_E) < f(\boldsymbol{X}_R)$，则扩张成功，用 $\boldsymbol{X}_E$ 取代 $\boldsymbol{X}_H$，构成新的复合形。否则，扩张失败，放弃扩张，仍用原反射点 $\boldsymbol{X}_R$ 取代 $\boldsymbol{X}_H$，构成新的复合形。

3. 收缩

若在形心 $\boldsymbol{X}_C$ 以外找不到好的反射点，还可以在 $\boldsymbol{X}_C$ 以内，即采用收缩的方法寻找较好的新点 $\boldsymbol{X}_K$，$\boldsymbol{X}_K$ 称为收缩点。其计算公式为

$$\boldsymbol{X}_K = \boldsymbol{X}_H + \beta(\boldsymbol{X}_C - \boldsymbol{X}_H) \tag{6-12}$$

式中，β 为收缩系数，一般取 $\beta=0.7$。

收缩点 $\boldsymbol{X}_K$ 与最坏点 $\boldsymbol{X}_H$、中心点 $\boldsymbol{X}_C$ 的相对位置如图 6-5 所示。

若 $f(\boldsymbol{X}_K) < f(\boldsymbol{X}_H)$，则收缩成功，用 $\boldsymbol{X}_K$ 取代 $\boldsymbol{X}_H$，构成新的复合形。

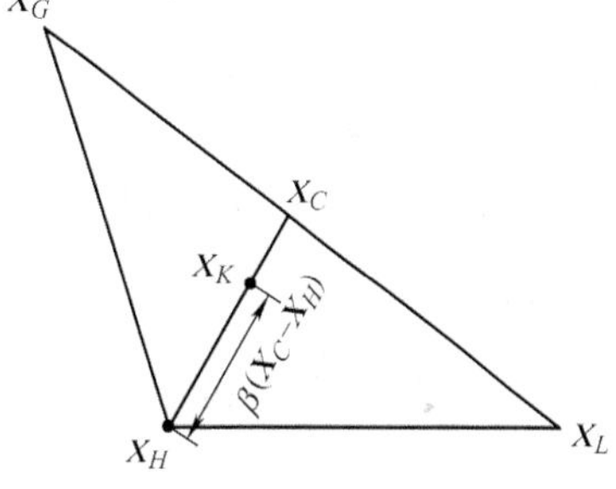

图 6-5　$\boldsymbol{X}_K$ 与 $\boldsymbol{X}_H$，$\boldsymbol{X}_C$ 的相对位置

4. 压缩

若采用上述各种方法均无效，还可以采取将复合形各顶点向最好点 $\boldsymbol{X}_L$ 靠拢，即采用压缩的方法来改变复合形的形状。压缩后的各顶点的计算公式为

$$\boldsymbol{X}_j' = \boldsymbol{X}_L - 0.5(\boldsymbol{X}_L - \boldsymbol{X}_j) \quad (j=1,2,\cdots,k;j\neq L) \tag{6-13}$$

压缩后的复合形各顶点的相对位置如图 6-6 所示。

然后，再对压缩后的复合形采用反射、扩张或收缩等方法，继续改变复合形的形状。

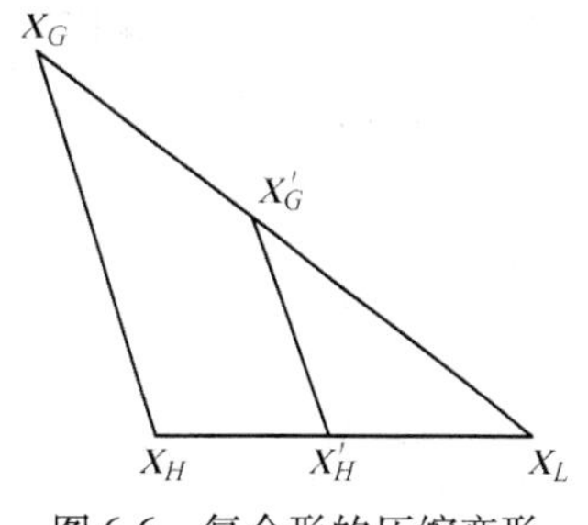

图 6-6　复合形的压缩变形

除此之外，还可以采用旋转等方法来改变复合形形状以加快收敛速度。应当指出的是，采用改变复合形形状的方法越多，程序设计越复杂，有可能降低计算效率及可靠性。因此，程序设计时，应针对具体情况，采用某些有效的方法。

五、迭代步骤及算法框图

下面是用复合形法(只含反射)求解具有不等式约束优化问题的计算步骤：

1）给定设计变量维数 n，变量的上下界 a_i，$b_i(i=1, 2, \cdots, n)$复合形顶点数目 k，精度 ε，δ。

2）产生初始复合形，得 k 个顶点 $\boldsymbol{X}_j^{(0)}(j=1, 2, \cdots, k)$。

3）计算复合形各顶点的目标函数值，找出其中的最坏点 $\boldsymbol{X}_H$、次坏点 $\boldsymbol{X}_G$ 和最好点 $\boldsymbol{X}_L$(由式(6-7))。

4）计算除最坏点 $\boldsymbol{X}_H$ 外其余各顶点的形心 $\boldsymbol{X}_C$(由式(6-8))。

5）计算反射点 $\boldsymbol{X}_R$(按式(6-9))，并检查 $\boldsymbol{X}_R$ 点是否在可行域内。若 $\boldsymbol{X}_R$ 在可行域内，则转第6)步；否则，将反射系数 α 减半，继续计算 $\boldsymbol{X}_R$，直至 $\boldsymbol{X}_R$ 满足全部约束条件为止。

6）计算 $\boldsymbol{X}_R$ 点的目标函数值，若 $f(\boldsymbol{X}_R)<f(\boldsymbol{X}_H)$，则用 $\boldsymbol{X}_R$ 替换最坏点 $\boldsymbol{X}_H$，构成新的复合形，完成一次迭代，并转7)；否则，将步长 α 减半，转5)。如果经过若干次减半 α 值的计算并使 α 值已缩小到给定的一个很小的正数 δ，仍不能使反射点优于最坏点，则说明该反射方向不利，可将最坏点 $\boldsymbol{X}_H$ 换成次坏点 $\boldsymbol{X}_G$，然后返回4)。

7）检查是否满足迭代终止条件。常用各顶点与最好点的目标函数值之差的均方根值小于误差限作为终止迭代条件，即

$$\left\{\frac{1}{k}\sum_{j=1}^{k}\left[f(\boldsymbol{X}_j)-f(\boldsymbol{X}_L)\right]^2\right\}^{1/2}<\varepsilon \tag{6-14}$$

若满足该条件，可将最后复合形的好点作为最优点，即 $\boldsymbol{X}^*=\boldsymbol{X}_L$，$f(\boldsymbol{X}^*)=f(\boldsymbol{X}_L)$，输出最优解，结束迭代；否则，返回3)，继续进行下一次迭代。图6-7所示是按上述步骤进行迭代计算的复合形算法框图。

实际上复合形法的迭代计算常常采用包括反射、扩张、收缩、向好点压缩、绕好点旋转等技巧，加速迭代的收敛速度。其迭代步骤和程序框图可参考有关文献。

六、复合形法的特点

1）不必计算目标函数的一、二阶导数，只计算目标函数值，因此对目标函数 $f(\boldsymbol{X})$ 无特殊要求。

2）无需一维搜索，程序较简单。

3）随着设计变量($n\geqslant5$)和约束条件的增多其计算效率显著降低。

例 6-1 试用复合形法求解下列约束优化问题，迭代精度取 $\varepsilon=0.01$。

$$\min \quad f(\boldsymbol{X})=(x_1-3)^2+x_2^2$$

$$\text{s.t.} \quad \begin{cases} g_1(\boldsymbol{X})=x_1^2+x_2-4\leqslant 0 \\ g_2(\boldsymbol{X})=-x_2\leqslant 0 \\ g_3(\boldsymbol{X})=0.5-x_1\leqslant 0 \end{cases}$$

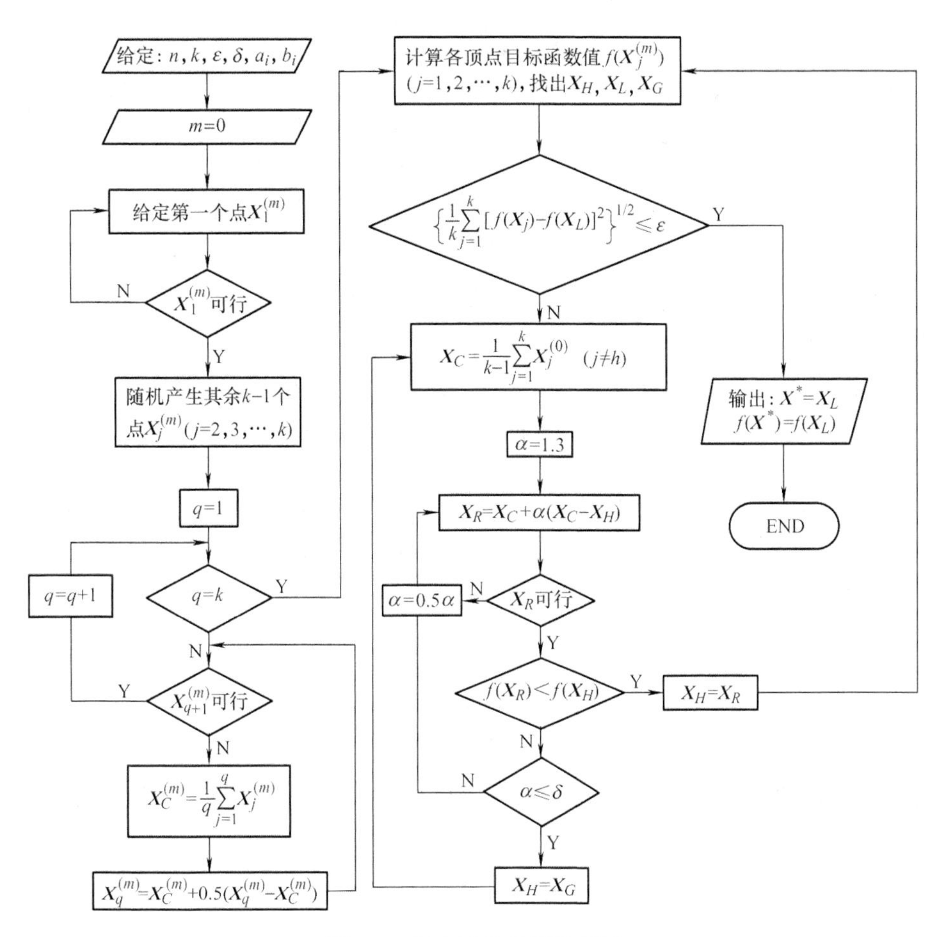

图 6-7　复合形法的算法框图

解　取复合形的顶点数为 $k=2n=2\times2=4$。

(1) 人为给定 4 个复合形顶点

$$\boldsymbol{X}_1^{(0)}=[0.5,\ 2]^{\mathrm T},\ \boldsymbol{X}_2^{(0)}=[1,\ 2]^{\mathrm T},\ \boldsymbol{X}_3^{(0)}=[0.6,\ 3]^{\mathrm T},\ \boldsymbol{X}_4^{(0)}=[0.9,\ 2.6]^{\mathrm T}$$

检验各点是否可行。将各点的坐标值代入约束条件 $g_1(\boldsymbol{X})$，$g_2(\boldsymbol{X})$，$g_3(\boldsymbol{X})$ 均满足，均为可行点。

(2) 进行迭代计算，获得新的复合形

计算各顶点的函数值，找出最坏点 $\boldsymbol{X}_H$ 和最好点 $\boldsymbol{X}_L$：

$$f(\boldsymbol{X}_1^{(0)})=10.25,\ f(\boldsymbol{X}_2^{(0)})=8,\ f(\boldsymbol{X}_3^{(0)})=14.76,\ f(\boldsymbol{X}_4^{(0)})=11.17$$

因而，有 $\boldsymbol{X}_H=\boldsymbol{X}_3^{(0)}$，$\boldsymbol{X}_L=\boldsymbol{X}_2^{(0)}$；计算除 $\boldsymbol{X}_H$ 外其余各顶点的中心 $\boldsymbol{X}_C$：

$$\boldsymbol{X}_C=\frac{1}{k-1}(\boldsymbol{X}_1^{(0)}+\boldsymbol{X}_2^{(0)}+\boldsymbol{X}_4^{(0)})=\frac{1}{4-1}\left[\begin{pmatrix}0.5\\2\end{pmatrix}+\begin{pmatrix}1\\2\end{pmatrix}+\begin{pmatrix}0.9\\2.6\end{pmatrix}\right]=\begin{pmatrix}0.8\\2.2\end{pmatrix}$$

将 $\boldsymbol{X}_C$ 代入诸约束条件均满足，即 $\boldsymbol{X}_C$ 在可行域内。

求 $\boldsymbol{X}_H$ 的映射点 $\boldsymbol{X}_R$，取 $\alpha=1.3$，则有

$$X_R = X_C + \alpha(X_C - X_H) = \begin{pmatrix} 0.8 \\ 2.2 \end{pmatrix} + 1.3\left[\begin{pmatrix} 0.8 \\ 2.2 \end{pmatrix} - \begin{pmatrix} 0.6 \\ 3 \end{pmatrix}\right] = \begin{pmatrix} 1.06 \\ 1.16 \end{pmatrix}$$

检验 X_R 的可行性：将 X_R 代入各约束条件知，X_R 在可行域内。

由于 $f(X_R)=5.1092<f(X_H)$，所以用 X_R 替换 X_H 构成新的复合形，即

$X_1^{(1)}=[0.5,\ 2]^T$，$X_2^{(1)}=[1,\ 2]^T$，$X_3^{(1)}=[1.06,\ 1.16]^T$，$X_4^{(1)}=[0.9,\ 2.6]^T$

比较各点目标函数值，定出最坏点 $X_H=X_4^{(1)}$，最好点 $X_L=X_3^{(1)}$。

(3) 检验迭代终止条件

按式(6-14)计算，得

$$\left\{\frac{1}{k}\sum_{j=1}^{k}[f(X_j)-f(X_L)]^2\right\}^{1/2}=4.228>\varepsilon$$

不满足迭代终止条件，从而进行下一轮迭代，求 $X_1^{(1)}$，$X_2^{(1)}$，$X_3^{(1)}$ 的中心 X_C 和 $X_4^{(1)}$ 的反射点 X_R，获得新复合形，再检验迭代终止条件，直至满足迭代终止条件。

经计算，迭代至 21 次时，可满足终止准则。这时近似极小值点 $X^*=[1.990846,\ 0.017348]^T$，极小值 $f(X^*)=1.018692$。

第二节　可行方向法

可行方向法是求解大型不等式约束优化问题的主要方法之一。此类方法可以看做是无约束最速下降法在约束优化问题中的自然推广。

一、可行方向法的基本思想

可行方向法适用于以下优化数学模型：

$$\min_{X\in R^n} f(X)$$
$$\text{s.t.}\quad g_u(X)\leqslant 0\quad (u=1,\ 2,\ \cdots,\ m)$$

其基本原理是在可行域内，从一个初始点 $X^{(k)}$ 出发，确定一个可行方向 $S^{(k)}$ 和适当的步长 α_k，按下式：

$$X^{(k+1)}=X^{(k)}+\alpha_k S^{(k)} \tag{6-15}$$

进行迭代计算，保证迭代点既不超出可行域，又使目标函数的值有所下降。在不断调整可行方向的过程中，使迭代点逐步逼近约束最优点。

二、可行方向法的搜索步骤

可行方向首先是从可行的初始点 $X^{(0)}$ 出发，沿 $X^{(0)}$ 点的负梯度方向 $S^{(0)}=-\nabla f(X^{(0)})$，将初始点移动到某一个约束面或多个约束面的交集（有多个起作用的约束时）上。然后根据约束线（或面）和目标函数等值线的不同形状，分别采用以下几种策略继续搜索。

第一种情况如图 6-8 所示，在约束面上的迭代点 $X^{(k)}$ 处，产生一个可行方向 $S^{(k)}$，沿此方向作一维搜索，所得到的新点 $X^{(k+1)}$ 若在可行域内，再沿 $X^{(k+1)}$ 点的负梯度方向 $S^{(k+1)}=-\nabla f(X^{(k+1)})$ 继续搜索。

第二种情况如图 6-9 所示，沿可行方向 $S^{(k)}$ 作一维最优化搜索，所得到的新点 X^* 在可

行域外，则设法将 $\boldsymbol{X}^*$ 点移动到约束面上，即取 $\boldsymbol{S}^{(k)}$ 和约束面的交点作为新的迭代点 $\boldsymbol{X}^{(k+1)}$。

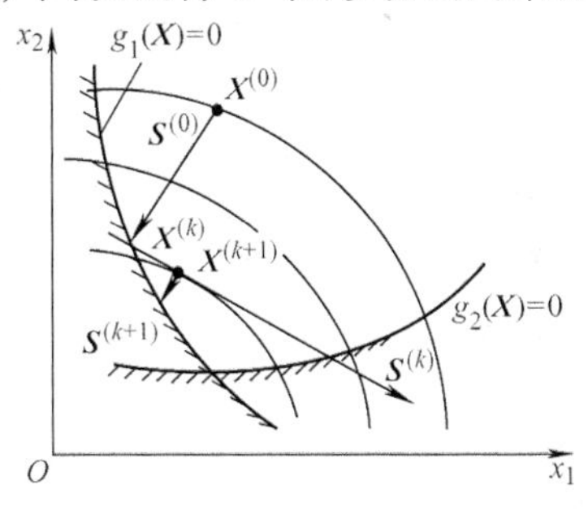

图 6-8　新点在可行域内的情况

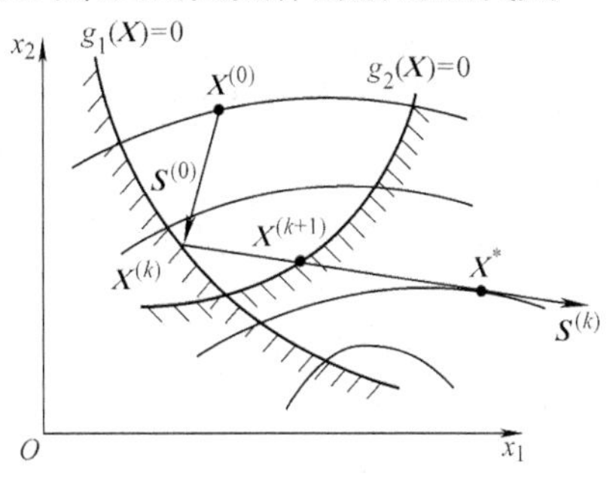

图 6-9　新点在可行域外的情况

第三种情况是沿约束面搜索。对于只具有线性约束条件的非线性规划问题(图 6-10)，从 $\boldsymbol{X}^{(k)}$ 点出发，沿约束面移动，在有限的几步内即可搜索到约束最优点；对于非线性约束函数(图 6-11)，沿约束面移动将会进入非可行域，使问题变得复杂得多。此时，需将进入非可行域的新点 $\boldsymbol{X}^{(k+1)}$ 设法调整到约束面上，然后才能进行下一次迭代。调整的方法是先规定约束面容差 δ，建立新的约束边界(如图 6-11 上的虚线所示)，然后将已离开约束面的点 $\boldsymbol{X}^{(k+1)}$，沿起作用约束函数的负梯度方向 $-\nabla g(\boldsymbol{X}^{(k+1)})$ 返回到约束面上。其计算公式为

$$\boldsymbol{X}^{(k+1)}=\boldsymbol{X}^{(k)}-\alpha_l\nabla g(\boldsymbol{X}^{(k+1)}) \tag{6-16}$$

式中，α_l 称为调整步长，可用试探法决定，或用下式估算。

$$\alpha_l=\left|\frac{g(\boldsymbol{X})}{[\nabla g(\boldsymbol{X})]^{\mathrm{T}}\nabla g(\boldsymbol{X})}\right| \tag{6-17}$$

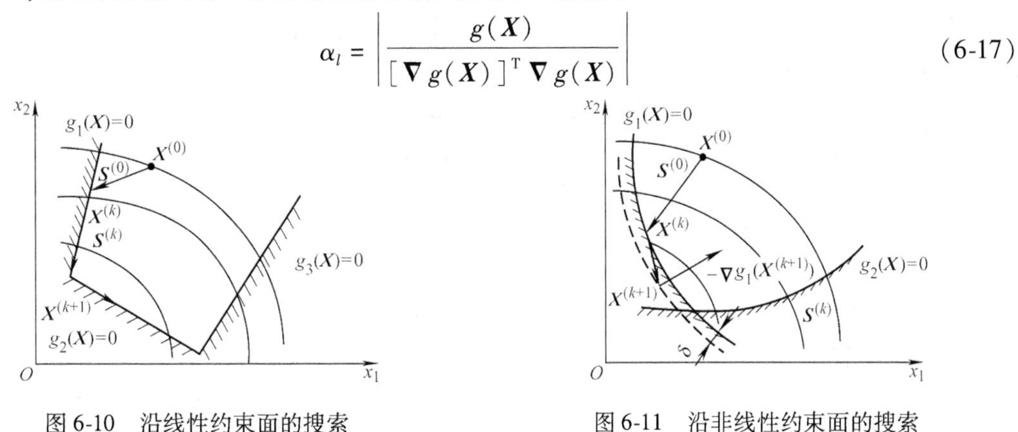

图 6-10　沿线性约束面的搜索　　图 6-11　沿非线性约束面的搜索

三、产生可行方向的条件

可行方向是指沿该方向作微小移动后，所得到的新点是可行点，且目标函数值有所下降。显然，可行方向应满足可行和下降两个条件。

1. 可行条件

方向的可行条件是指沿该方向作微小移动后，所得到的新点应为可行点。如图 6-12a 所示，若 $\boldsymbol{X}^{(k)}$ 点在一个约束面 $g(\boldsymbol{X})=0$ 上，对 $\boldsymbol{X}^{(k)}$ 点作该约束面的切线为τ，显然满足可行条件的方向 $\boldsymbol{S}^{(k)}$ 应与该约束函数在 $\boldsymbol{X}^{(k)}$ 点的梯度$\nabla g(\boldsymbol{X}^{(k)})$的夹角大于或等于 90°。用向量关系式可表示为

$$[\nabla g(X^{(k)})]^{\mathrm{T}} S^{(k)} \leqslant 0 \tag{6-18}$$

若 $X^{(k)}$ 点在 J 个约束面的交集上，如图 6-12b 所示（$J=2$），为保证方向 $S^{(k)}$ 可行，要求 $S^{(k)}$ 与 J 个约束函数在 $X^{(k)}$ 点的梯度 $\nabla g_j(X^{(k)})$ $(j=1, 2, \cdots, J)$ 的夹角均大于等于 90°。其向量关系式可表示为

$$[\nabla g_j(X^{(k)})]^{\mathrm{T}} S^{(k)} \leqslant 0 \quad (j=1,2,\cdots,J) \tag{6-19}$$

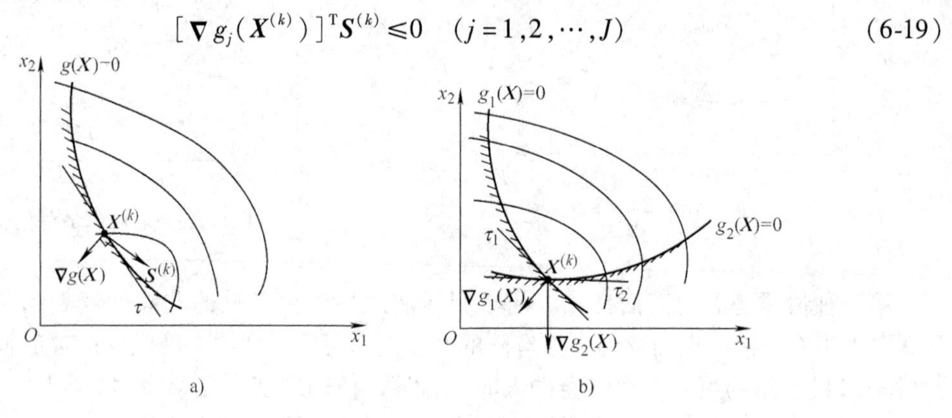

图 6-12　方向的可行条件

a）一个起作用的约束　b）两个起作用的约束

2. 下降条件

方向的下降条件是指沿该方向作微小移动后，所得新点的目标函数值有所下降。如图 6-13 所示，满足下降条件的方向 $S^{(k)}$ 应和目标函数在 $X^{(k)}$ 点的梯度 $\nabla f(X^{(k)})$ 方向的夹角大于 90°。其向量关系式可表示为

$$[\nabla f(X^{(k)})]^{\mathrm{T}} S^{(k)} < 0 \tag{6-20}$$

满足可行和下降条件，即式(6-19)和式(6-20)同时成立的方向称为适用可行方向。如图 6-14 所示，它位于约束曲线(面)在 $X^{(k)}$ 点的切线 τ_2 和目标函数等值线在 $X^{(k)}$ 点的切线所围成的扇形区内，该扇形区称为可行下降方向区，其对应角度称为可用角。

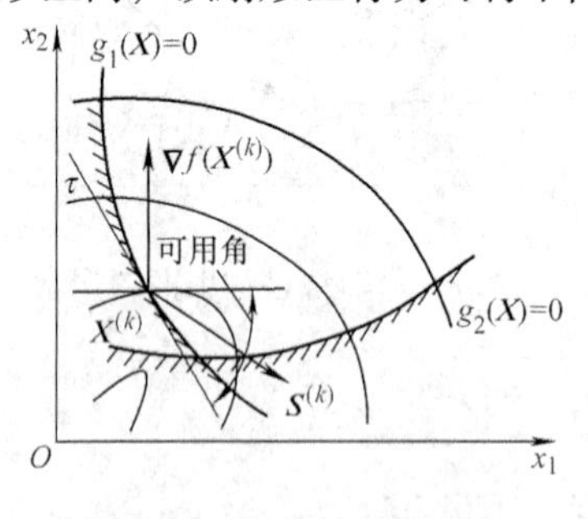

图 6-13　方向的下降条件

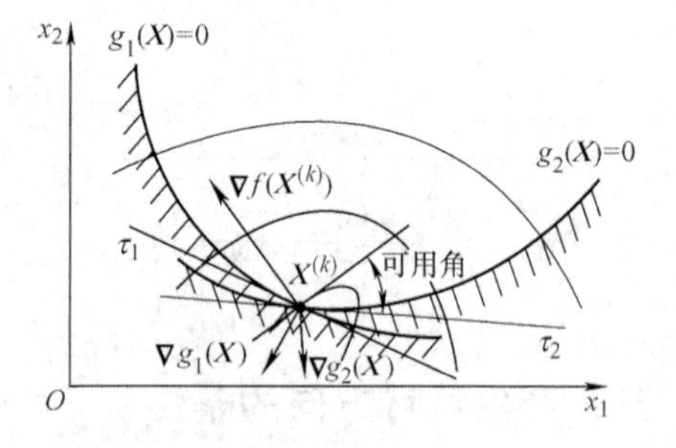

图 6-14　可行下降方向区

综上所述，当 $X^{(k)}$ 点位于 J 个起作用的约束面上时，满足

$$\left.\begin{aligned}[\nabla g_j(X^{(k)})]^{\mathrm{T}} S^{(k)} \leqslant 0 \\ [\nabla f(X^{(k)})]^{\mathrm{T}} S^{(k)} < 0\end{aligned} \quad (j=1,2,\cdots,J)\right\} \tag{6-21}$$

的方向 $S^{(k)}$ 称为适用可行方向。

四、可行方向的产生方法

如图6-14所示，既满足可行条件又满足下降条件的方向应位于可行下降扇形区内，在扇形区内寻找一个最有利的方向作为本次迭代的搜索方向，其方法主要有优选方向法和梯度投影法两种。

1. 优选方向法

在由式(6-21)构成的可行下降扇形区内选择任一方向 $\boldsymbol{S}^{(k)}$ 进行搜索，可得到一个目标函数值下降的可行点。现在的问题是如何在可行下降扇形区内选择一个能使目标函数下降最快的方向作为本次迭代的方向。显然，这是一个以搜索方向 $\boldsymbol{S}^{(k)}$ 为设计变量的约束优化问题，这个新的约束优化问题的数学模型可写成：

$$\left.\begin{aligned}&\min[\nabla f(\boldsymbol{X}^{(k)})]^{\mathrm{T}}\boldsymbol{S}^{(k)}\\&\text{s.t.}\quad\begin{cases}[\nabla g_j(\boldsymbol{X}^{(k)})]^{\mathrm{T}}\boldsymbol{S}^{(k)}\leqslant 0 & (j=1,2,\cdots,J)\\ [\nabla f(\boldsymbol{X}^{(k)})]^{\mathrm{T}}\boldsymbol{S}^{(k)}<0\\ \|\boldsymbol{S}^{(k)}\|\leqslant 1\end{cases}\end{aligned}\right\}\tag{6-22}$$

由于 $\nabla f(\boldsymbol{X}^{(k)})$ 和 $\nabla g_j(\boldsymbol{X}^{(k)})$ $(j=1, 2, \cdots, J)$ 为定值，上述各函数均为设计变量 $\boldsymbol{S}^{(k)}$ 的线性函数，因此式(6-22)为一个线性规划问题。用线性规划法求解后，求得的最优解 $\boldsymbol{S}^*$ 即为本次迭代的可行方向，即 $\boldsymbol{S}^{(k)}=\boldsymbol{S}^*$。

2. 梯度投影法

梯度投影法又称大步梯度法，主要用于线性约束优化问题。当 $\boldsymbol{X}^{(k)}$ 点目标函数的负梯度方向 $-\nabla f(\boldsymbol{X}^{(k)})$ 不满足可行条件时，可将 $-\nabla f(\boldsymbol{X}^{(k)})$ 方向投影到约束面(或约束面的交集)上，得到投影向量 $\boldsymbol{S}^{(k)}$。从图6-15中可看出，该投影向量显然满足方向的可行和下降条件。梯度投影法就是取该方向作为本次迭代的可行方向。可行方向的计算公式为

$$\boldsymbol{S}^{(k)}=\frac{-\boldsymbol{p}\nabla f(\boldsymbol{X}^{(k)})}{\|\boldsymbol{p}\nabla f(\boldsymbol{X}^{(k)})\|}\tag{6-23}$$

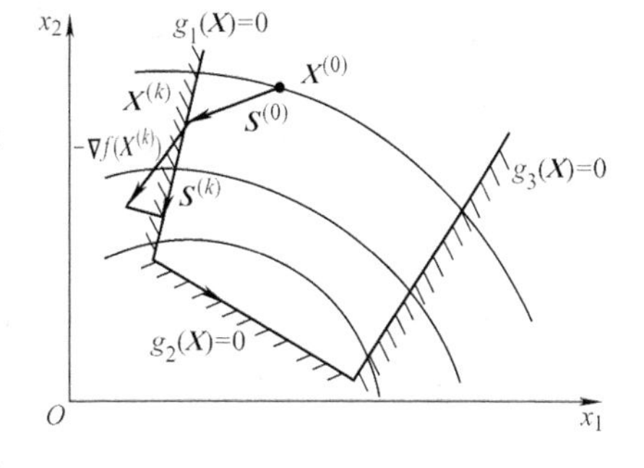

图6-15 约束面上的梯度投影方向

式中，$\nabla f(\boldsymbol{X}^{(k)})$ 为 $\boldsymbol{X}^{(k)}$ 点的目标函数梯度；$\boldsymbol{P}$ 为投影算子，且为 $n\times n$ 阶矩阵，其计算公式为

$$\boldsymbol{P}=\boldsymbol{I}-\boldsymbol{G}[\boldsymbol{G}^{\mathrm{T}}\boldsymbol{G}]^{-1}\boldsymbol{G}^{\mathrm{T}}\tag{6-24}$$

式中，$\boldsymbol{I}$ 为单位矩阵，且为 $n\times n$ 阶矩阵；$\boldsymbol{G}$ 为起作用约束函数的梯度矩阵，且为 $n\times J$ 阶矩阵，其计算公式为

$$\boldsymbol{G}=[\nabla g_1(\boldsymbol{X}^{(k)}),\ \nabla g_2(\boldsymbol{X}^{(k)}),\ \cdots,\ \nabla g_J(\boldsymbol{X}^{(k)})]$$

式中，J 为起作用的约束函数个数。

五、步长的确定

可行方向 $\boldsymbol{S}^{(k)}$ 确定后，由下式计算新的迭代点

$$\boldsymbol{X}^{(k+1)}=\boldsymbol{X}^{(k)}+\alpha_k\boldsymbol{S}^{(k)}$$

由于目标函数及约束函数的性态不同，步长 α_k 的确定方法也不同，不论是用何种方法

都应使新的迭代点 $\boldsymbol{X}^{(k+1)}$ 为可行点，且目标函数具有最大的下降量。确定步长 α_k 的常用方法有以下两种：

1. 取最优步长

如图 6-16 所示，从 $\boldsymbol{X}^{(k)}$ 点出发，沿 $\boldsymbol{S}^{(k)}$ 方向进行一维最优化搜索，取得最优步长 α^*，计算新点 $\boldsymbol{X}^{(k+1)}$ 的值，即

$$\boldsymbol{X}^{(k+1)} = \boldsymbol{X}^{(k)} + \alpha^* \boldsymbol{S}^{(k)} \tag{6-25}$$

若新点 $\boldsymbol{X}^{(k+1)}$ 为可行点，则本次迭代的步长取 $\alpha_k = \alpha^*$。

2. α_k 取到约束边界的最大步长

如图 6-17 所示，从 $\boldsymbol{X}^{(k)}$ 点沿 $\boldsymbol{S}^{(k)}$ 方向进行一维最优化搜索，得到的新点 $\boldsymbol{X}^*$ 为不可行点，根据可行方向法的搜索策略，应改变步长，使新点返回到约束面上来。使新点 $\boldsymbol{X}^{(k+1)}$ 恰好位于约束面上的步长称为最大步长，记作 α_M，则本次迭代的步长取 $\alpha_k = \alpha_M$。

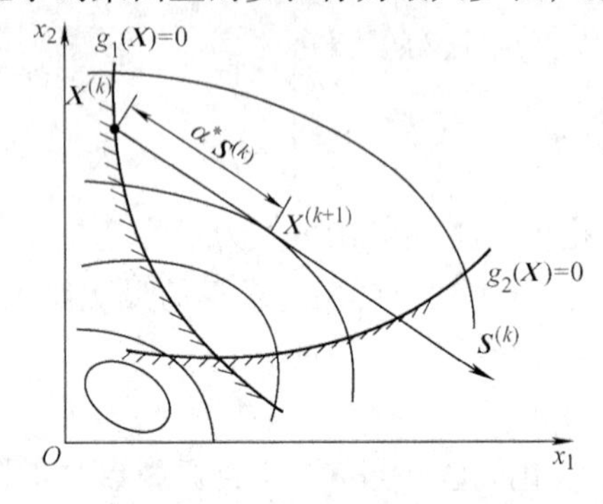

图 6-16　按最优步长确定新点

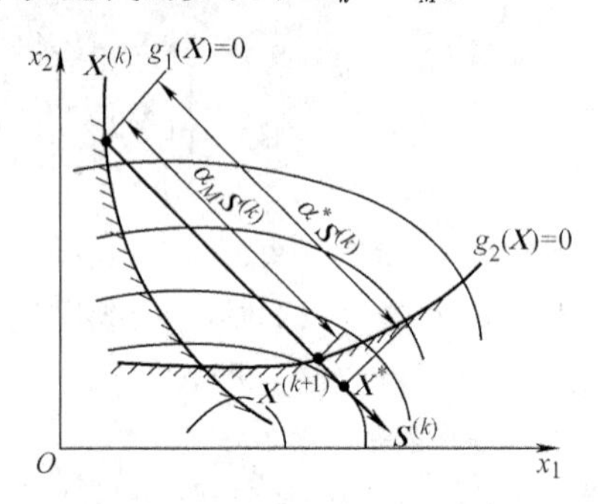

图 6-17　按最大步长确定新点

由于不能预测 $\boldsymbol{X}^{(k)}$ 点到另一个起作用约束面的距离，α_M 的确定较为困难，大致可按以下步骤计算。

（1）取一试验步长 α_t，计算试验点 $\boldsymbol{X}_t$。试验步长 α_t 的值不能太大，以免因一步走得太远导致计算困难；也不能太小，使得计算效率太低。根据经验，试验步长 α_t 的值能使试验点 $\boldsymbol{X}_t$ 的目标函数值下降 5% ~10% 为宜，即

$$\Delta f = f(\boldsymbol{X}^{(k)}) - f(\boldsymbol{X}_t) = (0.05 \sim 0.1)\,|f(\boldsymbol{X}^{(k)})| \tag{6-26}$$

将目标函数 $f(\boldsymbol{X})$ 在 $\boldsymbol{X}^{(k)}$ 点展开成泰勒级数的线性式，再将 $\boldsymbol{X}$ 用 $\boldsymbol{X}_t$ 代替得

$$f(\boldsymbol{X}_t) = f(\boldsymbol{X}^{(k)} + \alpha_t \boldsymbol{S}^{(k)}) = f(\boldsymbol{X}^{(k)}) + [\nabla f(\boldsymbol{X}^{(k)})]^{\mathrm{T}} \alpha_t \boldsymbol{S}^{(k)}$$

则

$$f(\boldsymbol{X}^{(k)}) - f(\boldsymbol{X}_t) = -\alpha_t [\nabla f(\boldsymbol{X}^{(k)})]^{\mathrm{T}} \boldsymbol{S}^{(k)} \tag{6-27}$$

由此可得试验步长 α_t 的计算公式为

$$\alpha_t = \frac{-\Delta f}{[\nabla f(\boldsymbol{X}^{(k)})]^{\mathrm{T}} \boldsymbol{S}^{(k)}} = (0.05 \sim 0.1) \frac{-|f(\boldsymbol{X}^{(k)})|}{[\nabla f(\boldsymbol{X}^{(k)})]^{\mathrm{T}} \boldsymbol{S}^{(k)}} \tag{6-28}$$

因 $\boldsymbol{S}^{(k)}$ 为目标函数的下降方向，$[\nabla f(\boldsymbol{X}^{(k)})]^{\mathrm{T}} \boldsymbol{S}^{(k)} < 0$，所以试验步长 α_t 恒为正值。试验步长选定后，试验点 $\boldsymbol{X}_t$ 按下式计算：

$$\boldsymbol{X}_t = \boldsymbol{X}^{(k)} + \alpha_t \boldsymbol{S}^{(k)} \tag{6-29}$$

（2）判别试验点 $\boldsymbol{X}_t$ 的位置。由试验步长 α_t 确定的试验点 $\boldsymbol{X}_t$ 可能在约束面上，也可能在可行域或非可行域内。只要 $\boldsymbol{X}_t$ 不在约束面上，就要设法将其调整到约束面上来。要想使

X_t 到达约束面 $g_j(X)=0(j=1, 2, \cdots, J)$是很困难的。为此，先确定一个约束允差$\delta$。当试验点 X_t 满足

$$-\delta \leqslant g_j(X_t) \leqslant 0 \quad (j=1, 2, \cdots, J) \tag{6-30}$$

的条件时，则认为试验点 X_t 已位于约束面上。

若试验点 X_t 位于非可行域内，则转步骤(3)。

若试验点 X_t 位于可行域内，则应沿 $S^{(k)}$ 方向以步长 $\alpha_t \sim 2\alpha_t$ 继续向前搜索，直至新的试验点 X_t 到达约束面或越出可行域，再转步骤(3)。

(3) 将位于非可行域的试验点 X_t 调整到约束面上。若试验点 X_t 位于图 6-18 所示的位置，在 X_t 点处，$g_1(X_t)>0, g_2(X_t)>0$。显然应将 X_t 点调整到 $g_1(X_t)=0$ 的约束面上，因为对于 X_t 点来说，$g_1(X_t)$的约束违反量比 $g_2(X_t)$大。设 $g_k(X_t)$为约束违反量最大的约束条件，则 $g_k(X_t)$应满足

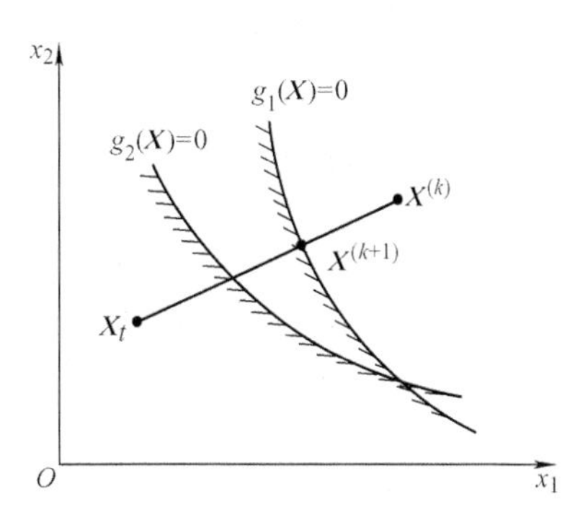

图 6-18　违反量最大的约束条件

$$g_k(X_t)=\max\{g_j(X_t)>0 \mid_{j=1,2,\cdots,J}\} \tag{6-31}$$

将试验点 X_t 调整到 $g_k(X_t)=0$ 的约束面上的方法有试探法和插值法两种。

1) 试探法是当试验点位于非可行域时，将试验步长 α_t 缩短；当试验点位于可行域时，将试验步长 α_t 增加，即不断变化 α_t 的大小，直至将试验点 X_t 调整到 $g_k(X_t)=0$ 的约束面上。图 6-19 所示框图表示了用试探法调整试验步长 α_t 的过程。

2) 插值法是利用线性插值将位于非可行域的试验点 X_t 调整到约束面上。设试验步长为 α_t 时，求得可行试验点

$$X_{t1}=X^{(k)}+\alpha_t S^{(k)} \tag{6-32}$$

当试验步长为 $\alpha_t+\alpha_0$ 时，求得非可行试验点

$$X_{t2}=X^{(k)}+(\alpha_t+\alpha_0)S^{(k)} \tag{6-33}$$

并设试验点 X_{t1}和 X_{t2}的约束函数值分别为 $g_k(X_{t1})<0$，$g_k(X_{t2})>0$，它们之间的位置关系如图 6-20 所示。

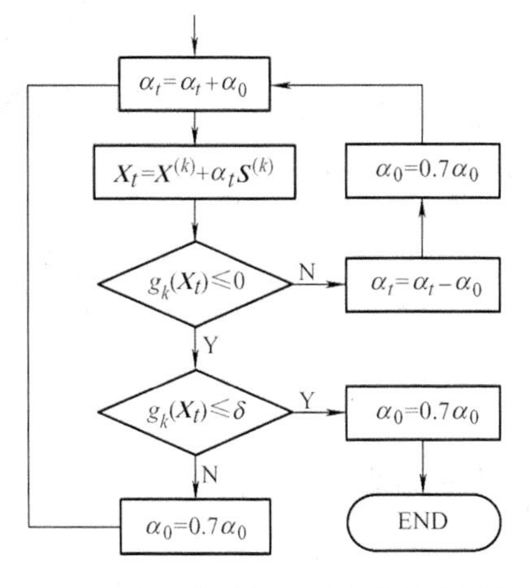

图 6-19　用试探法调整试验步长的框图

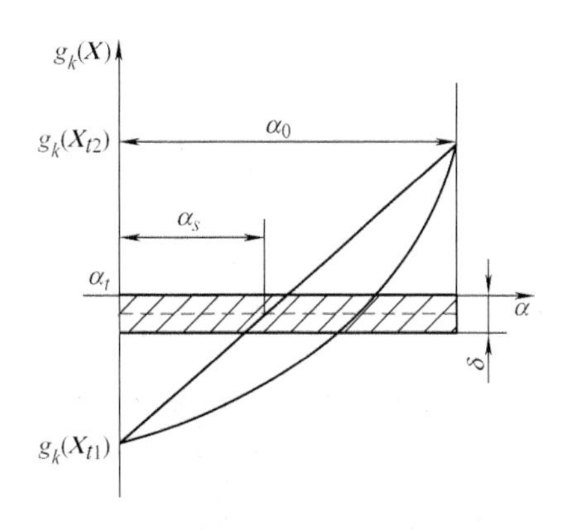

图 6-20　用插值法确定步长

若考虑约束允差δ，并按允差中心$\delta/2$作线性内插，可以得到将$\boldsymbol{X}_{t2}$点调整到约束面上的步长α_s。其计算公式为

$$\alpha_s=\frac{-0.5\delta-g_k(\boldsymbol{X}_{t1})}{g_k(\boldsymbol{X}_{t2})-g_k(\boldsymbol{X}_{t1})}\alpha_0 \tag{6-34}$$

本次迭代的步长取为

$$\alpha_k=\alpha_M=\alpha_t+\alpha_s \tag{6-35}$$

六、收敛条件

按可行方向法的原理，将设计点调整到约束面上后，需要判断迭代是否收敛，即判断该迭代点是否为约束最优点。常用的收敛条件有以下两种：

1）设计点$\boldsymbol{X}^{(k)}$及约束允差满足

$$\left.\begin{array}{c}|[\nabla f(\boldsymbol{X}^{(k)})]^{\mathrm{T}}\boldsymbol{S}^{(k)}|\leqslant\varepsilon_1\\ \delta\leqslant\varepsilon_2\end{array}\right\} \tag{6-36}$$

式中，δ为约束允差。

2）设计点$\boldsymbol{X}^{(k)}$满足库恩-塔克条件

$$\left.\begin{array}{l}\nabla f(\boldsymbol{X}^{(k)})+\sum\limits_{j=1}^{J}\lambda_j\nabla g_j(\boldsymbol{X}^{(k)})=\boldsymbol{0}\\ \lambda_j>0\qquad(j=1,2,\cdots,J)\end{array}\right\} \tag{6-37}$$

时，迭代收敛。式中，J为起作用约束的个数。

七、可行方向法的计算步骤

由于可行方向法的搜索策略不同，其算法也不同，下面仅介绍一种按从一个约束面移动到另一个约束面搜索策略的算法和程序框图，其算法的步骤如下：

1）在可行域内选择一个可行的初始点$\boldsymbol{X}^{(0)}$，给出约束允差δ及收敛精度值ε_1，ε_2；

2）令迭代次数$k=0$，第一次迭代的搜索方向取$\boldsymbol{S}^{(0)}=-\nabla f(\boldsymbol{X}^{(0)})$。

3）由$\min f(\boldsymbol{X}^{(0)}+\alpha\boldsymbol{S}^{(0)})$得$\alpha^*$，令$\alpha_t=\alpha^*$，按式(6-32)计算试验点：$\boldsymbol{X}_t=\boldsymbol{X}^{(0)}+\alpha_t\boldsymbol{S}^{(0)}$，令$k=1$，$\boldsymbol{X}^{(k)}=\boldsymbol{X}_t$。

4）若试验点$\boldsymbol{X}_t$满足$-\delta\leqslant g_j(\boldsymbol{X}_t)\leqslant 0$，$\boldsymbol{X}_t$点必近似位于第$j$个约束面上，则转步骤6)；若试验点$\boldsymbol{X}_t$位于可行域内，则加大试验步长$\alpha_t$，重新计算新的试验点，直至$\boldsymbol{X}_t$越出可行域，再转步骤5)；若试验点位于非可行域内，则直接转步骤5)。

5）按式(6-31)确定约束违反量最大的约束函数$g_k(\boldsymbol{X}_t)$。用插值法，即按式(6-34)计算调整步长α_s，使试验点$\boldsymbol{X}_t$返回到约束面上，则完成一次迭代。再令$k=k+1$，$\boldsymbol{X}^{(k)}=\boldsymbol{X}_t$，转下一步。

6）在新的设计点处产生新的可行方向$\boldsymbol{S}^{(k)}$。

7）在$\boldsymbol{X}_t$点满足收敛条件，则计算终止。约束最优解为$\boldsymbol{X}^*=\boldsymbol{X}^{(k)}$，$f(\boldsymbol{X}^*)=f(\boldsymbol{X}^{(k)})$。否则，改变允差$\delta$的值，即令

$$\delta^{(k)}=\begin{cases}\delta^{(k)} & \text{当}[\nabla f(\boldsymbol{X}^{(k)})]^{\mathrm{T}}\boldsymbol{S}^{(k)}>\varepsilon\text{时}\\ 0.5\delta^{(k)} & \text{当}[\nabla f(\boldsymbol{X}^{(k)})]^{\mathrm{T}}\boldsymbol{S}^{(k)}\leqslant\varepsilon\text{时}\end{cases} \tag{6-38}$$

转步骤4)。

可行方向法的计算程序框图如图6-21所示。

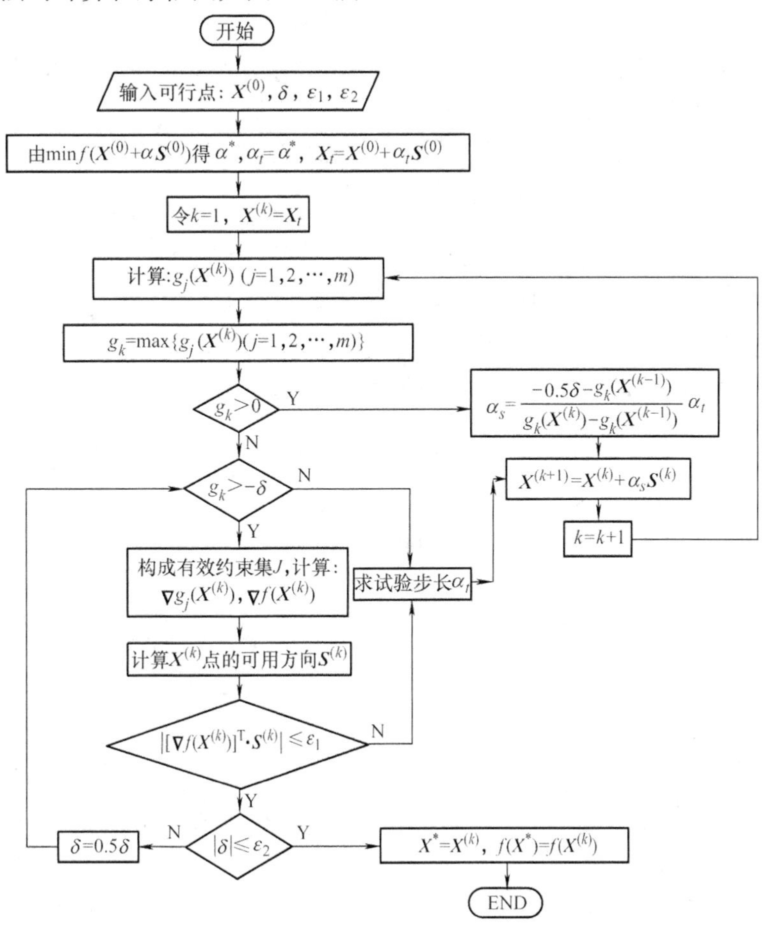

图6-21　可行方向法的计算程序框图

例6-2　用可行方向法求约束优化问题

$$\min f(\boldsymbol{X})=60-10x_1-4x_2+x_1^2+x_2^2-x_1x_2$$

$$\text{s.t.}\quad\begin{cases}g_1(\boldsymbol{X})=-x_1\leqslant 0\\ g_2(\boldsymbol{X})=-x_2\leqslant 0\\ g_3(\boldsymbol{X})=x_1-6\leqslant 0\\ g_4(\boldsymbol{X})=x_2-8\leqslant 0\\ g_5(\boldsymbol{X})=x_1+x_2-11\leqslant 0\end{cases}$$

的约束最优解。

解　由于约束函数均为线性约束，故求解时将先采用优选方向法，后采用梯度投影法来确定可行方向。该问题的图解如图6-22a所示。

取初始点$\boldsymbol{X}^{(0)}=[0,\ 1]^{\mathrm{T}}$，为约束边界$g_1(\boldsymbol{X})=0$上的一点。第一次迭代用优选方向法确定可行方向。为此，首先计算$\boldsymbol{X}^{(0)}$点的目标函数$f(\boldsymbol{X}^{(0)})$和约束函数$g_1(\boldsymbol{X}^{(0)})$的梯度，即

$$\nabla f(\boldsymbol{X}^{(0)})=\begin{pmatrix}-10+2x_1-x_2\\-4+2x_2-x_1\end{pmatrix}_{\boldsymbol{X}=\boldsymbol{X}^{(0)}}=\begin{pmatrix}-11\\-2\end{pmatrix},\ \nabla g_1(\boldsymbol{X}^{(0)})=\begin{pmatrix}-1\\0\end{pmatrix}$$

为在可行扇形区内寻找最优方向，需求解一个以可行方向 $\boldsymbol{S}=[s_1,\ s_2]^{\mathrm{T}}$ 为设计变量的线性规划问题，其数学模型为

$$\min[\nabla f(\boldsymbol{X}^{(0)})]^{\mathrm{T}}\boldsymbol{S}=\ \ 11s_1-2s_2$$

$$\text{s. t.}\quad\begin{cases}[\nabla g_1(\boldsymbol{X}^{(0)})]^{\mathrm{T}}\boldsymbol{S}=-s_1\leqslant 0\\ [\nabla f(\boldsymbol{X}^{(0)})]^{\mathrm{T}}\boldsymbol{S}=-11s_1-2s_2\leqslant 0\\ s_1^2+s_2^2\leqslant 1\end{cases}$$

现用图解法求解，如图6-22b 所示，最优方向是 $\boldsymbol{S}^*=[0.984,\ 0.179]^{\mathrm{T}}$，它是目标函数等值线(直线束)和约束函数 $s_1^2+s_2^2=1$(半径为 1 的圆)的切点。第一次迭代的可行方向为 $\boldsymbol{S}^{(0)}=\boldsymbol{S}^*$。若步长取 $\alpha_0=6.098$，则

$$\boldsymbol{X}^{(1)}=\boldsymbol{X}^{(0)}+\alpha_0\boldsymbol{S}^{(0)}=\begin{pmatrix}0\\1\end{pmatrix}+6.098\begin{pmatrix}0.984\\0.179\end{pmatrix}=\begin{pmatrix}6\\2.091\end{pmatrix}$$

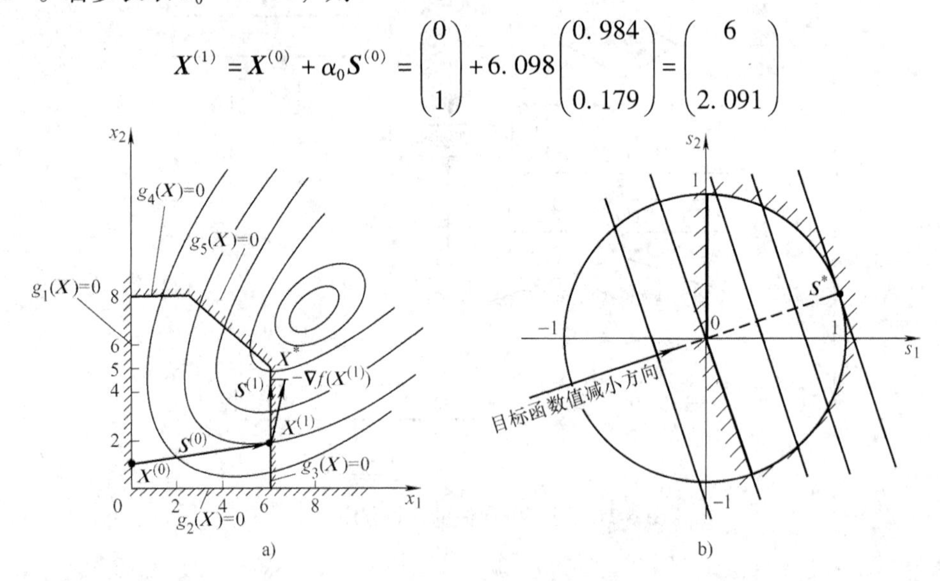

图6-22　例6-2图解

可见第一次迭代点 $\boldsymbol{X}^{(1)}$ 在约束边界 $g_3(\boldsymbol{X})=0$ 上。

第二次迭代用梯度投影法来确定可行方向。迭代点 $\boldsymbol{X}^{(1)}$ 的目标函数负梯度 $-\nabla f(\boldsymbol{X}^{(1)})=[0.092,\ 5.818]^{\mathrm{T}}$ 不满足方向的可行条件。现将 $-\nabla f(\boldsymbol{X}^{(1)})$ 投影到约束边界 $g_3(\boldsymbol{X})=0$ 上，按式(6-24)计算投影算子 $\boldsymbol{P}$，即

$$\begin{aligned}\boldsymbol{P}&=\boldsymbol{I}-\nabla g_3(\boldsymbol{X}^{(1)})\{[\nabla g_3(\boldsymbol{X}^{(1)})]^{\mathrm{T}}\nabla g_3(\boldsymbol{X}^{(1)})\}^{-1}[\nabla g_3(\boldsymbol{X}^{(1)})]^{\mathrm{T}}\\&=\begin{pmatrix}1&0\\0&1\end{pmatrix}-\begin{pmatrix}1\\0\end{pmatrix}\left[[1,\ 0]\begin{pmatrix}1\\0\end{pmatrix}\right]^{-1}[1,\ 0]=\begin{pmatrix}0&0\\0&1\end{pmatrix}\end{aligned}$$

本次迭代的可行方向为

$$\boldsymbol{S}^{(1)}=\frac{-\boldsymbol{P}\nabla f(\boldsymbol{X}^{(1)})}{\|\boldsymbol{P}\nabla f(\boldsymbol{X}^{(1)})\|}=\begin{pmatrix}0\\1\end{pmatrix}$$

显然，$\boldsymbol{S}^{(1)}$为沿约束边界$g_3(\boldsymbol{X})=0$的方向。若取$\alpha_1=2.909$，则本次迭代点为

$$\boldsymbol{X}^{(2)}=\boldsymbol{X}^{(1)}+\alpha_1\boldsymbol{S}^{(1)}=\begin{pmatrix}6\\2.091\end{pmatrix}+2.909\begin{pmatrix}0\\1\end{pmatrix}=\begin{pmatrix}6\\5\end{pmatrix}$$

即为该问题的约束最优点$\boldsymbol{X}^*$，则得约束最优解

$$\boldsymbol{X}^*=\begin{pmatrix}6\\5\end{pmatrix},\quad f(\boldsymbol{X}^*)=11$$

第三节　惩罚函数法

一、惩罚函数法的基本思想

惩罚函数法(又称罚函数法)的基本思想是，根据约束函数特性构造惩罚项，并将其加到目标函数中去构成惩罚函数，将约束优化问题转化为求解一系列无约束极值子问题，然后按无约束优化方法来求解。这种“惩罚”策略，给予无约束极值问题求解过程中企图违反约束的那些迭代点以很大的目标函数值(即“惩罚”)，而子问题的目的是极小化目标函数，这样迫使无约束子问题的极小值点趋向于满足约束条件。重复地产生和求解一系列这样的子问题，它们的解在极限情况下趋向原问题的最优解。利用惩罚函数将约束优化问题化为一系列无约束优化问题求解，故又称之为序列无约束极小化方法，即 SUMT(Sequential Unconstrained Trained Minimization Technique)。根据惩罚项的不同形式，惩罚函数法又可分为外罚函数法、内罚函数法和混合罚函数法，下面分别进行讨论。

二、外罚函数法

1. 方法原理

其主要特点是惩罚函数定义在可行域的外部，求解系列无约束优化问题的过程中，从可行域的外部逐渐逼近原约束优化问题的最优解。因此，外罚函数法既可用来求解含不等式约束的优化问题，也可以求解含等式约束的优化问题。

约束优化问题

$$\left.\begin{aligned}&\min f(\boldsymbol{X})\\&\text{s. t.}\quad\begin{cases}g_u(\boldsymbol{X})\leqslant 0 & (u=1,2,\cdots,m)\\h_v(\boldsymbol{X})=0 & (v=1,2,\cdots,p,p<n)\end{cases}\end{aligned}\right\}\tag{6-39}$$

构造外罚函数，一般形式为

$$\varphi(\boldsymbol{X},M^{(k)})=f(\boldsymbol{X})+M^{(k)}\sum_{u=1}^{m}[\max\{0,g_u(\boldsymbol{X})\}]^2+M^{(k)}\sum_{v=1}^{p}[h_v(\boldsymbol{X})]^2\tag{6-40}$$

式中，$M^{(k)}$为外罚因子，它是由小到大，且趋近于无穷大的递增数列，即$M^{(0)}<M^{(1)}<M^{(2)}<\cdots\to\infty$；$M^{(k)}\sum_{u=1}^{m}[\max\{0,g_u(\boldsymbol{X})\}]^2+M^{(k)}\sum_{v=1}^{p}[h_v(\boldsymbol{X})]^2$为惩罚项。

由于外点法的迭代过程在可行域之外进行，惩罚项的作用是迫使迭代点逼近不等式约束边界或等式约束曲面。由惩罚项的形式可知，当迭代点在可行域内且满足等式约束条件时，

惩罚项为零，即满足约束不受惩罚。当迭代点 X 为不可行点时，惩罚项的值大于0，使得惩罚函数 $\varphi(X, M^{(k)})$ 的值大于原目标函数值，这可看成是对迭代点不满足约束条件的一种惩罚。当迭代点离约束边界越远，惩罚项的值越大，惩罚就越重。但当迭代点不断接近约束边界和等式约束曲面时，惩罚项的值减小，且趋近于0，惩罚项的作用逐渐消失，惩罚函数的最优解也就趋近于约束边界上的最优解。

应注意，在给定外罚因子 $M^{(k)}$ 后，每次无约束优化求解时，$M^{(k)}$ 是常量，变量仍是 X。

下面用一简例来说明外点法的基本原理。

例 6-3 试用外罚函数法求解下列约束优化问题：

$$\min f(X) = x$$

$$\text{s.t.} \quad g(X) = 1 - x \leqslant 0$$

解 构造外罚函数，将原问题转化为无约束优化问题(设 x 为外点)，即

$$\min \varphi(X, M^{(k)}) = x + M^{(k)}(1-x)^2$$

该问题可用无约束优化方法(如鲍威尔法)求解，但因本题比较简单，可用解析法来求解，即令

$$\frac{\partial \varphi(X, M^{(k)})}{\partial X} = 1 - 2M^{(k)}(1-x) = 0$$

于是

$$X^*(M^{(k)}) = 1 - \frac{1}{2M^{(k)}}$$

当外罚因子 $M^{(k)}$ 取不同值时，可求得不同的最优点 $X^*(M^{(k)})$ 和最优值 $\varphi(X^*, M^{(k)})$，见表 6-1。

表 6-1 例 6-3 的迭代过程

$M^{(k)}$	0.25	0.5	1	2	…	∞
$X^*(M^{(k)})$	-1	0	0.5	0.75	…	1
$\varphi(X^*, M^{(k)})$	0	0.5	0.75	0.875	…	1

图 6-23 表示由 $M^{(k)}$ 取不同值作出的外罚函数曲线及其相应的最优点。图中清楚地表示出当惩罚因子逐渐增大时，序列最优点 $X^*(M^{(k)})$ 逐渐逼近原问题最优点的情形。如图中虚线所示，极值点序列 $X^*(M^{(0)})$，$X^*(M^{(1)})$，…，→1，序列最优值 $\varphi(X^*, M^{(k)})$ 逐渐逼近原问题最优值。

在实际计算中，惩罚因子 $M^{(k)}$ 取值不可能达到无穷大，因此，最后所求得的最优点也就不可能收敛到原问题的最优点，而且落在可行域的外部，显然，这就不能严格满足约束条件。为了克服外罚函数的这一缺点，可对那些必须严格满足的约束(如强度、刚度等性能约束)引入约束裕量 δ，如图 6-24 所

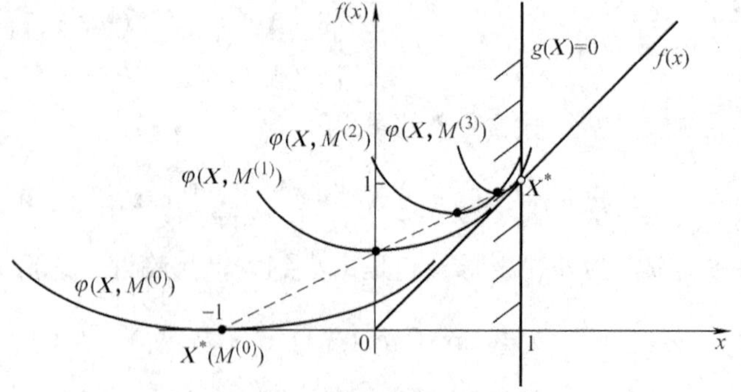

图 6-23 例 6-3 迭代过程

示，即将这些约束边界向可行域内紧缩，移动一个微量，也就是重新将约束条件定义为

$$g_u^*(\boldsymbol{X}) = g_u(\boldsymbol{X}) - \delta_u \leqslant 0 \ (u=1,2,\cdots,m) \quad (6\text{-}41)$$

这样，用重新定义的约束函数来构造惩罚函数，并对其极小化，解得最优解 $\boldsymbol{X}^*$。$\boldsymbol{X}^*$ 虽在紧缩后的约束边界之外，但已进入了原约束边界的内部，因而能使原不等式约束条件 $g_u(\boldsymbol{X}) \leqslant 0$ 得到严格满足。注意，δ_u 不宜选取过大，以避免所得结果与最优点相差太远，一般可取 δ_u 为 $10^{-3} \sim 10^{-4}$。

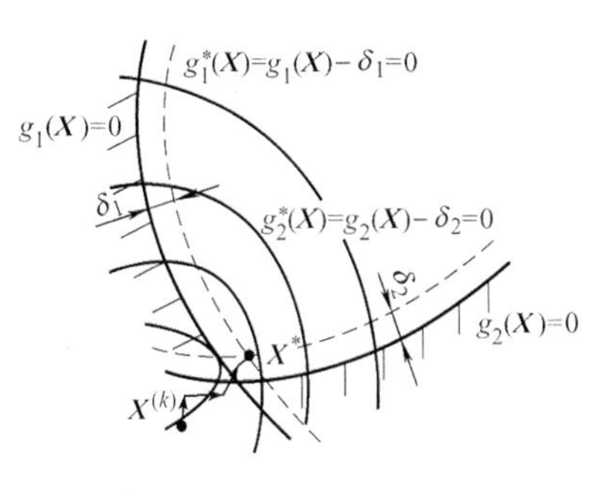

图 6-24　外罚函数法引入约束裕量

2. 外罚函数法的具体迭代步骤与程序框图

1）给定初始点 $\boldsymbol{X}^{(0)} \in \mathbf{R}^n$，初始惩罚因子 $M^{(0)} > 0$，迭代精度为 ε_1，ε_2，递增系数 $C > 1$，维数 n，置 $k = 1$；

2）构造外罚函数，由式(6-40)得外罚函数 $\varphi(\boldsymbol{X}, M^{(k)})$；

3）以 $\boldsymbol{X}^{(k-1)}$ 为初始点，用无约束最优化方法求解惩罚函数 $\varphi(\boldsymbol{X}, M^{(k)})$ 的极小值点，即

$$\min\varphi(\boldsymbol{X}^{(k)}, M^{(k)}), \text{得 } \boldsymbol{X}^*(M^{(k)})$$

4）若满足收敛精度

$$\| \boldsymbol{X}^*(M^{(k)}) - \boldsymbol{X}^*(M^{(k-1)}) \| \leqslant \varepsilon_1$$

或

$$\left| \frac{f(\boldsymbol{X}^*(M^{(k)})) - f(\boldsymbol{X}^*(M^{(k-1)}))}{f(\boldsymbol{X}^*(M^{(k)}))} \right| \leqslant \varepsilon_2$$

转步骤6)，否则转下一步；

5）$M^{(k+1)} = CM^{(k)}$，置 $k = k+1$，转步骤3)；

6）输出最优解，$\boldsymbol{X}^* = \boldsymbol{X}^*(M^{(k)})$，$f(\boldsymbol{X}^*) = f(\boldsymbol{X}^*(M^{(k)}))$，停止迭代。

程序框图如图 6-25 所示。

3. 外罚函数法应注意的问题

1）外罚函数法的初始点 $\boldsymbol{X}^{(0)} \in \mathbf{R}^n$ 可以在可行域内，也可以在可行域外任意选取，这对实际计算是很方便的。

2）初始惩罚因子 $M^{(0)}$ 和递增系数 C 的选取是否恰当，对方法的有效性和收敛速度有较大的影响。若 $M^{(0)}$ 与 C 取值过小，则迭代次数增多，计算时间增加；若 $M^{(0)}$ 与 C 取值过大，惩罚函数 $\varphi(\boldsymbol{X}, M^{(k)})$ 的性态变坏，导致求解无约束优化问题很困难。实践经验证明，初始罚因子 $M^{(0)}$ 的选择需要一定的实践经验和技巧。

三、内罚函数法

1. 方法原理

内罚函数法的主要特点是将惩罚函数定义在可行域的内部，这样，每一次迭代点都是在可行域内部移动，迭代点从可行域内部逐渐逼近原约束优化问题的最优解。

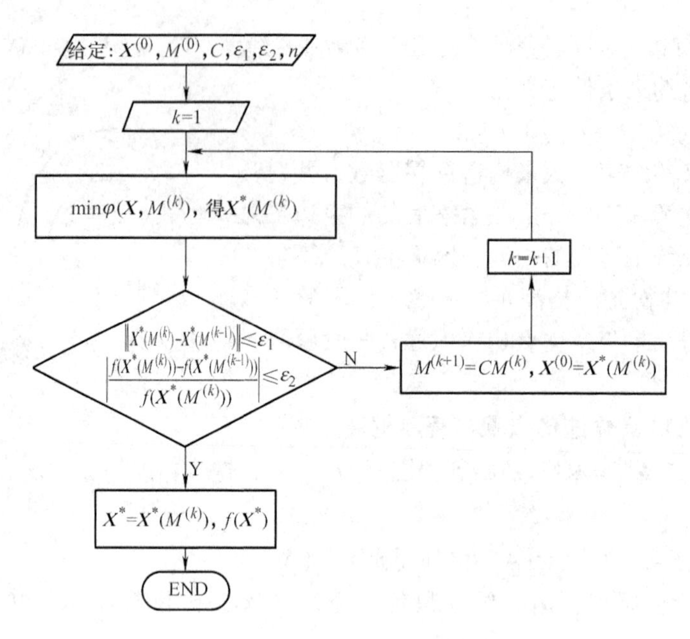

图 6-25 外罚函数法程序框图

内罚函数法只可用来求解含不等式约束优化问题，不能求解等式约束优化问题。

数学模型

$$\min_{X\in\mathbf{R}^n} f(\boldsymbol{X})$$
$$\text{s. t.}\quad g_u(\boldsymbol{X})\leqslant 0\quad (u=1,\ 2,\ \cdots,\ m)$$

内罚函数的一般形式为

$$\varphi(\boldsymbol{X}, r^{(k)}) = f(\boldsymbol{X}) - r^{(k)}\sum_{u=1}^{m}\frac{1}{g_u(\boldsymbol{X})} \tag{6-42}$$

式中，内惩罚因子 $r^{(k)}$ 是一个递减的正值数列，即 $r^{(0)}>r^{(1)}>r^{(2)}>\cdots>r^{(k)}\cdots>0$ 且 $\lim\limits_{k\to\infty} r^{(k)}=0$；惩罚项 $-r^{(k)}\sum\limits_{u=1}^{m}\dfrac{1}{g_u(\boldsymbol{X})}$ 恒为正。

内罚函数对企图从可行域内部穿越可行域边界的点施以惩罚。迭代点离约束边界越近，$g_u(\boldsymbol{X})$ 值就越小，惩罚项的值越大，惩罚力度越重。对约束边界上的点，则惩罚项的值趋于无穷大，即施加无穷大的惩罚，就好像在可行域的边界上设置很高的障碍，从而保障迭代点一直在可行域内而又逐渐趋向于约束最优点。

由于构造的内罚函数是定义在可行域内的函数，而等式约束优化问题不存在可行域空间，因此，内罚函数法不适用于等式约束优化问题。

应注意，在给定内罚因子 $r^{(k)}$ 后，每次对惩罚函数无约束优化迭代求解时，$r^{(k)}$ 是常量，变量仍是 $\boldsymbol{X}$。

例 6-4 试用内罚函数法求解下列约束优化问题：

$$\min f(\boldsymbol{X}) = x$$
$$\text{s. t.}\quad g(\boldsymbol{X}) = 1 - x \leqslant 0$$

解 由式(6-42)构造内罚函数为

$$\varphi(\boldsymbol{X},\ r^{(k)})=x-r^{(k)}\frac{1}{1-x}$$

由于问题较简单，可用解析法直接求上述无约束优化问题的极值，即令

$$\frac{\partial\varphi(\boldsymbol{X},r^{(k)})}{\partial x}=1-\frac{r^{(k)}}{(1-x)^2}=0$$

解得

$$\boldsymbol{X}^*(r^{(k)})=1+\sqrt{r^{(k)}}$$

$$\varphi(\boldsymbol{X}^*,r^{(k)})=1+2\sqrt{r^{(k)}}$$

当 $r^{(k)}$ 取不同值时,可得到不同的最优点 $\boldsymbol{X}^*(r^{(k)})$ 和最优值 $\varphi(\boldsymbol{X}^*,r^{(k)})$,见表 6-2。

表 6-2　例 6-4 的迭代过程

$r^{(k)}$	1	0.1	0.01	0.001	…	0
$\boldsymbol{X}^*(r^{(k)})$	2	1.3126	1.10	1.0316	…	1
$\varphi(\boldsymbol{X}^*,r^{(k)})$	3	1.6325	1.20	1.0630	…	1

图 6-26 表示 $r^{(k)}$ 取值不同时所得到的最优点逐步逼近原问题最优点 $\boldsymbol{X}^*$ 的情况,并在可行域内作出了对应于不同 $r^{(k)}$ 值的几条内罚函数曲线。图中清晰地表现出当惩罚因子 $r^{(k)}$ 逐渐减少时,序列最优值 $\varphi(\boldsymbol{X}^*,r^{(k)})$ 逐渐逼近原问题最优值,最优点序列 $\boldsymbol{X}^*(r^{(k)})$ 逼近路线如图中虚线所示。

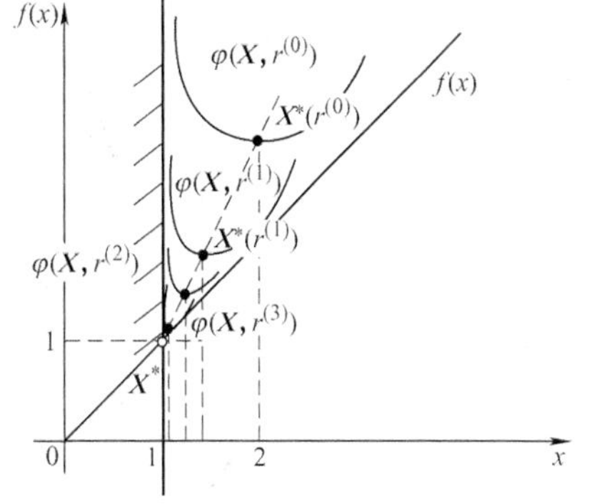

图 6-26　例 6-4 迭代过程

内罚函数法的特点是:收敛过程的各个迭代点,对应于一系列逐步得到改善的可行设计方案,设计者可以对这一系列方案作进一步的分析比较,以得到满意的设计方案。但由于内罚函数初始点必须在可行域内,故在计算方面比外罚函数法要复杂。

实践经验证明,初始罚因子 $r^{(0)}$ 的选择对计算效率影响甚大,需要一定的经验和技巧。若 $r^{(0)}$ 选得过小,则惩罚项所起的作用很小,求 $\varphi(\boldsymbol{X},r^{(0)})$ 的极值,如同求 $f(\boldsymbol{X})$ 本身的极值一样,这个极值点不太可能接近约束的极值点,且有跑出可行域的危险。

若 $r^{(0)}$ 选得过大,则惩罚项很大,使得 $\boldsymbol{X}^*(r^{(k)})$ 离开约束边界很远,需要花费很多时间才能退回到约束边界上,增加求解无约束优化的次数,使计算的效率降低。因此,可取 $r^{(0)}=1\sim50$,一般取 $r^{(0)}=1$。

较合理地选择 $r^{(0)}$ 使惩罚项 $-r^{(0)}\sum\limits_{u=1}^{m}\frac{1}{g_u(\boldsymbol{X})}$ 在惩罚函数 $\varphi(\boldsymbol{X},r^{(0)})$ 中所起的作用与 $f(\boldsymbol{X}^{(0)})$ 作用相等,由式(6-42)得

$$r^{(0)}=\frac{|f(\boldsymbol{X}^{(0)})|}{\left|\sum\limits_{u=1}^{m}\frac{1}{g_u(\boldsymbol{X})}\right|} \tag{6-43}$$

这样可得到相对比较合理的初始罚因子 $r^{(0)}$。

2. 迭代步骤

1）给定可行初始点 $\boldsymbol{X}^{(0)}$，初始罚因子 $r^{(0)}$，罚因子缩减系数 C，收敛精度 ε_1 与 ε_2，置 $k=0$；

2）构造内罚函数 $\varphi(\boldsymbol{X}, r^{(k)}) = f(\boldsymbol{X}) - r^{(k)} \sum_{u=1}^{m} \frac{1}{g_u(\boldsymbol{X})}$；

3）无约束优化：$\min\varphi(\boldsymbol{X}, r^{(k)})$，得 $\boldsymbol{X}^*(r^{(k)})$；

4）收敛精度检验

$$\|\boldsymbol{X}^*(r^{(k)}) - \boldsymbol{X}^{(0)}\| \leqslant \varepsilon_1$$

$$\left|\frac{f(\boldsymbol{X}^*(r^{(k)})) - f(\boldsymbol{X}^{(0)})}{f(\boldsymbol{X}^*(r^{(k)}))}\right| \leqslant \varepsilon_2$$

若满足，输出

$$\boldsymbol{X}^* = \boldsymbol{X}^*(r^{(k)}),\ f(\boldsymbol{X}^*)$$

否则，转下一步；

5）置 $r^{(k+1)} = Cr^{(k)}$，$\boldsymbol{X}^{(0)} = \boldsymbol{X}^*(r^{(k)})$，$k=k+1$，并返回步骤 3）。

内罚函数法的程序框图如图 6-27 所示。

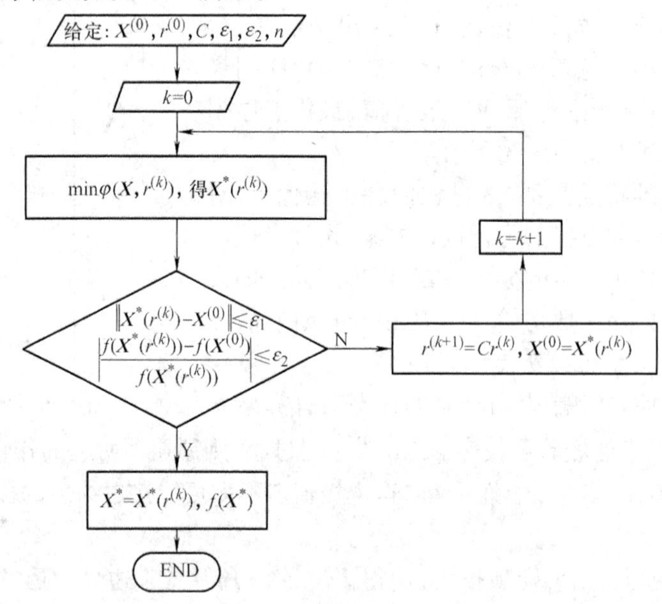

图 6-27 内罚函数法程序框图

四、混合罚函数法

内罚函数法得到的解均为可行解，但对初始点 $\boldsymbol{X}^{(0)}$ 要求严格(一定为可行点)，且不能求解等式约束问题。而外罚函数法求解方便，对初始点 $\boldsymbol{X}^{(0)}$ 没有严格要求(可行点与非可行点均可)，且可解等式约束问题，但得到的是近似可行解。因而综合内罚函数法和外罚函数法的优缺点，便形成了混合罚函数法。其基本思想是：当初始点 $\boldsymbol{X}^{(0)}$ 给定后，对 p 个等式约束和 $\boldsymbol{X}^{(0)}$ 不能满足的那些不等式约束，构造外罚函数，而对 $\boldsymbol{X}^{(0)}$ 所满足的那些不等式约束，则构造内罚函数。

对于一般的约束优化问题表达式(6-39)，构造混合罚函数为

$$\varphi(\boldsymbol{X},r^{(k)}) = f(\boldsymbol{X}) + \frac{1}{r^{(k)}}\left\{\sum_{v=1}^{p}[h_v(\boldsymbol{X})]^2 + \sum_{u\in I_1}[\max\{g_u(\boldsymbol{X}),0\}]^2\right\} - r^{(k)}\sum_{u\in I_2}\frac{1}{g_u(\boldsymbol{X})} \tag{6-44}$$

式中，I_1 为所有不满足约束条件的下标集合，$I_1=\{u\mid g_u(\boldsymbol{X})>0\quad(u=1,\ 2,\ \cdots,\ m)\}$；$I_2$ 为所有满足约束条件的下标集合，$I_2=\{u\mid g_u(\boldsymbol{X})\leqslant 0\quad(u=1,\ 2,\ \cdots,\ m)\}$；$\sum\limits_{u\in I}$ 表示对所有下标 u 属于 I 的那些项求和；罚因子 $r^{(k)}$ 是一个递减的正值数列，即 $r^{(0)}>r^{(1)}>r^{(2)}>\cdots>r^{(k)}\cdots>0$ 且 $\lim\limits_{k\to\infty}r^{(k)}=0$。

混合罚函数法的迭代过程与内罚函数法类似。其综合了内、外罚函数法的优点，而初始点 $\boldsymbol{X}^{(0)}$ 不必满足所有约束条件，给迭代提供了方便，因而应用非常广泛。

例 6-5　用混合罚函数法求问题

$$\min f(\boldsymbol{X}) = x_1^2 - 3x_2 - x_2^2$$

$$\text{s. t.}\quad \begin{cases}1 - x_1 \leqslant 0\\ x_2 = 0\end{cases}$$

解　由于第二个约束条件为等式约束，故只有用外罚函数法处理。对于不等式约束则用内罚函数法。于是构造混合罚函数

$$\varphi(\boldsymbol{X},\ r) = x_1^2 - 3x_2 - x_2^2 - r\cdot\ln(x_1-1) + \frac{1}{r}x_2^2$$

式中内罚函数项采用另一形式——对数的形式，与前述倒数的形式意义相同。由于问题较简单，可不用迭代法求解，直接令

$$\frac{\partial\varphi(\boldsymbol{X},r)}{\partial x_1} = 2x_1 - \frac{r}{x_1-1} = 0$$

$$\frac{\partial\varphi(\boldsymbol{X},r)}{\partial x_2} = -3 - 2x_2 + \frac{2}{r}x_2 = 0$$

解得

$$x_1(r) = \frac{1+\sqrt{1+2r}}{2}$$

$$x_2(r) = \frac{3}{2\left(-1+\frac{1}{r}\right)}$$

令 $r\to 0$ 得　$x_1\to 1,\ x_2\to 0$

故　$\boldsymbol{X}^* = [x_1^*,\ x_2^*]^{\mathrm{T}} = [1,\ 0]^{\mathrm{T}}$ 为原问题的最优解。

罚函数法适用范围较广，对目标函数和约束函数不要求具有特别的性质。对于非线性不等式与等式约束，都能较好地处理，而不像约束优化问题的直接法那样，为了使设计点不越出可行域或沿可行方向搜索，需要花费很多的时间去分析约束函数(对约束条件多的问题，尤为突出)。同时，使用罚函数法求解无约束优化问题也很方便，因为惩罚函数法将约束优

化问题转化为无约束优化问题求解，只要有求解无约束优化问题的有效方法(如 Powell 法、共轭梯度法、DFP 法等)与程序，就能很方便地采用，故在工程设计中应用甚广。但是，惩罚函数法也存在一些不足之处。例如，为了解一个约束优化问题，必须求解一系列无约束优化问题的极小值点，工作量很大，而且罚因子的选取对方法的收敛速度有较大的影响。更严重的是，式(6-44)中的罚因子 $r^{(k)}$ 不断减小时，罚函数越来越“病态”，使得无约束极小化变得很困难。

针对惩罚函数法的弱点，人们提出了许多改进方法，其中增广拉格朗日乘子法是最为有效的。

第四节　增广拉格朗日(Lagrange)乘子法

增广拉格朗日乘子法是将约束优化问题转化为无约束优化问题求解的一种间接解法。

上一节所论述的惩罚函数法可以和各种有效的无约束最优化方法结合起来，因此得到了广泛应用。但是，该方法也存在不少问题，从理论上讲，只有当 $M^{(k)}\to\infty$(外点法)或 $r^{(k)}\to 0$(内点法)时，算法才能收敛于原约束优化问题的最优解，因此序列迭代过程收敛较慢。对于外罚函数法，当 $M^{(k)}$ 越大时，罚函数在约束区域外部的几何形状也越陡峭，给数值计算带来了很大的困难，往往由于舍入误差的影响使得求出的 $\boldsymbol{X}^{(k)}$ 失真，内罚函数法也存在类似的问题。另外，当惩罚因子的初值 $r^{(0)}$ 取得不合适时，惩罚函数可能变得病态，使后续的无约束最优化计算发生困难。

既然外罚函数法的病态性质是由 $M^{(k)}\to\infty$ 所造成的，就要设法避免 $M^{(k)}\to\infty$。为此，1969 年 Powell 和 Hestenes 将拉格朗日乘子法与外罚函数法有机地结合起来，提出了求解带等式约束的优化问题的增广乘子法。随后由 Rockafellor 于 1973 年将其推广到不等式约束的情形。采用增广乘子法时，只需在罚因子 $r^{(k)}$ 充分大，而无需趋近于∞的情况下，调节拉格朗日乘子便可逐次逼近原问题的最优解。增广乘子法在数值稳定性、计算效率上都超过了惩罚函数法。Powell 认为，作为最优化工具，使用不包括拉格朗日乘子的 SUMT 法已过时。

一、拉格朗日乘子法

拉格朗日乘子法是一种古典的求约束极值的间接解法。它只适用于将具有等式约束的优化问题

$$\begin{aligned}&\min f(\boldsymbol{X})\\&\text{s. t.}\quad h_v(\boldsymbol{X})=0\quad(v=1,\ 2,\ \cdots,\ p;\ p<n)\end{aligned}$$

转化成拉格朗日函数

$$L(\boldsymbol{X},\boldsymbol{\lambda})=f(\boldsymbol{X})+\sum_{v=1}^{p}\lambda_v h_v(\boldsymbol{X})\tag{6-45}$$

式中，$\boldsymbol{\lambda}=[\lambda_1,\ \lambda_2,\ \cdots,\ \lambda_p]^{\mathrm{T}}$ 为拉格朗日乘子。

由无约束的极值条件

$$\nabla L(\boldsymbol{X},\ \boldsymbol{\lambda})=\boldsymbol{0}$$

即

$$\begin{cases} \dfrac{\partial L}{\partial x_i} = \dfrac{\partial f}{\partial x_i} + \sum\limits_{v=1}^{p} \lambda_v \dfrac{\partial h_v}{\partial x_i} = 0 & (i = 1,2,\cdots,n) \\ \dfrac{\partial L}{\partial \lambda_i} = h_v(\boldsymbol{X}) = 0 & (v = 1,2,\cdots,p) \end{cases}$$

联立$(n+p)$个方程解得

$$\boldsymbol{X}^* = [x_1^*,\ x_2^*,\ \cdots,\ x_n^*]^{\mathrm{T}}$$

$$\boldsymbol{\lambda}^* = [\lambda_1^*,\ \lambda_2^*,\ \cdots,\ \lambda_p^*]^{\mathrm{T}}$$

其中，$\boldsymbol{X}^*$为极值点，$\boldsymbol{\lambda}^*$为相应的拉格朗日乘子向量。

现用一个简单的例子来说明拉格朗日乘子法的计算方法。

例 6-6 用拉格朗日乘子法求下列问题的约束最优解。

$$\min f(\boldsymbol{X}) = 4x_1^2 + 5x_2^2$$

$$\text{s. t.} \quad 2x_1 + 3x_2 - 6 = 0$$

解 按式(6-45)构造拉格朗日函数

$$L(\boldsymbol{X},\ \lambda) = 4x_1^2 + 5x_2^2 + \lambda(2x_1 + 3x_2 - 6)$$

令

$$\frac{\partial L}{\partial x_1} = 8x_1 + 2\lambda = 0$$

$$\frac{\partial L}{\partial x_2} = 10x_2 + 3\lambda = 0$$

$$\frac{\partial L}{\partial \lambda} = 2x_1 + 3x_2 - 6 = 0$$

联立上述三式解得

$$\lambda = -\frac{120}{23}, x_1 = \frac{30}{23}, x_2 = \frac{36}{23}$$

因为$\lambda \neq 0$,可知$\boldsymbol{X}^* = \left[\dfrac{30}{23},\dfrac{36}{23}\right]^{\mathrm{T}}$，$f(\boldsymbol{X}^*) = 19.05$就是所求约束优化问题的最优解。

用拉格朗日乘子法求解上例看起来似乎很简单,实际上这种方法存在着许多问题,例如对于非凸问题容易失败。对于大型的非线性优化问题,需求解高次联立方程组。此外,还必须分离出方程组的重根。因此,拉格朗日乘子法用来求解一般的约束优化问题并不是一种有效的方法。解决的办法是将拉格朗日乘子法与惩罚函数法结合起来,构造出一种有效的、便于迭代求解的方法——增广乘子法。

二、等式约束的增广乘子法

1. 基本原理

对仅含等式约束的优化问题

$$\begin{aligned} &\min f(\boldsymbol{X}) \\ &\text{s. t.} \quad h_v(\boldsymbol{X}) = 0 \quad (v = 1,2,\cdots,p,p < n) \end{aligned} \tag{6-46}$$

构造拉格朗日函数

$$L(\boldsymbol{X},\boldsymbol{\lambda}) = f(\boldsymbol{X}) + \sum_{v=1}^{p} \lambda_v h_v(\boldsymbol{X}) \tag{6-47}$$

构造外惩罚函数

$$\varphi(\boldsymbol{X},r) = f(\boldsymbol{X}) + \frac{r}{2}\sum_{v=1}^{p}[h_v(\boldsymbol{X})]^2 \tag{6-48}$$

前已述及，用拉格朗日乘子法求解约束优化问题困难甚至求解失败，而用惩罚函数法求解，又因要求 $r^{(k)} \to \infty$ 而使计算效率降低。为此，将这两种方法结合起来，即构造增广拉格朗日乘子函数

$$\bar{L}(\boldsymbol{X},\boldsymbol{\lambda},r) = f(\boldsymbol{X}) + \sum_{v=1}^{p}\lambda_v h_v(\boldsymbol{X}) + \frac{r}{2}\sum_{v=1}^{p}[h_v(\boldsymbol{X})]^2 = L(\boldsymbol{X},\boldsymbol{\lambda}) + \frac{r}{2}\sum_{v=1}^{p}[h_v(\boldsymbol{X})]^2 \tag{6-49}$$

理论上，令 $\nabla \bar{L}(\boldsymbol{X},\boldsymbol{\lambda},r) = \nabla L(\boldsymbol{X},\boldsymbol{\lambda}) + r\sum_{v=1}^{p} h_v(\boldsymbol{X})\nabla h_v(\boldsymbol{X}) = \boldsymbol{0}$ 可求得约束极值点 $\boldsymbol{X}^*$ 和 λ^* 与拉格朗日函数 $L(\boldsymbol{X},\ \boldsymbol{\lambda})$ 解得的 $\boldsymbol{X}^*$ 和 λ^* 相同。但为什么要用增广乘子函数求解呢？其主要原因是拉格朗日函数 $L(\boldsymbol{X},\ \boldsymbol{\lambda})$ 与增广乘子函数 $\bar{L}(\boldsymbol{X},\ \boldsymbol{\lambda},\ r)$ 的海赛(Hessian)矩阵的性质不同。一般拉格朗日函数 $L(\boldsymbol{X},\ \boldsymbol{\lambda})$ 的海赛矩阵并不一定正定，而增广乘子函数 $\bar{L}(\boldsymbol{X},\ \boldsymbol{\lambda},\ r)$ 的海赛矩阵正定。现用简单例子说明如下：

例 6-7 求下面约束优化问题的最优解：

$$\min f(\boldsymbol{X}) = x_1^2 - 3x_2 - x_2^2$$
$$\text{s.t.} \quad h(\boldsymbol{X}) = x_2 = 0$$

解 若构造拉格朗日函数

$$L(\boldsymbol{X},\ \lambda) = x_1^2 - 3x_2 - x_2^2 + \lambda x_2$$

其海赛矩阵为

$$\boldsymbol{H} = \begin{pmatrix} 2 & 0 \\ 0 & -2 \end{pmatrix}$$

不是正定矩阵，根据多元函数极值存在的充分条件，则拉格朗日函数 $L(\boldsymbol{X},\ \boldsymbol{\lambda})$ 不存在极小值，即不可以用拉格朗日函数 $L(\boldsymbol{X},\ \boldsymbol{\lambda})$ 求目标函数 $f(\boldsymbol{X})$ 的最优解。但该约束优化问题的最优解显然存在，其最优解为 $\boldsymbol{X}^* = [0,\ 0]^{\mathrm{T}}$，$f(\boldsymbol{X}^*) = 0$，相应的拉格朗日乘子为 $\lambda^* = 3$。而增广乘子函数 $\bar{L}(\boldsymbol{X},\ \lambda,\ r) = x_1^2 - 3x_2 - x_2^2 + \frac{1}{2}rx_2^2 + \lambda x_2$ 的海赛矩阵为

$$\boldsymbol{H} = \begin{pmatrix} 2 & 0 \\ 0 & r-2 \end{pmatrix}$$

当取 $r > 2$ 时，在全平面上处处正定。

由上例可知，当惩罚因子 r 取足够大的定值，即 $r > r'(=2)$ 时，不必趋于无穷大，且恰好取 $\boldsymbol{\lambda} = \boldsymbol{\lambda}^*$ 时，$\boldsymbol{X}^*$ 就是函数 $\bar{L}(\boldsymbol{X},\ \boldsymbol{\lambda},\ r)$ 的极小值点。也就是说，为了求得原问题的约束最优点，只需对增广乘子函数 $\bar{L}(\boldsymbol{X},\ \boldsymbol{\lambda},\ r)$ 求一次无约束极值。当然，问题并不是如此简单，因为 $\boldsymbol{\lambda}^*$ 也是未知的，为了求得 $\boldsymbol{\lambda}^*$，故 $\boldsymbol{\lambda}$ 也需迭代求解。令

$$\boldsymbol{\lambda}^{(k+1)} = \boldsymbol{\lambda}^{(k)} + \Delta\boldsymbol{\lambda}^{(k)} \tag{6-50}$$

根据无约束极值存在的必要条件，由式(6-49)得

$$\begin{aligned}\nabla_X \bar{L}(\boldsymbol{X},\boldsymbol{\lambda},r) &= \nabla f(\boldsymbol{X}) + \sum_{v=1}^{p}\lambda_v \nabla h_v(\boldsymbol{X}) + r\sum_{v=1}^{p} h_v(\boldsymbol{X})\nabla h_v(\boldsymbol{X}) \\ &= \nabla f(\boldsymbol{X}) + \sum_{v=1}^{p}(\lambda_v + rh_v(\boldsymbol{X}))\nabla h_v(\boldsymbol{X}) = \mathbf{0}\end{aligned} \tag{6-51}$$

式中，∇_X表示对 $\boldsymbol{X}$ 的梯度。

将式(6-51)与式(2-20)比较可看出，$(\lambda_v + rh_v(\boldsymbol{X}))$相当于拉格朗日函数求极值时的 λ_v。故在迭代求解过程中常采用

$$\lambda_v^{(k+1)} = \lambda_v^{(k)} + rh_v(\boldsymbol{X}^{(k)}) \tag{6-52}$$

应该注意的是，在迭代求解过程中，视 $\boldsymbol{\lambda}$，r 为常量，对 $\bar{L}(\boldsymbol{X},\ \boldsymbol{\lambda},\ r)$关于变量 $\boldsymbol{X}$ 求极值，迭代求解过程中交替修正 $\boldsymbol{\lambda}$，r 的值。

2. 参数选择

(1) 乘子向量 $\boldsymbol{\lambda}$　取

$$\boldsymbol{\lambda}^{(0)} = \mathbf{0}$$
$$\lambda_v^{(k+1)} = \lambda_v^{(k)} + rh_v(\boldsymbol{X}^{(k)})$$

在没有其他信息的情况下，初始乘子向量取零向量，即 $\boldsymbol{\lambda}^{(0)} = \mathbf{0}$，显然，这时增广乘子函数和外点惩罚函数的形式相同。也就是说，第一次迭代计算是用外点法进行的。从第二次迭代开始，乘子向量按式(6-52)校正，开始用增广乘子法。

(2) 惩罚因子 r　初值 $r^{(0)}$可按外点法选取。以后的迭代计算，惩罚因子按下式递增

$$r^{(k+1)} = \begin{cases}\beta r^{(k)} & \text{当}\ \|h(\boldsymbol{X}^{(k)})\| \big/ \|h(\boldsymbol{X}^{(k-1)})\| > \delta \\ r^{k} & \text{当}\ \|h(\boldsymbol{X}^{(k)})\| \big/ \|h(\boldsymbol{X}^{(k-1)})\| \leqslant \delta\end{cases} \tag{6-53}$$

式中，β 为惩罚因子递增系数，取 $\beta = 10$；δ 为判别系数，取 $\delta = 0.25$。

惩罚因子的递增公式可以这样理解：开始迭代时，因 r 不可能取很大的值，只能在迭代过程中根据每次求得的无约束极值点 $\boldsymbol{X}^{(k)}$ 趋近于约束面的情况来决定。当 $\boldsymbol{X}^{(k)}$ 离约束面很远，即 $\|h(\boldsymbol{X}^{(k)})\|$ 的值很大时，则增大 r 值，以加大惩罚项的作用，迫使迭代点 $\boldsymbol{X}^{(k)}$ 更快地逼近约束面。当 $\boldsymbol{X}^{(k)}$ 已接近约束面，即 $\|h(\boldsymbol{X}^{(k)})\|$ 明显减小时，则不再增加 r 值了。

(3) 初始点 $\boldsymbol{X}^{(0)}$　按外点罚函数法选取。

3. 计算步骤

1) 选取设计变量的初值 $\boldsymbol{X}^{(0)}$，惩罚因子初值 $r^{(0)}$，增长系数 β，判别系数 δ，收敛精度 ε，并令 $\boldsymbol{\lambda}^{(0)} = \mathbf{0}$，迭代次数 $k = 0$。

2) 按式(6-49)构造增广乘子函数 $\bar{L}(\boldsymbol{X},\ \boldsymbol{\lambda},\ r)$。

3) $\min\bar{L}(\boldsymbol{X},\ \boldsymbol{\lambda},\ r)$，得无约束最优解 $\boldsymbol{X}^{(k)} = \boldsymbol{X}^*(\boldsymbol{\lambda}^{(k)},\ r^{(k)})$。

4) 计算 $\|h(\boldsymbol{X}^{(k)})\| = \left\{\sum_{v=1}^{p}[h_v(\boldsymbol{X}^{(k)})]^2\right\}^{\frac{1}{2}}$。

5) 如果$\|h(\boldsymbol{X}^{(k)})\| \leqslant \varepsilon$,终止迭代。约束最优解为 $\boldsymbol{X}^* = \boldsymbol{X}^{(k)}$,$\boldsymbol{\lambda}^* = \boldsymbol{\lambda}^{(k)}$;否则,转下一步。

6) 计算校正乘子向量：$\lambda_v^{(k+1)} = \lambda_v^{(k)} + r^{(k)}h_v(\boldsymbol{X}^{(k)})\ (v = 1,\ 2,\ \cdots,\ p)$；计算惩罚因子：

$$r^{(k+1)} = \begin{cases}\beta r^{(k)} & \text{当}\ \|h(\boldsymbol{X}^{(k)})\| \big/ \|h(\boldsymbol{X}^{(k-1)})\| > \delta \\ r^{(k)} & \text{当}\ \|h(\boldsymbol{X}^{(k)})\| \big/ \|h(\boldsymbol{X}^{(k-1)})\| \leqslant \delta\end{cases}$$

令 $k=k+1$，转步骤3）。

三、不等式约束的增广拉格朗日乘子法

以上方法只能用来求解含等式约束的优化问题，对于含不等式约束的优化问题

$$\left.\begin{aligned}&\min f(\boldsymbol{X})\\&\text{s.t.}\quad g_u(\boldsymbol{X})\leqslant 0\quad(u=1,2,\cdots,m)\end{aligned}\right\}\tag{6-54}$$

为了将等式约束的增广乘子法推广到不等式约束的情形，首先将式(6-54)转化为等式约束优化问题。因而，需引进松弛变量 $\boldsymbol{Z}=[z_1,\ z_2,\ \cdots,\ z_m]^{\mathrm{T}}$ 转化为等式约束

$$g_u(\boldsymbol{X})+z_u^2=0\quad(u=1,2,\cdots,m)\tag{6-55}$$

于是，原问题转化成等式约束的优化问题

$$\left.\begin{aligned}&\min f(\boldsymbol{X})\\&\text{s.t.}\quad g_u(\boldsymbol{X})+z_u^2=0\quad(u=1,2,\cdots,m)\end{aligned}\right\}\tag{6-56}$$

根据式(6-49)，上式增广拉格朗日乘子函数的形式为

$$\bar{L}(\boldsymbol{X},r,\boldsymbol{\lambda},\boldsymbol{Z})=f(\boldsymbol{X})+\sum_{u=1}^{m}\lambda_u[g_u(\boldsymbol{X})+z_u^2]+\frac{r}{2}\sum_{u=1}^{m}[g_u(\boldsymbol{X})+z_u^2]^2\tag{6-57}$$

这样就可以采用等式约束的增广乘子法来进行求解。

因问题表达式(6-56)的等式约束为 $g_u(\boldsymbol{X})+z_u^2=0(u=1,\ 2,\ \cdots,\ m)$，故由式(6-52)可知迭代过程中的拉格朗日乘子的修正公式应为

$$\lambda_u^{(k+1)}=\lambda_u^{(k)}+r^{(k)}[g_u(\boldsymbol{X})+z_u^2]\quad(u=1,2,\cdots,m)\tag{6-58}$$

虽然从理论上讲，这个计算过程和仅含等式约束的情形没有什么两样，但由于增加了松弛变量 $\boldsymbol{Z}$，使原来的 n 维极值问题扩充成 $n+m$ 维问题，势必增加了计算量和求解的难度。为了简化计算，有必要设法消去式(6-56)中的 $z_u^2(u=1,\ 2,\ \cdots,\ m)$。

根据无约束极值存在的必要条件，在最优点处增广拉格朗日函数 $\bar{L}(\boldsymbol{X},\ r,\ \boldsymbol{\lambda},\ \boldsymbol{Z})$ 对 z_u $(u=1,\ 2,\ \cdots,\ m)$ 的偏导数为0，由式(6-57)得

$$\begin{aligned}\frac{\partial\bar{L}(\boldsymbol{X},r,\boldsymbol{\lambda},\boldsymbol{Z})}{\partial z_u}&=\lambda_u\cdot 2z_u+\frac{r}{2}\cdot 2[g_u(\boldsymbol{X})+z_u^2]\cdot 2z_u\\&=\lambda_u\cdot 2z_u+2r[g_u(\boldsymbol{X})+z_u^2]z_u=2(r[g_u(\boldsymbol{X})+z_u^2]+\lambda_u)z_u=0\end{aligned}$$

欲使上式成立，应有

$$z_u=0\quad\text{或}\quad r[g_u(\boldsymbol{X})+z_u^2]+\lambda_u=0\tag{6-59}$$

由式(6-59)中的后一式可得

$$z_u^2=-\frac{\lambda_u}{r}-g_u(\boldsymbol{X})=\frac{1}{r}[-rg_u(\boldsymbol{X})-\lambda_u]\tag{6-60}$$

注意到 z_u^2 不可能为负值，故式(6-60)应为

$$z_u^2=\frac{1}{r}[\max\{0,(-rg_u(\boldsymbol{X})-\lambda_u)\}]\qquad(u=1,2,\cdots,m)\tag{6-61}$$

上式表示：当 $(-rg_u(\boldsymbol{X})-\lambda_u)>0$ 时，$z_u^2=\frac{1}{r}(-rg_u(\boldsymbol{X})-\lambda_u)$；而当 $(-rg_u(\boldsymbol{X})-\lambda_u)\leqslant 0$ 时，$z_u^2=0$。由此可见，式(6-61)与式(6-59)是等价的。

将式(6-61)代入式(6-57)，经推演即得到不含松弛变量 $\boldsymbol{Z}$ 的不等式约束情况下的增广拉格朗日函数

$$\bar{L}(\boldsymbol{X},\boldsymbol{\lambda},r)=f(\boldsymbol{X})+\frac{1}{2r}\sum_{u=1}^{m}\left[(\max\{0,\lambda_u+rg_u(\boldsymbol{X})\})^2-\lambda_u^2\right] \tag{6-62}$$

将式(6-61)代入乘子的修正公式(6-58)，经推演即可得到

$$\lambda_u^{(k+1)}=\max\{0,r^{(k)}g_u(\boldsymbol{X}^{(k)})+\lambda_u^{(k)}\}\quad(u=1,2,\cdots,m) \tag{6-63}$$

于是，可将求解不等式约束的优化问题转化为求解等式约束优化问题，其迭代步骤与具有等式约束的优化问题的增广乘子法相同。

例 6-8　用增广乘子法求问题

$$\min f(\boldsymbol{X})=x_1^2+x_2^2$$
$$\text{s. t.}\quad g(\boldsymbol{X})=1-x_1\leqslant 0$$

解　根据式(6-62)，该问题的增广拉格朗日函数为

$$\bar{L}(\boldsymbol{X},\boldsymbol{\lambda},r)=x_1^2+x_2^2+\frac{1}{2r}\left[(\max\{0,\lambda+r(1-x_1)\})^2-\lambda^2\right]$$

$$=\begin{cases}x_1^2+x_2^2+\dfrac{1}{2r}\{[\lambda+r(1-x_1)]^2-\lambda^2\} & \lambda+r(1-x_1)>0\\ x_1^2+x_2^2-\dfrac{\lambda^2}{2r} & \lambda+r(1-x_1)\leqslant 0\end{cases}$$

$$=\begin{cases}x_1^2+x_2^2+\dfrac{r}{2}(1-x_1)^2+\lambda(1-x_1) & \lambda+r(1-x_1)>0\\ x_1^2+x_2^2-\dfrac{\lambda^2}{2r} & \lambda+r(1-x_1)\leqslant 0\end{cases}$$

故

$$\frac{\partial}{\partial x_1}\bar{L}(\boldsymbol{X},\boldsymbol{\lambda},r)=\begin{cases}2x_1-r(1-x_1)-\lambda & \lambda+r(1-x_1)>0\\ 2x_1 & \lambda+r(1-x_1)\leqslant 0\end{cases}$$

$$\frac{\partial}{\partial x_2}\bar{L}(\boldsymbol{X},\boldsymbol{\lambda},r)=2x_2$$

令

$$\frac{\partial}{\partial x_1}\bar{L}(\boldsymbol{X},\boldsymbol{\lambda},r)=0,\frac{\partial}{\partial x_2}\bar{L}(\boldsymbol{X},\boldsymbol{\lambda},r)=0$$

可得 $\bar{L}(\boldsymbol{X},\ \boldsymbol{\lambda},\ r)$ 的极小值点为

$$x_1=\frac{\lambda+r}{2+r},\ x_2=0$$

注意此时舍去了另一个解 $x_1=0$，$x_2=0$，因该解不满足约束条件。

若取 $r=4$，$\lambda^{(1)}=0$，则可求得

$$x_1^{(1)}=\frac{0+4}{2+4}=\frac{2}{3},\ x_2^{(1)}=0$$

根据式(6-63)可得

$$\lambda^{(2)}=\max\{0,\ \lambda^{(1)}+r(1-x_1^{(1)})\}=\max\left\{0,\ \frac{4}{3}\right\}=\frac{4}{3}$$

一般地，
$$x_1^{(k)}=\frac{\lambda^{(k)}+r}{2+r}=\frac{\lambda^{(k)}+4}{6},\ x_2^{(k)}=0$$

而
$$\lambda^{(k+1)}=\max\{0,\ \lambda^{(k)}+r(1-x_1^{(k)})\}$$
$$=\max\left\{0,\ 4\left(1-\frac{\lambda^{(k)}+4}{6}\right)+\lambda^{(k)}\right\}=\max\left\{0,\ \frac{\lambda^{(k)}+4}{3}\right\}=\frac{\lambda^{(k)}+4}{3}$$

由上式，当 $\lambda^{(k)}\to 2$ 时，$\lambda^{(k+1)}\to 2$。而此时
$$x_1^{(k)}=\frac{\lambda^{(k)}+4}{6}=\frac{2+4}{6}=1,\ x_2^{(k)}=0$$

由此可知，当 $r=4$ 时，$\lambda^*=2$，相应的原问题的最优解为
$$\boldsymbol{X}^*=\begin{pmatrix}x_1^*\\ x_2^*\end{pmatrix}=\begin{pmatrix}1\\ 0\end{pmatrix},\ f(\boldsymbol{X}^*)=1$$

对于同时具有等式约束和不等式约束的优化问题
$$\min f(\boldsymbol{X})$$
$$\text{s. t.}\ \begin{cases}g_u(\boldsymbol{X})\leqslant 0 & (u=1,\ 2,\ \cdots,\ m)\\ h_v(\boldsymbol{X})=0 & (v=1,\ 2,\ \cdots,\ p;\ p<n)\end{cases}$$

构造的增广乘子函数的形式为
$$\bar{L}(\boldsymbol{X},\boldsymbol{\lambda},r)=f(\boldsymbol{X})+\frac{1}{2r}\sum_{u=1}^{m}[(\max\{0,\lambda_{1u}+rg_u(\boldsymbol{X})\})^2-\lambda_{1u}^2]+\sum_{v=1}^{p}\lambda_{2v}h_v(\boldsymbol{X})+\frac{r}{2}\sum_{v=1}^{p}[h_v(\boldsymbol{X})]^2 \tag{6-64}$$

式中，λ_{1u}为不等式约束函数的拉格朗日乘子向量；λ_{2v}为等式约束函数的拉格朗日乘子向量。λ_{1u}和 λ_{2v}的校正公式分别为
$$\left.\begin{aligned}\lambda_{1u}^{(k+1)}&=\max\{0,\lambda_{1u}^{(k)}+rg_u(\boldsymbol{X})\} && (u=1,2,\cdots,m)\\ \lambda_{2v}^{(k+1)}&=\lambda_{2v}^{(k)}+rh_v(\boldsymbol{X}) && (v=1,2,\cdots,p<n)\end{aligned}\right\} \tag{6-65}$$

算法的收敛条件可视乘子向量是否稳定不变来决定，如果前后两次迭代的乘子向量之差充分小，则认为迭代已经收敛。

增广拉格朗日乘子法的计算程序框图如图 6-28 所示。

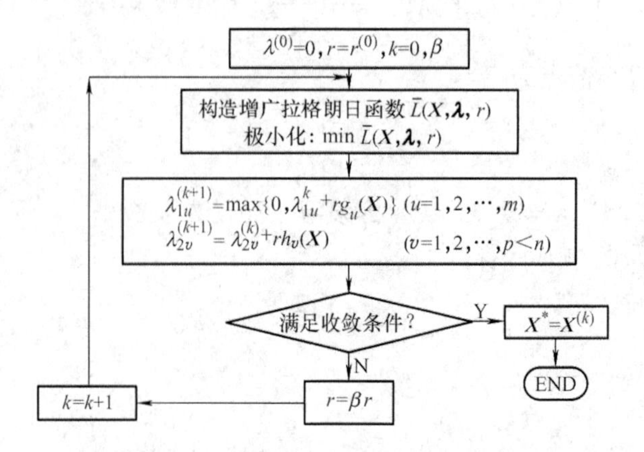

图 6-28　增广拉格朗日乘子法的计算程序框图

第五节 简约梯度法及…度法

Wolfe 将线性规划的单纯形法推广应用到求解约束条… 标函数为非线性的约…束优化问题，从而提出了所谓的简约梯度法。随后，J. Aba…ntier 又将简约梯度法推广于解目标函数和约束函数均为非线性的约束优化问题，…广义简约梯度法（GRG 方法），成为目前解一般非线性规划问题的最有效的方法之一。

一、简约梯度法

1. 基本思想

简约梯度法用来求解具有线性约束的非线性规划问题，其数学模型为

$$\left.\begin{array}{ll}\min\limits_{X\in\mathbf{R}^n} & f(\boldsymbol{X})\\ \text{s. t.} & \begin{cases}\boldsymbol{AX}=\boldsymbol{b}\\ \boldsymbol{X}\geqslant\boldsymbol{0}\end{cases}\end{array}\right\}\tag{6-66}$$

式中，A 为 $m\times n$ 阶常数矩阵，$m<n$；$\boldsymbol{b}$ 为 m 维常数列向量。其具体表达式为

$$\boldsymbol{A}=\begin{pmatrix}a_{11} & a_{12} & \cdots & a_{1n}\\ a_{21} & a_{22} & \cdots & a_{2n}\\ \vdots & \vdots & & \vdots\\ a_{m1} & a_{m2} & \cdots & a_{mn}\end{pmatrix}$$

$$\boldsymbol{X}=[x_1,\ x_2,\ \cdots,\ x_n]^{\mathrm{T}},\ \boldsymbol{b}=[b_1,\ b_2,\ \cdots,\ b_m]^{\mathrm{T}}$$

沿用第五章线性规划的概念，将变量 $\boldsymbol{X}$ 分成 $\boldsymbol{X}^B$（基变量）和 $\boldsymbol{X}^N$（非基变量）两部分，即

$$\boldsymbol{X}=\begin{pmatrix}\boldsymbol{X}^B\\ \boldsymbol{X}^N\end{pmatrix}=[x_1,x_2,\cdots,x_m\mid x_{m+1},x_{m+2},\cdots,x_n]^{\mathrm{T}}\tag{6-67}$$

对应的系数矩阵 $\boldsymbol{A}$ 分成两块，即 $\boldsymbol{A}=[\boldsymbol{B},\ \boldsymbol{N}]$。故式(6-66)中约束函数可写为

$$[\boldsymbol{B},\boldsymbol{N}]\begin{pmatrix}\boldsymbol{X}^B\\ \boldsymbol{X}^N\end{pmatrix}=\boldsymbol{b}\quad 或\quad \boldsymbol{BX}^B+\boldsymbol{NX}^N=\boldsymbol{b}\tag{6-68}$$

用 $\boldsymbol{B}^{-1}$ 左乘上式两端得

$$\boldsymbol{X}^B=\boldsymbol{B}^{-1}\boldsymbol{b}-\boldsymbol{B}^{-1}\boldsymbol{NX}^N\tag{6-69}$$

将上式代入式(6-67)，得到用非基变量 $\boldsymbol{X}^N$ 表示的变量 $\boldsymbol{X}$，即

$$\boldsymbol{X}=\begin{pmatrix}\boldsymbol{X}^B\\ \boldsymbol{X}^N\end{pmatrix}=\begin{pmatrix}\boldsymbol{B}^{-1}\boldsymbol{b}-\boldsymbol{B}^{-1}\boldsymbol{NX}^N\\ \boldsymbol{X}^N\end{pmatrix}\tag{6-70}$$

将上式代入式(6-66)中的目标函数，得

$$f(\boldsymbol{X})=f(\boldsymbol{X}^B,\boldsymbol{X}^N)=f(\boldsymbol{B}^{-1}\boldsymbol{b}-\boldsymbol{B}^{-1}\boldsymbol{NX}^N,\boldsymbol{X}^N)=f(\boldsymbol{X}^N)\tag{6-71}$$

上式表明，原有 n 个变量的目标函数 $f(\boldsymbol{X})$ 降维成 $(n-m)$ 个变量的目标函数 $f(\boldsymbol{X}^N)$。若对此函数采用梯度法进行迭代寻优，则梯度是关于变量 $\boldsymbol{X}^N$ 的梯度，故也是只有 $(n-m)$ 个变量，因而称之为简约梯度，记为 $\boldsymbol{r}(\boldsymbol{X}^N)$。而用简约梯度进行迭代寻优的方法便称之为简约

则梯度$\nabla f(\boldsymbol{X})$可写成以下两个部分：

$$\nabla f(\boldsymbol{X})=\begin{pmatrix}\dfrac{\partial f(\boldsymbol{X})}{\partial x_1}\\ \vdots\\ \dfrac{\partial f(\boldsymbol{X})}{\partial x_m}\\ \hdashline \dfrac{\partial f(\boldsymbol{X})}{\partial x_{m+1}}\\ \vdots\\ \dfrac{\partial f(\boldsymbol{X})}{\partial x_n}\end{pmatrix}=\begin{pmatrix}\dfrac{\partial f(\boldsymbol{X})}{\partial x_1^B}\\ \vdots\\ \dfrac{\partial f(\boldsymbol{X})}{\partial x_m^B}\\ \hdashline \dfrac{\partial f(\boldsymbol{X})}{\partial x_1^N}\\ \vdots\\ \dfrac{\partial f(\boldsymbol{X})}{\partial x_{n-m}^N}\end{pmatrix}=\begin{pmatrix}\nabla_B f(\boldsymbol{X})\\ \hdashline \nabla_N f(\boldsymbol{X})\end{pmatrix} \tag{6-72}$$

由上式可见：$\nabla_N f(\boldsymbol{X})$是原目标函数的梯度$\nabla f(\boldsymbol{X})$对应于非基变量$\boldsymbol{X}^N$的分量部分，而原目标函数的简约梯度$\boldsymbol{r}(\boldsymbol{X}^N)$，则具有与它完全不同的意义。$\boldsymbol{r}(\boldsymbol{X}^N)$表示目标函数$f$作为$\boldsymbol{X}^N$的复合函数时关于$\boldsymbol{X}^N$的梯度，可由复合函数求导的方法求得。

对式(6-71)中$\boldsymbol{X}^N$的复合函数求导数得

$$\boldsymbol{r}(\boldsymbol{X}^N)=\frac{\mathrm{d}f}{\mathrm{d}\boldsymbol{X}^N}=\frac{\partial f}{\partial \boldsymbol{X}^N}\frac{\partial \boldsymbol{X}^N}{\partial \boldsymbol{X}^N}+\frac{\partial f}{\partial \boldsymbol{X}^B}\frac{\partial \boldsymbol{X}^B}{\partial \boldsymbol{X}^N}=\frac{\partial f}{\partial \boldsymbol{X}^N}+\frac{\partial f}{\partial \boldsymbol{X}^B}\frac{\partial \boldsymbol{X}^B}{\partial \boldsymbol{X}^N}$$

再由式(6-69)得

$$\frac{\partial \boldsymbol{X}^B}{\partial \boldsymbol{X}^N}=\boldsymbol{0}-\boldsymbol{B}^{-1}\boldsymbol{N}$$

将上式及$\dfrac{\partial f}{\partial \boldsymbol{X}^B}=\nabla_B f(\boldsymbol{X})$、$\dfrac{\partial f}{\partial \boldsymbol{X}^N}=\nabla_N f(\boldsymbol{X})$代入简约梯度，经化简得简约梯度$\boldsymbol{r}(\boldsymbol{X}^N)$的表达式为

$$\boldsymbol{r}(\boldsymbol{X}^N)=\nabla_N f(\boldsymbol{X})-[\boldsymbol{B}^{-1}\boldsymbol{N}]^{\mathrm{T}}\nabla_B f(\boldsymbol{X}) \tag{6-73}$$

3. 搜索方向与步长因子

求得简约梯度$\boldsymbol{r}(\boldsymbol{X}^N)$后，就可采用梯度法，沿着该简约梯度的负方向，即$-\boldsymbol{r}(\boldsymbol{X}^N)$方向寻求该目标函数的最优点。

（1）搜索方向　由迭代公式

$$\boldsymbol{X}^{(k+1)}=\begin{pmatrix}\boldsymbol{X}^{B,k+1}\\ \\ \boldsymbol{X}^{N,k+1}\end{pmatrix}=\begin{pmatrix}\boldsymbol{X}^{B,k}\\ \\ \boldsymbol{X}^{N,k}\end{pmatrix}+\alpha^{(k)}\begin{pmatrix}\boldsymbol{S}^{B,k}\\ \\ \boldsymbol{S}^{N,k}\end{pmatrix}$$

1）求$\boldsymbol{S}^{N,k}$。设迭代点$\boldsymbol{X}^{N,k}$处的简约梯度的负方向为$-\boldsymbol{r}(\boldsymbol{X}^{N,k})$，将其作为迭代方向，则应有

$$\boldsymbol{X}^{N,k+1}=\boldsymbol{X}^{N,k}-\alpha^{(k)}\boldsymbol{r}(\boldsymbol{X}^{N,k})\qquad(\alpha^{(k)}>0) \tag{6-74}$$

但一定要满足$x_j^{N,k+1}>0$　($j=m+1$，…，n)的非负条件。若$\boldsymbol{X}^{N,k}$中的某一分量$x_j^{N,k}=0$，相应的简约梯度$\boldsymbol{r}(\boldsymbol{X}^{N,k})$中的分量$r_j^{N,k}>0$时，对于任何$\alpha^{(k)}>0$，按上式求得的分量$x_j^{N,k+1}$一定

第五节 简约梯度法及广义简约梯度法

Wolfe 将线性规划的单纯形法推广应用到求解约束条件为线性而目标函数为非线性的约束优化问题，从而提出了所谓的简约梯度法。随后，J. Abadie 与 J. Carpentier 又将简约梯度法推广于解目标函数和约束函数均为非线性的约束优化问题，提出了著名的广义简约梯度法（GRG 方法），成为目前解一般非线性规划问题的最有效的方法之一。

一、简约梯度法

1. 基本思想

简约梯度法用来求解具有线性约束的非线性规划问题，其数学模型为

$$\left.\begin{array}{ll}\min\limits_{\boldsymbol{X}\in\mathbf{R}^n} & f(\boldsymbol{X})\\ \text{s. t.} & \begin{cases}\boldsymbol{AX}=\boldsymbol{b}\\ \boldsymbol{X}\geqslant\mathbf{0}\end{cases}\end{array}\right\}\tag{6-66}$$

式中，A 为 $m\times n$ 阶常数矩阵，$m<n$；$\boldsymbol{b}$ 为 m 维常数列向量。其具体表达式为

$$\boldsymbol{A}=\begin{pmatrix}a_{11} & a_{12} & \cdots & a_{1n}\\ a_{21} & a_{22} & \cdots & a_{2n}\\ \vdots & \vdots & & \vdots\\ a_{m1} & a_{m2} & \cdots & a_{mn}\end{pmatrix}$$

$$\boldsymbol{X}=[x_1,\ x_2,\ \cdots,\ x_n]^{\mathrm{T}},\ \boldsymbol{b}=[b_1,\ b_2,\ \cdots,\ b_m]^{\mathrm{T}}$$

沿用第五章线性规划的概念，将变量 $\boldsymbol{X}$ 分成 $\boldsymbol{X}^B$（基变量）和 $\boldsymbol{X}^N$（非基变量）两部分，即

$$\boldsymbol{X}=\begin{pmatrix}\boldsymbol{X}^B\\ \boldsymbol{X}^N\end{pmatrix}=[x_1,x_2,\cdots,x_m\mid x_{m+1},x_{m+2},\cdots,x_n]^{\mathrm{T}}\tag{6-67}$$

对应的系数矩阵 $\boldsymbol{A}$ 分成两块，即 $\boldsymbol{A}=[\boldsymbol{B},\ \boldsymbol{N}]$。故式(6-66)中约束函数可写为

$$[\boldsymbol{B},\boldsymbol{N}]\begin{pmatrix}\boldsymbol{X}^B\\ \boldsymbol{X}^N\end{pmatrix}=\boldsymbol{b}\quad 或\quad \boldsymbol{BX}^B+\boldsymbol{NX}^N=\boldsymbol{b}\tag{6-68}$$

用 $\boldsymbol{B}^{-1}$ 左乘上式两端得

$$\boldsymbol{X}^B=\boldsymbol{B}^{-1}\boldsymbol{b}-\boldsymbol{B}^{-1}\boldsymbol{NX}^N\tag{6-69}$$

将上式代入式(6-67)，得到用非基变量 $\boldsymbol{X}^N$ 表示的变量 $\boldsymbol{X}$，即

$$\boldsymbol{X}=\begin{pmatrix}\boldsymbol{X}^B\\ \boldsymbol{X}^N\end{pmatrix}=\begin{pmatrix}\boldsymbol{B}^{-1}\boldsymbol{b}-\boldsymbol{B}^{-1}\boldsymbol{NX}^N\\ \boldsymbol{X}^N\end{pmatrix}\tag{6-70}$$

将上式代入式(6-66)中的目标函数，得

$$f(\boldsymbol{X})=f(\boldsymbol{X}^B,\boldsymbol{X}^N)=f(\boldsymbol{B}^{-1}\boldsymbol{b}-\boldsymbol{B}^{-1}\boldsymbol{NX}^N,\boldsymbol{X}^N)=f(\boldsymbol{X}^N)\tag{6-71}$$

上式表明，原有 n 个变量的目标函数 $f(\boldsymbol{X})$ 降维成 $(n-m)$ 个变量的目标函数 $f(\boldsymbol{X}^N)$。若对此函数采用梯度法进行迭代寻优，则梯度是关于变量 $\boldsymbol{X}^N$ 的梯度，故也是只有 $(n-m)$ 个变量，因而称之为简约梯度，记为 $\boldsymbol{r}(\boldsymbol{X}^N)$。而用简约梯度进行迭代寻优的方法便称之为简约

梯度法。

2. 简约梯度

若矩阵 $\boldsymbol{B}$ 为非奇异矩阵，则梯度$\nabla f(\boldsymbol{X})$可写成以下两个部分：

$$\nabla f(\boldsymbol{X})=\begin{pmatrix}\dfrac{\partial f(\boldsymbol{X})}{\partial x_1}\\ \vdots\\ \dfrac{\partial f(\boldsymbol{X})}{\partial x_m}\\ \hdashline \dfrac{\partial f(\boldsymbol{X})}{\partial x_{m+1}}\\ \vdots\\ \dfrac{\partial f(\boldsymbol{X})}{\partial x_n}\end{pmatrix}=\begin{pmatrix}\dfrac{\partial f(\boldsymbol{X})}{\partial x_1^B}\\ \vdots\\ \dfrac{\partial f(\boldsymbol{X})}{\partial x_m^B}\\ \hdashline \dfrac{\partial f(\boldsymbol{X})}{\partial x_1^N}\\ \vdots\\ \dfrac{\partial f(\boldsymbol{X})}{\partial x_{n-m}^N}\end{pmatrix}=\begin{pmatrix}\nabla_B f(\boldsymbol{X})\\ \hdashline \nabla_N f(\boldsymbol{X})\end{pmatrix} \tag{6-72}$$

由上式可见：$\nabla_N f(\boldsymbol{X})$是原目标函数的梯度$\nabla f(\boldsymbol{X})$对应于非基变量 $\boldsymbol{X}^N$ 的分量部分，而原目标函数的简约梯度 $\boldsymbol{r}(\boldsymbol{X}^N)$，则具有与它完全不同的意义。$\boldsymbol{r}(\boldsymbol{X}^N)$表示目标函数 f 作为 $\boldsymbol{X}^N$ 的复合函数时关于 $\boldsymbol{X}^N$ 的梯度，可由复合函数求导的方法求得。

对式(6-71)中 $\boldsymbol{X}^N$ 的复合函数求导数得

$$\boldsymbol{r}(\boldsymbol{X}^N)=\frac{\mathrm{d}f}{\mathrm{d}\boldsymbol{X}^N}=\frac{\partial f}{\partial \boldsymbol{X}^N}\frac{\partial \boldsymbol{X}^N}{\partial \boldsymbol{X}^N}+\frac{\partial f}{\partial \boldsymbol{X}^B}\frac{\partial \boldsymbol{X}^B}{\partial \boldsymbol{X}^N}=\frac{\partial f}{\partial \boldsymbol{X}^N}+\frac{\partial f}{\partial \boldsymbol{X}^B}\frac{\partial \boldsymbol{X}^B}{\partial \boldsymbol{X}^N}$$

再由式(6-69)得

$$\frac{\partial \boldsymbol{X}^B}{\partial \boldsymbol{X}^N}=\boldsymbol{0}-\boldsymbol{B}^{-1}\boldsymbol{N}$$

将上式及$\dfrac{\partial f}{\partial \boldsymbol{X}^B}=\nabla_B f(\boldsymbol{X})$、$\dfrac{\partial f}{\partial \boldsymbol{X}^N}=\nabla_N f(\boldsymbol{X})$代入简约梯度，经化简得简约梯度 $\boldsymbol{r}(\boldsymbol{X}^N)$的表达式为

$$\boldsymbol{r}(\boldsymbol{X}^N)=\nabla_N f(\boldsymbol{X})-[\boldsymbol{B}^{-1}\boldsymbol{N}]^{\mathrm{T}}\nabla_B f(\boldsymbol{X}) \tag{6-73}$$

3. 搜索方向与步长因子

求得简约梯度 $\boldsymbol{r}(\boldsymbol{X}^N)$后，就可采用梯度法，沿着该简约梯度的负方向，即 $-\boldsymbol{r}(\boldsymbol{X}^N)$方向寻求该目标函数的最优点。

（1）搜索方向　由迭代公式

$$\boldsymbol{X}^{(k+1)}=\begin{pmatrix}\boldsymbol{X}^{B,k+1}\\ \\ \boldsymbol{X}^{N,k+1}\end{pmatrix}=\begin{pmatrix}\boldsymbol{X}^{B,k}\\ \\ \boldsymbol{X}^{N,k}\end{pmatrix}+\alpha^{(k)}\begin{pmatrix}\boldsymbol{S}^{B,k}\\ \\ \boldsymbol{S}^{N,k}\end{pmatrix}$$

1）求 $\boldsymbol{S}^{N,k}$。设迭代点 $\boldsymbol{X}^{N,k}$处的简约梯度的负方向为 $-\boldsymbol{r}(\boldsymbol{X}^{N,k})$，将其作为迭代方向，则应有

$$\boldsymbol{X}^{N,k+1}=\boldsymbol{X}^{N,k}-\alpha^{(k)}\boldsymbol{r}(\boldsymbol{X}^{N,k})\qquad(\alpha^{(k)}>0) \tag{6-74}$$

但一定要满足 $x_j^{N,k+1}>0\quad(j=m+1,\cdots,n)$的非负条件。若 $\boldsymbol{X}^{N,k}$中的某一分量 $x_j^{N,k}=0$，相应的简约梯度 $\boldsymbol{r}(\boldsymbol{X}^{N,k})$中的分量 $r_j^{N,k}>0$ 时，对于任何 $\alpha^{(k)}>0$，按上式求得的分量 $x_j^{N,k+1}$ 一定

小于0。由此可知，不能简单地一律以 $-\boldsymbol{r}(\boldsymbol{X}^{N,k})$ 作为搜索方向，而应当是当 $x_j^{N,k}=0$，$r_j^{N,k}>0$ 时，令搜索方向 $\boldsymbol{S}^{N,k}$ 的相应分量 $s_j^{N,k}=0$，除此以外的情况，则可令 $\boldsymbol{S}^{N,k}$ 的相应分量等于相应的简约梯度分量的负方向。为此，定义

$$s_j^{N,k}=\begin{cases}0 & \text{当 } x_j^{N,k}=0, r_j(\boldsymbol{X}^{N,k})>0 \text{ 时}\\ -r_j(\boldsymbol{X}^{N,k}), & \text{除上述情况外}\end{cases}\quad (j=1,2,\cdots,n-m) \tag{6-75}$$

于是迭代公式(6-74)改写为

$$\boldsymbol{X}^{N,k+1}=\boldsymbol{X}^{N,k}+\alpha^{(k)}\boldsymbol{S}^{N,k}\qquad (\alpha^{(k)}>0) \tag{6-76}$$

2）求 $\boldsymbol{S}^{B,k}$。由于 $\boldsymbol{X}^B$ 是 $\boldsymbol{X}^N$ 的函数，故求得 $\boldsymbol{X}^{N,k+1}$ 后，即可根据式(6-69)求得 $\boldsymbol{X}^{B,k+1}$：

$$\boldsymbol{X}^{B,k+1}=\boldsymbol{B}^{-1}\boldsymbol{b}-\boldsymbol{B}^{-1}\boldsymbol{N}\boldsymbol{X}^{N,k+1}$$

将式(6-76)代入上式得

$$\begin{aligned}\boldsymbol{X}^{B,k+1}&=\boldsymbol{B}^{-1}\boldsymbol{b}-\boldsymbol{B}^{-1}\boldsymbol{N}(\boldsymbol{X}^{N,k}+\alpha^{(k)}\boldsymbol{S}^{N,k})\\&=\boldsymbol{B}^{-1}\boldsymbol{b}-\boldsymbol{B}^{-1}\boldsymbol{N}\boldsymbol{X}^{N,k}-\alpha^{(k)}\boldsymbol{B}^{-1}\boldsymbol{N}\boldsymbol{S}^{N,k}\\&=\boldsymbol{X}^{B,k}-\alpha^{(k)}\boldsymbol{B}^{-1}\boldsymbol{N}\boldsymbol{S}^{N,k}\end{aligned}$$

由上式可看出

$$\boldsymbol{S}^{B,k}=-\boldsymbol{B}^{-1}\boldsymbol{N}\boldsymbol{S}^{N,k}$$

因而，搜索方向为

$$\boldsymbol{S}^{(k)}=\begin{pmatrix}-\boldsymbol{B}^{-1}\boldsymbol{N}\boldsymbol{S}^{N,k}\\ \boldsymbol{S}^{N,k}\end{pmatrix} \tag{6-77}$$

迭代公式为

$$\boldsymbol{X}^{(k+1)}=\begin{pmatrix}\boldsymbol{X}^{B,k+1}\\ \boldsymbol{X}^{N,k+1}\end{pmatrix}=\begin{pmatrix}\boldsymbol{X}^{B,k}+\alpha^{(k)}\boldsymbol{S}^{B,k}\\ \boldsymbol{X}^{N,k}+\alpha^{(k)}\boldsymbol{S}^{N,k}\end{pmatrix}=\boldsymbol{X}^{(k)}+\alpha^{(k)}\boldsymbol{S}^{(k)} \tag{6-78}$$

（2）步长因子 $\alpha^{(k)}$ 的确定　在迭代求解过程中，若 $\boldsymbol{X}^{(k)}\geqslant\boldsymbol{0}$，$\boldsymbol{S}^{(k)}$ 按式(6-77)确定，则只要 $\alpha^{(k)}>0$ 且充分小时，求得的新点 $\boldsymbol{X}^{(k+1)}$ 一定满足非负约束条件。但若 $\alpha^{(k)}$ 取得过大，可能会使 $\boldsymbol{X}^{(k+1)}<\boldsymbol{0}$，不满足非负约束条件，其原因分析如下：

由式(6-78)，其分量为

$$x_j^{(k+1)}=x_j^{(k)}+\alpha^{(k)}s_j^{(k)}\qquad (j=1,2,\cdots,n) \tag{6-79}$$

因为 $x_j^{(k)}\geqslant 0$，所以

1）当 $s_j^{(k)}\geqslant 0$ 时，对于任意 $\alpha^{(k)}>0$，均有 $x_j^{(k+1)}\geqslant 0$。

2）当 $s_j^{(k)}<0$ 时，要求 $x_j^{(k+1)}=x_j^{(k)}+\alpha^{(k)}s_j^{(k)}\geqslant 0$，即 $\alpha^{(k)}s_j^{(k)}\geqslant -x_j^{(k)}$，则要求

$$\alpha^{(k)}\leqslant\frac{x_j^{(k)}}{-s_j^{(k)}}\quad (j=1,\ 2,\ \cdots,\ n)$$

即应取上式中最小的一个作为 $\alpha^{(k)}$ 的最大值 $\alpha_{\max}$，故

$$\alpha_{\max}=\min\left\{-\frac{x_j^{(k)}}{s_j^{(k)}}\bigg|_{s_j^{(k)}<0}\qquad (j=1,2,\cdots,n)\right\} \tag{6-80}$$

因而 $\alpha^{(k)}$ 的取值范围应为 $0\leqslant\alpha^{(k)}\leqslant\alpha_{\max}$，可求一维优化问题

$$\min_{0\leqslant\alpha\leqslant\alpha_{\max}} f(\boldsymbol{X}^{N,k}+\alpha\boldsymbol{S}^{N,k}) \tag{6-81}$$

从而求得最优步长因子 α^*，所以 $\alpha^{(k)}=\alpha^*$。

4. 迭代步骤

这里需要着重指出，在简约梯度法的迭代过程中，基变量 $\boldsymbol{X}^{B}$ 不是一成不变的。在开始迭代时，可在 $\boldsymbol{X}$ 的诸分量中任选取 m 个(m 为约束方程的个数)大于0的分量作为基变量，在进行一轮迭代后，若仍有 $\boldsymbol{X}^{B,k+1}$ 的各分量均大于0，则可不改变基变量，直接转入下一轮迭代；如果基变量 $\boldsymbol{X}^{B,k+1}$ 中有某一分量 $x_j^{B,k+1}=0$，则可将该分量由基变量中撤出，代之以非基变量 $\boldsymbol{X}^{N,k+1}$ 中的最大分量 $x_j^{N,k+1}>0$，构成新的基变量 $\boldsymbol{X}^{B,k+1}$ 与新的非基变量 $\boldsymbol{X}^{N,k+1}$，继续迭代求解。

简约梯度法的迭代步骤归纳如下：

1）选择一个初始可行点 $\boldsymbol{X}^{(0)}$，将其分为基变量与非基变量两部分，即 $\boldsymbol{X}^{(0)}=\begin{pmatrix}\boldsymbol{X}^{B,0}\\ \boldsymbol{X}^{N,0}\end{pmatrix}$，但要满足 $\boldsymbol{X}^{B,0}$ 的各分量均大于0，给定允许误差 $\varepsilon>0$，令 $k=0$。

2）将系数矩阵 $\boldsymbol{A}$ 对应的基变量与非基变量也分成两部分，即 $\boldsymbol{A}=[\boldsymbol{B}\,\vdots\,\boldsymbol{N}]$，由式(6-73)计算简约梯度 $\boldsymbol{r}(\boldsymbol{X}^{N,k})$ 和式(6-77)计算搜索方向 $\boldsymbol{S}^{(k)}$。

3）若 $\|\boldsymbol{S}^{(k)}\|\leqslant\varepsilon$，则可视 $\boldsymbol{X}^{(k)}$ 为近似最优解，终止迭代；否则，由式(6-80)求 $\alpha_{\max}$，并在区间 $0\leqslant\alpha\leqslant\alpha_{\max}$ 内求 $\alpha^{(k)}$，即求 $\min\limits_{0\leqslant\alpha\leqslant\alpha_{\max}} f(\boldsymbol{X}^{N,k}+\alpha\boldsymbol{S}^{N,k})$ 得 α^*，令 $\alpha^{(k)}=\alpha^*$。

4）由式(6-78)计算 $\boldsymbol{X}^{(k+1)}$。若 $\|\boldsymbol{X}^{(k+1)}-\boldsymbol{X}^{(k)}\|\leqslant\varepsilon$，则可视 $\boldsymbol{X}^{(k+1)}$ 为近似最优解，终止迭代；否则，转下一步。

5）判断 $x_j^{B,k+1}>0(j=1,2,\cdots,n)$ 是否满足，若满足，则不改变基变量，令 $k=k+1$ 转第2)步；若不满足，将 $x_j^{B,k+1}=0(j=1,2,\cdots,n)$ 的分量从基变量中撤出，用非基变量 $\boldsymbol{X}^{N,k+1}$ 中最大的分量 $x_j^{N,k+1}>0$ 代替，构成新的基变量，令 $k=k+1$，然后转第2)步。

二、广义简约梯度法(GRG 法)

1. 方法原理

广义简约梯度法所求解的非线性规划问题的数学模型为

$$\left.\begin{aligned}&\min_{\boldsymbol{X}\in\mathbf{R}^n} f(\boldsymbol{X})\\&\text{s. t.}\quad\begin{cases}\boldsymbol{h}(\boldsymbol{X})=(h_1(\boldsymbol{X}),h_2(\boldsymbol{X}),\cdots,h_p(\boldsymbol{X}))^{\mathrm{T}}=\boldsymbol{0}\\ \boldsymbol{L}\leqslant\boldsymbol{X}\leqslant\boldsymbol{U}\end{cases}\end{aligned}\right\}\tag{6-82}$$

式中，$\boldsymbol{L}=[l_1,\ l_2,\ \cdots,\ l_n]^{\mathrm{T}}$，$\boldsymbol{U}=[u_1,\ u_2,\ \cdots,\ u_n]^{\mathrm{T}}$，且 $f(\boldsymbol{X})$，$h_v(\boldsymbol{X})(v=1,2,\cdots,p)$ 均为 $\boldsymbol{X}$ 的连续可微函数，$\boldsymbol{L}$，$\boldsymbol{U}$ 的某些分量可取 $-\infty$ 或 $+\infty$。

当问题中含有不等式约束 $g_u(\boldsymbol{X})\leqslant0(u=1,2,\cdots,m)$，引进非负的松弛变量 $x_{n+u}(u=1,2,\cdots,m)$，将不等式约束化为等式约束：

$$h_{p+u}(\boldsymbol{X})=g_u(\boldsymbol{X})+x_{n+u}\quad(u=1,2,\cdots,m)$$

显然，维数由 n 维增至 $n+m$ 维。下面仅讨论求解式(6-82)的广义简约梯度法。

与简约梯度法类似，首先将任一可行解 $\boldsymbol{X}^{(k)}$ 的全部分量分解成基变量 $\boldsymbol{X}^{B,k}$ 与非基变量 $\boldsymbol{X}^{N,k}$ 两部分：

$$\boldsymbol{X}^{(k)}=\begin{pmatrix}\boldsymbol{X}^{B,k}\\ \\ \boldsymbol{X}^{N,k}\end{pmatrix}$$

相应地 $\boldsymbol{L}=[l_1,\ l_2,\ \cdots,\ l_n]^{\mathrm{T}}$，$\boldsymbol{U}=[u_1,\ u_2,\ \cdots,\ u_n]^{\mathrm{T}}$ 亦可分为两部分：

$$\boldsymbol{L}=\begin{pmatrix}\boldsymbol{L}^{B}\\ \\ \boldsymbol{L}^{N}\end{pmatrix},\ \boldsymbol{U}=\begin{pmatrix}\boldsymbol{U}^{B}\\ \\ \boldsymbol{U}^{N}\end{pmatrix}$$

并假定

$$\boldsymbol{L}^{B}<\boldsymbol{X}^{B,k}<\boldsymbol{U}^{B}$$

若 p 维列向量

$$\nabla_{B}h_v(\boldsymbol{X}^{(k)})=\begin{pmatrix}\partial h_v(\boldsymbol{X}^{(k)})/\partial x_1^{B,k}\\ \partial h_v(\boldsymbol{X}^{(k)})/\partial x_2^{B,k}\\ \vdots\\ \partial h_v(\boldsymbol{X}^{(k)})/\partial x_p^{B,k}\end{pmatrix}\qquad(v=1,2,\cdots,p)\tag{6-83}$$

是线性无关的，则由它们组成的 $p\times p$ 阶矩阵

$$\begin{aligned}\nabla_{B}\boldsymbol{h}(\boldsymbol{X}^{(k)})&=\begin{pmatrix}\dfrac{\partial h_1(\boldsymbol{X}^{(k)})}{\partial x_1^{B,k}} & \dfrac{\partial h_2(\boldsymbol{X}^{(k)})}{\partial x_1^{B,k}} & \cdots & \dfrac{\partial h_p(\boldsymbol{X}^{(k)})}{\partial x_1^{B,k}}\\ \vdots & \vdots & & \vdots\\ \dfrac{\partial h_1(\boldsymbol{X}^{(k)})}{\partial x_p^{B,k}} & \dfrac{\partial h_2(\boldsymbol{X}^{(k)})}{\partial x_p^{B,k}} & \cdots & \dfrac{\partial h_p(\boldsymbol{X}^{(k)})}{\partial x_p^{B,k}}\end{pmatrix}\\ &=[\nabla_{B}h_1(\boldsymbol{X}^{(k)}),\nabla_{B}h_2(\boldsymbol{X}^{(k)}),\cdots,\nabla_{B}h_p(\boldsymbol{X}^{(k)})]\end{aligned}\tag{6-84}$$

是非奇异的。

类似地，由非基变量得$(n-p)$维列向量

$$\nabla_{N}h_v(\boldsymbol{X}^{(k)})=\begin{pmatrix}\partial h_v(\boldsymbol{X}^{(k)})/\partial x_1^{N,k}\\ \partial h_v(\boldsymbol{X}^{(k)})/\partial x_2^{N,k}\\ \vdots\\ \partial h_v(\boldsymbol{X}^{(k)})/\partial x_{n-p}^{N,k}\end{pmatrix}\qquad(v=1,2,\cdots,n-p)\tag{6-85}$$

则由它们组成的$(n-p)\times p$ 阶矩阵可表示为

$$\begin{aligned}\nabla_{N}\boldsymbol{h}(\boldsymbol{X}^{(k)})&=\begin{pmatrix}\dfrac{\partial h_1(\boldsymbol{X}^{(k)})}{\partial x_1^{N,k}} & \dfrac{\partial h_2(\boldsymbol{X}^{(k)})}{\partial x_1^{N,k}} & \cdots & \dfrac{\partial h_p(\boldsymbol{X}^{(k)})}{\partial x_1^{N,k}}\\ \vdots & \vdots & & \vdots\\ \dfrac{\partial h_1(\boldsymbol{X}^{(k)})}{\partial x_{n-p}^{N,k}} & \dfrac{\partial h_2(\boldsymbol{X}^{(k)})}{\partial x_{n-p}^{N,k}} & \cdots & \dfrac{\partial h_p(\boldsymbol{X}^{(k)})}{\partial x_{n-p}^{N,k}}\end{pmatrix}\\ &=[\nabla_{N}h_1(\boldsymbol{X}^{(k)}),\nabla_{N}h_2(\boldsymbol{X}^{(k)}),\cdots,\nabla_{N}h_p(\boldsymbol{X}^{(k)})]\end{aligned}\tag{6-86}$$

设在某点 $\boldsymbol{X}^{(k)}$ 附近可由方程 $\boldsymbol{h}(\boldsymbol{X}^{B},\ \boldsymbol{X}^{N})=\boldsymbol{0}$ 解出 $\boldsymbol{X}^{B}$，若其分量为

$$x_j^{B}=q_j(\boldsymbol{X}^{N})\qquad(j=1,2,\cdots,p)\tag{6-87}$$

则 $\boldsymbol{X}^{B}$ 可表示为

$$\boldsymbol{X}^B=[x_1^B,x_2^B,\cdots,x_p^B]^{\mathrm{T}}=[q_1(\boldsymbol{X}^N),q_2(\boldsymbol{X}^N),\cdots,q_p(\boldsymbol{X}^N)]^{\mathrm{T}}=\boldsymbol{Q}(\boldsymbol{X}^N) \tag{6-88}$$

故$f(\boldsymbol{X})$就可表示为$\boldsymbol{X}^N$的复合函数

$$f(\boldsymbol{X})=f(\boldsymbol{X}^B,\boldsymbol{X}^N)=f(\boldsymbol{Q}(\boldsymbol{X}^N),\boldsymbol{X}^N) \tag{6-89}$$

经推导，可求得$f(\boldsymbol{X})$关于$\boldsymbol{X}^N$的简约梯度$\boldsymbol{r}(\boldsymbol{X}^N)$为

$$\boldsymbol{r}(\boldsymbol{X}^N)=\nabla_N f(\boldsymbol{X})-\nabla_N\boldsymbol{h}(\boldsymbol{X})[\nabla_B\boldsymbol{h}(\boldsymbol{X})]^{-1}\nabla_B f(\boldsymbol{X}) \tag{6-90}$$

其中，

$$\nabla_B f(\boldsymbol{X})=\left[\frac{\partial f(\boldsymbol{X})}{\partial x_1^B},\frac{\partial f(\boldsymbol{X})}{\partial x_2^B},\cdots,\frac{\partial f(\boldsymbol{X})}{\partial x_p^B}\right]^{\mathrm{T}} \tag{6-91}$$

$$\nabla_N f(\boldsymbol{X})=\left[\frac{\partial f(\boldsymbol{X})}{\partial x_1^N},\frac{\partial f(\boldsymbol{X})}{\partial x_2^N},\cdots,\frac{\partial f(\boldsymbol{X})}{\partial x_{n-p}^N}\right]^{\mathrm{T}} \tag{6-92}$$

求出简约梯度$\boldsymbol{r}(\boldsymbol{X}^N)$后，类似于前述线性约束的简约梯度法的情况，确定搜索方向。若统一取搜索方向为$-r_j(\boldsymbol{X}^{(k)})$（$j=1，2，\cdots，n-p$），则对于$\alpha^{(k)}>0$，有下面迭代公式

$$x_j^{N,k+1}=x_j^{N,k}-\alpha^{(k)}r_j(\boldsymbol{X}^{N,k}) \tag{6-93}$$

但当$x_j^{N,k}=l_j^N$（在下界处），$r_j(\boldsymbol{X}^{N,k})>0$时，按上式求得的分量$x_j^{N,k+1}$就会越出下界$l_j^N$。故此时搜索方向不可取作$-r_j(\boldsymbol{X}^{N,k})$，只能取作0；当$x_j^{N,k}=u_j^N$（在上界处），且$r_j(\boldsymbol{X}^{N,k})<0$时，按上式求得的分量$x_j^{N,k+1}$就会越出上界$u_j^N$。故此时搜索方向也不可取作$-r_j(\boldsymbol{X}^{N,k})$，而只能取作0。除以上情况外，均可按式(6-93)计算$x_j^{N,k+1}$，即将简约梯度的负方向$-r_j(\boldsymbol{X}^{N,k})$作为搜索方向。于是，由点$\boldsymbol{X}^{(k)}$出发的一维搜索方向$\boldsymbol{S}^{N,k}$为

$$\left.\begin{aligned}&\boldsymbol{S}^{N,k}=[s_1^{N,k},s_2^{N,k},\cdots,s_{n-p}^{N,k}]^{\mathrm{T}}\\&s_j^{N,k}=\begin{cases}0 & \text{当 } x_j^{N,k}=l_j^N \text{ 且 } r_j(\boldsymbol{X}^{N,k})>0 \text{ 或当 } x_j^{N,k}=u_j^N \text{ 且 } r_j(\boldsymbol{X}^{N,k})<0\\ & (j=1,2,\cdots,(n-p))\\-r_j(\boldsymbol{X}^{N,k}) & \text{其余情况}\end{cases}\end{aligned}\right\} \tag{6-94}$$

值得注意的是，由于问题表达式(6-82)的约束是非线性的，当沿着$\boldsymbol{S}^{N,k}$进行一维搜索求得的$\boldsymbol{X}^{N,k+1}$不一定能满足$\boldsymbol{h}(\boldsymbol{X}^B，\boldsymbol{X}^N)=\boldsymbol{0}$。所以，一般不再采用一维搜索求取步长因子$\alpha^{(k)}$，而是沿方向$\boldsymbol{S}^{N,k}$选取一适当步长因子$\alpha^{(k)}$，并令

$$\boldsymbol{X}^{N,k+1}=\boldsymbol{X}^{N,k}+\alpha^{(k)}\boldsymbol{S}^{N,k}$$

且

$$\boldsymbol{L}^N\leqslant\boldsymbol{X}^{N,k+1}\leqslant\boldsymbol{U}^N \tag{6-95}$$

然后求解非线性方程组

$$\boldsymbol{h}(\boldsymbol{X}^{B,k+1},\ \boldsymbol{X}^{N,k+1})=\boldsymbol{0}$$

得到$\boldsymbol{X}^{B,k+1}$。若求得的$\boldsymbol{X}^{B,k+1}$及$\boldsymbol{X}^{N,k+1}$能使函数值有所下降又满足边界的约束条件，即若有

$$f(\boldsymbol{X}^{B,k+1},\ \boldsymbol{X}^{N,k+1})<f(\boldsymbol{X}^{B,k},\ \boldsymbol{X}^{N,k})$$

且

$$\boldsymbol{L}^B\leqslant\boldsymbol{X}^{B,k+1}\leqslant\boldsymbol{U}^B \tag{6-96}$$

时，则所得到的

$$\boldsymbol{X}^{(k+1)}=\begin{pmatrix}\boldsymbol{X}^{B,k+1}\\ \\ \boldsymbol{X}^{N,k+1}\end{pmatrix}$$

可作为新点，即迭代成功；否则，应缩小步长因子$\alpha^{(k)}$，求出新的$\boldsymbol{X}^{N,k+1}$，并重新求解非线性方程组$\boldsymbol{h}(\boldsymbol{X}^B，\boldsymbol{X}^N)=\boldsymbol{0}$，以此类推，直至满足计算精度要求为止。由于$\boldsymbol{S}^{N,k}$是$f(\boldsymbol{X})$的下降

方向，因此当 $\alpha^{(k)}$ 充分小时，只要 $\boldsymbol{h}(\boldsymbol{X}^{B},\ \boldsymbol{X}^{N})=\boldsymbol{0}$ 有解，则总可找到一个满足式(6-96)的新点。

在解线性约束的简约梯度法中，当基向量的某个分量为零时，需要将它从基向量中换出。类似地，在用广义简约梯度法求解非线性约束问题表达式(6-82)时，若有基向量的某个分量 x_j^B 等于上界 u_j^B 或下界 l_j^B 时，也应将它由基向量中撤出，代之以非基向量中某个满足 $l_k < x_k^N < u_k$ 的分量，构成新的基向量与非基向量。

2. 迭代步骤

由以上论述，广义简约梯度法的迭代步骤归纳如下：

(1) 选择一个初始可行解 $\boldsymbol{X}^{(0)}$，将其分为基变量与非基变量两部分，即 $\boldsymbol{X}^{(0)}=\begin{pmatrix}\boldsymbol{X}^{B,0}\\ \boldsymbol{X}^{N,0}\end{pmatrix}$，但要满足 $\boldsymbol{X}^{B,0}$ 的各分量均大于其下界和小于上界，给定允许误差 $\varepsilon_1,\ \varepsilon_2>0$，令 $k=0,\ i=1$。

(2) 由式(6-90)计算简约梯度 $\boldsymbol{r}(\boldsymbol{X}^{N,k})$ 和式(6-94)计算搜索方向 $\boldsymbol{S}^{N,k}$；若 $\|\boldsymbol{S}^{N,k}\|\leqslant\varepsilon_1$，则可视 $\boldsymbol{X}^{(k)}$ 为近似最优解，终止迭代；否则，转下一步。

(3) 取步长 $\alpha^{(k)}>0$，由

$$\boldsymbol{X}^{N,k+1}=\boldsymbol{X}^{N,k}+\alpha^{(k)}\boldsymbol{S}^{N,k}$$

计算 $\boldsymbol{X}^{N,k+1}$，若 $\boldsymbol{L}^{N}\leqslant\boldsymbol{X}^{N,k+1}\leqslant\boldsymbol{U}^{N}$ 成立，则转下一步；否则，应以 $0.5\alpha^{(k)}$ 代替 $\alpha^{(k)}$，重新计算 $\boldsymbol{X}^{N,k+1}$，直至满足 $\boldsymbol{L}^{N}\leqslant\boldsymbol{X}^{N,k+1}\leqslant\boldsymbol{U}^{N}$ 后转下一步。

(4) 求得 $\boldsymbol{X}^{N,k+1}$后，用"牛顿迭代法"解非线性方程组：

$$\boldsymbol{h}(\boldsymbol{X})=\boldsymbol{h}(\boldsymbol{X}^{B,k+1},\ \boldsymbol{X}^{N,k+1})=[h_1(\boldsymbol{X}),\ h_2(\boldsymbol{X}),\ \cdots,\ h_p(\boldsymbol{X})]^{\mathrm{T}}=\boldsymbol{0}$$

以求得 $\boldsymbol{X}^{B,k+1}$。因此时该非线性方程组的未知向量是 $\boldsymbol{X}^{B,k+1}$，故可令 $\boldsymbol{Y}=\boldsymbol{X}^{B,k+1}$，具体求解非线性方程组

$$\boldsymbol{h}(\boldsymbol{Y},\ \boldsymbol{X}^{N,k+1})=\boldsymbol{0}$$

的迭代过程为：

1) 令 $\boldsymbol{Y}^{(i)}=\boldsymbol{X}^{B,k+1}$；

2) 根据牛顿迭代公式

$$\boldsymbol{Y}^{(i+1)}=\boldsymbol{Y}^{(i)}-[\nabla_B\boldsymbol{h}(\boldsymbol{Y}^{(i)},\ \boldsymbol{X}^{N,k+1})]^{-1}\boldsymbol{h}(\boldsymbol{Y}^{(i)},\ \boldsymbol{X}^{N,k+1})$$

求得 $\boldsymbol{Y}^{(i+1)}$，如果

$$f(\boldsymbol{Y}^{(i+1)},\ \boldsymbol{X}^{N,k+1})<f(\boldsymbol{X}^{(k)}),\ \boldsymbol{L}^{B}\leqslant\boldsymbol{Y}^{(i+1)}\leqslant\boldsymbol{U}^{B}$$

且 $\|\boldsymbol{h}(\boldsymbol{Y}^{(k+1)},\ \boldsymbol{X}^{N,k+1})\|\leqslant\varepsilon_2$ 时，则令 $\boldsymbol{X}^{B,k+1}=\boldsymbol{Y}^{(i+1)}$ 并转步骤(5)，否则转3)；

3) 若 $i=I$(I 为在某一 $\boldsymbol{X}^{N,k+1}$之下求解非线性方程组的最大迭代次数)，则以 $0.5\alpha^{(k)}$ 代替 $\alpha^{(k)}$，重新计算 $\boldsymbol{X}^{N,k+1}=\boldsymbol{X}^{N,k}+\alpha^{(k)}\boldsymbol{S}^{N,k}$，并令 $\boldsymbol{Y}^{(1)}=\boldsymbol{X}^{B,0}$，$i=1$，转回到2)；若 $i<I$，则以 $i+1$ 代替 i 转回到2)；

(5) 令 $\boldsymbol{X}^{(k)}=\boldsymbol{X}^{(k+1)}=[\boldsymbol{X}^{B,k+1},\ \boldsymbol{X}^{N,k+1}]^{\mathrm{T}}$，并根据前述换基的原则组成新的基向量与非基向量，或不改变基向量，并令 $k=k+1$，转回步骤(2)。

相应的计算程序框图如图 6-29 所示。

例 6-9　用广义简约梯度法求解问题

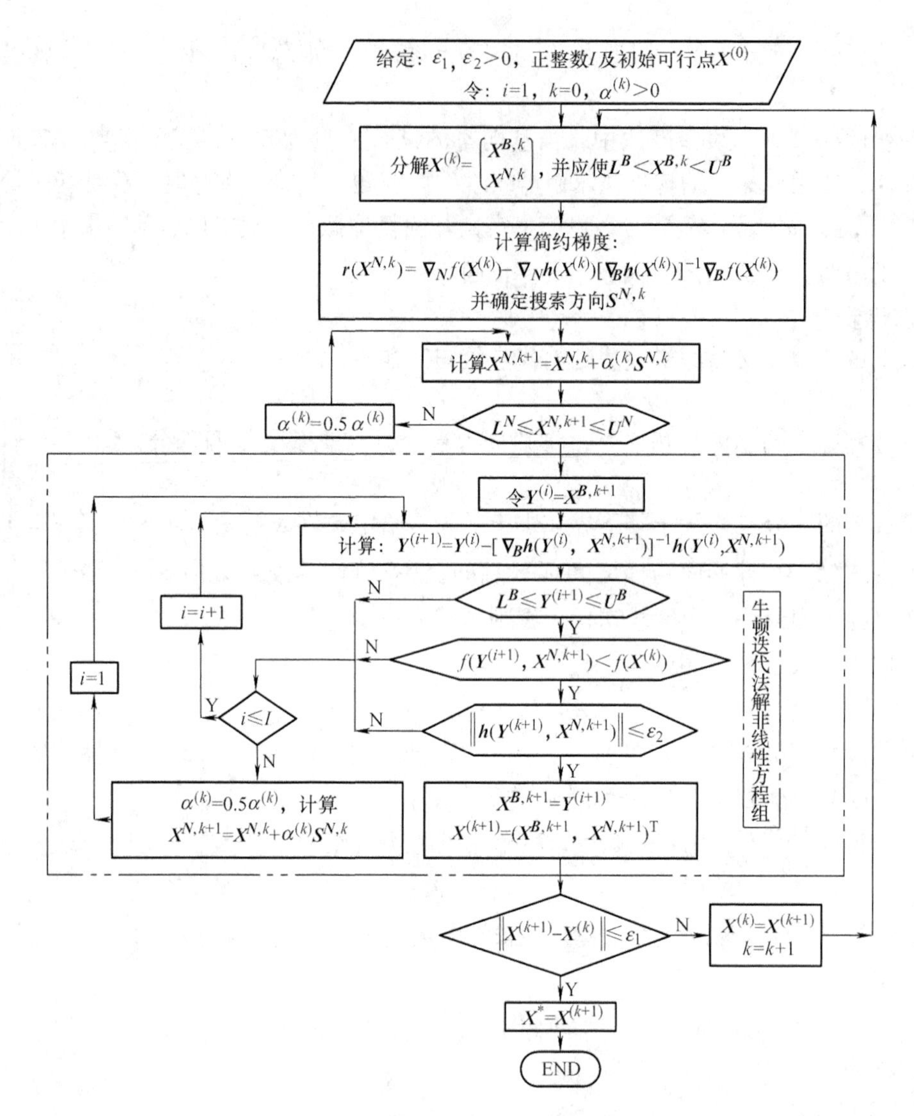

图 6-29　广义简约梯度法的计算程序框图

$$\min \quad f(\boldsymbol{X})=(x_1+x_2)^2+4(3x_1-x_2)$$

$$\text{s. t.} \quad \begin{cases} x_1^2+x_2^2\leqslant 4 \\ x_1\geqslant 1,\ x_2\leqslant 3 \end{cases}$$

解　首先引进非负的松弛变量 x_3，将不等式约束转化为等式约束。

由 $x_1^2+x_2^2\leqslant 4$ 可知，$x_1^2\leqslant 4$，又因 $x_1\geqslant 1$，故 x_1 的变化范围为 $1\leqslant x_1\leqslant 2$；进而可知 $x_2^2\leqslant 4-x_1^2\leqslant 4-1^2=3$，故 x_2 的变化范围为 $-\sqrt{3}\leqslant x_2\leqslant\sqrt{3}$；松弛变量 x_3 的变化范围显然为 $0\leqslant x_3\leqslant 4$。于是原问题转化为

$$\min \quad f(\boldsymbol{X})=(x_1+x_2)^2+4(3x_1-x_2)$$

$$\text{s. t.} \quad h(\boldsymbol{X})=x_1^2+x_2^2+x_3-4=0$$

$$L=\begin{pmatrix}1\\-\sqrt{3}\\0\end{pmatrix}\leqslant X=\begin{pmatrix}x_1\\x_2\\x_3\end{pmatrix}\leqslant U=\begin{pmatrix}2\\\sqrt{3}\\4\end{pmatrix}$$

第一次迭代：选择一个初始可行点 $X^{(0)}=[1.5,\ 1,\ 0.75]^{\mathrm{T}}$，因只有一个等式约束，故可取 $X^{B}=[x_1]$为基向量，$X^{N}=[x_2,\ x_3]^{\mathrm{T}}$ 为非基向量。即

$$X^{(0)}=\begin{pmatrix}X^{B,0}\\X^{N,0}\end{pmatrix}=\begin{pmatrix}1.5\\\hdashline 1\\0.75\end{pmatrix}$$

将 $X^{(0)}=[1.5,\ 1,\ 0.75]^{\mathrm{T}}$ 代入目标函数$f(X)$求得$f(X^{(0)})=20.25$。

$$\nabla_N f(X^{(0)})=\begin{pmatrix}\dfrac{\partial f(X^{(0)})}{\partial x_1^{N,0}}\\\dfrac{\partial f(X^{(0)})}{\partial x_2^{N,0}}\end{pmatrix}=\begin{pmatrix}\dfrac{\partial f(X^{(0)})}{\partial x_2}\\\dfrac{\partial f(X^{(0)})}{\partial x_3}\end{pmatrix}=\begin{pmatrix}2(x_1+x_2)-4\\0\end{pmatrix}=\begin{pmatrix}2(1.5+1)-4\\0\end{pmatrix}=\begin{pmatrix}1\\0\end{pmatrix}$$

$$\nabla_B f(X^{(0)})=\frac{\partial f(X^{(0)})}{\partial x_1^{B,0}}=\frac{\partial f(X^{(0)})}{\partial x_1}=2(x_1+x_2)+12=2(1.5+1)+12=17$$

$$\nabla_N h(X^{(0)})=\begin{pmatrix}\dfrac{\partial h(X^{(0)})}{\partial x_1^{N,0}}\\\dfrac{\partial h(X^{(0)})}{\partial x_2^{N,0}}\end{pmatrix}=\begin{pmatrix}2x_2\\1\end{pmatrix}=\begin{pmatrix}2\\1\end{pmatrix}$$

$$\nabla_B h(X^{(0)})=\frac{\partial h(X^{(0)})}{\partial x_1^{B,0}}=2x_1=3$$

将以上各式代入式(6-90),求得简约梯度为

$$r(X^{N,0})=\nabla_N f(X^{(0)})-\nabla_N h(X^{(0)})[\nabla_B h(X^{(0)})]^{-1}\nabla_B f(X^{(0)})$$

$$=\begin{pmatrix}1\\0\end{pmatrix}-\begin{pmatrix}2\\1\end{pmatrix}[3]^{-1}\times17=\begin{pmatrix}1\\0\end{pmatrix}-\begin{pmatrix}2\\1\end{pmatrix}\times\frac{1}{3}\times17=\begin{pmatrix}-\dfrac{31}{3}\\-\dfrac{17}{3}\end{pmatrix}$$

由于 $x_1^{N,0}=x_2^{(0)}=1,x_2^{N,0}=x_3^{(0)}=0.75$ 均不在约束边界上,故根据式(6-94)可求得搜索方向为

$$S^{N,0}=\begin{pmatrix}-r_1(X^{N,0})\\-r_2(X^{N,0})\end{pmatrix}=\begin{pmatrix}\dfrac{31}{3}\\\dfrac{17}{3}\end{pmatrix}$$

取步长因子 $\alpha^{(0)}=0.1$,可求得

$$X^{N,1}=X^{N,0}+\alpha^{(0)}S^{N,0}=\begin{pmatrix}1\\0.75\end{pmatrix}+0.1\begin{pmatrix}\dfrac{31}{3}\\\dfrac{17}{3}\end{pmatrix}=\begin{pmatrix}2.033\\1.317\end{pmatrix}$$

因为 $x_1^{N,1}=2.033>\sqrt{3}$，故不满足边界约束，改取 $\alpha^{(0)}=0.5\alpha^{(0)}=0.05$，重新求得

$$X^{N,1}=X^{N,0}+\alpha^{(0)}S^{N,0}=\begin{pmatrix}1\\0.75\end{pmatrix}+0.025\begin{pmatrix}\frac{31}{3}\\\frac{17}{3}\end{pmatrix}=\begin{pmatrix}1.517\\1.033\end{pmatrix}$$

满足边界约束。

将 $X^{N,1}$ 代入 $h(X)=x_1^2+x_2^2+x_3-4=0$ 中，解得 $x_1=0.816<l_1$，即小于下界，故再将步长因子 $\alpha^{(0)}$ 减半，取 $\alpha^{(0)}=0.5\alpha^{(0)}=0.025$，求得

$$X^{N,1}=X^{N,0}+\alpha^{(0)}S^{N,0}=\begin{pmatrix}1\\0.75\end{pmatrix}+0.025\begin{pmatrix}\frac{31}{3}\\\frac{17}{3}\end{pmatrix}=\begin{pmatrix}1.258\\0.892\end{pmatrix}$$

代入 $h(X)=0$ 中求得

$$x_1^{B,1}=x_1=1.235>l_1$$

显然满足边界约束。

将求得的 $X^{(1)}=[1.235,1.258,0.892]^{\mathrm{T}}$ 代入目标函数 $f(X)$ 中，得 $f(X^{(1)})=16.003$，由于不满足收敛条件，将点 $X^{(1)}$ 作为新点进入第二次迭代。

第二次迭代：由于 $l_1^B=1<x^{B,1}=1.235<u_1^B=2$，故无需改变基变量。即

$$X^B=[x_1^{(1)}]=1.235,\quad X^N=[x_2^{(1)},x_3^{(1)}]^{\mathrm{T}}=[1.258,0.892]^{\mathrm{T}}$$

$$\nabla_N f(X^{(1)})=\begin{pmatrix}2(x_1+x_2)-4\\0\end{pmatrix}=\begin{pmatrix}2(1.235+1.258)-4\\0\end{pmatrix}=\begin{pmatrix}0.986\\0\end{pmatrix}$$

$$\nabla_B f(X^{(1)})=2(x_1+x_2)+12=2(1.235+1.258)+12=16.986$$

$$\nabla_N h(X^{(1)})=\begin{pmatrix}2x_2\\1\end{pmatrix}=\begin{pmatrix}2\times1.258\\0\end{pmatrix}=\begin{pmatrix}2.516\\1\end{pmatrix}$$

$$\nabla_B h(X^{(1)})=2x_1=2\times1.235=2.47$$

故可求得简约梯度为

$$r(X^{N,1})=\begin{pmatrix}0.986\\0\end{pmatrix}-\begin{pmatrix}2.516\\1\end{pmatrix}(2.47)^{-1}\times16.986=\begin{pmatrix}-16.316\\-6.877\end{pmatrix}$$

又因 $X^{N,1}$ 不在约束边界上，故取

$$S^{N,1}=-r(X^{N,1})=\begin{pmatrix}16.316\\6.877\end{pmatrix}$$

取步长因子 $\alpha^{(1)}=0.01$，可求得

$$X^{N,2}=X^{N,1}+\alpha^{(1)}S^{N,1}=\begin{pmatrix}1.258\\0.892\end{pmatrix}+0.01\begin{pmatrix}16.316\\6.877\end{pmatrix}=\begin{pmatrix}1.421\\0.961\end{pmatrix}$$

满足边界条件。

将 $X^{N,2}$ 代入 $h(X)=x_1^2+x_2^2+x_3-4=0$ 中，解得 $x_1=1.010, l^{B,2}=1<x_1<u^{B,2}=2, X^{B,2}=x_1$ 也满足边界条件，故将所求得的新点

$$X^{(2)}=[1.010,1.421,0.961]^{\mathrm{T}}, f(X^{(2)})=12.35<f(X^{(1)})=16.003$$

作为新点，进行第三次迭代。

第三次迭代： 因 $x_1^{(2)}=1.010\approx l^{B,2}=1$，故应换基。

取 $X^{B,2}=(x_2^{(2)})=1.421$ 为基向量，$X^{N,2}=[x_1^{(2)},x_3^{(2)}]^{\mathrm{T}}=[1.010,0.961]^{\mathrm{T}}$ 为非基向量。

$$\nabla_N f(X^{(2)})=\begin{pmatrix}\dfrac{\partial f(X^{(2)})}{\partial x_1^{N,2}}\\ \dfrac{\partial f(X^{(2)})}{\partial x_2^{N,2}}\end{pmatrix}=\begin{pmatrix}\dfrac{\partial f(X^{(2)})}{\partial x_1^{(2)}}\\ \dfrac{\partial f(X^{(0)})}{\partial x_3^{(2)}}\end{pmatrix}=\begin{pmatrix}2(x_1+x_2+6)\\ 0\end{pmatrix}=\begin{pmatrix}16.862\\ 0\end{pmatrix}$$

$$\nabla_B f(X^{(2)})=\frac{\partial f(X^{(2)})}{\partial x_1^{B,2}}=\frac{\partial f(X^{(2)})}{\partial x_2^{(2)}}=2(x_1+x_2-2)=0.862$$

$$\nabla_N h(X^{(2)})=\begin{pmatrix}2x_1\\ 1\end{pmatrix}=\begin{pmatrix}2.020\\ 1\end{pmatrix}$$

$$\nabla_B h(X^{(2)})=2x_2=2.842$$

故可求得简约梯度为

$$r(X^{N,2})=\begin{pmatrix}16.862\\ 0\end{pmatrix}-\begin{pmatrix}2.020\\ 1\end{pmatrix}(2.842)^{-1}\times0.862=\begin{pmatrix}16.249\\ -0.303\end{pmatrix}$$

即 $r_1(X^{N,2})>0$，而 $x_1^{N,2}=x_1^{(2)}=1.010\approx l_1^N=1$，故取

$$S^{N,2}=-r(X^{N,2})=\begin{pmatrix}0\\ -r_2(X^{N,2})\end{pmatrix}\begin{pmatrix}0\\ 0.303\end{pmatrix}$$

取步长因子 $\alpha^{(2)}=3.4$，可求得

$$X^{N,3}=X^{N,2}+\alpha^{(2)}S^{N,2}=\begin{pmatrix}1.010\\ 0.961\end{pmatrix}+3.4\begin{pmatrix}0\\ 0.303\end{pmatrix}=\begin{pmatrix}1.010\\ 1.991\end{pmatrix}$$

将 $X^{N,3}$ 代入 $h(X)=x_1^2+x_2^2+x_3-4=0$ 中，解得

$$X^{B,3}=x_2^{(3)}=0.994, f(X^{(3)})=12.160<f(X^{(2)})=12.35$$

故可将 $X^{(3)}=[1.010,0.994,1.991]^{\mathrm{T}}$ 作为新点。它已非常接近最优点 $X^*=[1,1,2]^{\mathrm{T}}$，最优值 $f(X^*)=12$。

本章学习要点

(1) 重点掌握求解约束优化问题的两个常用的方法：复合形法和惩罚函数法。理解方法的基本原理和迭代过程，读懂迭代的程序框图，清楚每种方法适用的数学模型，结合附录中相

应的参考程序,能独立编写主程序,应用现有的通用子程序,对具体的工程实际问题求解。

1）复合形法　重点掌握初始复合形建立的方法,加速收敛的技巧:反射、延伸(扩张)、压缩和旋转(向好点靠拢)。

2）惩罚函数法重点理解内、外罚函数法惩罚函数数学表达式的意义,何谓“惩罚”,注意“惩罚项”必须为正,约束函数大于0或小于0形式不同,相应的“惩罚项”不同。初始罚因子的选取很重要,需要一定的经验和技巧。

(2) 了解可行方向法、增广乘子法和广义简约梯度法的应用范围、基本思想和迭代步骤及计算程序框图。

1）可行方向法适用可行方向指沿该方向搜索既不破坏约束又能使目标函数值下降的方向,理解其表达式:

$$[\nabla g_u(\boldsymbol{X}^{(k)})]^{\mathrm{T}}\boldsymbol{S}^{(k)} \leqslant 0 \quad (u=1,2,\cdots,j) \qquad \text{可行(不破坏约束)}$$

$$[\nabla f(\boldsymbol{X}^{(k)})]^{\mathrm{T}}\boldsymbol{S}^{(k)} < 0 \qquad \text{适用(函数值有所下降)}$$

重点是如何确定适用可行方向和步长因子。

2）等式约束的增广乘子法重点理解乘子向量 $\boldsymbol{\lambda}$ 参数的选择;不等式约束的增广乘子法重点理解消去松弛变量 $\boldsymbol{Z}$ 的目的及乘子的修正公式(6-63):

$$\lambda_u^{(k+1)} = \max\{0, r^{(k)} g_u(\boldsymbol{X}^{(k)}) + \lambda_u^{(k)}\} \quad (u=1,2,\cdots,m)$$

3）广义简约梯度法:

①结合第五章线性规划进行学习。

②重点理解简约梯度的概念:简约梯度 $\boldsymbol{r}(\boldsymbol{X}^N)$ 与 $\nabla_N f(\boldsymbol{X})$ 有完全不同的意义。$\nabla_N f(\boldsymbol{X})$ 表示原目标函数的梯度 $\nabla f(\boldsymbol{X})$ 对应于非基变量 $\boldsymbol{X}^N$ 的偏导分量部分,而简约梯度 $\boldsymbol{r}(\boldsymbol{X}^N)$ 则表示目标函数 f 作为 $\boldsymbol{X}^N$ 的复合函数时关于 $\boldsymbol{X}^N$ 的梯度,可由复合函数求导的方法求得。

③搜索方向不能简单地统一用 $-\boldsymbol{r}(\boldsymbol{X}^N)$ 的方向,要根据求得的新点必须满足非负或变量的上下界的原则选取,步长因子选取也应考虑该因素,学习时应注意。

习　题

6-1　单项选择题

(1) 在复合形法中,若反射系数 α 已缩小到预定的数($\delta=10^{-5}$)仍不能满足反射点优于最坏点,则可用________。

A. 好点代替坏点　　B. 次坏点代替坏点

C. 反射点代替坏点　　D. 形心点代替坏点

(2) 对于极小化 $f(\boldsymbol{X})$,而受约束 $g_u(\boldsymbol{X}) \geqslant 0\ (u=1,2,\cdots,m)$ 的优化问题,其内点罚函数表达式为________。

A. $\varphi(\boldsymbol{X}, r^{(k)}) = f(\boldsymbol{X}) + r^{(k)} \sum_{u=1}^{m} [\max\{g_u(\boldsymbol{X}), 0\}]^2$

B. $\varphi(\boldsymbol{X}, r^{(k)}) = f(\boldsymbol{X}) + r^{(k)} \sum_{u=1}^{m} [\min\{g_u(\boldsymbol{X}), 0\}]^2$

C. $\varphi(\boldsymbol{X}, r^{(k)}) = f(\boldsymbol{X}) - r^{(k)} \sum_{u=1}^{m} \dfrac{1}{g_u(\boldsymbol{X})}$

D. $\varphi(\boldsymbol{X}, r^{(k)}) = f(\boldsymbol{X}) + r^{(k)} \sum_{u=1}^{m} \dfrac{1}{g_u(\boldsymbol{X})}$

（3）对于极小化 $f(\boldsymbol{X})$，而受约束 $g_u(\boldsymbol{X}) \geqslant 0(u=1,2,\cdots,m)$ 的优化问题，其外点罚函数表达式为________。

A. $\varphi(\boldsymbol{X},M^{(k)})=f(\boldsymbol{X})+M^{(k)}\sum_{u=1}^{m}[\max\{g_u(\boldsymbol{X}),0\}]^2$

B. $\varphi(\boldsymbol{X},M^{(k)})=f(\boldsymbol{X})+M^{(k)}\sum_{u=1}^{m}[\min\{g_u(\boldsymbol{X}),0\}]^2$

C. $\varphi(\boldsymbol{X},M^{(k)})=f(\boldsymbol{X})-M^{(k)}\sum_{u=1}^{m}[\max\{g_u(\boldsymbol{X}),0\}]^2$

D. $\varphi(\boldsymbol{X},M^{(k)})=f(\boldsymbol{X})-M^{(k)}\sum_{u=1}^{m}[\min\{g_u(\boldsymbol{X}),0\}]^2$

（4）内点罚函数法的特点是________。

A. 能处理等式约束优化问题　　B. 初始点必须在可行域内

C. 初始点可在可行域外　　D. 得到的解近似满足约束条件

（5）内点罚函数法的罚因子为________。

A. 递增正序列　　B. 递减正序列　　C. 递增负序列　　D. 递减负序列

6-2　试用复合形法求解约束优化问题

$$\min \quad f(\boldsymbol{X})=x_1^2+x_2^2-x_1x_2-10x_1-4x_2+60$$

$$\text{s. t.} \quad \begin{cases} g(\boldsymbol{X})=x_1+x_2-11 \leqslant 0 \\ 0 \leqslant x_1 \leqslant 6 \\ 0 \leqslant x_2 \leqslant 8 \end{cases}$$

已知初始复合形的顶点 $\boldsymbol{X}_1^{(0)}=[1,5.5]^{\mathrm{T}}$，$\boldsymbol{X}_2^{(0)}=[1,4]^{\mathrm{T}}$，$\boldsymbol{X}_3^{(0)}=[2,6.4]^{\mathrm{T}}$，$\boldsymbol{X}_4^{(0)}=[3,5.5]^{\mathrm{T}}$。

6-3　试用复合形法求解目标函数 $f(\boldsymbol{X})=\dfrac{25}{x_1x_2^3}$ 的极小值，已知约束条件为

$$50-\frac{30}{x_1x_2^2} \geqslant 0$$

$$0.001-0.0004x_1x_2 \geqslant 0$$

$$2 \leqslant x_1 \leqslant 4$$

$$0.5 \leqslant x_2 \leqslant 1$$

6-4　对于约束优化问题：

$$\min \quad f(\boldsymbol{X})=x_1+x_2^2$$

$$\text{s. t.} \quad g(\boldsymbol{X})=1-x_1 \leqslant 0$$

（1）写出内点罚函数 $\varphi(\boldsymbol{X},r^{(0)})$ 的表达式；

（2）若取 $r^{(0)}=1$，$\boldsymbol{X}^{(0)}=(2,1)^{\mathrm{T}}$，用梯度法求 $\varphi(\boldsymbol{X},r^{(0)})$ 的无约束优化的极小值点 $\boldsymbol{X}^*(r^{(0)})$ 和极小值 $\varphi(\boldsymbol{X}^*,r^{(0)})$。

6-5　对于约束优化问题：

$$\min \quad f(\boldsymbol{X})=x_1^2+x_2^2$$

$$\text{s. t.} \quad g(\boldsymbol{X})=1-x_1 \leqslant 0$$

（1）写出外点罚函数 $\varphi(\boldsymbol{X},M^{(k)})$ 的表达式；

（2）若取 $M^{(0)}=1$，$\boldsymbol{X}^{(0)}=[-2,0]^{\mathrm{T}}$，用梯度法求 $\varphi(\boldsymbol{X},M^{(0)})$ 的无约束优化的极小值点 $\boldsymbol{X}^*(M^{(0)})$ 和极小值 $\varphi(\boldsymbol{X}^*,M^{(0)})$。

6-6　试用可行方向法求解约束优化问题

$$\min \quad f(\boldsymbol{X}) = x_1^2 + 4x_2^2$$

$$\text{s. t.} \quad \begin{cases} g_1(\boldsymbol{X}) = -x_1 - 2x_2 + 1 \leqslant 0 \\ g_2(\boldsymbol{X}) = -x_1 + x_2 \leqslant 0 \\ g_3(\boldsymbol{X}) = -x_1 \leqslant 0 \end{cases}$$

6-7 试用增广拉格朗日乘子法求解习题6-6中的约束优化问题。

6-8 试用广义简约梯度法求解约束优化问题

$$\min \quad f(\boldsymbol{X}) = 4x_1^2 - x_2^2 - 12$$

$$\text{s. t.} \quad \begin{cases} h(\boldsymbol{X}) = x_1^2 + x_2^2 - 25 = 0 \\ g_1(\boldsymbol{X}) = -10x_1 + x_1^2 - 10x_2 + x_2^2 + 34 \leqslant 0 \\ g_2(\boldsymbol{X}) = -x_1 \leqslant 0 \\ g_3(\boldsymbol{X}) = -x_2 \leqslant 0 \end{cases}$$

第七章　多目标函数的优化方法

提示：在实际的工程设计中，往往要同时考虑多个指标，在满足约束条件的同时，确定各设计参数，使各项指标达到最优，这类优化问题需要使用多目标函数的优化方法来解决。本章在前述各章单目标优化方法的基础上，简要介绍多目标优化设计问题的一些基本概念、求解思路和处理办法。

第一节　统一目标法

多目标优化(Multiobjective Optimization Problem，MOP)是优化设计的一个重要分支，是多于一个的目标函数在给定区域上的最优化问题，在工程设计、经济规划、计划管理等各领域都有着广泛应用。

若有 l 个目标函数，则多目标优化问题的表达式可写为

$$\left.\begin{aligned}&\min_{\boldsymbol{X}\in\mathbf{R}^n}\boldsymbol{F}(\boldsymbol{X})=\min_{\boldsymbol{X}\in\mathbf{R}^n}[f_1(\boldsymbol{X}),f_2(\boldsymbol{X}),\cdots,f_l(\boldsymbol{X})]^{\mathrm{T}}\\&\text{s. t.}\quad\begin{cases}g_u(\boldsymbol{X})\leqslant 0 & (u=1,2,\cdots,m)\\h_v(\boldsymbol{X})=0 & (v=1,2,\cdots,p,p<n)\end{cases}\end{aligned}\right\}\tag{7-1}$$

式中，$\boldsymbol{F}(\boldsymbol{X})$称为向量目标函数，表示多目标极小化数学模型的向量形式。

统一目标法的基本思想是将原多目标优化问题，通过一定方法转化为统一目标函数(或称综合目标函数)，作为该多目标优化问题的评价函数，然后用前述的单目标函数优化方法进行求解，又称综合目标法或评价函数法。主要有以下几种方法。

一、线性加权和法

线性加权和法又称线性组合法，它是处理多目标优化问题常用的较简便的一种方法。这种方法因为有一定理论根据，故已被广泛应用。所谓线性加权和法即将多个目标函数组成一个综合目标函数，把一个要最小化的函数 $F(\boldsymbol{X})$规定为有关性质的联合。例如，设计时希望对不同要求的$f_1(\boldsymbol{X})$和$f_2(\boldsymbol{X})$为最小的问题，可写综合目标函数为

$$F(\boldsymbol{X})=W_1\cdot f_1(\boldsymbol{X})+W_2\cdot f_2(\boldsymbol{X})\tag{7-2}$$

式中，W_i 是人为确定的某一系数，称为权系数或加权因子。建立这样的综合目标函数，要注意其因次单位已脱离通常的概念。例如，$f_1(\boldsymbol{X})$的单位为 mm，$f_2(\boldsymbol{X})$的单位为 kg，而$f_1(\boldsymbol{X})+f_2(\boldsymbol{X})$作为目标函数是完全可以接受的。

线性加权和法是根据多目标优化问题表达式(7-1)中各个目标函数的重要程度，对应地选择一组权系数 W_1，W_2，…，W_l，使

$$\begin{cases}W_i>0\\\sum\limits_{i=1}^{l}W_i=1\end{cases}\quad(i=1,2,\cdots,l)\tag{7-3}$$

用各个目标函数的线性组合构成一个新的评价函数

$$F(\boldsymbol{X}) = \sum_{i=1}^{l} W_i \cdot f_i(\boldsymbol{X}) \tag{7-4}$$

将多目标优化问题转化为单目标优化问题，再用前面介绍的单目标函数优化方法进行求解。

使用这种方法的难处在于如何确定合理的加权系数。每个加权系数应合理反映所对应单目标函数在整个多目标问题中的重要程度，这样才能使原多目标优化问题较合理地转化为单目标优化问题，且此单目标优化问题的解又是原多目标优化问题的较好的非劣解。加权系数的选取，反映了对各分目标的不同估价，故应根据具体情况作具体处理，有时要凭经验、凭估计或统计计算并经试算得出。

二、极大极小法

极大极小法的基本思路是，在各目标最不利的情况中求得最好方案。即用各个目标 $f_i(i=1,2,\cdots,l)$ 的最大值作为评价函数（目标函数），然后再在可行域内进行极小化求解。例如，对 $n=1$，$l=2$ 的两个单度量函数 $f_1(x)$，$f_2(x)$ 取较大值构造评价函数 $\max\{f_1(x), f_2(x)\}$，然后再极小化该函数，即 $\min\max\{f_1(x), f_2(x)\}$，求得最优解 x^*，如图 7-1 所示。图中实线表示对目标函数 $f_1(x)$，$f_2(x)$ 取较大值。该方法的特点是对各目标函数作极大值选择后，再在可行域内进行极小化，故称为极大极小法。

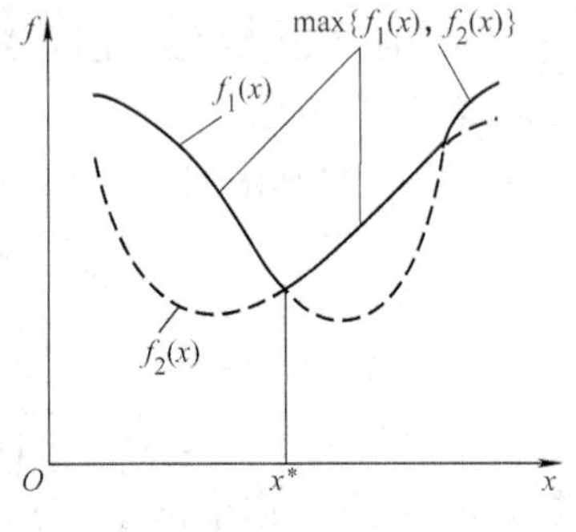

图 7-1 极大极小法示意图

三、理想点法

先对各个目标函数分别求出最优点 $\boldsymbol{X}_i^*$ 和相应的最优值 $f_i(\boldsymbol{X}^*)$。一般所有目标函数不会同时都达到最优解，即找不到一个最优解 $\boldsymbol{X}^*$ 使各个目标函数都能同时达到各自的最优值。因此，对于综合目标函数 $\boldsymbol{F}(\boldsymbol{X})=[f_1(\boldsymbol{X}), f_2(\boldsymbol{X}), \cdots, f_l(\boldsymbol{X})]^{\mathrm{T}}$ 来说，其理想的最优点一般是得不到的。但是，若能使各个目标尽可能接近各自的理想值，那么，就可以求出较优解。根据这个思想，将多目标优化问题转化为求单目标函数（评价函数）的极值。构造出理想点的评价函数为

$$U(\boldsymbol{X}) = \sum_{i=1}^{l}\left[\frac{f_i(\boldsymbol{X}) - f_i(\boldsymbol{X}_i^*)}{f_i(\boldsymbol{X}_i^*)}\right]^2 \tag{7-5}$$

求此评价函数 $U(\boldsymbol{X})$ 的最优解，即是求原多目标优化问题的最优解。式中，用目标函数值与最优值之差同最优值相除是为了把评价函数无量纲化，消除不同量纲带来的影响。

四、加权平方和法

若在理想点法的基础上引入加权系数，构造的评价函数为

$$U(\boldsymbol{X}) = \sum_{i=1}^{l}\left[W_i\frac{f_i(\boldsymbol{X}) - f_i(\boldsymbol{X}_i^*)}{f_i(\boldsymbol{X}_i^*)}\right]^2 \tag{7-6}$$

此即为加权平方和法。这个评价函数既考虑到各个目标尽可能接近各自的理想值，又反映了各个目标在整个多目标优化问题中的重要程度。加权系数法的确定可参照前面线性加权系数法中权系数的确定方法。

第二节 主要目标法

主要目标法的基本思想是根据设计者的经验，从几个目标函数中选择一个对实际问题起主要作用的目标函数，求该目标函数的最优点，而将其他目标函数转化为约束条件，也就是在主要目标函数达到最优点时，其他目标函数值满足一定要求，不致太差即可。这样处理后，多目标优化问题就转化为单目标优化问题，求得整个设计可以接受的相对最优解。

设优化问题有 l 个目标函数 $f_1(\boldsymbol{X})$，$f_2(\boldsymbol{X})$，…，$f_l(\boldsymbol{X})$，其中 $\boldsymbol{X}\in\mathbf{R}^n$，求解时可从上述多目标函数中选择其中一个目标函数 $f_k(\boldsymbol{X})$ 为主要目标函数，则式(7-1)所示优化问题变为

$$\left.\begin{array}{ll}\min\limits_{\boldsymbol{X}\in\mathbf{R}^n} f_k(\boldsymbol{X}) & \\ \text{s. t.} & \begin{cases} g_u(\boldsymbol{X})\leqslant 0 & (u=1,2,\cdots,m) \\ h_v(\boldsymbol{X})\leqslant 0 & (v=1,2,\cdots,p,p<n) \\ \{\boldsymbol{X}\,|\,f_{i\min}\leqslant f_i\leqslant f_{i\max}\} & (i=1,2,\cdots,k-1,k+1,\cdots,l) \end{cases}\end{array}\right\} \tag{7-7}$$

式中，$f_{i\min}$，$f_{i\max}$ 表示第 i 个目标函数的上、下限，若 $f_{i\min}=-\infty$ 或 $f_{i\max}=+\infty$，则变为单边域限制。

第三节 协调曲线法

在多目标优化设计中，设计目标往往是互相矛盾的，即当一个或几个目标函数值减小的时候，另外一个或几个目标函数值增大。例如，在空心传动轴的设计中，轴的刚度与内径就是一对互相矛盾的设计指标，增大刚度必然导致内径减小。图 7-2 表示两个相互矛盾的目标函数 $f_1(\boldsymbol{X})$，$f_2(\boldsymbol{X})$ 的等值线和两个不等式约束函数 $g_1(\boldsymbol{X})$，$g_2(\boldsymbol{X})$ 的约束线。图中点 T，P 分别表示两个目标函数 $f_1(\boldsymbol{X})$，$f_2(\boldsymbol{X})$ 的最优解。设从可行域中的一个设计方案 R 点出发来考察，当 $f_1(\boldsymbol{X})=9$ 保持不变时，极小化 $f_2(\boldsymbol{X})$ 可得到点 S，即从点 R 起，沿着等值线 $f_1(\boldsymbol{X})=9$ 向约束面 $g_2(\boldsymbol{X})$ 移动，$f_2(\boldsymbol{X})$ 得到不断改善，直到点 S。另一方面，若当 $f_2(\boldsymbol{X})=10$ 保持不变时，极小化 $f_1(\boldsymbol{X})$ 可得到点 Q，即从 R 点起，沿着等值线 $f_2(\boldsymbol{X})=10$ 向约束面 $g_1(\boldsymbol{X})$ 移动，$f_1(\boldsymbol{X})$ 得到不断改善，直到点 Q。

由此可见，在 QRS 范围内(图中阴影部分)的任意一个设计点，其对应的两个目标函数值都比点 R 的目标函数值要小，即 QRS 范围内任意一个设计点均优于点 R。为了便于确定较优的设计点，在图 7-3 中，以一个目标函数 $f_1(\boldsymbol{X})$ 为横坐标，另一个目标函数 $f_2(\boldsymbol{X})$ 为纵坐标，在图 7-2 中，若从每一个不同的设计点 R 出发，用上述方法都可以得到两个改善的设计点 Q 和 S，把这些点所对应的目标函数值在图 7-3 中连成一条曲线 TP，显然，在曲线 TP 上的 QS 段中的任意一个设计方案都比 R 点好，因为目标函数值减小了，这条曲线包含两个

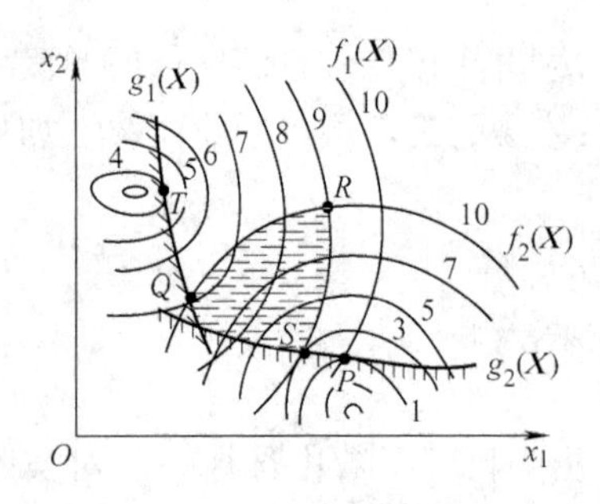

图 7-2 两个目标函数的等值线和约边界

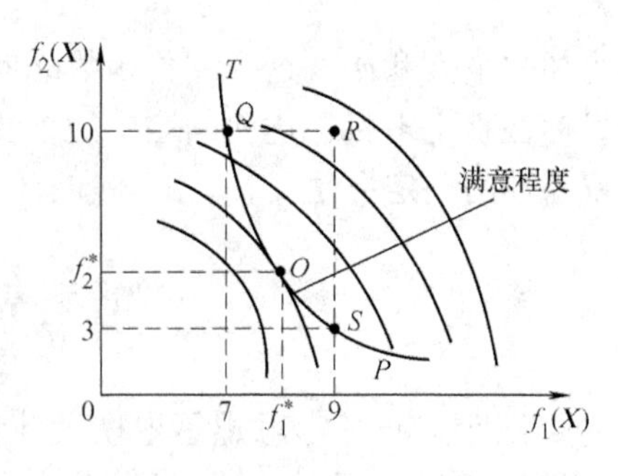

图 7-3 协调曲线

设计目标全部最佳方案的调整范围，所以将 TP 曲线称为协调曲线。

这条协调曲线表明：①若一个目标函数值已确定，则另一个目标函数值也由此曲线确定了。例如，在 S 点 $f_1(\boldsymbol{X})=9$，则 $f_2(\boldsymbol{X})=3$；②若认为 R 点是一个满意的设计方案，则曲线 QS 间所有设计点都满意，且比点 R 更好。若能够建立一个衡量设计方案满意程度的准则，则可以利用协调曲线选择理想的设计方案。这个准则可以根据两个设计目标恰当的匹配关系、实验数据或其他设计目标的优劣等因素来考虑。按照准则可在图中作出一组表示不同满意程度的曲线，随着满意程度的增加，同时使目标函数 $f_1(\boldsymbol{X})$ 和 $f_2(\boldsymbol{X})$ 值都下降，直到 O 点，这一点就是由协调曲线确定的最优设计方案，其目标函数值分别为 f_1^* 和 f_2^*，相应的最优点为 $\boldsymbol{X}^*$。

本章学习要点

重点掌握应用统一目标法求解多目标优化问题的基本思想和几种常用方法，了解主要目标法和协调曲线法的基本思想和求解过程。

习　题

7-1 多目标函数的优化方法主要有几种？试简要说明其求解方法。

7-2 如何用统一目标法求解多目标优化问题？

7-3 对于下列由三个分目标函数组成的优化问题，试用理想点法构造出理想点评价函数。

$$f_1(\boldsymbol{X})=x_1+x_2+x_3-208$$
$$f_2(\boldsymbol{X})=-15x_1-14x_2-12x_3$$
$$f_3(\boldsymbol{X})=-3x_1$$
$$\text{s. t.}\quad \begin{cases}3x_1-100\leqslant 0\\ 2x_2-200\leqslant 0\\ 4x_3-300\leqslant 0\\ 180-(x_1+x_2+x_3)\leqslant 0\\ -x_1\leqslant 0\\ -x_2\leqslant 0\\ -x_3\leqslant 0\end{cases}$$

第八章　现代优化方法简介

提示： 本章在前面所论述的较成熟的传统优化设计方法(非线性规划和线性规划)的基础上，简单地介绍近年来发展起来的、已经为许多工程技术人员采用、受到广泛关注的一些现代优化计算方法：遗传算法、模拟退火算法、人工神经网络算法以及蚁群算法。对上述每种算法的基本思想、基本概念以及基本计算方法作简单介绍，目的是为读者进一步深入地学习现代优化计算方法引路、打基础。

第一节　工程遗传算法

一、工程遗传算法概述

1. 工程遗传算法的概念

遗传算法是在20世纪60年代中期由美国著名科学家、密执安(Michigan)大学教授J. H. Holand提出，随后他和他的同事不断地对遗传算法进行理论研究，并开拓其应用领域而发展起来的。

通过对生物进化过程进行模拟，将自然界遗传学和计算机科学结合起来的一种全新的概率优化方法——遗传算法(Genetic Algorithms, GA)。它以其很强的解决问题的能力和广泛的适应性渗透到研究与工程技术各个领域，并取得了良好的效果。因此，引起了工程界广泛的关注。

自然界生物进化的基本过程如图8-1所示。循环圈的群体为起点，经过竞争后，一部分群体被淘汰而无法再进入这个循环圈，而另一部分则成为种群。优胜劣汰在这个过程中起着非常重要的作用，在自然界中显得尤为突出。由于恶劣的自然气候和天敌的侵害，大自然中很多动物的成活率是非常低的，即使在成活群体中，还要通过竞争产生种群，种群通过婚配产生新的个体(子群)。又由于各种偶然的因素引起基因突变，子群成长为新的群体而取代旧群体成为循环的开始。

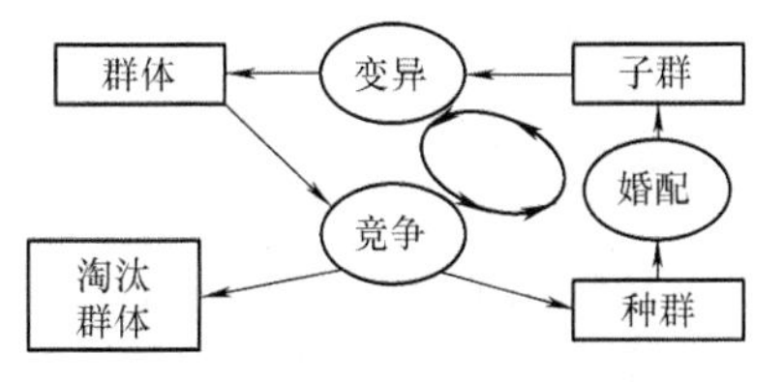

图8-1　生物进化循环图

遗传算法的基本思想正是根据生物进化论，遵循“物竞天择、适者生存、优胜劣汰”的自然选择和群体遗传学基本原理，在计算机上模拟生物进化机制发展起来的全局优化搜索算法。遗传算法综合了适者生存和遗传信息的结构性及随机性交换的生物进化特点，使满足目标决策获得最大的生存可能。在自然界进化过程中，生物体通过遗传、变异来适应外界环境，一代一代地优胜劣汰，繁衍进化，这个过程正是一个以群体为基础的优化过程。遗传算法正是模拟了上述进化现象，一次迭代，相当于生物进化中的一代遗传，产生一组最大生存可能的新的人工物种，其中一部分是随机生成的。遗传算法尽管具有一些随机性，但它并不是一种简单的随机搜索方法，它充分利用历经的信息来确定新的搜索点。

2. 遗传算法的特点

遗传算法完全不同于传统的优化方法，它是模拟生物进化机制(适者生存，优胜劣汰、选择、交叉(婚配)、变异)而发展起来的一种并行全局搜索方法。与传统的优化搜索方法相比，遗传算法是一种具有鲁棒性(即稳定收敛性)的搜索方法。它适应于不同性质、不同类型的问题并能获得满意的解。遗传算法具有以下特点：

(1) 适用性　遗传算法是对问题变量的编码集进行操作，而不是变量的本身，这就使得问题的表述和求解比较灵活，易于写出一个通用算法，求解不同类型、不同性质的优化问题。因此，该算法能有广泛的适用性。

(2) 并行性　遗传算法从一组初始点，而不是从一个初始点开始进行搜索，因此该算法能同时获得许多峰值(极值点)，并行搜索，大大地减少了陷入局部最小的可能性，增强了全局收敛性并保证了全局最优性。

(3) 适应面广　遗传算法仅使用问题本身的目标函数值信息，而无需其导数或其他辅助信息，因而算法可适用于各种类型的目标函数。

(4) 非线性性　大多数现行的优化算法都基于线性、凸性、可微性等，但遗传算法没有这些假设。遗传算法只需评价目标函数值的优劣，具有高度的非线性性。

(5) 启发式搜索　遗传算法采用概率转移规则而不是确定规则来指导搜索。这是一种启发式搜索技术，而不是简单的枚举，因而其搜索效率大大优于枚举方法，收敛速度快。并且遗传算法的计算量与解题的规模呈线性增长关系而不是指数增长关系，因而避免了维数灾难问题。

基于上述特点，使遗传算法能够有效地求解工程中存在的大量复杂优化问题，在自然科学、工程技术、商业、医学、社会科学等领域都得到广泛应用。

二、遗传算法的基本原理

遗传算法的基本原理是以生物进化论的原理为基础，遵从“物竞天择、适者生存、优胜劣汰”自然选择的原理和遗传机制，抽象出来而形成的一种非常便于计算机实现的算法。

在自然界中，物种的性质由染色体决定，染色体由基因按一定的规则有序排列组成，基因是细胞核中控制生物遗传特性的基本物质。在优化问题的求解中，目标函数值由决策变量确定，决策变量由编码的字符串(相当于基因链)表示，字符串中的字符相当于基因。遗传算法正是人为地建立并利用了这种相似性，在计算机上模拟生物进化机制的搜索算法。为了论述方便，表 8-1 列出了生物遗传基本概念在遗传算法中作用的对照关系。

表 8-1　生物遗传概念在遗传算法中的对应关系

生物遗传概念	在遗传算法中的作用
适者生存	在算法停止时，目标函数值较大的解可能被留住
个体(Individual)	解
染色体(Chromosome)	解的编码(字符串)
基因(Gene)	解中各分量的值(或字符串中的字符)
适应性(Fitness)	适应(目标)函数值
群体(Population)	选定的一组解(解的个数为群体的规模)
种群(Reproduction)	适应函数值较大的一组解

（续）

生物遗传概念	在遗传算法中的作用
交配(Crossover)	两个解字符串中交叉位置后的字符串对换
变异(Mutation)	解的编码中某一个字符进行翻转(逆变，即0变为1或1变为0)

遗传算法将优化问题的目标函数用染色体的适应函数表示。最初从随机产生一群染色体(一组解)中选择那些适应度高(性能好)的染色体组成初始的寻优群体，又称之为种群。自然选择的规律是以适应度(目标函数值的大小)决定了染色体被选择的概率，从而反映了适者生存的原则。然后在种群中随机两两配对交换各基因链之间的信息(交叉位置后的字符串对换)，产生更加优秀的染色体——下一代(子代)。子代中性能不佳的染色体将在下一轮的选择过程中被淘汰，这一过程称之为“交叉”或“交配”，相当于一种高效的搜索技术。紧接着是变异，以一定的概率选取种群中若干个染色体，对已选的每个染色体随机地将其染色体中某位基因进行翻转。变异改变了群体中染色体的基因特性，使解有更大的遍历性，有助于使寻优搜索跳出局部最优点。通过选择、交叉、变异遗传操作，一代一代地优胜劣汰，使子代不断得到繁衍进化。由于新种群体是上一代群体的优秀者，继承了上一代的优良性能，因而明显优于上一代。遗传算法就是通过这样反复地操作，向着更优解的方向进化，直到满足预定的优化收敛精度。

三、遗传算法的基本操作

遗传算法主要借鉴了生物进化的过程。因此，在用遗传算法求解实际问题时，首先要将实际问题的解进行编码，进化发生在解的编码上。所谓的编码是将解表示成具有固定结构的字符串，即染色体。为了计算机实现的方便，通常用二进制(0和1)的字符串表示染色体，字符串的总位数称为染色体的长度，字符串中每个字符即表示基因。衡量染色体品质的指标是染色体的适应度函数(实际问题的目标函数)。

遗传算法的基本操作是：选择、交配和变异。

(1) 选择(Election)　选择操作的作用是模拟生物界去劣存优的自然选择功能。其规则是：适应度f_i(目标函数值)越大的染色体，赋予更大的选中概率。因此，适应度为群体的进化提供了选择压力，即适应度高的染色体有更多的机会繁殖后代，使其优良特性得以遗传和保留。

选择只能从上代种群中选择优秀者，不能创造出新一代的染色体。

(2) 交叉(Crossover)　交叉又称为交配，其作用是：模拟生物进化过程中繁殖杂交现象。交叉操作对被选中的染色体随机的两两配对，然后在这两个染色体编码串中再随机地选取一个交叉位置，将这两个母体(双亲)位于交叉位置后的字符串对换，即实现了部分基因交换，形成两个新的染色体(子代)。

例如，对下列两个染色体(双亲，父代)，当随机地选取交叉位置在第四位时，彼此交换两者尾部的字符串，产生两个新的染色体(子代)，具体操作如下所示：

父代　0 1 0 0 ┆ 1 0 1　→　子代 0 1 0 0 ┆ 0 1 0

　　　1 0 1 0 ┆ 0 1 0　　　　　1 0 1 0 ┆ 1 0 1

式中，“┆”表示随机选取的交叉位置。

交叉操作后产生了新的染色体——子代。遗传算法寻优的搜索过程主要由交叉完成。交叉的机理虽然特别简单，只涉及随机数的生成、部分基因的交换，但交叉后随机的信息使得遗传算法具有令人惊奇的功能，成为快速及鲁棒性的搜索方法。

(3)变异(Mutation) 如果只考虑交叉操作实现进化机制，在多数情况下是不行的，这与生物界近亲繁殖影响进化历程类似。因为种群的个体数是有限的，经过若干代选择、交叉操作，会出现源于一个较好的祖先的子个体充斥整个种群的现象，问题会过早收敛。当然，最后获得的个体不能代表整个种群的最优解。为避免过早收敛，有必要在进化过程中加入具有新遗传基因的个体。解决办法之一是效仿自然界生物变异。生物性状的变异实际上是控制该性状的基因码发生了突变，这对保持生物多样性是非常重要的。所以，遗传算法的变异操作的作用是：模拟生物在自然的遗传环境中由于各种偶然因素引起的基因突变。其方法是以一定的概率 p_m 从种群中选取若干个染色体，随机地将其染色体中的基因进行翻转(1→0 或0→1)。例如，将某染色体的第三位进行变异，得到新的染色体如下所示：

变异前 1 1 0 0 1 1 1

变异后 1 1 1 0 1 1 1

染色体是否进行变异操作，在哪一位进行变异是由事先给定的变异率 p_m 决定，一般 $p_m = 0 \sim 0.02$。变异增加了种群遗传基因的多样性，增大了自然选择的余地，保证搜索能在尽可能大的空间中进行，以免丢失搜索中有用的遗传信息而导致“过早收敛”，陷入局部解，从而提高了优化的质量。而有害的变异则将在逐代遗传中被淘汰。

上述生物进化中的一代遗传，就是遗传算法的一次迭代。通过选择、交叉和变异操作产生的新一代染色体替代其上一代种群，周而复始，循环迭代，使各代群体的优良基因成分逐渐积累，群体的平均适应度和最优个体适应度不断上升。直到迭代过程趋于收敛，即适应度趋于稳定，不再上升时，找到最优解。

四、遗传算法的迭代步骤

综合上述遗传算法的基本操作，其迭代步骤如下：

1）确定寻优参数，进行编码。遗传算法主要借鉴了生物进化的过程，因此，首先要将实际问题的解(染色体)进行二进制字符串编码，编码时先要设置编码长度。具体做法是：由计算机随机产生一组 N 个初始解(初始解群)，初始解的数目 N 称为初始解群的规模。N 太小精度不够，N 太大计算复杂，通常 N 在 30～200 之间。

2）计算解群中各个解的目标函数值(适应度值)$f_i(i=1, 2, \cdots, N)$。

3）选择。根据解群中各个染色体(基因链)的适应度值 f_i，采取一定的选择方法，从解群中选出适应度值较大的 N 个染色体(其中有些染色体是重复的)，这 N 个染色体的集合又称之为一个匹配集。

4）交叉(交配、婚配)。由匹配集按某种复制规则进行繁殖，产生 N 个新的染色体——子代，即新的解群。具体操作是：从匹配集中随机选取两个染色体，产生[0，1]区间均匀分布的伪随机数 r_1，如果 $r_1 < p_c$，则进行交叉，交叉位置由伪随机数程序给定，将交叉后的两个染色体加入到新的解群中。否则，直接将这两个染色体加入到新的解群。重复此过程 $N/2$ 次，使新的解群仍包含 N 个染色体，解群的规模不变。

5）变异。对某个染色体字符串中某个字符(基因)进行翻转(1→0 或 0→1)。具体操作是：对上一步得到的新解群中每个染色体，先产生[0，1]区间均匀分布的伪随机数 r_2，如果 $r_2 < p_m$，则进行变异，并由伪随机数程序给定变异的码位，翻转该码位数字。否则，不进行变异。

6）迭代终止条件判断。若满足终止条件，停止遗传操作，否则转回步骤 2）。

遗传算法的终止条件主要判据有以下几种：

1）判别遗传算法进化代数是否达到预定的最大代数。

2）判别遗传搜索是否已找到某个较优的染色体。

3）判别各染色体的适应度值是否已趋于稳定，再上升否等。

遗传算法的计算过程框图如图 8-2 所示。

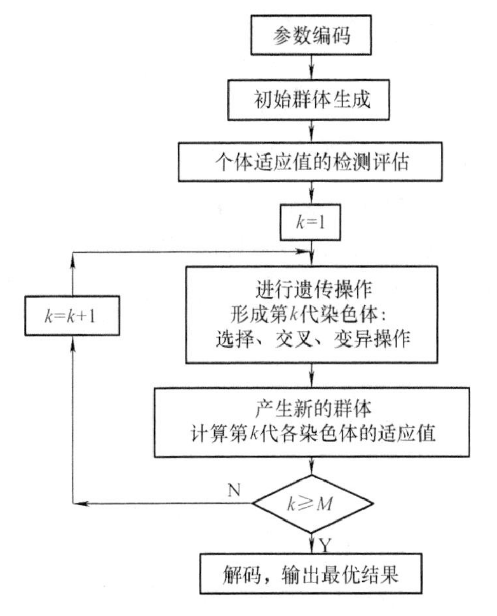

图 8-2　遗传算法的计算过程框图

五、遗传算法操作中的几个基本问题

遗传算法操作中几个基本问题说明如下：

1. 解的编码和解码

编码和解码是遗传算法的一个主题。遗传算法的基础工作之一是解的编码，只有在编码之后才可能有其他的操作。变量 x 作为实数，可以视为遗传算法的表现型形式。从表现型到基因型的映射称为编码。通常采用二进制编码形式，将某个变量值代表的个体表示为一个{0，1}二进制串。串长取决于求解的精度。例如：

变量 x 为区间[-1，2]变化的实数，要求求解精确到 6 位小数，应将闭区间长度 2-(-1)=3 分为：3×10^6 等份。因为

$$2097152=2^{21}<3\times10^6\leqslant2^{22}=4194304$$

所以编码的二进制串长至少需要 22 位。二进制串 < 0000000000000000000000 > 与 <1111111111111111111111>，则分别表示区间的两个端点值 -1 和 2。

为求适应度值(目标函数值)，应将解的编码转化为 10 进制的实数，该操作称为解码。仍以上例，将一个二进制串($b_{21}b_{20}\cdots b_0$)转化为区间[-1，2]内对应的 10 进制的实数：

$$(b_{21}b_{20}\cdots b_0)_2=\left(\sum_{i=0}^{21}b_i\cdot2^i\right)_{10}=x'$$

x'对应的区间[-1，2]内的实数为

$$x=-1.0+x'\cdot\frac{2-(-1)}{2^{22}-1}$$

例如，一个二进制串为 <1000101110110101000111>，由上述两式得其表示的实数值 x：

$$x'=(1000101110110101000111)_2=2288967$$

$$x=-1.0+2288967\times\frac{3}{2^{22}-1}=0.637197$$

2. 初始群体的生成

初始群体的生成通常有两种方法：一种是完全由计算机随机产生的，它适合于对问题的解无任何先验知识的情况。随机生成的初始群体遍布整个解空间，其整体素质是较差的，一般要经过几代的遗传，择优汰劣，整体素质才有所提高。初始群体的规模即指群体中包含的个体数目 N。初始群体规模的设定要考虑遗传算法的有效性，一般群体规模可控制在 $N=30\sim200$ 个个体之间较为合适。另一种是由某些先验知识选择产生一组解，这样选择的初始种群可使遗传算法更快地到达最优解。

3. 个体性能优劣的评价

遗传算法在进化迭代搜索中基本上不用外部信息，仅用目标函数（即适应度函数）值为依据来评价各个体的性能优劣。通常优化目标函数统一为求最大值，故某个体所对应的适应度 f_i 越大，则表明质量越好，即该个体更适应于函数 $f(x)$ 所描述的生存环境；反之则差。

4. 控制参数的设定

（1）选择概率 p_i 的确定　选择是模拟生物进化的自然选择功能，以期从群体中选择优秀个体，淘汰劣质个体的操作，它是建立在群体中个体的适应度评价基础上的。合适的选择方法可以提高遗传算法的性能。选择应保证匹配集中的串在解空间具有较好的分散性，并且具有较大的适应值。个体选择概率的常用分配方法有两种：

1）按比例的适应度分配。按比例的适应度分配可称为选择的蒙特卡罗法，是利用比例于各个个体适应度的概率决定其子孙的遗留可能性。若某个个体 i，其适应度为 f_i，则其被选取的概率表示为

$$p_i = \frac{f_i}{\sum_{i=1}^{N} f_i} \tag{8-1}$$

由此可见选择规则是：适应值 f_i 越大的个体，赋予更大的选中概率 p_i。因此，适应度为群体的进化提供了选择压力，即适应度越高的个体，有越多的机会繁殖后代，使其优良特性得以遗传和保留。

2）基于排序的适应度分配。在基于排序的适应度分配中，种群按适应值进行排序。适应度仅仅取决于个体在种群中的序位，而不是实际的适应值。排序方法克服了比例适应度计算的尺度问题，即避免在选择压力太小的情况下，由于选择导致的搜索带迅速变窄而产生的过早收敛。因此，再生范围被局限。排序方法引入种群均匀尺度，提供了控制选择压力的简单而有效的方法。

排序方法比比例方法表现出更好的鲁棒性，因此，不失为一种好的选择方法。

（2）交叉概率 p_c 的选定　交叉即基因重组，把两个父体的部分结构加以替换重组而生成新个体的操作，是遗传算法获取新优良个体的重要手段。目的是为了能够在下一代产生新的个体，就像人类社会的婚姻过程，通过重组交叉操作，遗传算法的搜索能力得以飞跃地提高。遗传算法的搜索过程是以一定概率 p_c 控制着交叉操作的频率。交叉概率 p_c 值一般按经验确定，通常可取 $p_c=0.6\sim0.9$ 之间。

（3）变异概率 p_m 的确定　重组之后是子代的变异，目的是增强个体多样性。在选择欲

进行变异的个体时，既要保证其随机性，又应保证对素质差的个体以更大的变异率。变异率与维数(即变量的个数)成反比，与种群的大小无关。变异率不能取得太大，如果变异率大于0.5，遗传算法就退化为随机搜索，而遗传算法的一些重要特性和搜索能力也不复存在了。变异概率 p_m 一般在0.001 ~0.1之间，变异的位置是以一定概率的方式随机产生。

为了更好地理解遗传算法的实现过程，下面结合一个简单优化问题实例来进行说明。

六、遗传算法的一个简单算例

设优化问题：适应度函数

$$f(x) = x^2 \rightarrow \max$$

$$x \in (0,31)$$

(1) 编码和初始化　对决策变量 x 进行二进制编码，设编码长度为5，十进制数0和31的二进制编码为(00000)和(11111)。

(2) 初始种群的生成　设迭代中群体规模(个体的总数)为4，随机产生一组初始个体列于表8-2中的第2列，解码的 x 值及其适应度函数 $f(x)$ 值见表8-2中的第3及第4列。

表8-2　初始值及其选择概率

个体序号	初始人口（随机生成）	x 的值	适应度值 $f(x)=x^2$	选择概率 $f_i/\sum f_i(x)$	期望次数 $f_i/\bar{f}(x)$	实际次数（轮盘赌法）
1	01101	13	169	0.14	0.58	1
2	11000	24	576	0.49	1.97	2
3	01000	8	64	0.06	0.22	0
4	10011	19	361	0.31	1.23	1
累加值			1170	1.00	4.00	4.0
平均值			292.5	0.25	1.00	1.0
最大值			576	0.49	1.97	2.0

(3) 选择　它是根据群体中各个体产生的适应度进行优选。现采用按比例的适应度分配，由式(8-1)确定每个个体被选取的概率。

目前有多种选择方法：轮盘赌选择法(Roulette Wheel Selection)、随机遍历抽样法(Stochastic Universal Sampling)、局部选择法(Local Selection)等。

现采用轮盘赌选择法，这是最简单的一种选择方法，类似于博彩游戏中的轮盘赌。如图8-3所示，个体适应度按比例转化为选择概率(表8-2中第5列)，按概率值将轮盘分成4个扇区，每个扇区对应相应的一个个体。因为要进行4次选择，所以由计算机随机产生4个[1，0]之间的随机数，相当于转动4次轮盘，获得4次转盘停止时指针位置，指针停止在某一扇区，该扇区代表的个体即被选中。例如，产生[0，1]之间的4个伪随机数分别为：①0.32，②0.87，③0.56，④0.12。由图可见，①、③落在第2个个体的扇区，即被选中两次，②落在第4个扇区，④落在第1个扇区，即个体1、4分别被选中1次，个体3未被选中，即被淘汰。显然适应

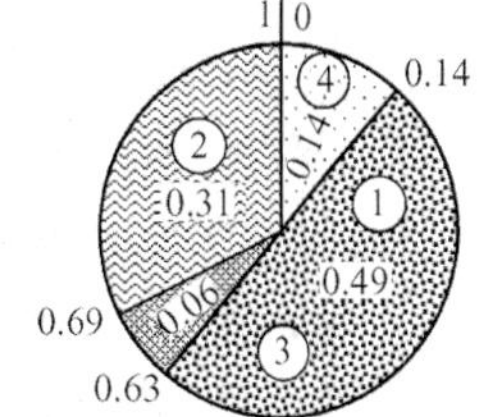

图8-3　轮盘赌选择

度高的个体(如2号)被选中的概率较大，而且能被选中(两次)，而适应度低的个体(如3号)则很有可能被淘汰。

(4) 交叉　由上述选择产生出临时个体为：01101，11000，11000，10011。在该4个临时个体中随机选择需要交叉的一对个体并随机确定基因交叉位置进行部分基因交换。例如，第2个个体与第1个个体为交叉对，基因交叉位置为4；余下一对个体组成交叉对，基因交叉位置为2。交叉运算结果见表8-3。

表8-3　个体复制与基因交叉的运算结果

个体序号	复制后的临时个体(分割符为交叉位)	个体交叉对(随机选择)	交叉位置(随机确定)	新一代个体	x值	适应度值 $f(x)=x^2$	选择概率 $f_i/\sum f_i(x)$
1	0110 ¦ 1	2	4	01100	12	144	0.028
2	1100 ¦ 0	1	4	11001	25	625	0.356
3	11 ¦ 000	4	2	11011	27	729	0.416
4	10 ¦ 011	3	2	10000	16	256	0.146
累加值						1754	
平均值						439	
最大值						729	

(5) 变异　基因变异操作是对个体的每一个位进行的。在本例中变异概率 p_m 设为0.001，因而一代个体所有20位基因的变异次数为0.02。表8-3中新一代个体未进行变异操作。

比较表8-2与表8-3可见，新一代个体适应度最大值由576增加到729，平均值由292.5增加到439，均有较大的提高。重复上述选择、交叉和变异操作计算，最终可得本例优化问题的最优解为：$x^*=31$，　$f(x^*)=961$。

第二节　模拟退火算法

模拟退火(Simulated Annealing，SA)算法是源于热处理中退火过程的模拟，在某一给定初始温度下，通过缓慢下降温度参数，结合概率突跳特性在解空间中随机寻找目标函数的全局最优解，即能够概率性地跳出局部优化解而最终趋于全局最优解。因此，模拟退火算法是一种理论上的全局最优算法。模拟退火算法的思想最早是由Metropolis在1953年提出的，1983年Kirkpatrick成功地将其应用在组合最优化问题中。随着算法的不断发展和完善，现代SA算法具有如下优点：

1) 为具有NP复杂性的问题提供有效的近似求解算法。

2) 克服优化过程陷入局部极小值点。

3) 克服初值依赖性。

目前该算法已在工程中得到广泛的应用，诸如VLS、生产调度、控制工程、机器学习、神经网络、图形处理等领域。

模拟退火算法的基本思想是源于热处理中的退火过程，因此首先从热力学角度介绍一下热处理中的退火过程。

一、热处理中的退火过程

1. 退火过程

金属物体被加热过程是：当金属温度升高到一定程度，所有分子在状态空间自由运动，随着温度的逐渐下降，分子停留在不同的状态，分子运动逐渐趋于有序，最后以一定的结构排列。这种由高温向低温逐渐降温的过程就称为退火。退火是一种物理过程，在退火过程中系统的熵值不断减小，系统的能量随温度的降低趋于最小值。也就是说，金属物体从高能状态转移到低能状态，变得较为柔韧。一个退火过程一般由以下三个部分组成：

（1）加温过程　这个过程的目的是增强分子的热运动，使其偏离平衡位置。当温度足够高时，固体将溶解为液体，分子的分布从有序的结晶转变为无序的液态，从而消除系统原先可能存在的非均匀态，使随后进行的冷却过程以某一平衡态为起点。溶解过程与系统的熵增过程相联系，系统能量也随温度的升高而增大。

（2）等温过程　这个过程是为了保证系统在每一个温度下都达到平衡态，最终达到固体的基态。根据热平衡封闭系统的热力学定律——自由能减少定律："对于与周围环境交换热量而温度不变的封闭系统，系统状态的自发变化总是朝自由能减少的方向进行，当自由能达到最小时，系统就达到了平衡态。"

（3）冷却过程　这个过程的目的是使分子的热运动减弱并趋于有序，系统能量逐渐下降，当温度降至结晶温度后，分子运动变成了围绕晶体格点的微小振动，液体凝固成固体的晶态，从而得到低能的晶体结构。

在金属热处理技术中还有另外一种过程，称为淬火。它是当金属物体加热到一定温度后，急剧降低温度，这时物体只能冷凝为非均匀的亚稳态，这就是热处理过程中的淬火效应。在淬火过程中，由于物体内分子并没有达到平衡态，所以系统能量并不会达到最小值，也就是说，金属依然保持在高能状态。虽然淬火能提高其硬度和强度，但金属的韧性会减弱。

2. 退火与模拟退火

金属物体的退火过程实际上就是随温度的缓慢降低，金属由高能无序的状态变为低能有序的固体静态过程。在退火中，需要保证系统在每一个恒定温度下都要达到充分的热平衡，这个过程可以用 Monte Carlo 的方法加以模拟，该方法虽然比较简单，但需要大量采样才能获得比较精确的结果，计算量较大。鉴于物理系统倾向于能量较低的状态，而热运动又妨碍它准确落到最低态的物理形态，采样时只需着重取那些有贡献作用的状态则可较快达到较好效果。1953 年，Metropolis 等提出了一种重要性采样法，即以概率来接受新状态。具体而言，在温度 t，由当前状态 i 产生新状态 j，两者的能量分别为 E_i 和 E_j，若 $E_i > E_j$，则接受新状态 j 的当前状态；否则，以一定概率 $p_\Gamma = \exp\left[\frac{-(E_j - E_i)}{kt}\right]$ 来接受状态 j，其中 k 为玻尔兹曼(Boltzmann)常数。当这种过程多次重复，即经过大量迁移后，系统将趋于能量较低的平衡态，各状态的概率分布将趋于一定的正则分布。这种接受新状态的方法被称为米特罗波利斯(Metropolis)准则，它能够大大减少采样的计算量。

对于一个典型的组合优化问题，其目标是寻找一个 x^*，使得对于 $\forall x_i \in \Omega$，存在 $c(x^*) = \min c(x_i)$，其中 $\Omega = \{x_1, x_2, \cdots, x_n\}$ 为问题的解空间，$c(x_i)$ 为解 x_i 对应的目标函数值。

若采用简单的爬山算法来求解这类优化问题时，在搜索过程中很容易陷入局部最优点，具有相当强的初值依赖性。Kirkpatrick 等人根据金属物体的退火过程与组合优化问题之间存在的相似性，并且在优化过程中采用 Metropolis 准则作为搜索策略，以避免陷入局部最优，并最终趋于问题的全局最优解。

在 SA 算法中，优化问题中的一个解 x_i 及其目标函数 $c(x_i)$ 分别可以看成物理退火中一个状态和能量函数，最优解 x^* 就是最低能量的状态。而设定一个初始高温、基于 Metropolis 准则的搜索和控制温度参数 t 的下降分别相当于物理退火的加温、等温和冷却过程。表 8-4 就描述了一个组合优化问题的求解过程与物理退火过程之间的对应关系。

表 8-4　组合优化问题的求解与物理退火

优化问题	物理退火	优化问题	物理退火
解	状态	设定初始高温	加温过程
目标函数	能量函数	基于 Metropolis 准则的搜索	等温过程
最优解	最低能量的状态	温度参数 t 的下降	冷却过程

二、模拟退火算法的构造及流程

SA 算法是一种启发式的随机寻优算法，其基本思想是：模拟物理退火算法，由一个给定的初始高温开始，利用具有概率突跳特性的 Metropolis 抽样策略在解空间中随机进行搜索，伴随温度的不断下降重复抽样过程，最终得到问题的全局最优解。

1. 算法的要素构成

在 SA 算法的执行过程中，算法的效果取决于一组控制参数的选择，关键技术的设计对算法性能影响很大。从算法使用的角度讨论算法实现中的状态表达、邻域定义与移动、热平衡达到和降温函数四个重要因素。

(1) 状态表达　状态表达是利用一种数学形式来描述系统所处的一种能量状态，含义等同于遗传算法(GA)和禁忌搜索(TS)中的编码。在 SA 算法中，一个状态就是问题的一个解，而问题的目标函数就对应于状态的能量函数。常见的状态表达方法有适用于背包问题和指派问题的 0-1 编码表示法，适用于 TSP 问题和调度问题的自然编码表示法以及适用于各种连续函数的优化的实数编码表示法等。状态表达是 SA 算法的基础工作，直接决定着邻域的构造和大小，一个合理的状态表达方法会大大减小计算复杂性，改善算法的性能。

(2) 邻域定义与移动　模拟退火算法是基于邻域搜索。邻域定义的出发点应该是保证其中的解能尽量遍布整个解空间，其定义方式通常是由问题的性质所决定。

在给定一个解的邻域后，接下来就要确定从当前解向其邻域中的一个新解进行移动的方法。SA 算法采用了一种特殊的 Metropolis 准则的邻域移动方法，即依据一定的概率来决定当前解是否移向新解。在 SA 算法中，邻域移动分为两种方式：无条件移动和有条件移动。若新解的目标函数值小于当前解的目标函数值(新状态的能量小于当前状态的能量)，则进行无条件移动；否则，依据一定的概率进行有条件移动。

设 i 为当前解，j 为其邻域中的一个解，它们的目标函数值分别为 $f(i)$ 和 $f(j)$，用 Δf 来表示它们的目标值增量，则 $\Delta f = f(j) - f(i)$。

若 $\Delta f < 0$，(此时解 j 比解 i 好)，则算法无条件从 i 移动到 j；

若 $\Delta f>0$，（此时解 i 比解 j 好），则算法依据概率 p_{ij} 来决定是否从 i 移向 j。

$$p_{ij}=\exp\left(\frac{-\Delta f}{T_k}\right) \tag{8-2}$$

式中，T_k 是当前的温度。

这种邻域移动方式的引入是实现 SA 算法进行全局搜索的关键因素，能够保证算法具有跳出局部最小和趋向全局最优的能力。当 T_k 很大时，p_{ij} 趋近于 1，此时 SA 算法正在进行广域搜索，它会接受当前邻域中的任何解，即使这个解比当前解差；当 T_k 很小时，p_{ij} 趋近于 0，此时 SA 算法进行的是局域搜索，它仅会接受当前邻域中更好的解。

（3）热平衡达到　相当于物理退火中的等温过程，是指在一个给定温度 T_k 下，SA 算法基于 Metropolis 准则进行的随机搜索，最终达到平衡状态的过程。这是 SA 算法中的内循环过程，为了保证能达到平衡状态，内循环次数要足够大才行。但在实际应用中，要达到理论的平衡状态是不可能的，只能接近这一结果。最常见的方法就是将内循环次数设成一个常数，在每一温度，内循环迭代相同的次数。次数的选取与问题的实际规模有关，往往根据一些经验获得。此外，还有一些其他设置内循环次数的方法，如根据温度 T_k 来计算内循环次数：当 T_k 较大时，内循环次数较少；当 T_k 减小时，增加内循环次数。

（4）降温函数　以降温函数来控制温度的下降方式，这是 SA 算法中的外循环过程。利用温度的下降来控制算法的迭代是 SA 算法的特点。由于温度的大小决定着 SA 算法进行广域搜索还是局域搜索：当温度很高时，当前邻域中几乎所有的解都会被接受，SA 算法进行广域搜索；当温度变低时，当前邻域中越来越多的解将被拒绝，SA 算法进行局域搜索。若温度下降得过快，SA 算法将很快从广域搜索转变为局域搜索，这就很可能造成过早地陷入局部最优解。当然，如果温度下降得过慢，虽然可以减少内循环次数，但由于外循环次数的增加，也会影响算法进程。可见，选择合理的降温函数能够帮助提高 SA 算法的性能。

常用的降温函数如下：

1）$T_{k+1}=T_k\cdot r$，其中 $r\in(0.95,\ 0.99)$，r 越大温度下降得越慢。这种方法的优点是简单易行，温度每一步都以相同的比率下降。

2）$T_{k+1}=T_k-\Delta T$，ΔT 是温度每一步下降的长度。这种方法的优点是易于操作，而且可以简单控制温度下降的总步数，温度每一步下降的大小都相等。

此外，初始温度和终止温度的选择对 SA 算法的选择性能也会有很大的影响。一般来说，初始温度 T_0 要足够大，也就是使 $f_i/T_0\approx 0$，以保证 SA 算法在开始时能够处在一种平衡状态。在实际应用中，要根据以往经验，通过反复试验来确定 T_0 的值。而终止温度 T_f 要足够小，以保证算法有足够时间获得最优解。T_f 的大小一般可以根据降温函数的形式来确定，若降温函数为 $T_{k+1}=T_k\cdot r$，则可以根据 T_f 设成一个很小的正数；若 $T_{k+1}=T_k-\Delta T$，则可以根据预先设定的外循环次数和初始温度 T_0 计算出终止温度 T_f 的值。

2. 算法的计算步骤和流程图

优化问题的数学表述形式为

$$\min f(i),\quad i\in S$$

其中，S 是一个离散的有限状态空间，i 代表状态。SA 算法的计算步骤描述如下：

1）初始化，任选初始解 $i\in S$，给定初始温度 T_0 和终止温度 T_f，令迭代指标 $k=0$，$T_k=T_0$。

2）随机产生一个邻域解 $j \in N(i)$（$N(i)$表示 i 的邻域），并计算目标函数值的增量 $\Delta f = f(j) - f(i)$。

3）若 $\Delta f < 0$，令 $i = j$ 转向第4)步；否则产生 $\xi = U(0, 1)$，若 $\exp\left(-\dfrac{\Delta f}{T_k}\right) > \xi$，则令 $i = j$。

4）如果达到热平衡（内循环次数大于 $n(T_k)$），转第5)步；否则，转第2)步。

5）降低 T_k，令 $k = k + 1$，若 $T_k < T_f$，则算法停止；否则，转第2)步。

根据上述计算步骤，SA 算法的流程框图如图 8-4 所示。

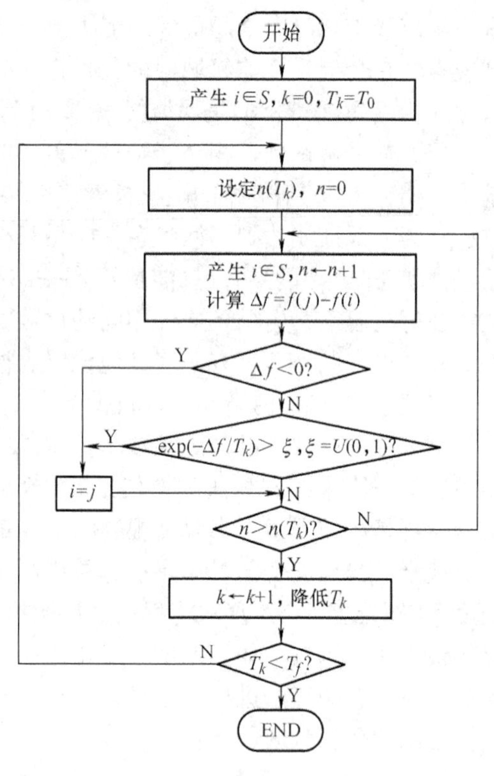

图 8-4　模拟退火算法流程框图

3. 算法收敛条件

模拟退火算法要实现全局收敛，必须满足以下条件：

1）状态可达性，即对应 Markov 链的状态图是强连通的；

2）初始值鲁棒性，即算法的最终结构不依赖初始值；

3）极限分布的存在性。

由于上述条件要求，使得模拟退火算法在理论上实现全局收敛的时间性较差。但鉴于许多大规模工程问题的复杂性和 NP 特性，以及实际工程中只需求解出满意解即可，具有通用特性的模拟退火算法是一种有效且实用的优化算法。

下面以一个简单的算例来说明 SA 算法的计算过程。

三、模拟退火算法算例

1. 问题提出

考虑一个简单的自适应系统串行处理多个同类事件问题。假设现有 4 个同类事件需要通过一个自适应系统处理，每个事件的处理时间复杂度为 $P_1 = 8$，$P_2 = 18$，$P_3 = 5$，$P_4 = 15$（单位为归一化的处理时间）。考虑该自适应系统具有自学习功能，即系统可以按照已有给定的性能指标测量并不断调整自身参数，逐步适应并提升同类事件的处理能力，达到最佳的性能。则系统串行处理事件的权重为 $W = \{w_1, w_2, w_3, w_4\} = \{4, 3, 2, 1\}$。问如何调度现有 4 个事件的串行处理顺序，使得整个计算过程总耗时最小？

2. 问题分析

自学习功能是自适应系统智能化的重要技术之一。具有自学习功能的系统在初始计算时由于缺少必要的“前期经验”，因此处理事件进度较慢，性能较差。随着处理同类事件增多，系统通过“自学习”不断积累“经验”，到后期具备了较强的适应性，体现出针对同类事件高效准确的处理能力。

针对该问题，即选择不同的调度方法安排 4 个事件的串行处理顺序，由于存在“前期”“后期”系统性能差异，则总耗时将不同。例如，当选择处理顺序 1—2—3—4，总耗时 F 为

$$F=[w_1,\ w_2,\ w_3,\ w_4]\begin{pmatrix}P_1\\P_2\\P_3\\P_4\end{pmatrix}=[4,\ 3,\ 2,\ 1]\begin{pmatrix}8\\18\\5\\15\end{pmatrix}=4\times8+3\times18+2\times5+1\times15=111$$

3. 用 SA 算法求解

(1) 状态表达　本例中状态采用一种顺序编码来表达，其中事件是按调度处理的顺序排列。例如，一个调度顺序为

2—4—1—3

可简单地表示为

$$[2,\ 4,\ 1,\ 3]$$

(2) 邻域定义　对于采用顺序编码的状态表达方法来说，最自然的邻域可定义为被处理事件顺序的两两换位的集合。例如，从一个当前状态

$$[2,\ 4,\ 1,\ 3]$$

对其中的两个事件进行换位(2 与 1 进行换位)，则获得一个新状态

$$[1,\ 4,\ 2,\ 3]$$

这样就完成了一次邻域移动。

(3) 温度参数设置　设初始温度 $T_0=100$，终止温度 $T_f=60$，降温函数定义为 $T_{k+1}=T_k-\Delta T$，其中 $\Delta T=20$。

(4) 热平衡达到　通过设置内循环的迭代次数 $n(T_k)$ 来实现热平衡，这里设 $n(T_k)=3$。

4. SA 算法的求解过程

随机产生一个初始解 $\boldsymbol{i}=[1,\ 2,\ 3,\ 4]$，其目标函数值 $f(\boldsymbol{i})=118$，SA 算法开始运行。

(1) 当温度 $T_k=100$，进入内循环，令内循环次数 $n=0$。

1) 内循环次数 n 加 1，随机产生一个邻域解 $\boldsymbol{j}=[1,\ 2,\ 3,\ 4]$(此时 4 和 3 换位)，其目标函数 $f(\boldsymbol{j})=98$；计算目标函数值增量 $\Delta f=-20$，由于 $\Delta f<0$，故进行无条件转移，令 $\boldsymbol{i}=\boldsymbol{j}$。

2) $n\leftarrow n+1$，$\boldsymbol{j}=[4,\ 3,\ 2,\ 1]$，$f(\boldsymbol{j})=119$；计算 $\Delta f=21$，由于 $\Delta f>0$，故进行有条件转移，计算

$$e^{-\frac{\Delta f}{T_k}}=0.8106$$

随机产生 $\xi=U(0,\ 1)$，$\xi=0.7414$，因为

$$e^{-\frac{\Delta f}{T_k}}=0.8106>0.7414(=\xi)$$

所以进行邻域移动，令 $\boldsymbol{i}=\boldsymbol{j}$。

3) $n\leftarrow n+1$，$\boldsymbol{j}=[4,\ 2,\ 3,\ 1]$，$f(\boldsymbol{j})=132$，因为

$$e^{-\frac{\Delta f}{T_k}}=0.8781>0.3991(=\xi)$$

所以进行有条件转移，令 $\boldsymbol{i}=\boldsymbol{j}$。

注意在2)，3)中，虽然目标值变大，但是搜索范围变大。

(2) 降低温度，$T_k=100-20=80$，$n=0$。

1) $n \leftarrow n+1$，$\boldsymbol{j}=[4, 2, 1, 3]$，$f(\boldsymbol{j})=135$，因为

$$e^{-\frac{\Delta f}{T_k}}=0.9632>0.3413(=\xi)$$

所以进行邻域移动，令 $\boldsymbol{i}=\boldsymbol{j}$。

2) $n \leftarrow n+1$，$\boldsymbol{j}=[4, 3, 1, 2]$，$f(\boldsymbol{j})=119$，因为

$$\Delta f=-26<0$$

故进行无条件转移，令 $\boldsymbol{i}=\boldsymbol{j}$。

3) $n \leftarrow n+1$，$\boldsymbol{j}=[4, 3, 2, 1]$，$f(\boldsymbol{j})=119$，因为

$$e^{-\frac{\Delta f}{T_k}}=0.8225<0.9286(=\xi)$$

所以不进行邻域移动，令 $\boldsymbol{i}=\boldsymbol{i}$。

注意在3)中，由于产生的伪随机数 ξ 大于转移概率 $e^{-\frac{\Delta f}{T_k}}$，所以系统会停留在4—3—1—2状态，目标值依然为119。

(3) 降低温度，$T_k=80-20=60$，$n=0$

1) $n \leftarrow n+1$，$\boldsymbol{j}=[1, 3, 4, 2]$，$f(\boldsymbol{j})=95$，因为

$$\Delta f=-24<0$$

所以进行无条件转移，令 $\boldsymbol{i}=\boldsymbol{j}$。

2) $n \leftarrow n+1$，$\boldsymbol{j}=[3, 1, 4, 2]$，$f(\boldsymbol{j})=92$，因为

$$\Delta f=-3<0$$

所以进行无条件转移，令 $\boldsymbol{i}=\boldsymbol{j}$。

3) $n \leftarrow n+1$，$\boldsymbol{j}=[2, 1, 4, 3]$，$f(\boldsymbol{j})=131$，因为

$$e^{-\frac{\Delta f}{T_k}}=0.5220<0.7105(=\xi)$$

所以不进行邻域移动，令 $\boldsymbol{i}=\boldsymbol{i}$。

SA算法停止运行，输出最终解[3, 1, 4, 2]，也就是说，终止于状态3—1—4—2，目标函数值为

$$F=[w_1, w_2, w_3, w_4]\begin{pmatrix}P_3\\P_1\\P_4\\P_2\end{pmatrix}=[4, 3, 2, 1]\begin{pmatrix}5\\8\\15\\18\end{pmatrix}=4\times5+3\times8+2\times15+1\times18=92$$

即按照该调度处理顺序可使得该自适应系统对4个同类事件处理时间最短。

虽然在这个简单的算例中，SA算法终止于最优解，但是在实际应用过程中想做到这一点，就必须在算法设计过程中同时满足4个条件：①初始温度足够高；②热平衡时间足够长；③终止温度足够低；④降温过程足够慢。

4个条件在实际应用过程中很难同时得到满足，而且SA算法会接收性能较差的解，所以其最终解有可能比运算过程中遇到的最好解性能差，因为在SA算法运行过程中常常要记录遇到的最好可行解(历史最优解)，当运算停止时，输出这个历史最优解。

第三节　人工神经网络与神经网络优化算法

人工神经网络(Artificial Neural Networks，ANNs)，简称为神经网络(NNs)，是一种模拟生物神经网络行为特征，进行分布式并行信息处理的算法数学模型。它是生命科学与工程科学相互交融、相互渗透的一门交叉学科。

神经网络是由大量简单神经元互连而构成的一种计算结构。在该结构中，通过调整内部大量节点之间相互连接关系和相互作用机制，从而达到处理信息的目的。神经网络优化算法就是利用神经网络中神经元的协同并行计算能力来构造的优化算法，它将实际工程问题的优化解与神经网络的稳定状态相对应，把对实际问题的优化过程映射为神经网络系统的演化过程。

人工神经网络由于其大规模并行处理和容错性、自组织和自适应能力以及强联想功能等特点，已逐渐发展成为解决许多问题的有力工具，对突破现有科学技术的瓶颈，更深入探索非线性等复杂现象起到了重大作用，已广泛应用在许多工程领域中。

下面首先介绍神经网络的基本概念和神经网络的研究进展，然后重点介绍三种典型神经网络的模型，最后描述神经网络的学习方法。

一、神经网络简介

1. 人工神经网络基本概念

神经网络是大脑的一个重要成分，它是由相互关联的神经元组成。每一个神经元包括细胞体、树突和轴突三部分。细胞体是由很多分子形成的综合体，内部含有一个细胞核、核糖体、原生质网状结构等，它是神经元活动的能量供应地。树突是细胞体的伸延部分产生的分枝，是接受从其他神经元传入的信息的入口。细胞体突起的最长的外伸管状纤维称为轴突，轴突是把神经元兴奋的信息传出到其他神经元的出口。两个神经元的细胞质并不直接连通，两者彼此联系是通过一种称为突触的结构接口连接。也就是说，突触是一个神经元与另一个神经元之间相联系并进行信息传送的结构。突触由突触前成分、突触间隙和突触后成分组成。突触前成分是一个神经元的轴突末梢；突触间隙是突触前成分与后成分之间的距离空间；突触后成分可以是细胞体、树突或轴突。图 8-5 所示是生物学中神经网络的简图。

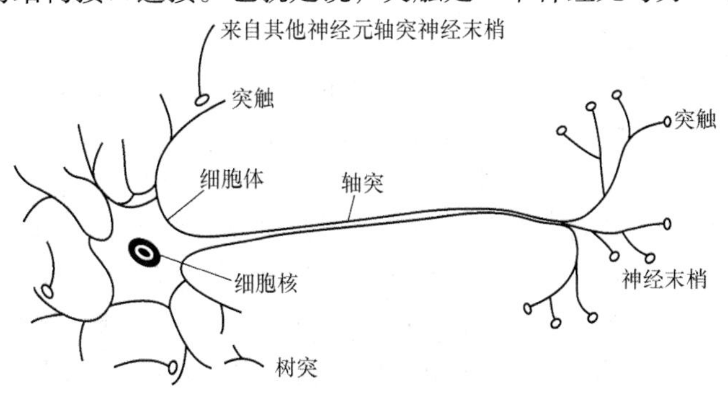

图 8-5　生理神经元的基本结构

一个神经元通过树突接收到一定的信息后，对这些信息进行处理，再通过它所控制的突触传送给其他神经元。神经元可分为“抑制”性的或“兴奋”性的两种。当一个神经元的细胞体接收的兴奋性信息累计超过某一值时，这个值称为阀值(Threshold)，这个神经元被激活并传递出一个信息给其他神经元。这种传递信息的神经元为“兴奋”性的。第二种情况是神经元虽然接收到其他神经元传递的信息，但没有向外传递信息，此时，称这个神经元为“抑制”性的。

人工神经网络模型即是模拟以上生物学中的神经网络的基本原理而建立的 McCulloch-Pitts 认知网络。假设一个神经元通过树突接收到 n 个信息，McCulloch-Pitts 认知网络由图 8-6 表示。

在图 8-6 中，ω_i 为关联权，表示神经元对第 i 个细胞体接收到信息的感知能力。函数 $f(z)$ 称为输出函数或激活函数。采用激活函数的人工神经网络也称阀网络。McCulloch-Pitts 输出函数定义为

$$y = f(z) = \mathrm{sgn}\left(\sum_{i=1}^{n} \omega_i x_i - \theta\right) \tag{8-3}$$

式中，$\mathrm{sgn}(x) = \begin{cases} 1 & x > 0 \\ 0 & \text{其他} \end{cases}$；$\theta$ 称为阈值。

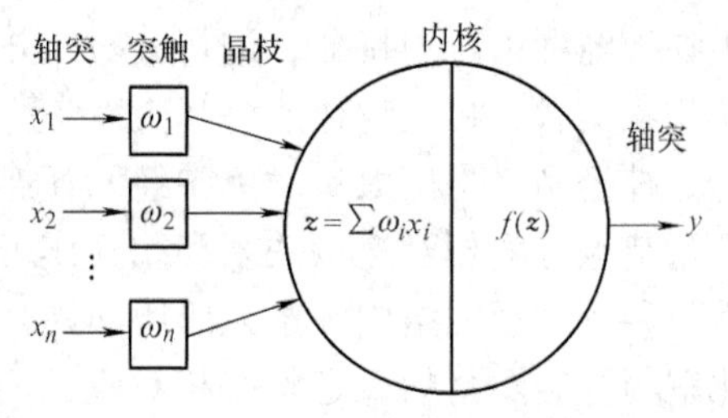

图 8-6　人工神经元模型

从式(8-3)可以看出，当 ω_i 为固定值时，对给定的一组输入 $[x_1, x_2, \cdots, x_n]^{\mathrm{T}}$，很容易计算得到输出值。因此，需要解决的问题就是对给定的参数 ω_i，尽可能使式(8-3)计算的输出值同实际值吻合，这就要求确定参数 ω_i。人工神经网络的主要工作就是建立模型和确定 ω_i 的值。表 8-5 给出了生物神经元与人工神经网络各主要部分的对照，通过该表能更好地理解人工神经网络各部分的功能。

表 8-5　生物神经元和人工神经网络关系对照表

生物神经元	人工神经网络	作　用
树突	输入层	接收输入信号
细胞体	加权和	加工和处理信号
轴突	阈值函数(激活函数)	控制输出
突触	输出层	输出结果

2. 神经网络的研究发展

神经网络的研究可以追溯到 19 世纪，神经网络的基本原理是 William James 在 1890 年出版的《心理学原理》(The Principle of Psychology)一书中提出的。而人工神经网络的早期工作被认为是从 1943 年开始，心理学家 W. S. McCulloch 和数学家 W. A. Pitts 在《数学和生物物理学会刊》(Bulletin of Mathematical Biophysics)上合作发表论文，提出了形式神经元的数学模型，即 M-P 模型。其利用逻辑的数学工具研究客观世界的事件在形式神经网络中的表达。1949 年，心理学家 D. O. Hebb 通过对大脑神经细胞学习和条件反射的观察与研究，提出了改变神经元连接强度的 Hebb 规则。20 世纪 50 年代末，F. Rosenblatt 发展了 M-P 模型，提出了许多感知机(Perceptron)，试图模拟动物和人脑的感知和学习能力。20 世纪 60 年代初，B. Widrow 及 M. Hoff 提出了自适应线性单元模型，即 Adaline，以及一种有效的网络学习方法，即 Widrow-Hoff 规则(或称为 δ 学习规则)。在这个阶段，神经网络受到了许多科学家的关注。

但是，1962 年，人工智能创始人 M. Minsky 和 S. Papert 出版了《Perceptrons》一书，对以感知机为代表的神经网络的功能和局限性从学术上进行了深入分析，并指出 Perceptron 只能进行线性分类求解一阶谓词问题。由于两位学者在当时具有较高学术地位，受其对神经网络局限性的判定，许多学者放弃了该领域的研究，从而使神经网络的研究陷入低潮。但在此期

间仍然有一些学者坚持着对神经网络的研究，譬如 Grossberg 在 1969 年提出了自适应共振理论，即 ART 模型；T. Kohonen 在 1972 年提出了自组织映射理论，即 SOM，并对联想存储器进行了研究；Fukushima 在 1980 年提出了神经认知网络理论；Werbos 提出了误差反传理论，即 BP；Amari(1978 年)则致力于神经网络数学理论的研究。所有这些具有开创性的研究成果虽然在当时并未引起很大的影响，但为神经网络此后的发展奠定了很好的理论基础。

1982 年，Hopfield 通过引入能量函数的概念，研究网络的动力学性质，并用电子线路设计出相应的网络，从而开拓了神经网络用于联想记忆和优化计算的新途径，进而掀起了神经网络新的研究高潮，为神经优化的研究奠定了基础。1986 年，Rumelhart 和 Maclelland 等提出了 PDP 理论，尤其是发展了多层前向网络的 BP 算法，为解决多层前向网络的学习问题开辟了有效途径。随着神经网络理论的发展，其应用也渗透到控制工程、机器学习、优化计算、信号处理、模式识别和经济等领域，成为了重要的优化技术之一。

二、典型神经网络结构模型

1. 单层前向网络

最为简单的人工神经网络模型是单层前向网络，它是指仅拥有一层神经元的网络模型。

神经网络中一个重要概念——感知机，是神经网络用来进行模式识别的一种最简单的模型，最早是由美国学者 Rosenblatt 在 1957 年首次提出作为有监督学习的模型。感知机模型在神经网络研究中有着重要的意义和地位，因为感知机模型包含了自组织、自学习的思想。

单层感知机是指包含一个突触权值可调的神经元模型，结构即是图 8-6 所示的人工神经元模型。单个神经元组成的单层感知机是最简单的神经网络结构，其只能用来实现线性可分的两类模式的识别。

单层感知机包括一个线性累加器和一个二值阈值元件，同时还有一个外部偏差值 θ。线性累加器的输出作为二值阈值元件的输入，这样当二值阈值元件的输入为正时，神经元就产生输出 +1；反之，则产生输出 -1，其数学表达式为

$$y(t) = f\left(\sum_{i=0}^{n-1} \omega_i(t)x_i(t) - \theta\right)$$

$$y(t) = f(A_i) = \begin{cases} +1 & \left(\sum\limits_{i=0}^{n} \omega_i(t)x_i(t) - \theta\right) \geqslant 0 \\ -1 & \left(\sum\limits_{i=0}^{n} \omega_i(t)x_i(t) - \theta\right) < 0 \end{cases} \tag{8-4}$$

单层感知机的作用是让其外部输入 $x_1(t)$，$x_2(t)$，…，$x_n(t)$进行识别分类，它可将外部输入分为 l_1 和 l_2 两类。当感知机的输出为 +1 时，就认为 $x_1(t)$，$x_2(t)$，…，$x_n(t)$属于 l_1 类，当感知机的输出为 -1 时，认为输入 $x_1(t)$，$x_2(t)$，…，$x_n(t)$属于 l_2 类，从而实现两类目标的划分。

对于线性可分的两类模式，单层感知机的学习算法具有收敛性，即可以通过学习调整突触权值得到合适的判定边界，正确划分两类模式，如图 8-7a 所示。而对于图 8-7b 所示的线性不可分的两类模式，即无法用一条直线来划分两类模式。单层感知机的学习算法是不收敛

的，即单层感知机无法正确区分线性不可分的两类模式。正是这个原因，人工神经网络经历了早期低迷时期。

2. 多层前向网络及 BP 学习方法

单层感知机的缺点是只能解决线性可分的分类问题。要弥补该缺陷，增强网络的分类能力，就需要采用多层网络，也就是在输入层与输出层之间增加隐含层，从而构成多层感知机(Multilayer Perceptrons)。这种由输入层、隐含层和输出层构成的神经网络称为多层前向神经网络。

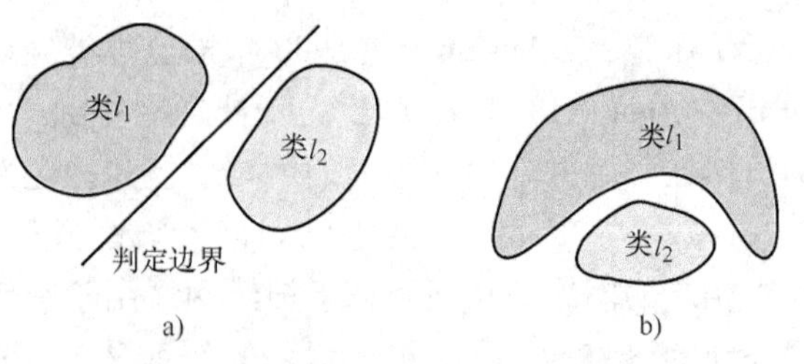

图 8-7　线性可分问题和不可分问题

a) 线性可分问题　b) 线性不可分问题

多层前向神经网络输入层中的每个源节点的激励模式(输入向量)单元组成了应用于第二层(即第一隐层)中的神经元的输入信号，第二层输出信号称为第三层的输入，其余层以此类推。在多层前向神经网络每层的神经元的输入只含有它们前一层的输出信号，网络输出层神经元的输出信号组成了对网络输入层源节点产生的激励模式的全部响应，即信号从输入层输入，经过隐含层传给输出层，得到输出信号。

(1) 多层感知机　含有 M 层神经元的多层感知机可描述如下：

1) 网络包含一个输入层(定义为第 0 层)和 $M-1$ 个隐含层，最后一个隐层称为输出层。

2) 第 l 层包含 N_l 个神经元和一个阈值单元(定义为每层的第 0 单元)，输出层不含阈值单元。

3) 第 $l-1$ 层第 i 个单元到第 l 层第 j 个单元的权值表示为 $\omega_{ij}^{l-1,l}$。

4) 第 l 层($l>0$)第 j 个($j>0$)神经元的输入定义为 $x_j^l = \sum_{i=0}^{N_{l-1}} \omega_{ij}^{l-1} y_i^{l-1}$，输出定义为 $y_j^l = f(x_j^l)$，其中 $f(\cdot)$ 为隐单元激励函数，常采用 Sigmoid 函数，即 $f(x)=[1+\exp(-x)]^{-1}$。输出单元一般采用线性激励函数 $f(x)=x$，阈值函数的输出单元始终为 1。

5) 目标函数通常采用

$$E = \sum_{p=1}^{P} E_p = \frac{1}{2}\sum_{p=1}^{P}\sum_{j=1}^{N_{M-1}} (y_{j,p}^{M-1} - t_{j,p})^2$$

式中，P 为样本数；$t_{j,p}$ 为第 p 个样本的第 j 个输出分量。

对于典型的多层前向网络，其结构如图 8-8 所示。

多层感知机具有独特的学习算法，如著名的 BP 学习方法。下面就 BP 算法进行详细介绍，并给出算例。

(2) BP 算法　1986 年 Rumelhart 和 MaClelland 出版的《Parallel Distributed Processing》一书中完整地提出了误差反向传播(Error Back Propagation, BP)学习方法。BP 学习算法是一种典型的监督学习过程，它根据给定的输入、输出样本进行学习，并通过调整网络的连接权来体现学习的效果。整个网络具有两个状态：

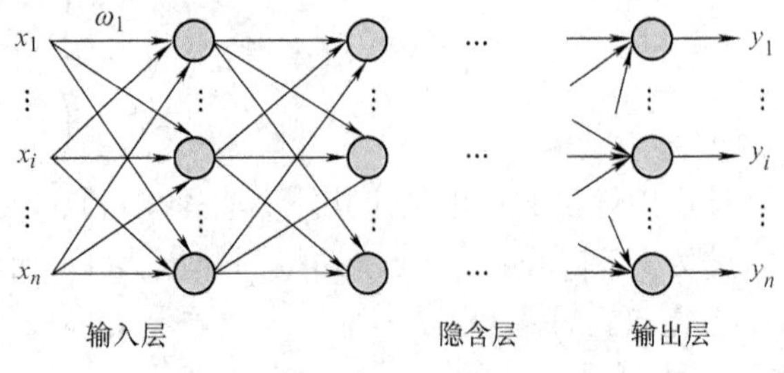

图 8-8　多层前向神经网络结构图

1）学习阶段：在此阶段网络中的信息流有前向及反向两种形式。前传时，将输入样本对输入到网络的输入端，沿着前向信息在各层神经元按输入和激励函数的方式产生输出，并计算出网络实际输出与期望输出的差值。然后，转入反向过程，将前述差值逆向传输到各层神经元，并根据误差大小和符号相应调整各连接权。上述过程一直进行到网络实际输出在一定精度下逼近期望输出为止，此时可结束网络学习。

2）工作阶段：当待测样本输入到已学习好的神经网络输入端时，根据类似输入产生类似输出的原则，神经网络按内插及外延的方式在输出端得到所求的解答。

BP 学习过程可以由下列迭代式描述：

1）初始化，为连接权值 ω_{ij}，v_{jt}及阈值 θ_j，γ_t 赋予［−1，1］区间的随机值。

2）随机选取一个学习模式对（X^k，Y^k）提供给网络。

3）计算输入层的输出。输入层的各个处理单元对输入模式不进行处理，只是简单地将接收到的输入模式作为相应的输出模式传递给隐含层，即输入层的输出向量与输入模式向量相同。

4）计算中间隐含层各个神经元的净输入和输出，计算公式如下：

$$s_j = \sum_{i=1}^{n} \omega_{ij} x_i - \theta_j \quad (j = 1,2,\cdots,p) \tag{8-5}$$

$$b_j = f(s_j) \quad (j = 1,2,\cdots,p) \tag{8-6}$$

5）计算输出层各个神经元的净输入和实际输出，计算公式如下：

$$l_t = \sum_{j=1}^{p} v_{jt} b_j - \gamma_t \quad (t = 1,2,\cdots,q) \tag{8-7}$$

$$c_t = f(l_t) \quad (t = 1,2,\cdots,q) \tag{8-8}$$

6）根据给定的期望输出，计算输出层各个神经元的校正误差 d_t^k，计算公式如下：

$$d_t^k = (y_t^k - c_t^k) \cdot c_t(1 - c_t) \quad (t = 1,2,\cdots,q) \tag{8-9}$$

7）计算隐含层各个神经元的校正误差 e_j^k，计算公式如下：

$$e_t^k = \left(\sum_{t=1}^{q} v_{jt} d_j^k \right) \cdot b_j(1 - b_j) \quad (j = 1,2,\cdots,p) \tag{8-10}$$

8）修正隐含层至输出层的连接权值 v 和输出层神经元的阈值 γ，计算公式如下（其中 α 为学习速度，$0 < \alpha < 1$）：

$$v_{jt}(N+1) = v_{jt}(N) + \alpha \cdot d_j^k \cdot b_j \tag{8-11}$$

$$\gamma_t(N+1) = \gamma_t(N) + \alpha \cdot d_j^k \tag{8-12}$$

9）修正输入层到隐含层的连接权值 ω 和隐含层神经元的阈值 θ，计算公式如下（其中 β 为学习速度，$0 < \beta < 1$）：

$$\omega_{ij}(N+1) = \omega_{ij}(N) + \beta \cdot e_t^k \cdot x_j^k \tag{8-13}$$

$$\theta_j(N+1) = \theta_j(N) + \beta \cdot e_t^k \tag{8-14}$$

10）随机选取下一个学习模式对提供给网络，返回 3），直至全部 M 个学习模式对训练完毕。

11）判断网络全局误差 E 是否满足精度要求。若满足，则结束，输出输出层优化结果，否则继续。

12）更新网络学习次数，若学习次数小于规定次数，返回 2）。

多层前向 BP 网络是目前最广泛的人工神经网络模型之一。因为 BP 网络实质上实现了一个从输入到输出的映射功能，而数学理论已证明它具有实现任何复杂非线性映射的功能，这使得它特别适合求解内部机制复杂的问题。并且 BP 网络能通过学习带正确答案的实例集自动提取“合理的”求解规则，即具有自学习能力。

前向多层神经网络的实际应用包括很多方面，如大规模集成电路设计、电力系统优化，以及语音/图像识别、生物和医学信号处理等。

（3）BP 算法缺陷与改进　多层前向 BP 网络存在一定的缺陷。实质上，BP 算法是一种梯度下降法，算法性能依赖于初始条件，学习过程易于陷入局部极小。数值仿真研究表明，BP 算法的学习速度、精度、初始鲁棒性和网络推广性能都比较差，不能满足应用的需要。下面对此作简单阐述和分析：

1）BP 算法学习速度慢，这是因为 BP 算法本质上为梯度下降法。在前面章节我们已经分析过梯度下降法具有“锯齿形现象”的缺陷。利用梯度信息来调整权值时，在误差曲面平坦处，导数值较小使得权值调整幅度较小，从而误差下降很慢；在曲面曲率较大处，导数值较大使得权值调整幅度较大，会出现跃出极小值点现象，从而引起振荡。

2）神经元的总输入偏离阈值太远时，总输入就进入激励函数非线性特性输入的饱和区。此时实际输出与期望输出不一致，激励函数较小的导数值导致算法难以摆脱“平台”区。

3）从数学角度看，BP 算法为一种局部搜索的优化方法，但它要解决的问题往往是求解复杂非线性函数的全局极值，因此算法很有可能陷入局部极值，使训练失败；网络的逼近、推广能力同学习样本的典型性密切相关，而从问题中选取典型样本实例组成训练集是很困难的问题。

4）网络的预测能力（也称泛化能力、推广能力）与训练能力（也称逼近能力、学习能力）存在矛盾。一般情况下，训练能力差时，预测能力也差，并且在一定程度上，随训练能力的提高，预测能力也提高。但这种趋势有一个极限，当达到此极限时，随训练能力的提高，预测能力反而下降，即出现所谓“过拟合”现象。此时网络学习了过多的样本细节，而不能反映样本内含有的规律。

针对 BP 算法以上的缺陷，可采用下面几种常用的方法加以改进：

1）克服 BP 算法训练缓慢的方法：①改变学习步长，这样等效于对权值的改变，从而改变误差曲面的形状，缩短到极小值点的路径而加速收敛。②加动量项和改变动量因子，使权值改变更平滑而有利于加速收敛，但动量因子需适当改变或自适应变化。③选择适当的神经元激励函数和初始权值、阈值，并输入样本的归一化处理。目的是避免“平台”现象的出现。④采用合适的训练模式（如逐一式、批处理、跳跃式等），避免权值收敛速度的不平衡现象。⑤利用高阶导数信息、最优滤波法和启发式算法。如二阶导数法、共轭梯度法、准牛顿法、扩展 Kalman 算法和 Delta-Bar-Delta 算法等。

2）克服 BP 算法易陷入局部极小值点的改进方法：①引入全局优化技术；②平坦优化曲面易消除局部极小；③设计合适网络使其满足不产生局部极小条件。

3）提升 BP 算法的推广性能的措施：①引入与问题相关的先验知识对权值加以限制；②产生虚拟“瓶颈层”，以便对权矩阵的秩施加限制；③对目标函数附加惩罚项以强制无用权值趋于零；④动态修改网络结构，对推广网络函数和目标函数进行多目标优化。

3. Hopfield 神经网络

前向网络从计算的观点看并不是一个强有力的系统，因为它缺乏足够的动力学行为。与之相比，反馈神经网络具有更强的计算能力，是一种反馈动力学系统。

1982 年，美国物理学家 J. J. Hopfield 开创性地提出了 Hopfield 反馈神经网络模型（HNN）。Hopfield 网络是典型的全连接网络，通过在网络中引入能量函数构造出动力学系统，使网络的平衡态与能量函数的极小解相对应，从而将求解能量函数极小解的过程转化为网络向平衡态的演化过程。需要说明的是，由于 HNN 对 TSP 问题的成功求解，开辟了神经网络模型在计算机科学应用中的新天地，从而使动态反馈网络受到广泛的关注，被广泛应用于优化问题中。目前已设计出专用的 HNN 硬件电路。

由于 Hopfield 网络是一种非线性动力学模型，是将神经网络的拓扑结构（用连接权矩阵表示）与所求问题（用目标函数描述）对应起来，转换成神经网络动力学系统的演化问题。因此，在用 Hopfield 网络求解优化问题之前，必须将问题映射为相应的神经网络，即首先将问题的合法解映射为一个置换矩阵，并给出相应的能量函数，然后将满足置换矩阵要求的能量函数的最小值与问题的最优解相对应。对于一般性问题，Hopfield 网络的优化求解过程为：

1）针对实际的组合优化问题，构造能量函数，该能量函数需要有较好的稳定性，如具有正定二次型形式。

2）由能量函数求解出动力系统方程。

3）用数值计算的方法求解动力系统方程，并解出平衡点。该平衡点就是所对应的实际优化问题的极值点。

其具体计算方法可采用 MATLAB 等常用优化软件辅助求解。

Hopfield 反馈神经网络模型又可分为离散型 Hopfield 网络和连续型 Hopfield 网络。

（1）离散型 Hopfield 网络　离散型 Hopfield 网络的输出为二次型，网络采用全连接结构。v_1，v_2，…，v_n 为神经元的输出，ω_{ji} 为第 j 个神经元与第 i 个神经元的连接权值，θ_i 为第 i 个神经元的阈值，则有

$$v_i = f\left(\sum_{\substack{j=1 \\ j\neq 1}}^{n} \omega_{ji} v_j - \theta_i\right) = f(u_i) = \begin{cases} 1 & u_i \geqslant 0 \\ -1 & u_i < 0 \end{cases} \tag{8-15}$$

能量函数定义为

$$E = -\frac{1}{2}\sum_{i=1}^{n}\sum_{j=1, j\neq i}^{n} \omega_{ij} v_i v_j + \sum_{i=1}^{n} \theta_i v_i$$

则能量函数的变化量为

$$\Delta E = \sum_{i=1}^{n} \frac{\partial E}{\partial v_i}\Delta v_i = \sum_{i=1}^{n} \Delta v_i \left(-\sum_{\substack{j=1 \\ j\neq i}}^{n} \omega_{ij} v_j + \theta_i\right) \leqslant 0 \tag{8-16}$$

也就是说，能量函数总是随神经元状态的变化而下降。

在离散型 Hopfield 网络中存在一种 Boltzman 机，它是离散型 Hopfield 网络的变形。Boltzman 机通过对离散型 Hopfield 网络加以扰动，使其以概率的形式表达，而网络的方程模型不变，只是输出值类似于 Boltzman 概率分布取值。

（2）连续型 Hopfield 网络　连续型 Hopfield 网络如图 8-9 所示，广泛应用于联想记忆和

优化计算问题。在优化计算时，网络的连接权值是确定的，首先将目标函数与能量函数相对应，然后通过网络的运行使能量函数不断下降直到达到最小，从而得到问题对应的极小解。

网络的动态方程可以简化描述为

$$\begin{cases} C_i \dfrac{\mathrm{d}u_i}{\mathrm{d}t} = \sum\limits_{i=1}^{n} T_{ji}v_j - \dfrac{u_i}{R_i} + I_i \\ v_i = g(u_i) \end{cases} \tag{8-17}$$

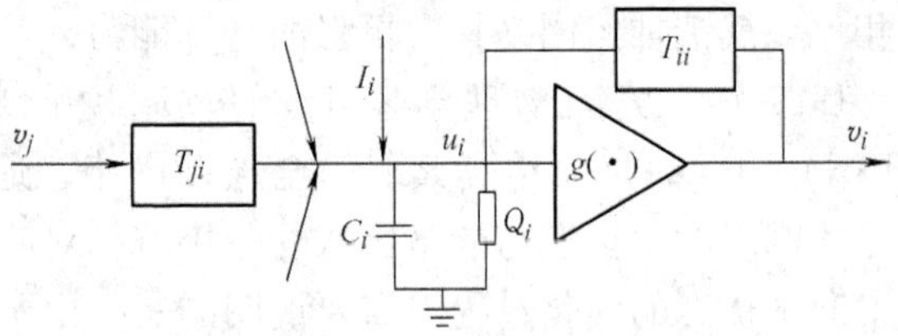

图 8-9　连续型 Hopfield 网络

式中，u_i，v_i 分别为第 i 个神经元的输入和输出；$g(\cdot)$为神经元激励函数，且为连续单调函数；T_{ij}为第 i 个神经元到第 j 个神经元的连接权；I_i 为施加在第 i 个神经元的偏置；C_i（$C_i>0$）和 Q_i 分别为相应的电容和电阻，$1/R_i = 1/Q_i + \sum\limits_{j=1}^{n} T_{ji}$。

定义能量函数为

$$E = -\frac{1}{2}\sum_{i=1}^{n}\sum_{j=1}^{n} T_{ji}v_iv_j - \sum_{i=1}^{n} I_iv_i + \sum_{i=1}^{n}\int_0^{v_i} g^{-1}(v)\,\mathrm{d}v/R_i$$

则其变化量为

$$\frac{\mathrm{d}E}{\mathrm{d}t} = \sum_{i=1}^{n} \frac{\partial E}{\partial v_i}\frac{\mathrm{d}v_i}{\mathrm{d}t}$$

其中

$$\begin{aligned} \frac{\partial E}{\partial v_i} &= -\frac{1}{2}\sum_{j=1}^{n} T_{ji}v_i - \frac{1}{2}\sum_{j=1}^{n} T_{ji}v_j + \frac{u_i}{R_i} - I_i \\ &= -\frac{1}{2}\sum_{j=1}^{n}(T_{ij} - T_{ji})v_j - \left(\sum_{j=1}^{n} T_{ji}v_j - \frac{u_i}{R_i} + I_i\right) \\ &= -\frac{1}{2}\sum_{j=1}^{n}(T_{ij} - T_{ji})v_j - C_i\frac{\mathrm{d}u_i}{\mathrm{d}t} \\ &= -\frac{1}{2}\sum_{j=1}^{n}(T_{ij} - T_{ji})v_j - C_ig^{-1}(v_i)\frac{\mathrm{d}v_i}{\mathrm{d}t} \end{aligned}$$

于是，当 $T_{ij}=T_{ji}$时，$\dfrac{\mathrm{d}E}{\mathrm{d}t} = -\sum\limits_{i=1}^{n} C_ig^{-1}(v_i)\left(\dfrac{\mathrm{d}v_i}{\mathrm{d}t}\right)^2 \leqslant 0$。且当$\dfrac{\mathrm{d}v_i}{\mathrm{d}t}=0$ 时，$\dfrac{\mathrm{d}E}{\mathrm{d}t}=0$。因此，随着时间的增加，神经网络的状态空间中的解轨迹总是向能量减少的方向改变，当网络达到稳定点时，即为能量函数的极小值点。

在连续型 Hopfield 网络中存在一种变形——随机网络模型，该模型即在每个输入上加入扰动，设扰动参数为 T。当 T 增大时，扰动加大。当有关神经元正要完全兴奋或完全抑制时，表现在 v_i 上扰动也加大。这样系统就有足够时间选择兴奋或抑制的状态。当系统冷却时，网络将会收敛到全局能量最小的状态。

（3）Hopfield 网络模型的优化改进　Hopfield 模型优化方法是通过构造能量函数，寻找对应的动力系统方程的平衡点即稳定点，求解原问题的极小值。但在初始时，Hopfield 模型并不知道网络平衡点的位置，若网络参数和网络分布选择不好，则该方法往往得不到最优解，不能收敛到全局极小的情况。因此大量学者研究 Hopfield 改进模型，提升模型的鲁棒性和收敛性能。

分析 Hopfield 模型收敛于局部最优解的原因，是由于采用 Hopfield 模型的优化过程中网络动态的变化保证能量函数单调非增。而模拟退火（SA）算法本身的特性可有效克服该缺陷，所以如果把这两种算法合理结合，就能提高优化性能和事件性能。例如，用 Hopfield 算法构成主算法较快得到可行解，用 SA 概率性逃离局部极小值点而转移到目标函数的其他极小值点，从而提高最终的优化性能。

同时，利用遗传算法（GA）并行搜索的优点，结合 Hopfield 网络也是一种可行方法。将混沌动态引入 Hopfield 模型，结合混沌动态的遍历性和 Hopfield 模型的梯度下降过程，同样可构造有效的优化方法。

此外，将竞争网络和 Hopfield 网络结合，竞争网络实现约束函数，Hopfield 网络实现具有简化约束的能量函数，用信号时延小的竞争网络控制调节 Hopfield 网络的输出，一旦 Hopfield 网络的输出大于竞争网络神经元的阀值就采用“全胜策略”通过竞争网络开始搜索最高输出，这也是提高算法性能的方法。

三、神经网络的学习算法

神经网络优化算法的优势在于它具有自学习功能，因此设计初始神经网络需要经过学习训练这一重要过程，目的是通过学习不断地调整和修正网络参数。神经网络的学习包括学习方法和学习规则两个方面，本节介绍神经网络中常用的学习方法和学习规则。

图 8-10 给出了关于神经网络学习方法和学习规则的分类。

神经网络学习算法
- 学习方法
  - 有监督学习
  - 无监督学习
  - 再励学习
- 学习规则
  - Hebb学习规则
  - Delta(δ)学习规则
  - 梯度下降学习规则
  - Kohonen学习规则
  - 后向传播学习规则
  - 概率式学习规则
  - 竞争式学习规则

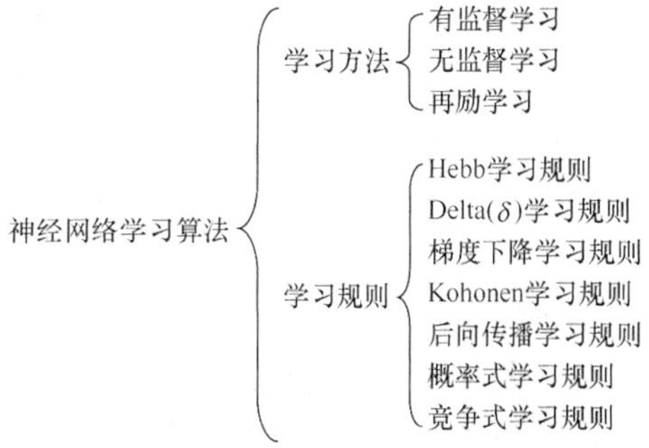

图 8-10　神经网络学习方法和学习规则的分类

1. 学习方法

目前神经网络的学习方法有很多种，按照有无监督来分类，可以分为有监督学习（Supervised Learning）或称有指导学习、无监督学习（Unsupervised Learning）或称无指导学习以及再励学习（Reinforcement Learning）等几类。

在有监督的学习方式中，将网络的输出和期望的输出（即监督信号）进行比较，然后根据两者之间的差异调整网络的权重，最终使差异变小。监督即是训练数据本身，不但包括输入数据，还包括在一定条件下的输出。网络根据训练数据的输入和输出来调节本身的权重，使网络的输出符合实际的输出。在这种学习方式中，网络将应有的输出和实际的输出进行比较，调整最初随机设置的权重，使得输出更接近实际输出结果。所以学习过程的目的在于减小网络应有的输出与实际输出之间的差异。这一过程是靠不断调整权重来实现的。

对于在指导下学习的网络在可以实际应用之前必须进行训练。训练的过程是把一组输入数据与相应的输出数据输进网络。网络根据这些数据来调整权重。这些数据组就称为训练数据组。在训练过程中，每输入一组数据，同时也告诉网络的输出应该是什么。网络经过训练后，若认为网络的输出与相应的输出间的误差达到了允许范围，权重就不再改动了。这时的网络可用新的数据去检验。

在无监督学习方式中，输入模式进入网络后，网络按照一定预先设计的规则自动调整权重，使网络最终具有模式分类等功能。没有指导的学习过程指训练只有输入而没有输出，网络必须根据一定的标准自行调整权重。在这种学习方式下，网络不靠外部的影响来调整权重。也就是说，在网络训练过程中，只提供输入数据而无相应的输出数据。网络检查输入数据的规律或趋向，根据网络本身的功能进行调整，并不需要告诉网络这种调整是好还是坏。这种没有指导进行学习的算法，强调每一层处理单元间的协作。如果输入信息使处理单元的任何单元激活，则整个处理单元的活性就增强。然后处理单元组将信息传送给下一个单元。

再励学习是介于上述两者之间的一种学习方法，在此不再过多描述，可参考相关文献。

2. 学习规则

神经网络学习算法的另一个重点是学习规则。目前使用比较普遍的学习规则有以下 7 种，我们逐一进行讲解。

（1）Hebb 学习规则　该著名规则是由 Donald Hebb 在 1949 年提出的，基本规则可以简单归纳为：如果处理单元从另一个处理单元接到一个输入，并且如果两个单元都处于高度活动状态，这时两个单元间的处理权重就会被加强。

Hebb 学习规则是一种联想式学习方法。联想是人脑形象思维过程的一种表现形式，例如，在空间和时间上相互接近的事物都容易在人脑中引起联想。生物学家 Donald Hebb 基于对生物和生理学的研究，提出了学习行为的突触联系和神经群理论。认为突触前与突触后二者同时兴奋，即两个神经元同时处于激发状态时，它们之间的连接强度得到加强，这一理论的数学描述被称为 Hebb 学习规则。

Hebb 学习规则是一种没有指导的学习方法，它只根据神经元连接间的激活水平改变权重，因此这种方法又称为相关学习或并联学习。

（2）Delta（δ）学习规则　Delta（δ）学习规则是最常用的学习规则，其要点是改变单元间的连接权重来减小系统实际输出与应有的输出间的误差。这个规则也叫做 Widrow-Hoff 学习规则，也可称为最小均方差规则。

Delta 学习规则实现了梯度下降减小误差，因此使误差函数达到最小值，但该学习规则只适用于线性可分函数，无法用于多层网络。前面介绍的 BP 网络的学习算法也是在 Delta 学习规则的基础上发展起来的。

（3）梯度下降学习规则　这是对减小实际输出和应有输出间误差方法的数学说明。Delta 学习规则是梯度下降学习规则的一个特例。梯度下降学习规则的要点是在学习过程中，保持误差曲线的梯度下降。误差曲线可能会出现局部最小值。在网络学习时，尽可能摆脱误差的局部最小值，而达到真正的误差最小值。

（4）Kohonen 学习规则　该规则是由 Teuvo Kohonen 在研究生物系统学习的基础上提出的，用于没有指导下的训练网络。在学习过程中，处理单元竞争学习的时候，具有高的输出单元是胜利者，它有能力阻止它的竞争者并激发相邻的单元。只有胜利者才能有输出，也只有胜利者与其相邻单元可以调节权重。

在训练周期内，相邻单元的规模是可变的。一般的方法是从定义较大的相邻单元开始，在训练过程中不断减小相邻的范围。胜利单元可以定义为与输入模式最为接近的单元。Kohonen 网络可以模拟输入的分配。

（5）后向传播学习规则　后向传播（Back Propagation）学习规则，是目前应用最为广泛的神经网络学习规则。误差的后向传播技术一般采用 Delta 学习规则。该过程涉及两步，第一步是正反馈，当输入数据输入网络，网络从前往后计算每个单元的输出，将每个单元的输出与期望的输出进行比较，并计算误差；第二步是后向传播，从后向前重新计算误差，并修改权重。完成这两步后才能输入新的数据。这种技术一般用在三层或四层网络。对于输出层，已知每个单元的实际输出和应有输出，比较容易计算误差，技巧在于如何调节中间层单元的权重。

（6）概率式学习规则　从统计力学、分子热力学和概率论中关于系统稳定能量的标准出发，进行神经网络学习的方式称为概率式学习。神经网络处于某一状态的概率主要取决于在此状态下的能量，能量越低的状态出现的概率越大。同时，此概率还取决于温度参数 T，T 越大，不同状态出现概率的差异便越小，较容易跳出能量的局部最小点而得到全局最小点；T 越小时，情形正好相反。概率式学习的典型代表是 Boltzmann 机学习规则，它是基于模拟退火的统计优化方法，因此又称模拟退火式算法。

（7）竞争式学习规则　竞争式学习属于无教师学习。这种学习方式是利用不同层间的神经元发生兴奋性连接，以及同一层内距离很近的神经元间发生同样的兴奋性连接，而距离较远的神经元产生抑制性连接。在这种连接方式中引入竞争机制的学习方式称为竞争式学习。它的本质在于神经网络中高层次的神经元对低层次神经元的输入模式进行竞争识别。

竞争式机制的思想来源于人脑的自组织能力。大脑能够及时调整自身结构，自动地向环境学习，完成所需执行的功能，而不需要教师训练。竞争式学习方式亦是如此，所以又把这一类网络称为自组织神经网络。

从上述学习规则和学习方法中不难看出，要使人工神经网络具有学习能力，就要使神经网络的知识结构变化，即要使神经元间的结合模式发生变化，这同把连接向量用什么方法变化是等价的。所以，所谓神经网络的学习，目前主要是指通过一定的学习算法实现对突触结合权重（连接权重）的调整，使其具有记忆、识别、分类、信息处理和问题优化求解等功能。

四、小结

随着人工神经网络研究的不断深入，它不仅与传统的计算方法、统计方法以及人工智能方法相结合，在模式识别、信号处理、故障检测、知识工程、专家系统和市场分析等应用领域中解决了大量实际问题，更是与小波理论、模糊系统、进化机制等新兴技术相结合，产生了小波神经网络、模糊神经网络、径向基神经网络和进化神经网络等多种新型神经网络，进一步拓展了神经网络的优化效能，激发了应用潜力。

第四节　蚁群算法

蚁群算法，又称为蚁群优化算法（Ant Colony Optimization，ACO），是人们在研究蚂蚁群体社会行为后，受到启发而逐步发展建立的一种现代优化算法。其基本思想是由意大利学者 M. Dorigo 等人于 1991 年首先提出，并用该方法求解旅行商问题、工作调度问题、指派问题等，都获得了令人满意的优化结果。

蚂蚁是自然界中常见的一种生物，与其相似的还有蜜蜂、飞蛾等群居昆虫。人们对蚂蚁和蚁群社会的深入研究，发现这些单一个体能力简单的小生物却能够通过相互协作以优化的策略完成复杂的工作，如以最优路径将食物搬运回洞穴。生物学家首先揭示了蚁群系统这种代表性的昆虫自组织模式，随后从事数学及计算机方面研究的科技工作者把这种超越生物本身的模型转化成了一种算法，逐步形成了用于优化和控制的蚁群优化算法。

一、蚁群算法的基本思想

1. 蚁群生物学原理

蚂蚁属于群居昆虫，单个个体的行为和智能极其简单，如单个蚂蚁很难找到食物到蚁穴的最优运输路线。但是众多这样的简单功能个体按照一定组织关系形成群体（往往这种组织关系也并不复杂），在群体中相互协作，最终实现群体对复杂问题能够找到最优化的解决方法，即蚁群总能够通过协作找到搬运食物回巢穴的最优路径。而且，它们还能够适应环境的变化，如在原有路线上突然出现障碍物时，蚁群能够很快地调整并重新找到最优路径。从而看出，简单功能个体以简单组织关系联系形成的群体能够解决复杂问题。这正是自然界提供给我们的一种美妙的分布式并行优化思想。人们通过大量的研究发现，蚂蚁在寻觅食物或寻找返回巢穴的路径时，会在它们经过的地方留下一种称为“信息素”的物质。该物质可以被后到的蚂蚁识别，并作为蚂蚁之间的联系信号影响后到者的行动。具体表现在后到的蚂蚁将以更大的概率选择“信息素”浓度高的路径。而后到者同样会在自己通过的路径上留下“信息素”，形成对原有“信息素”的加强。如此循环下去，指引更多蚂蚁选择该路径。同时该化学物质随着时间的推移会逐渐挥发掉，因此，越短的路径会被越多的蚂蚁所访问，积累的“信息素”就越多，后续到达的蚂蚁选中该路径的可能性就越大。这样一种正反馈过程将持续到所有蚂蚁都走最短路径为止。

2. 蚁群算法的基本思想

蚁群算法的基本思想就是模拟、利用上述简单易实现且高效的优化原理。具体来讲，就是通过设置具有一定简单功能的工作单元，即“蚂蚁”，并合理选择参量表示“信息素”物质，通过三条基本原则：①选择机制：信息素越多的路径，被选中的概率越大；②信息素更新机制：路径越短，信息素增加越快；③协作机制：个体之间通过信息素进行信息交流，即可实现人工蚁群寻优算法，完成最优方法选择。值得注意的是，针对实际优化问题，需要合理设置工作单元、“信息素”等，才能达到最佳寻优效果。

二、蚁群算法的基本模型

下面引用 M. Dorigo 所举的例子来具体说明蚁群算法的实现过程。在图 8-11 中，设 A 是蚁穴，E 是食物源。由于障碍物的存在，由 A 外出觅食或由 E 返回巢穴的蚂蚁只能经由 H 或 C 到达目的地，点 B、C、D、H 间的距离 d 如图所示。假设蚂蚁以 1 单位长度/单位时间的速度往返于 A 和 E 之间，每经过一个单位时间各有 30 只蚂蚁离开 A 到达 B 和离开 E 到达 D，如图 8-11a 所示。初始时，各有 30 只蚂蚁在 B 和 D 点遇到障碍物，开始选择路径。由于此时路径上无信息素，蚂蚁便以相同的概率随机地走两条路中的任意一条。因而 15 只个体选择往 C 移动，另 15 只个体选择往 H 移动，如图 8-11b 所示。经过一个单位时间以后，路径 BCD 被 30 只蚂蚁爬过，而路径 BHD 上则只被 15 只蚂蚁爬过（因 BCD 距离为 1，而 BHD 距离为 2）。BCD 上的信息量是 BHD 上信息量的两倍。在这时，又有 30 只蚂蚁开始离开 B 和 D，由于 BCD 上的信息量是 BHD 上信息量的两倍，于是各 20 只个体选择往 C 方向，而另外各 10 只个体选择往 H 移动，如图 8-11c 所示。这样，更多的信息量被留在更短的路径 BCD 上。另外，由于蚂蚁爬行长路径 BHD 花费的时间长，因此在相同条件下，长路径 BHD 上信息素的挥发量更大。从而，随着时间的推移和上述过程的重复，短路径 BCD 上的信息量便以更快的速度增长。于是会有越来越多的蚂蚁选择这条短路径，这便形成了蚂蚁选择路径和信息素的一种正反馈，以致最终完全选择 BCD 这条短路径为食物和蚁穴间的运输通道。

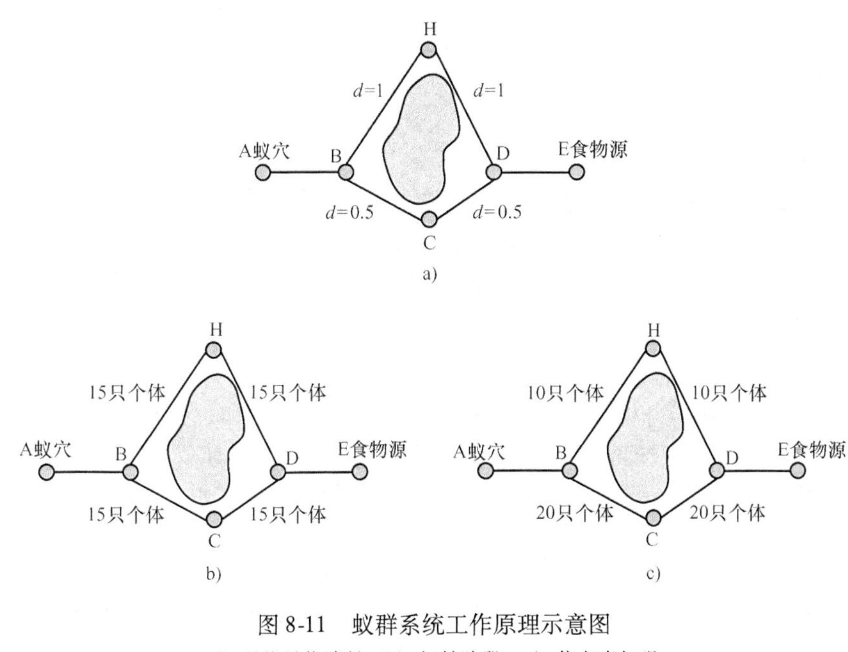

图 8-11　蚁群系统工作原理示意图

a）寻找最优路径　b）初始阶段　c）信息素加强

三、蚁群算法求解过程

由于蚁群算法被成功地运用解决了多个大型复杂组合优化问题，如 TSP（Traveling Salesman Problem），QAP（Quadratic Assignment Problem），JSP（Job-shop Schedule Problem）等，其已经被公认为最有效的现代智能优化算法之一。但正如此前所述，要使蚁群算法具有满意的优化能力，其关键在于能做到用一个图表来阐述将要解决的问题：能定义一种正反馈过程（如 TSP 问题中的残留信息）；问题结构本身能提供解题用的启发式信息（如 TSP 问题中城市间的距离）；约束机制的建立（如 TSP 问题中已访问城市的列表）。由于蚁群优化算法解决的最经典优化问题是 TSP 问题，下面就以 TSP 问题为例来说明蚁群算法的实现过程。

1. TSP 问题

TSP 问题描述：假设有一个旅行商人要拜访 n 个城市，他必须选择所要走的路径，路径的限制是每个城市只能拜访一次，而且最后要回到原来出发的城市。路径的选择目标是要求得的路径路程为所有路径之中的最小值。

2. 蚁群算法的实现过程

采用蚁群算法，将 m 只蚂蚁放入到 n 个随机选择的城市中。规定每一只蚂蚁的每一步行动是根据一定的依据选择下一个它还没有访问的城市；同时在完成一步（从一个城市到达另外一个城市）或者一个循环（完成对所有 n 个城市的访问）后，更新所有路径上的残留信息浓度。选择下一个城市的依据主要是两点：

τ_{ij}——t 时刻连接城市 i 和 j 的路径上残留信息素的浓度，这是由算法本身提供的信息；

η_{ij}——由城市 i 转移到城市 j 的启发信息，该启发信息是由要解决的问题给出的，是由一定的算法实现的。

在 TSP 问题中一般取 $\eta_{ij}=1/d_{ij}$（d_{ij}表示城市 i，j 间的距离，η_{ij}在这里可以称为先验知识）。那么，t 时刻位于城市 i 的蚂蚁 k 选择城市 j 为目的城市的概率如下：

假如 $j\in N_i^k$，则

$$p_{ij}^k(t) = \frac{\tau_{ij}^{\alpha}(t)\eta_{ij}^{\beta}}{\sum\limits_{j\in N_i^k}\tau_{ij}^{\alpha}(t)\eta_{ij}^{\beta}} \tag{8-18}$$

式中，α 是残留信息的相对重要程度；β 是期望值的相对重要程度；N_i^k 是所有可能的目标城市，即还没有访问的城市。因此，“蚂蚁”选中某一个城市的可能性是题目本身所提供的启发信息与从“蚂蚁”目前所在城市到目标城市路径上残留信息量共同决定的函数。

为了避免对同一个城市被同一蚂蚁多次访问，每一只蚂蚁都要保存一个列表 tabu(k)，用于记录到目前为止已经访问的城市。

为了避免残留信息过多引起的残留信息淹没启发信息的问题，在每一只蚂蚁完成对所有 n 个城市的访问后（一个循环结束后），必须对残留信息进行更新处理，模仿人类记忆的特点，对旧的信息进行削弱，并将更新的蚂蚁访问路径的信息加入 τ_{ij}。

$$\tau_{ij}(t+n) = \rho\tau_{ij}(t) + \sum_{k=1}^{m}\Delta\tau_{ij}^k \tag{8-19}$$

式中，ρ 是残留信息的保留部分；$1-\rho$ 是残留信息被削弱的部分，即信息的挥发部分，为了防止信息的无限累积，$\rho<1$；$\Delta\tau_{ij}^k$是蚂蚁 k 在时间段 t 到 $t+n$ 内的访问过程中，在 i 到 j 的路径上留下的残留信息浓度。

M. Dorigo 给出了 3 种不同的 $\Delta\tau_{ij}^k$选择方法，分别为 ant cycle，ant density，ant quantity 算法。三种算法的具体表达式分别为

$$\Delta\tau_{ij}^k=\begin{cases}\dfrac{Q}{L_k} & \text{若第 } k \text{ 只蚂蚁在本次循环中经过路径 } ij\\ 0 & \text{其他}\end{cases} \tag{8-20}$$

$$\Delta\tau_{ij}^k=\begin{cases}Q & \text{若第 } k \text{ 只蚂蚁在时刻 } t \text{ 到 } t+1 \text{ 之间经过路径 } ij\\ 0 & \text{其他}\end{cases} \tag{8-21}$$

$$\Delta\tau_{ij}^k=\begin{cases}\dfrac{Q}{d_{ij}} & \text{若第 } k \text{ 只蚂蚁在时刻 } t \text{ 到 } t+1 \text{ 之间经过路径 } ij\\ 0 & \text{其他}\end{cases} \tag{8-22}$$

式中，Q 是常数；L_k 表示第 k 只蚂蚁在本次循环中所走路径的长度。在初始时刻，$\tau_{ij}(0)=C$。

后两种算法与前一种算法的区别在于，后两种算法中每走一步（即从时间 t 到 $t+1$）都要更新残留信息的浓度，而不是要等到所有蚂蚁完成对所有 n 个城市的访问之后。在 antdensity算法中，$\Delta\tau_{ij}=Q$；而在 ant quantity 算法中 $\Delta\tau_{ij}=Q/d_{ij}$（d_{ij}表示城市 i 和 j 间的距

离），即在 ant density 算法中，从城市 i 到 j 的蚂蚁在路径上残留的信息浓度为一个与路径无关的常量 Q。而在 ant quantity 算法中，以 d_{ij} 为城市 i 到城市 j 的距离，残留信息浓度为 Q/d_{ij}，即残留信息浓度会因为城市距离的减小而增大。

M. Dorigo 还对上述 3 种方法进行了比较，结果证明 ant cycle 算法的效果最好，这是因为它用的是全局信息（Q/L_k）；而其余两种算法用的是局部信息（Q/d_{ij} 和 Q）。这种更新方法很好地保证了残留信息不至于无限累积，如果路径没有被选中，那么上面的残留信息会随着时间的推移而逐渐减弱，这种算法能“忘记”不好的路径，即使路径经常被访问也不至于因为 τ_{ij} 的累积而产生使期望值的作用无法体现的结果。

式（8-18）中，α 和 β 为两个预先设定参数，用来控制启发信息和信息素浓度作用的权重关系。当 $\alpha=0$ 时，算法演变成传统的随机贪婪算法，即最邻近城市被选择的概率最大；当 $\beta=0$ 时，蚂蚁完全只根据信息素浓度确定路径，算法将快速收敛到一个局部最优解，这样所获得的路径往往与全局最优解的路径差异很大。在算法中，α，β 最佳组合可由实验确定，一般取 $\alpha=1$，$\beta=2\sim5$。下面给出 ant cycle 算法的一般流程图，如图 8-12 所示。

3. 蚁群优化算法的优点

由以上 TSP 问题的研究表明，蚁群优化算法的优点为：

1）较强的鲁棒性。对基本蚁群优化算法模型稍加修改，便可以应用于其他问题。

2）分布式计算。蚁群优化算法是一种基于种群的算法，具有本质并行性，易于并行实现。

3）易于与其他方法结合。蚁群优化算法很容易与多种启发式算法结合，以改善算法的性能。

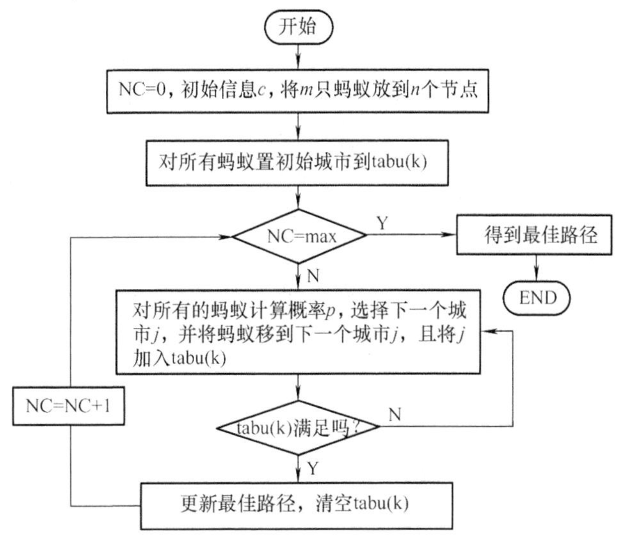

图 8-12　蚁群优化算法的一般流程图

而且，众多研究已经证明，蚁群优化算法具有很强的发现较好解的能力，这是因为该算法不仅利用了正反馈原理，在一定程度上可以加快计算过程，而且是一种本质并行算法，不同个体（Agent）之间不断进行信息交流和传递，从而能够相互协作，有利于发现较好解。

目前已经证明蚁群优化算法在解决很多组合优化问题上都取得了理想的效果，如上述 TSP 问题，以及 QAP 问题和 JSP 问题。并且在解决实际问题方面，蚁群优化算法也显示出较好的性能，如大规模集成电路中的综合布线以及通信网络中的路由选择问题等。

本章学习要点

1）深入理解每种算法（遗传算法、模拟退火算法、人工神经网络优化算法以及蚁群算法）的基本思想，为以后更进一步深入学习打基础。了解每种算法的基本计算步骤。

2）遗传算法是通过计算机模拟生物进化过程，将自然界遗传学和计算机科学结合起来的一种全新的概率优化方法。理解选择、交叉和变异的目的并掌握其基本操作方法。

3）模拟退火算法是通过计算机模拟热力学中退火过程，将物理分子热能理论和计算机科学结合起来的一种全新的全局优化方法。理解并能够针对具体优化问题构建有效的状态表达式、能量函数，并掌握三个退火过程：加温过程、等温过程、冷却过程以及邻域转移等基本操作方法。

4）人工神经网络是通过计算机模拟生物神经网络行为特征，实现分布式并行化信息处理，完成对问题的优化求解。理解神经元的基本工作原理及单层前向网络、BP 网络、Hopfield 网络等典型神经网络结构模型和基本求解步骤。理解各种学习算法在神经网络中的作用。

5）蚁群算法通过计算机模拟蚂蚁群体社会行为，逐步建立的一种分布式并行现代优化方法。理解蚁群算法的基本思想，能够针对具体优化问题设计合理的简单工作单元“蚂蚁”和“信息素”，掌握蚁群算法的基本求解步骤。

习　题

8-1　遗传算法的基本思想和主要操作步骤是什么？

8-2　选择、交叉和变异的目的是什么？具体如何计算？

8-3　模拟退火算法要实现全局收敛，必须满足哪些条件？

8-4　模拟退火算法中初始温度和终止温度的选择对 SA 算法性能有哪些影响？常用的降温函数表达式是什么？

8-5　试用数学理论知识表述人工神经元模型。

8-6　试描述多层前向网络及 BP 学习方法的迭代步骤。

8-7　指出蚁群优化算法的基本思想，并描述算法执行过程的基本步骤。

第九章　优化设计应用实例

提示： 前面讲述了优化设计的基本理论和方法，本章着重介绍如何应用这些理论和方法去解决机械设计、电气设计中的工程实际问题，包括数学模型的建立和优化方法的选择以及优化程序的使用。

本章重点介绍优化设计数学模型的建立。

不同的设计问题，所涉及的专业知识不同，具体的设计要求和方法有各自的特点。但就优化设计而言，都可归结为以下两个方面的工作：一是根据具体设计要求建立数学模型，二是选择合适的优化方法及程序求解。随着计算机的普及和发展，线性和非线性规划方法已趋成熟，一些使用方便、效率高、可靠性好的优化算法程序已商品化，为广大的工程技术人员在设计中应用提供了方便条件，不必花费更多的时间去精通优化方法本身，去编制具体的算法程序，而只需要选择合适的优化方法，掌握所选用的优化方法的基本思想、基本原理和主要的迭代步骤及程序的使用方法，便可利用已有的专业知识和丰富的实践经验去解决设计中需要的优化问题。

不同的算法程序在求解实际问题时，其效果是不完全相同的，总的来说各有利弊，各有自身的优点也有各自的局限性。对于一般的数学模型，若函数的数学性态较好，可行域较宽，应该说每一种算法都能得到最优解，所不同的是计算速度的快慢、收敛精度的高低以及算法使用的方便程度。因此，通常情况下，使用者只要熟练掌握1~2个长期考核有效的算法程序，就足以解决可能遇到的大部分问题。如遇到设计变量较多（超过20个）、约束条件多且要求较苛刻的复杂问题，则可选用一些大型有效的优化方法，如前面所讲的增广乘子法或广义简约梯度法，或第八章所介绍的现代设计方法。

下面就优化方法在机械设计（第一节~第四节）和电气工程设计（第五节~第七节）中的具体应用分别进行介绍。

第一节　平面连杆机构优化设计实例

平面连杆机构优化设计涉及的范围较广，但总的来说可分为两大类问题：

一类是按运动学要求建立目标函数的优化设计，其包括再现函数、再现轨迹及刚体导引（实现刚体预定位置）等优化设计。

另一类是动力学的优化设计，其包括使输入轴的转矩最小、速度波动最小、运动副中的摩擦功耗最小和机构获得最佳平衡等。

下面介绍平面连杆机构运动学优化设计的两个实例[16]。

一、再现函数的平面连杆机构优化设计

在对再现函数的平面连杆机构的常规设计中，一般只能选取输入和输出构件相对应的

3～5个位置，用解析法或图解法解得机构的各运动学参数。若要求机构在较多对应的位置上再现给定的函数，且对机构各参数或性能还有某些限制，则必须采用优化设计的方法。

1. 设计变量

如图 9-1 所示，铰链四杆机构的几何位置决定于四个构件的长度 l_1、l_2、l_3、l_4 和固定铰链点 A（x_A，y_A）以及机架 AD 的位置角 β，起始构件 AB 的转角 θ 共 8 个参数。

对于再现给定函数的平面铰链四杆机构来说，它与构件的绝对长度无关，与坐标轴选取的位置无关，因此，可令 $A(x_A, y_A)=A(0, 0)$，$\beta=0$，l_4（或 l_1）$=1$。于是此机构的设计变量最多只有 4 个，即 l_1（或 l_4），l_2，l_3 及输入构件 AB 的起始转角 θ_0，如图 9-2 所示。

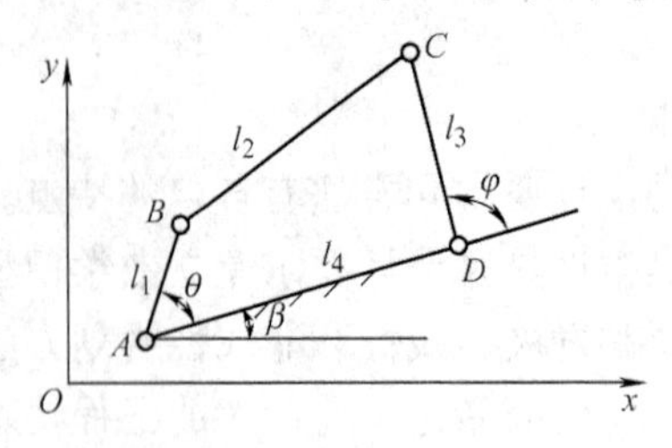

图 9-1　铰链四杆机构位置参数

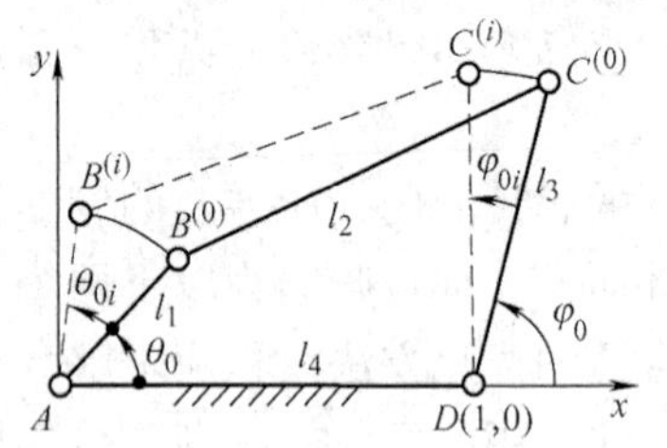

图 9-2　铰链四杆机构连架杆的对应位置角

2. 目标函数

由铰链四杆机构的几何参数关系可导出输出构件的转角 φ_{0i} 与输入构件的转角 θ_{0i} 的函数关系式

$$\varphi_{0i}=f(l_1,l_2,l_3,\theta_0,\theta_{0i}) \tag{9-1}$$

与给定的函数 $\bar{\varphi}_{0i}=\bar{f}(\theta_{0i})$ 作比较，使两者在 θ_{0i}（$i=1, 2, \cdots, s$）所有的位置的偏差为最小。故目标函数可写成为

$$f(\boldsymbol{X}) = \sum_{i=1}^{s}[f(l_1,l_2,l_3,\theta_0,\theta_{0i}) - \bar{f}(\theta_{0i})]^2 \tag{9-2}$$

如图 9-3 所示，当输入构件 AB 的转角为 θ_{0i} 时，输出构件 CD 的转角 φ_{0i} 可如下求得

$$\varphi_{0i}=\beta_0+\delta_0-\beta_i-\delta_i \tag{9-3}$$

式中，

$$\beta_0=\arctan\frac{l_1\sin\theta_0}{1-l_1\cos\theta_0}$$

$$\delta_0=\arccos\frac{l_1^2-l_2^2+l_3^2+1-2l_1\cos\theta_0}{2l_3\sqrt{l_1^2+1-2l_1\cos\theta_0}}$$

$$\beta_i=\arctan\frac{l_1\sin(\theta_0+\theta_{0i})}{1-l_1\cos(\theta_0+\theta_{0i})}$$

$$\delta_i=\arccos\frac{l_1^2-l_2^2+l_3^2+1-2l_1\cos(\theta_0+\theta_{0i})}{2l_3\sqrt{l_1^2+1-2l_1\cos(\theta_0+\theta_{0i})}}$$

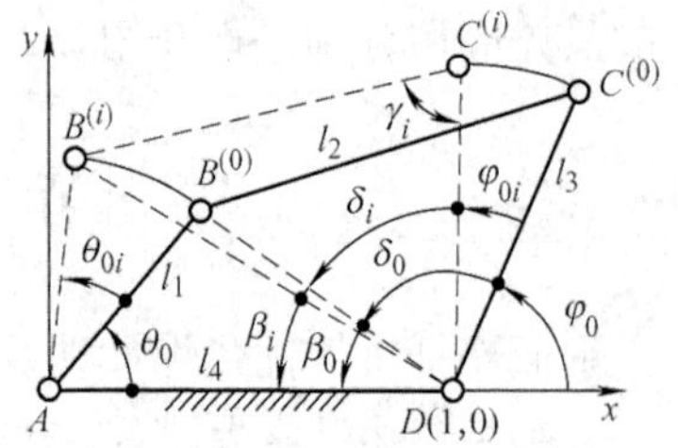

图 9-3　铰链四杆机构两对应位置参数

将上面 4 个角度值代入式（9-3），然后由式（9-1）和式（9-2），并令设计变量 $\boldsymbol{X}=[x_1, x_2, x_3, x_4]^{\mathrm{T}}=[l_1, l_2, l_3, \theta_0]^{\mathrm{T}}$，得目标函数为

$$f(\boldsymbol{X}) = \sum_{i=1}^{s}\left[\arctan\frac{x_1\sin x_4}{1-x_1\cos x_4}+\arccos\frac{x_1^2-x_2^2+x_3^2+1-2x_1\cos x_4}{2x_3\sqrt{x_1^2+1-2x_1\cos x_4}}-\right.$$
$$\arctan\frac{x_1\sin(x_4+\theta_{0i})}{1-x_1\cos(x_4+\theta_{0i})}-\arccos\frac{x_1^2-x_2^2+x_3^2+1-2x_1\cos(x_4+\theta_{0i})}{2x_3\sqrt{x_1^2+1-2x_1\cos(x_4+\theta_{0i})}}-$$
$$\left.\bar{f}(\theta_{0i})\right]^2 \tag{9-4}$$

3. 约束条件

主要考虑曲柄存在条件、传力性能（传动角）以及杆长的取值范围等。

（1）曲柄存在条件约束　若要求所设计的铰链四杆机构为曲柄摇杆机构，且 l_1 为曲柄，则必须满足（取 $l_4=1$）

$$\left.\begin{aligned}l_1+l_2-l_3-1\leqslant0\\l_1+l_3-l_2-1\leqslant0\\l_1+1-l_2-l_3\leqslant0\end{aligned}\right\} \tag{9-5}$$

（2）传动角约束　所设计的机构应具有良好的传动性能，即要求从动件的最小传动角应大于或等于许用传动角 $[\gamma]$。由机械原理的知识可知，其约束方程为

$$\left.\begin{aligned}\frac{l_2^2+l_3^2-(1-l_1)^2}{2l_2l_3}-\cos[\gamma]_{\min}\leqslant0\\\cos[\gamma]_{\max}-\frac{l_2^2+l_3^2-(1+l_1)^2}{2l_2l_3}\leqslant0\end{aligned}\right\} \tag{9-6}$$

（3）杆长的边界约束　根据机构的结构尺寸，要求各构件长度相对机架的尺寸在给定的范围内，因此，约束方程为

$$\left.\begin{aligned}a_i-l_i\leqslant0\\l_i-b_i\leqslant0\end{aligned}\quad(i=1,\ 2,\ 3)\right\} \tag{9-7}$$

式中，b_i，a_i 分别为构件长度的上、下界。

4. 设计实例

设计一曲柄摇杆机构，再现函数 $y=\sin(\pi x)$，$0\leqslant x\leqslant1$。

（1）变换给定函数 $y=\sin(\pi x)$ 为 $\bar{\varphi}_{0i}=\bar{f}(\theta_{0i})$　设输入构件初始角为 θ_0，输出构件初始角为 φ_0，选取输入构件的转角为180°，输出构件的转角为30°。要求当输入构件从 θ_0 转到 $\theta_0+90°$ 时，输出构件从 φ_0 转到 $\varphi_0+30°$，对应于 x 由0变化到0.5，y 由0变化到1。输入构件从 $\theta_0+90°$ 转到 $\theta_0+180°$ 时，输出则从 $\varphi_0+30°$ 转回到 φ_0。对应于 x 由0.5变化到1，y 由1变化到0，故有

$$\frac{x}{\theta_{0i}}=\frac{1}{180°},\quad\frac{y}{\varphi_{0i}}=\frac{1}{30°}$$

即

$$x=\frac{1}{180°}\theta_{0i},\quad y=\frac{1}{30°}\bar{\varphi}_{0i}$$

代入函数式 $y=\sin(\pi x)$，$0\leqslant x\leqslant1$，得

$$\bar{\varphi}_{0i}=30°\sin\left(\frac{\pi}{180°}\theta_{0i}\right)\qquad(0°\leqslant\theta_{0i}\leqslant180°)$$

（2）建立目标函数　设将输入构件的转角180°均分成20等份，即取 $s=20$，则

$$\theta_{0i}=\frac{180°}{s}i=9°i \quad (i=1,\ 2,\ \cdots,\ 20)$$

令设计变量 $\boldsymbol{X}=[x_1,\ x_2,\ x_3,\ x_4]^{\mathrm{T}}=[l_1,\ l_2,\ l_3,\ \theta_0]^{\mathrm{T}}$，则由式（9-4）得目标函数为

$$f(\boldsymbol{X}) = \sum_{i=1}^{20}\left[\arctan\frac{x_1\sin x_4}{1-x_1\cos x_4}+\arccos\frac{x_1^2-x_2^2+x_3^2+1-2x_1\cos x_4}{2x_3\sqrt{x_1^2+1-2x_1\cos x_4}}-\right.$$

$$\arctan\frac{x_1\sin(x_4+\theta_{0i})}{1-x_1\cos(x_4+\theta_{0i})}-\arccos\frac{x_1^2-x_2^2+x_3^2+1-2x_1\cos(x_4+\theta_{0i})}{2x_3\sqrt{x_1^2+1-2x_1\cos(x_4+\theta_{0i})}}-$$

$$\left.\frac{\pi}{6}\sin\left(\frac{\pi}{180°}\theta_{0i}\right)\right]^2$$

（3）约束函数　所设计的四杆机构要求是曲柄摇杆机构，故由式（9-5）得

$$g_1(\boldsymbol{X})=x_1+x_2-x_3-1\leqslant 0$$
$$g_2(\boldsymbol{X})=x_1+x_3-x_2-1\leqslant 0$$
$$g_3(\boldsymbol{X})=x_1+1-x_2-x_3\leqslant 0$$

要求传动角满足 $30°\leqslant\gamma\leqslant 135°$，由式（9-6）得

$$g_4(\boldsymbol{X})=\frac{x_2^2+x_3^2-(1-x_1)^2}{2x_2x_3}-\frac{\sqrt{3}}{2}\leqslant 0$$

$$g_5(\boldsymbol{X})=\frac{-1}{\sqrt{2}}-\frac{x_2^2+x_3^2-(1+x_1)^2}{2x_2x_3}\leqslant 0$$

要求各构件尺寸在给定的范围内，由式（9-7）得

$$g_6(\boldsymbol{X})=0.1-x_1\leqslant 0$$
$$g_7(\boldsymbol{X})=x_1-0.5\leqslant 0$$
$$g_8(\boldsymbol{X})=0.1-x_2\leqslant 0$$
$$g_9(\boldsymbol{X})=x_2-1.4\leqslant 0$$
$$g_{10}(\boldsymbol{X})=0.1-x_3\leqslant 0$$
$$g_{11}(\boldsymbol{X})=x_3-0.9\leqslant 0$$

（4）优化方法及其计算结果　由上可知，该问题为含4个设计变量和11个不等式约束条件的最优化问题，故选用内点惩罚函数法，无约束优化方法采用Powell法，惩罚函数形式为

$$\varphi(\boldsymbol{X},r^{(k)})=f(\boldsymbol{X})-r^{(k)}\sum_{u=1}^{11}\frac{1}{g_u(\boldsymbol{X})}$$

选择初始惩罚因子 $r^{(0)}=0.001$，递减系数 $c=0.01$，初始点 $\boldsymbol{X}^{(0)}=[x_1,\ x_2,\ x_3,\ x_4]^{\mathrm{T}}=[0.3,\ 1,\ 0.6,\ 120°]^{\mathrm{T}}$，取惩罚函数法收敛精度 $\varepsilon_1=0.01$，Powell法目标函数值收敛精度 $\varepsilon_2=10^{-4}$，一维搜索精度 $\varepsilon=10^{-3}$，上机运行求得最优解为

$$\boldsymbol{X}^*=[x_1^*,x_2^*,x_3^*,x_4^*]^{\mathrm{T}}=[l_1,l_2,l_3,\theta_0]^{\mathrm{T}}$$
$$=[0.1000012,1.0110143,0.1856076,100.6264418°]^{\mathrm{T}}$$
$$f(\boldsymbol{X}^*)=0.00007126892864$$

若取 $l_4=100\text{mm}$，则 $l_1=10.00012\text{mm}$，$l_2=101.1014\text{mm}$，$l_3=18.5608\text{mm}$，$\theta_0=100.62644°$。再现函数 $y=\sin(\pi x)$，$0\leqslant x\leqslant 1$ 的四杆机构如图 9-4 所示。

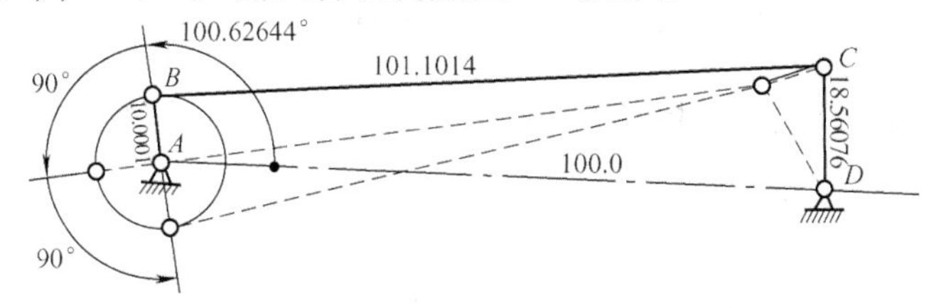

图 9-4　再现函数 $y=\sin$（πx）的四杆机构

二、再现轨迹的平面连杆机构优化设计

再现轨迹，即是在平面连杆机构运动时，要求连杆平面上某点 M 按给定的轨迹运动。由机械原理可知，理论上能精确再现轨迹上点的最大数为 9 个，实际上由于求解多元非线性方程组的困难，通常只能解出 7 个以下的精确点。而在实际设计中，往往要求机构在某些条件限制下，能最佳逼近给定的某一轨迹运动，若按常规的设计方法难以解决，而采用最优化方法来设计效果非常好。下面讨论具体的设计方法。

1. 设计变量

如图 9-5 所示铰链四杆机构，连杆 BC 平面上任意点 M 的位置坐标取决于 $A(x_A, y_A)$，β，l_1，l_2，l_3，l_4，l_5 和 α 共 9 个机构几何参数以及原动件 AB 的转角 θ_i。

若要求 M 点在给定的轨迹 mm 上再现 s 个点，则需要确定上述 9 个参数和 s 个转角 θ_i，即设计变量最多有 $9+s$ 个，即

$$\begin{aligned}\boldsymbol{X} &= [x_1, x_3, \cdots, x_{9+s}]^{\mathrm{T}}\\ &= [x_A, y_A, \beta, l_1, \cdots, l_5, \alpha, \theta_1, \theta_2, \cdots, \theta_s]^{\mathrm{T}}\end{aligned}$$

在设计时，若要求 M 点轨迹上的某些点与起始构件的位置角 θ_i 有对应关系，则此时 θ_i（$i=1$，2，…，s）为已知值，设计变量只有 9 个：

$$\boldsymbol{X}=[x_1, x_2, \cdots, x_9]^{\mathrm{T}}=[x_A, y_A, \beta, l_1, \cdots, l_5, \alpha]^{\mathrm{T}}$$

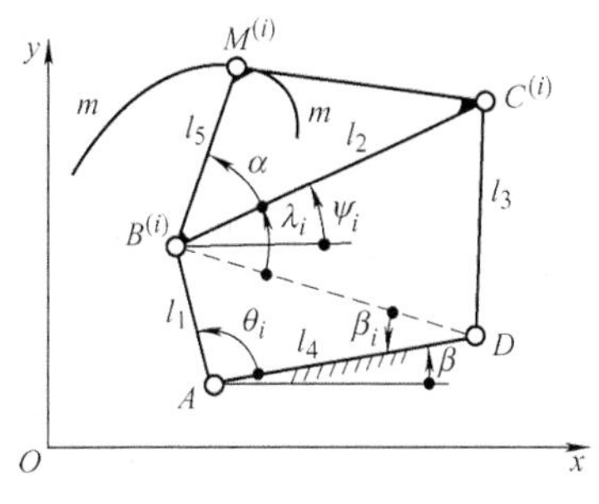

图 9-5　实现轨迹的铰链四杆机构位置参数

2. 目标函数

再现轨迹连杆机构的设计所追求的目标应是：机构上点 M 的实际运动轨迹与给定的轨迹曲线之间的偏差为最小。其数学表达式可用 s 个对应点坐标之差的二次方和为最小来表示，即目标函数为

$$f(\boldsymbol{X}) = \sum_{i=1}^{s} W_i\{[x_M^{(i)} - \overline{x}_M^{(i)}]^2 + [y_M^{(i)} - \overline{y}_M^{(i)}]^2\} \tag{9-8}$$

式中，$x_M^{(i)}$ 和 $y_M^{(i)}$ 为实际机构上点 M 在位置 i 时的坐标；$\overline{x}_M^{(i)}$ 和 $\overline{y}_M^{(i)}$ 为点 M 在位置 i 时给定的坐标；W_i 为权因子。由图 9-5 可知

$$\left.\begin{aligned}x_M^{(i)} &= x_A + l_1\cos(\beta+\theta_i) + l_5\cos(\psi_i+\alpha)\\ y_M^{(i)} &= y_A + l_1\sin(\beta+\theta_i) + l_5\sin(\psi_i+\alpha)\end{aligned}\right\} \tag{9-9}$$

式中，

$$\psi_i = \lambda_i - (\beta_i - \beta)$$

即

$$\psi_i=\beta+\arccos\frac{l_1^2+l_2^2-l_3^2+l_4^2-2l_1l_4\cos\theta_i}{2l_2\sqrt{l_1^2+l_4^2-2l_1l_4\cos\theta_i}}-\arctan\frac{l_1\sin\theta_i}{l_4-l_1\cos\theta_i}\quad(i=1,2,\cdots,s)\tag{9-10}$$

将式（9-9）代入式（9-8），得目标函数为

$$f(\boldsymbol{X})=\sum_{i=1}^{s}W_i\{[x_A+l_1\cos(\beta+\theta_i)+l_5\cos(\psi_i+\alpha)-\bar{x}_M^{(i)}]^2+[y_A+l_1\sin(\beta+\theta_i)+l_5\sin(\psi_i+\alpha)-\bar{y}_M^{(i)}]^2\}\tag{9-11}$$

其中，ψ_i 由式（9-10）求得。

3. 约束条件

约束条件可参考上述再现函数的平面连杆机构优化设计的约束条件式（9-5）~式（9-7）。若对输入构件转角 θ 可自由选择时，还必须考虑输入构件是连续向前转动的，应满足以下的约束条件：

$$\theta_i-\theta_{i+1}\leqslant 0\qquad(i=1,\ 2,\ \cdots,\ s-1)\tag{9-12}$$

4. 设计实例

设计一曲柄摇杆机构，已知固定铰链点 A 的坐标为 $x_A=67\text{mm}$，$y_A=10\text{mm}$，再现给定轨迹上的 12 个点列于表 9-1。

表 9-1

i	1	2	3	4	5	6	7	8	9	10	11	12
θ_{1i}/（°）	0	30	60	90	120	150	180	210	240	270	300	330
$\bar{x}_M^{(i)}$/mm	50	48.5	42	34	29	30	34	42	48	55	56	51
$\bar{y}_M^{(i)}$/mm	91	111	107	90	67	45	28	17	12	14	24	52

（1）设计变量　由于固定铰链点 A 的坐标 x_A，y_A 为已知，且 12 个轨迹点对应起始构件转角的增量 θ_{1i}（i 位置相对 1 位置）为已知，因此，独立设计变量只有 8 个，为

$$\boldsymbol{X}=[x_1,x_2,\cdots,x_8]^{\mathrm{T}}=[l_1,\cdots,l_5,\alpha,\beta,\theta_1]^{\mathrm{T}}$$

（2）目标函数　由式（9-11），取权因子 $W_i=1$，则目标函数为

$$f(\boldsymbol{X})=\sum_{i=1}^{12}([x_A+x_1\cos(x_7+\theta_i)+x_5\cos(\psi_i+x_6)-\bar{x}_M^{(i)}]^2+[y_A+x_1\sin(x_7+\theta_i)+x_5\sin(\psi_i+x_6)-\bar{y}_M^{(i)}]^2)$$

其中，ψ_i 由式（9-10）计算得

$$\psi_i=x_7+\arccos\frac{x_1^2+x_2^2-x_3^2+x_4^2-2x_1x_4\cos\theta_i}{2x_2\sqrt{x_1^2+x_4^2-2x_1x_4\cos\theta_i}}-\arctan\frac{x_1\sin\theta_i}{x_4-x_1\cos\theta_i}$$

$$\theta_i=\theta_1+\theta_{1i}=x_8+\theta_{1i}\qquad(i=1,\ 2,\ \cdots,\ 12)$$

（3）约束函数　所设计的四杆机构要求是曲柄摇杆机构，故由曲柄存在条件得

$$g_1(\boldsymbol{X})=x_1+x_2-x_3-x_4\leqslant 0$$

$$g_2(\boldsymbol{X})=x_1+x_3-x_2-x_4\leqslant 0$$

$$g_3(\boldsymbol{X})=x_1+x_4-x_2-x_3\leqslant 0$$

（4）优化方法及其计算结果　最优化方法选用内点惩罚函数法，无约束方法采用 Powell 法，取惩罚函数法的收敛精度 $\varepsilon_1=0.1$，Powell 法的收敛精度 $\varepsilon_2=0.01$，惩罚函数形式为

$$\varphi(\boldsymbol{X},r^{(k)})=f(\boldsymbol{X})-r^{(k)}\sum_{u=1}^{3}\frac{1}{g_u(\boldsymbol{X})}$$

选择初始惩罚因子 $r^{(0)}=100$，递减系数 $c=0.001$，初始点 $\boldsymbol{X}^{(0)}=[x_1,\ x_2,\ \cdots,\ x_8]^{\mathrm{T}}=[60,\ 90,\ 100,\ 100,\ 60,\ 10°,\ 30°,\ 30°]^{\mathrm{T}}$，上机运行求得最优解为

$$\boldsymbol{X}^*=[x_1^*,x_2^*,\cdots,x_8^*]^{\mathrm{T}}=[l_1,\cdots,l_5,\alpha,\beta,\theta_1]^{\mathrm{T}}$$
$$=[45.0470,71.1987,113.265,108.753,57.9749,12.7118°,32.6303°,27.6873°]^{\mathrm{T}}$$

$$f(\boldsymbol{X}^*)=4.96182$$

所设计的四杆机构如图 9-6 所示。

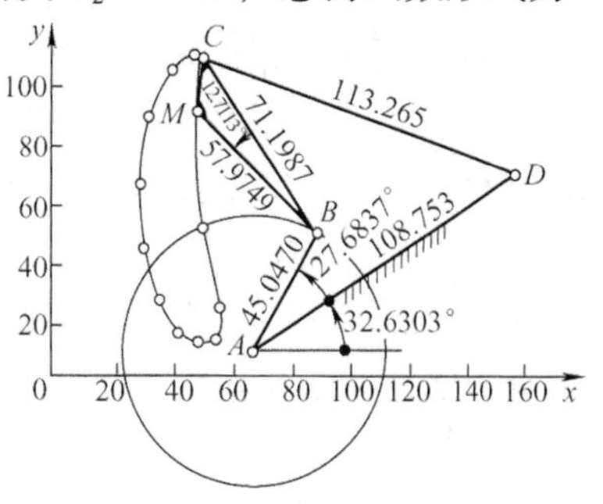

图 9-6　实现轨迹的铰链四杆机构

第二节　齿轮变位系数的优化选择

在渐开线齿轮传动中，为提高传动质量，变位齿轮传动被广泛应用。而变位齿轮设计中，其变位系数的选择是一个重要的内容。合理地选择齿轮的变位系数，能较大幅度地提高齿轮接触疲劳强度、齿根弯曲疲劳强度、减轻齿面磨损和有利于抗胶合。

传统的设计中，变位系数的选择利用封闭图进行选取，封闭图被工程技术人员公认为是较完善地选择齿轮变位系数的一种方法。它可以从百余幅封闭图中较迅速而方便地按齿轮不同工况确定合理的变位系数。但随着设计要求的提高和计算机技术的发展，已逐渐显示出它的某些不足之处，主要是由于封闭图齿数组合的不连续性，在许多情况下不得不用近似的组合来代替，以致产生误差而影响设计质量。而用优化设计的方法能较好地解决齿轮传动各种工况下的最佳变位系数选择问题。

齿轮传动应用广泛，工况繁杂，而变位系数的选择是与齿轮传动的设计类型及工况有着密切的关系。为此，把齿轮的各种工况加以综合，大致可分为六种情况，并相应地提出了选择的准则[10]。

一、选择变位系数的准则

1. 中心距不限定，润滑良好的软齿面（HBS≤350）闭式传动

这种传动的齿轮主要失效形式由于接触疲劳强度不足而产生齿面接触疲劳点蚀。选择变位系数的准则应使传动获得尽可能大的变位系数和，从而增大传动的啮合角（即增大综合曲率半径），以最大限度地提高齿面接触疲劳强度。

2. 中心距不限定，润滑良好的硬齿面（HBS≥350）闭式传动

齿根弯曲疲劳折断是该工况的主要失效形式。选择变位系数应力求使一对齿轮获得近似相等的齿形系数，以达到相等弯曲强度的效果。在满足此条件的情况下，仍尽可能使之具有较大的变位系数和。

3. 中心距不限定，润滑不良的开式、半开式传动，或高、低速重载齿轮传动

前者易磨损，后者易胶合失效。从齿轮几何设计角度，减轻磨损和抗胶合的途径是力求

降低两轮齿面的滑动系数并使两轮齿根部最大滑动系数接近相等（等磨损），同时使两轮变位系数之和尽可能地大。

4. 中心距不限定，润滑良好的高精度（7级以上）闭式传动

这种情况下变位系数的选择应使节点进入双齿啮合区，并达到预定的深度，这样可有效地减少齿面疲劳点蚀的可能性。与此同时，变位系数之和仍尽可能地大。

5. 中心距限定的闭式传动

在齿轮的模数、齿数等基本参数确定之后，对一定的中心距而言，变位系数的和也即随之确定。变位系数的选择实际上成为合理分配的问题。在闭式传动中可用齿形系数相等的准则进行分配。

6. 中心距限定的开式传动

其主要失效形式是齿面磨损。可采用两轮滑动率相等准则来分配变位系数以达到等磨损的目的。

同心式回归轮系减速器、变速箱中具有公用滑移齿轮的传动机构、中心距已标准化、系列化的普通减速器以及齿轮磨损后的修复设计等，都属于中心距被限定之列。

二、建立优化设计数学模型

有关齿轮的主要物理量见表9-2。

表9-2 有关齿轮的主要物理量说明

符号	符号说明	符号	符号说明
Z	齿数	$[\varepsilon]$	许用重合度
x_t	齿轮端面变位系数	$[S_a^*]$	许用齿顶厚度
Y_F	齿形系数	β	分度圆柱螺旋角
η	齿根最大滑动系数	h_{an}^*	法面齿顶高系数
α_t	端面压力角	α_{at}	端面齿顶压力角
α_t'	端面啮合角	α_B	两轮齿廓工作段根部点的压力角
d_a	齿顶圆直径	δ	节点进入双齿啮合区的深度系数

1. 设计变量

设计变量取为两轮的端面变位系数：$\boldsymbol{X}=[x_{t1},\ x_{t2}]^{\mathrm{T}}$。

2. 目标函数

根据对选择变位系数准则的分析，按其6种不同情况建立3种不同的目标函数，分述如下：

1）对于上述选择准则1~4，由于所追求的指标都是变位系数和最大，因此目标函数为

$$f(\boldsymbol{X})=-x_{t1}-x_{t2} \tag{9-13a}$$

2）对于上述选择准则5，取两轮齿形系数之差的绝对值最小为目标函数，即

$$f(\boldsymbol{X})=|Y_{F1}-Y_{F2}| \tag{9-13b}$$

3）对于上述选择准则6，取两轮根部滑动系数之差的绝对值最小为目标函数，即

$$f(\boldsymbol{X})=|\eta_1-\eta_2| \tag{9-13c}$$

3. 约束条件

约束条件包括不等式约束条件和等式约束条件两部分。

（1）不等式约束条件是考虑到所选取变位系数必须满足的传动基本要求。它们包括：齿轮无根切、重合度大于等于许用重合度、齿顶不变尖（齿顶厚度大于等于许用齿顶厚度）、无过渡曲线干涉。

1）保证两轮无根切，其约束条件为

$$g_1(\boldsymbol{X}) = h_{an}^*\cos\beta - x_{t1} - 0.5Z_1\sin^2\alpha_t \leqslant 0 \tag{9-14}$$

$$g_2(\boldsymbol{X}) = h_{an}^*\cos\beta - x_{t2} - 0.5Z_2\sin^2\alpha_t \leqslant 0 \tag{9-15}$$

2）重合度大于等于许用重合度，其约束条件为

$$g_3(\boldsymbol{X}) = [\varepsilon] - \frac{1}{2\pi}[Z_1(\tan\alpha_{at1} - \tan\alpha_t') + Z_2(\tan\alpha_{at2} - \tan\alpha_t')] \leqslant 0 \tag{9-16}$$

3）齿顶不变尖，其约束条件为

$$g_4(\boldsymbol{X}) = [S_a^*] - d_{a1}\left(\frac{0.5\pi + 2x_{t1}\tan\alpha_t}{Z_1} - \mathrm{inv}\alpha_{at1} + \mathrm{inv}\alpha_t\right) \leqslant 0 \tag{9-17}$$

$$g_5(\boldsymbol{X}) = [S_a^*] - d_{a2}\left(\frac{0.5\pi + 2x_{t2}\tan\alpha_t}{Z_2} - \mathrm{inv}\alpha_{at2} + \mathrm{inv}\alpha_t\right) \leqslant 0 \tag{9-18}$$

4）无过渡曲线干涉，其约束条件为

$$g_6(\boldsymbol{X}) = \frac{Z_2}{Z_1}(\tan\alpha_{at2} - \tan\alpha_t') + \tan\alpha_t - \tan\alpha_t' - \frac{4(h_{an}^*\cos\beta - x_{t1})}{Z_1\sin2\alpha_t} \leqslant 0 \tag{9-19}$$

$$g_7(\boldsymbol{X}) = \frac{Z_1}{Z_2}(\tan\alpha_{at1} - \tan\alpha_t') + \tan\alpha_t - \tan\alpha_t' - \frac{4(h_{an}^*\cos\beta - x_{t2})}{Z_2\sin2\alpha_t} \leqslant 0 \tag{9-20}$$

（2）等式约束条件是根据不同工况的特殊要求而建立的，可分为 4 种情况，根据不同工况选择其中之一。

1）对于上述选择准则 2，要求两轮齿形系数相等，则建立等式约束条件为

$$h_1(\boldsymbol{X}) = Y_{F1} - Y_{F2} = 0 \tag{9-21a}$$

齿形系数的计算公式参阅国家标准《渐开线圆柱齿轮承载能力计算方法》。

2）对于上述选择准则 3，要求齿根部的滑动系数相等，则建立等式约束条件为

$$h_2(\boldsymbol{X}) = \eta_1 - \eta_2 = 0 \tag{9-21b}$$

滑动系数计算公式为

$$\eta_1 = \left(1 + \frac{Z_1}{Z_2}\right)\frac{\tan\alpha_t' - \tan\alpha_{B2}}{\tan\alpha_{B2}}$$

$$\eta_2 = \left(1 + \frac{Z_2}{Z_1}\right)\frac{\tan\alpha_t' - \tan\alpha_{B1}}{\tan\alpha_{B1}}$$

$$\tan\alpha_{B1} = \tan\alpha_t' - \frac{Z_1}{Z_2}(\tan\alpha_{at1} - \tan\alpha_t')$$

$$\tan\alpha_{B2} = \tan\alpha_t' - \frac{Z_2}{Z_1}(\tan\alpha_{at2} - \tan\alpha_t')$$

3）对于上述选择准则 4，要求啮合节点进入双齿啮合区的大齿轮顶部端，深度为 δm

(m 为模数)，则建立等式约束条件为

$$h_3(\boldsymbol{X})=\delta_2-\delta=0 \tag{9-21c}$$

式中，δ_2 是实际深度系数，由下式计算：

$$\delta_2=0.5Z_1\cos\alpha_t(\tan\alpha_{at1}-\tan\alpha_t')-\pi\cos\alpha_t$$

4）对于上述选择准则 5、6，则变位系数必须满足预定的中心距要求。若满足中心距要求的变位系数和为 c，则建立等式约束条件为

$$h_4(\boldsymbol{X})=x_1+x_2-c=0 \tag{9-21d}$$

三、设计实例

已知润滑良好的 7 级精度直齿圆柱齿轮传动的参数为：法面压力角 $\alpha_n=20°$，法面齿顶高系数 $h_{an}^*=1$，法面径向间隙系数 $c_n^*=0.25$，齿数 $z_1=50$，$z_2=80$。许用齿顶厚度系数 $[S_a^*]=0.25$，许用重合度值 $[\varepsilon]=1.2$，节点进入双齿啮合区的深度系数 $\delta=0.6$，中心距不限定。求该齿轮副的法面变位系数 x_{n1}，x_{n2} 的最优值。

1. 建立数学模型

根据前面的分析，该问题应按选择准则 4 处理，建立优化数学模型，是一个二维的具有七个不等式约束和一个等式约束的优化问题。其数学模型为

$$\min f(\boldsymbol{X})=-x_1-x_2$$

$$\text{s. t.}\begin{cases}g_u(\boldsymbol{X})\leqslant 0 \quad (u=1,2,\cdots,7) \quad (\text{即式(9-14)}\sim\text{式(9-20)})\\ h_1(\boldsymbol{X})=\delta_2-\delta=0\end{cases}$$

2. 优化方法及其计算结果

最优化方法选用混合惩罚函数法，计算结果为

$$\boldsymbol{X}^*=[x_1^*,x_2^*]^{\mathrm{T}}=[x_{n1}^*,x_{n2}^*]^{\mathrm{T}}=[1.296,0.326]^{\mathrm{T}}$$

$$S_{a1}=0.565,\ S_{a2}=0.866,\ \varepsilon=1.437,\ \delta_2=0.59$$

第三节　二级圆柱齿轮减速器最小体积的优化设计

设计一个二级斜齿圆柱齿轮减速器，如图 9-7 所示。要求在满足强度、刚度和寿命等条件下，使体积最小。已知：高速轴输入功率 P_1（kW），高速轴转速 n_1（r/min），总传动比 i，齿轮的齿宽系数 φ_a，大齿轮 45 钢正火 HBS＝187～207，小齿轮 45 钢调质 HBS＝228～255，总工作时间不小于 10 年[9]。

一、建立目标函数

根据所追求的目标不同，齿轮减速器的设计方案也不同。现要求所设计的齿轮减速器体积最小为设计所追求的目标，即要求结构最紧凑、重量最轻。也就是说，使减速器两级齿轮中心距 a_{12}，a_{34}之和 $a=a_{12}+a_{34}$为最小。由机械设计知识可得目标函数为

$$f(\boldsymbol{X})=\frac{1}{2\cos\beta}[m_{n12}z_1(1+i_{12})+m_{n34}z_3(1+i_{34})] \tag{9-22}$$

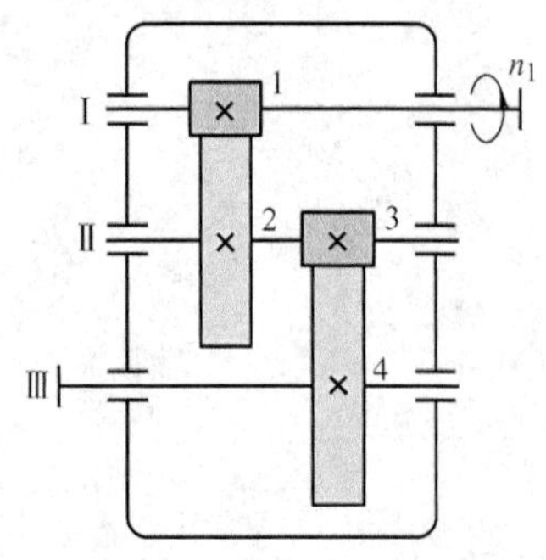

图 9-7　减速器简图

式中，m_{n12}，m_{n34}分别为高速级与低速级的齿轮法面模数，单位为mm；i_{12}，i_{34}分别为高速级与低速级传动比；z_1，z_3 分别为轮1、轮3的齿数；β 为齿轮分度圆柱的螺旋角（选取两级齿轮的 β 相同）。

二、确定设计变量

与中心距 a 有关的独立参数有 m_{n12}、m_{n34}、z_1、z_3、i（总传动比 $i = i_{12} \cdot i_{34}$）及 β，故设计变量取为

$$\boldsymbol{X} = [m_{n12}, m_{n34}, z_1, z_3, i_{12}, \beta]^{\mathrm{T}} = [x_1, x_2, x_3, x_4, x_5, x_6]^{\mathrm{T}}$$

三、确定约束条件

综合考虑传动平稳、轴向力不可太大，能满足齿轮的强度，高速级与低速级的齿轮浸油深度近似相等（等浸油原则），齿轮的分度圆尺寸不能太小以及根据动力传动设计经验考虑有些参数的取值范围（变量的上下界）等因素，约束条件为

1. 变量的上下界

$$14 \leqslant z_1 \leqslant 22,\quad 16 \leqslant z_3 \leqslant 22,\quad 2 \leqslant m_{n12} \leqslant 5$$

$$3.5 \leqslant m_{n34} \leqslant 6,\quad 5.8 \leqslant i_{12} \leqslant 7,\quad 8° \leqslant \beta \leqslant 20°$$

由此建立12个不等式约束条件：

$$\begin{aligned}
&g_1(\boldsymbol{X}) = 2 - x_1 \leqslant 0, && g_2(\boldsymbol{X}) = x_1 - 5 \leqslant 0 \\
&g_3(\boldsymbol{X}) = 3.5 - x_2 \leqslant 0, && g_4(\boldsymbol{X}) = x_2 - 6 \leqslant 0 \\
&g_5(\boldsymbol{X}) = 14 - x_3 \leqslant 0, && g_6(\boldsymbol{X}) = x_3 - 22 \leqslant 0 \\
&g_7(\boldsymbol{X}) = 16 - x_4 \leqslant 0, && g_8(\boldsymbol{X}) = x_4 - 22 \leqslant 0 \\
&g_9(\boldsymbol{X}) = 5.8 - x_5 \leqslant 0, && g_{10}(\boldsymbol{X}) = x_5 - 7 \leqslant 0 \\
&g_{11}(\boldsymbol{X}) = 8 - x_6 \leqslant 0, && g_{12}(\boldsymbol{X}) = x_6 - 20 \leqslant 0
\end{aligned}$$

2. 齿面接触疲劳强度

由机械设计齿轮接触疲劳强度计算公式

$$\sigma_H = \frac{925}{a}\sqrt{\frac{(i+1)^3 KT_1}{bi}} \leqslant [\sigma_H]$$

得到高速级与低速级齿面接触疲劳强度条件分别为

$$\cos^3\beta - \frac{[\sigma_H]^2 m_{n12}^3 z_1^3 i_{12} \varphi_a}{8 \times 925^2 K_{12} T_1} \leqslant 0 \tag{9-23}$$

$$\cos^3\beta - \frac{[\sigma_H]^2 m_{n34}^3 z_3^3 i_{34} \varphi_a}{8 \times 925^2 K_{34} T_2} \leqslant 0 \tag{9-24}$$

式中，$[\sigma_H]$ 为许用接触应力，单位为MPa；φ_a 为齿宽系数，$\varphi_a = \dfrac{b}{a}$；T_1，T_2 分别为高速轴Ⅰ和中间轴Ⅱ的转矩，单位为N·mm，且 $T_2 = iT_1$；K_{12}，K_{34}分别为高速级和低速级齿轮的载荷系数。

将式（9-23）、式（9-24）用设计变量代换，并注意到 $i = i_{12} \cdot i_{34}$，得约束条件

$$g_{13}(\boldsymbol{X})=\cos^3 x_6-\frac{[\sigma_H]^2\varphi_a}{8\times 925^2 K_{12}T_1}x_1^3x_3^3x_5\leqslant 0 \tag{9-25}$$

$$g_{14}(\boldsymbol{X})=\cos^3 x_6-\frac{[\sigma_H]^2\varphi_a i}{8\times 925^2 K_{34}T_2}x_2^3x_4^3x_5^{-1}\leqslant 0 \tag{9-26}$$

3. 齿根弯曲疲劳强度

由机械设计齿根弯曲疲劳强度计算公式

$$\sigma_{F1}=\frac{1.5KT_1}{bd_1m_nY_1}\leqslant[\sigma_F]_1$$

$$\sigma_{F2}=\sigma_{F1}\frac{Y_1}{Y_2}\leqslant[\sigma_F]_2$$

得到高速级和低速级大小齿轮的齿根弯曲疲劳强度条件分别为

$$\cos^2\beta-\frac{[\sigma_F]_1\varphi_aY_1}{3K_{12}T_1}(1+i_{12})m_{n12}^3z_1^2\leqslant 0 \tag{9-27}$$

$$\cos^2\beta-\frac{[\sigma_F]_2\varphi_aY_2}{3K_{12}T_1}(1+i_{12})m_{n12}^3z_1^2\leqslant 0 \tag{9-28}$$

$$\cos^2\beta-\frac{[\sigma_F]_3\varphi_aY_3}{3K_{34}T_2}(1+i_{34})m_{n34}^3z_3^2\leqslant 0 \tag{9-29}$$

$$\cos^2\beta-\frac{[\sigma_F]_4\varphi_aY_4}{3K_{34}T_2}(1+i_{34})m_{n34}^3z_3^2\leqslant 0 \tag{9-30}$$

式中，$[\sigma_F]_1$，$[\sigma_F]_2$，$[\sigma_F]_3$，$[\sigma_F]_4$ 分别为齿轮 1，2，3，4 的许用弯曲应力；Y_1，Y_2，Y_3，Y_4 分别为齿轮 1，2，3，4 的齿形系数，对于小齿轮其齿形系数 Y_1，Y_3 按下式计算：

$$Y_1=0.169+0.006666z_1-0.0000854z_1^2$$

$$Y_3=0.169+0.006666z_3-0.0000854z_3^2$$

对于大齿轮其齿形系数按下式计算：

$$Y_2=0.2824+0.0003539(i_{12}z_1)-0.000001576(i_{12}z_1)^2$$

$$Y_4=0.2824+0.0003539(i_{34}z_3)-0.000001576(i_{34}z_3)^2$$

将式（9-27）~式（9-30）用设计变量代换，得约束条件

$$g_{15}(\boldsymbol{X})=\cos^2 x_6-\frac{[\sigma_F]_1\varphi_aY_1}{3K_{12}T_1}(1+x_5)x_1^3x_3^2\leqslant 0 \tag{9-31}$$

$$g_{16}(\boldsymbol{X})=\cos^2 x_6-\frac{[\sigma_F]_2\varphi_aY_2}{3K_{12}T_1}(1+x_5)x_1^3x_3^2\leqslant 0 \tag{9-32}$$

$$g_{17}(\boldsymbol{X})=\cos^2 x_6-\frac{[\sigma_F]_3\varphi_aY_3}{3K_{34}T_2}(1+ix_5^{-1})x_2^3x_4^2\leqslant 0 \tag{9-33}$$

$$g_{18}(\boldsymbol{X})=\cos^2 x_6-\frac{[\sigma_F]_4\varphi_aY_4}{3K_{34}T_2}(1+ix_5^{-1})x_2^3x_4^2\leqslant 0 \tag{9-34}$$

式中，
$$Y_1=0.169+0.006666x_3-0.0000854x_3^2$$

$$Y_2=0.2824+0.0003539x_3x_5-0.000001576x_3^2x_5^2$$

$$Y_3=0.169+0.006666x_4-0.0000854x_4^2$$

$$Y_4 = 0.2824 + 0.0003539 i x_4 x_5^{-1} - 0.000001576 i^2 x_4^2 x_5^{-2}$$

4. 按高速级大齿轮与低速轴（轴Ⅲ）不干涉条件

$$E + 0.5 d_{a2} - a_{34} \leqslant 0$$

由齿轮几何尺寸计算得

$$2\cos\beta(E + m_{n12}) + m_{n12} z_1 i_{12} - m_{n34} z_3 (1 + i_{34}) \leqslant 0 \qquad (9\text{-}35)$$

式中，E 为低速轴线与高速级大齿轮齿顶圆之间的距离，单位为 mm；d_{a2} 为高速级大齿轮的齿顶圆直径，单位为 mm。

将式（9-35）用设计变量代换，得约束条件

$$g_{19}(\boldsymbol{X}) = 2\cos x_6 (E + x_1) x_5 + x_1 x_3 x_5^2 - x_2 x_4 (i + x_5) \leqslant 0 \qquad (9\text{-}36)$$

至此，已完成了所有约束条件的建立。将目标函数式（9-22）用设计变量代换，得该问题的数学模型：

$$\min f(\boldsymbol{X}) = \frac{1}{2\cos x_6}\left[x_1 x_3 (1 + x_5) + x_2 x_4 \left(1 + \frac{i}{x_5}\right)\right]$$

$$\text{s. t. } g_u(\boldsymbol{X}) \leqslant 0 \qquad (u = 1, 2, \cdots, 19)$$

其中 19 个约束条件前面已有具体的表达式。

四、选用合适的优化方法求解

该约束优化问题选用了复合形法求解。在进行优化求解中，6 个设计变量都作连续变量处理，将求解结果的模数按标准系列圆整，齿数按整数圆整。因此，优化求解的结果是一个近似的最优解。

第四节　行星减速器的优化设计

行星减速器是机械传动中应用较广泛的一种传动装置，其具有体积小、传动比大的突出优点，但设计计算比较复杂。

行星减速器的体积、重量及其承载能力，主要取决于传动参数的选择。设计问题一般是在给定传动比和输入扭矩的情况下，确定行星轮的个数、各轮的齿数、模数和齿轮宽度等参数。由于行星减速器在结构上的特殊性，各齿轮的齿数不能任意选取，必须严格按照依据“机械原理”推导出来的配齿公式进行设计配齿。但这种配齿设计计算的结果不是唯一的，能获得多种配齿方案，可根据结构布置和设计者的经验，从中选择一组齿数方案，再按照强度条件计算模数、齿宽等参数。在选择参数方案时，往往没有明确的评价指标，如果要选择一组既能满足设计要求又比较好的设计方案，则必须从多种配齿方案的大量计算中通过比较来选择。即使这样，也还不能得到最优的方案。因此，行星减速器的优化设计是一个具有实际意义的课题。

下面以应用较为广泛的单排 2K-H 型行星减速器为例说明优化设计方法。为便于配齿，使问题简化，这里仅涉及标准齿轮的行星减速器[10]。

图 9-8 所示是单排 2K-H 型行星减速器的简图。1，3 为中心轮，2 是行星轮，H 为系杆。齿轮 1 为输入件，系杆 H 为输出构件。其原始数据为：传动比 $i_{1H} = 4.64$，输入扭矩 $T_1 = 1117\text{N} \cdot \text{m}$，齿轮材料均用 38SiMnMo 钢，表面淬火硬度 HRC = 45 ~ 55，选取行星轮个数 $K =$

3。试按减速器获得最小体积准则确定该减速器的主要参数，要求传动比相对误差 $\Delta_i \leqslant 0.01$。

现有的设计方案参数是：齿数 $z_1=22$，$z_2=29$，$z_3=80$，齿宽 $b=52\text{mm}$，模数 $m=5\text{mm}$，供参考。优化设计如下：

一、配齿计算的基本公式

由机械原理可知，行星减速器各轮的齿数关系必须同时满足下面 4 个条件：传动比条件、同心条件、装配条件和邻接条件，这就是所谓的行星减速器的配齿条件。

下面先按前三个条件列出配齿计算公式，以便建立目标函数，最后一个邻接条件在设计约束中考虑。

1. 传动比条件

由机械原理可知，单排 2K-H 型行星轮系（图 9-8）的传动比是

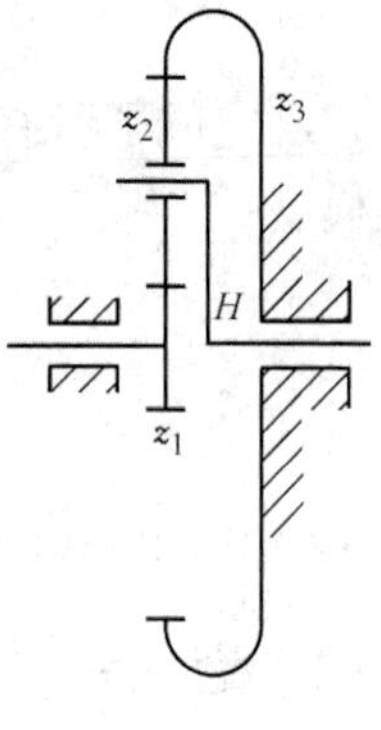

$$i_{1H}=1+\frac{z_3}{z_1}$$

由此得齿数关系之一：

$$z_3=(i_{1H}-1)z_1 \tag{9-37}$$

图 9-8　2K-H 型行星减速器简图

2. 同心条件

齿轮 1 与齿轮 3 的轴线必须在一条直线上，即

$$d_1+2d_2=d_3$$

由齿轮的正确啮合条件，齿轮 1，2 和 3 的模数相同。又因现只讨论标准齿轮，故三者的齿数关系应为

$$z_1+2z_2=z_3$$

将式（9-37）代入上式，得齿数 z_2 与 z_1，i_{1H}的关系为

$$z_2=0.5(i_{1H}-2)z_1 \tag{9-38}$$

3. 装配条件

它指 K 个行星轮应在同一圆周上均匀分布（目的是为了平衡行星轮的离心惯性力），而且同时与两个中心轮 1、3 正确啮合所必须满足的条件。由机械原理可知

$$z_1+z_3=KN \tag{9-39}$$

式中，K 为行星轮的个数；N 为任意正整数。

式（9-37）~式（9-39）是配齿计算的基本公式。

二、建立优化设计数学模型

1. 确定设计变量

当行星轮个数 K 确定后，减速器体积取决于齿轮的齿数 z_1，z_2，z_3，齿宽 b 和模数 m。但各轮的齿数并不都是独立变量，而受到式(9-37)~式(9-39)的制约。对应于某一齿数 z_1 只可能有一组齿数方案，因此只能将 z_1 取作独立设计变量。于是该问题的设计变量是

$$\boldsymbol{X}=[z_1,b,m]^{\mathrm{T}}=[x_1,x_2,x_3]^{\mathrm{T}} \tag{9-40}$$

2. 建立目标函数

该设计要求减速器体积为最小。因此，可取中心轮 1 和行星轮 2 的体积之和作为目标函数，即

$$V=\frac{\pi}{4}(d_1^2+Kd_2^2)b \tag{9-41}$$

式中，d_1，d_2 分别为齿轮 1，2 的分度圆直径；b 为齿轮的宽度。

将 $d_1=mz_1$，$d_2=mz_2$ 代入式（9-41），并引入配齿关系式（9-37）、式（9-38），经整理得

$$f(\boldsymbol{X})=\frac{\pi}{16}m^2z_1^2b[4+(i_{1H}-2)^2K] \tag{9-42}$$

将上式用设计变量代换，并将 $i_{1H}=4.64$，$K=3$ 代入式（9-42）中，得目标函数

$$f(\boldsymbol{X})=4.891x_1^2x_2x_3^2 \tag{9-43}$$

3. 确定约束条件

约束条件主要考虑行星轮不相碰的邻接条件、齿轮的强度条件以及一些其他界限条件。

（1）行星轮邻接条件　它是指相邻的两行星齿轮的齿顶圆不相碰、顺利安装的条件。由图 9-9 可知，邻接条件应满足：

$$d_{a2}\leqslant 2a\sin\frac{\pi}{K}$$

式中，$d_{a2}=m(z_2+2h_a^*)$ 为行星轮 2 齿顶圆直径；$a=0.5m(z_1+z_2)$ 为轮 1，2 的中心距。

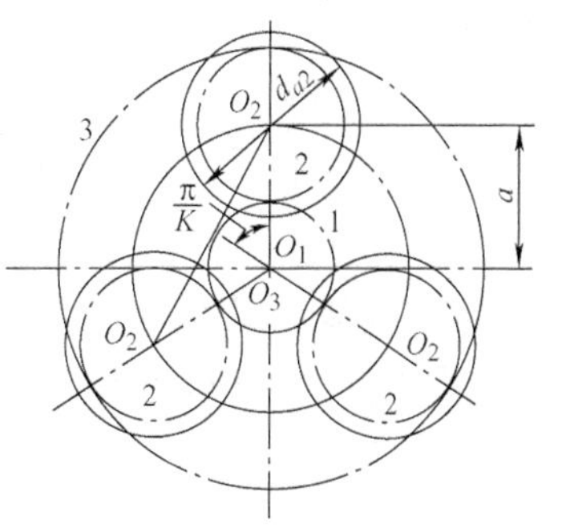

图 9-9　行星轮的邻接条件

将式（9-38）和 $h_a^*=1$ 代入邻接条件，得

$$\frac{i_{1H}-2}{2}z_1+2\leqslant z_1\left(1+\frac{i_{1H}-2}{2}\right)\sin\frac{\pi}{K}$$

用设计变量代换，得约束条件

$$g_1(\boldsymbol{X})=\left[\frac{i_{1H}-2}{2}-\left(1+\frac{i_{1H}-2}{2}\right)\sin\frac{\pi}{K}\right]x_1+2\leqslant 0 \tag{9-44}$$

（2）齿面接触疲劳强度条件　该轮系中有三对完全相同的外啮合齿轮传动和一对内啮合齿轮传动。由于内啮合齿轮传动的齿面接触疲劳强度高于外啮合，故在齿面接触疲劳强度计算方面只考虑外啮合。由机械设计齿面接触疲劳强度计算公式：

$$d_1\geqslant 2.32\sqrt[3]{\frac{kT_1}{\varphi_d}\left(\frac{Z_uZ_E}{[\sigma]_H}\right)^2}\quad(\text{mm})$$

式中，k 为载荷系数；T_1 为齿轮 1 的输入扭矩，单位为 N · mm；$\varphi_d=b/d$ 为齿宽系数；$[\sigma]_H$ 为许用接触疲劳应力，单位为 MPa；Z_u 为啮合区域系数；Z_E 为弹性系数，单位为 $\sqrt{\text{MPa}}$。

为简化计算，令

$$A_H=2.32^3k\left(\frac{Z_uZ_E}{[\sigma]_H}\right)^2$$

则齿面接触疲劳强度计算公式简化为

$$z_1^2 m^2 b \geqslant A_H T_1$$

用设计变量代换，得约束条件

$$g_2(\boldsymbol{X}) = A_H T_1 - x_1^2 x_2 x_3^2 \leqslant 0 \tag{9-45}$$

（3）齿根弯曲疲劳强度条件　按各齿轮的材料及热处理均相同，则小齿轮 1 根部弯曲强度最弱，因此取轮 1 的弯曲疲劳强度来建立约束条件。由机械设计齿根弯曲疲劳强度计算公式：

$$m \geqslant \sqrt[3]{\frac{2kT_1}{\varphi_d z_1^2}\left(\frac{Y_{Fa}Y_{Sa}}{[\sigma]_F}\right)} \quad (\text{mm})$$

式中，$[\sigma]_F$ 为许用弯曲疲劳应力，单位为 MPa；Y_{Fa}为齿形系数，近似取为$4.69 - 0.63\ln z_1$；Y_{Sa}为应力校正系数。

令

$$A_F = 2k\left(\frac{Y_{Sa}}{[\sigma]_F}\right)$$

则强度公式简化为

$$z_1 b m^2 \geqslant A_F T_1 (4.69 - 0.63\ln z_1)$$

用设计变量代换，得约束条件

$$g_3(\boldsymbol{X}) = A_F T_1 (4.69 - 0.63\ln x_1) - x_1 x_2 x_3^2 \leqslant 0 \tag{9-46}$$

（4）其他界限约束

齿宽限制 $b \geqslant 10$mm，有

$$g_4(\boldsymbol{X}) = 10 - x_2 \leqslant 0 \tag{9-47}$$

模数限制条件，对于动力传动模数应大于 2mm，有

$$g_5(\boldsymbol{X}) = 2 - x_3 \leqslant 0 \tag{9-48}$$

齿宽推荐范围：$5m \leqslant b \leqslant 17m$（$m$ 为齿轮的模数），有

$$g_6(\boldsymbol{X}) = 5x_3 - x_2 \leqslant 0 \tag{9-49}$$

$$g_7(\boldsymbol{X}) = x_2 - 17x_3 \leqslant 0 \tag{9-50}$$

小齿轮不发生根切，$z_1 \geqslant 17$，有

$$g_8(\boldsymbol{X}) = 17 - x_1 \leqslant 0 \tag{9-51}$$

从而建立了行星减速器优化设计的数学模型为一个具有 8 个不等式约束的三维优化问题。

三、选择优化方法及计算结果

本题采用了复合形法求解，复合形顶点数 $K=6$，迭代终止精度 $\varepsilon = 10^{-4}$。初始复合形的一个顶点取自原设计方案的参数，显然为一个可行点

$$\boldsymbol{X}^{(0)} = [x_1^{(0)}, x_2^{(0)}, x_3^{(0)}]^{\mathrm{T}} = [22, 52, 5]^{\mathrm{T}}$$

其余顶点由随机法产生。通过优化计算，得连续型最优解

$$\left.\begin{aligned} &\boldsymbol{X}^* = [x_1^*, x_2^*, x_3^*]^{\mathrm{T}} = [22.5544, 53.2585, 4.3461]^{\mathrm{T}} \\ &f(\boldsymbol{X}^*) = 2.5028 \times 10^6 \quad \text{mm}^3 \end{aligned}\right\} \tag{9-52}$$

四、对计算结果的分析与处理

上述连续型最优解需要离散化，齿数 z_1 必须取整，而取整后的齿数 z_1 与相应所取的齿数 z_2，z_3 仍需满足配齿条件。为此要进行如下的配齿计算。对于齿轮 1 从无根切的最小齿数 $z_1=17$ 开始，以后逐齿增加，按式（9-37）～式（9-39）计算齿数，每得一组整数方案，要对传动比误差按式

$$\Delta i_{1H}=\frac{|i'_{1H}-i_{1H}|}{i_{1H}}\leqslant 0.01$$

进行检验。式中，i'_{1H}是各齿数方案的实际传动比；i_{1H}是题目要求的传动比。在检查的过程中，将其中超差的方案舍弃，将不超差的齿数保留，直到计算预先规定的 m 组为止。计算结果列于表 9-3。

表 9-3　配齿方案

序号	1	2	3	4	5	6	7	8	9	10	11	12
z_1	18	22	26	27	30	31	35	36	39	40	41	43
z_2	24	29	34	36	36	41	46	48	51	53	55	56
z_3	66	80	94	99	108	113	127	132	141	146	151	155

对于式（9-52）所得的设计方案中，连续型齿数 $z_1=22.5544$，在齿数方案表中与它上下相近的齿数是 22，26。齿宽 $b=53.2588$，应圆整为 53 或 54。对于模数 $m=4.3461$，必须标准化，取 4mm 或 4.5mm。将这些取整后的参数组合成组，见表 9-4。

表 9-4　取整后的参数组合方案

序号	齿数 z_1	齿宽 b/mm	模数 m/mm	是否为可行解	$f(\boldsymbol{X}^*)$ /mm³
1	22	53	4.5	是	2.5406×10^6
2	22	53	4.0	否	
3	22	54	4.5	是	2.5885×10^6
4	22	54	4.0	否	
5	26	53	4.5	是	3.5484×10^6
6	26	53	4.0	是	2.8037×10^6
7	26	54	4.5	是	3.6153×10^6
8	26	54	4.0	是	2.8566×10^6

经过比较应取方案 1：$z_1=22$，$b=53\text{mm}$，$m=4.5\text{mm}$。

由表 9-3 查得与 $z_1=22$ 对应的 $z_2=29$，$z_3=80$。按这个离散化的优化方案计算其最优值为

$$f(\boldsymbol{X}^*)=4.891(x_1^*)^2x_2^*(x_3^*)^2=2.5406\times10^6\quad\text{mm}^3$$

而原设计方案的目标函数值为

$$f(\boldsymbol{X}^*)=3.077\times10^6\quad\text{mm}^3$$

可见，优化方案与原设计方案相比，其体积可减小 17.5%。该产品在批量生产中，将得到很显著的经济效果。

第五节 火力发电厂生产效益优化

火力发电厂通过抽气式透平（Turbine）驱动发电机，如图 9-10 所示。电厂可通过售出电力给电网和输送高压/低压蒸汽给制造工业获得效益。

假设该抽气式透平可接收 15000kg/hr 的蒸汽，电厂售出电力价格为 0.18 元/(kW · hr)；售出高压蒸汽价格是 5 元/kg，低压蒸汽价格为 4 元/kg。能够出售的最大蒸汽量当统一换算成高压蒸汽时为 10000kg/hr，换算关系为低压蒸汽对高压蒸汽变比为 4∶3。

在该设备中蒸汽通过透平 A，B，C 部分的流速为 v_A，v_B，v_C（kg/hr），如图 9-11 所示，可产生电力分别为 $P_A=3v_A$，$P_B=4v_B$，$P_C=5v_C$。

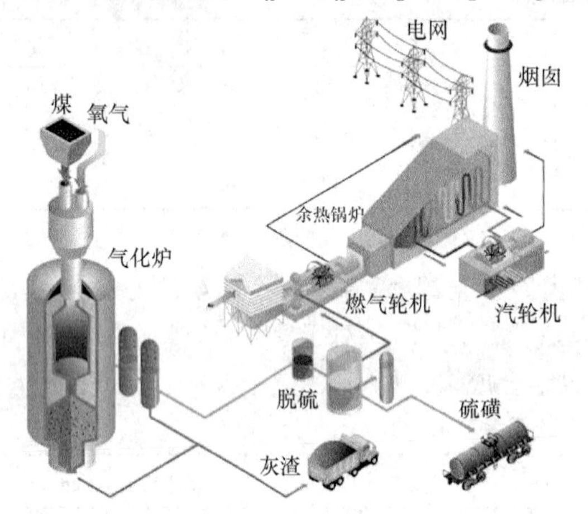

图 9-10 火力发电厂运行图

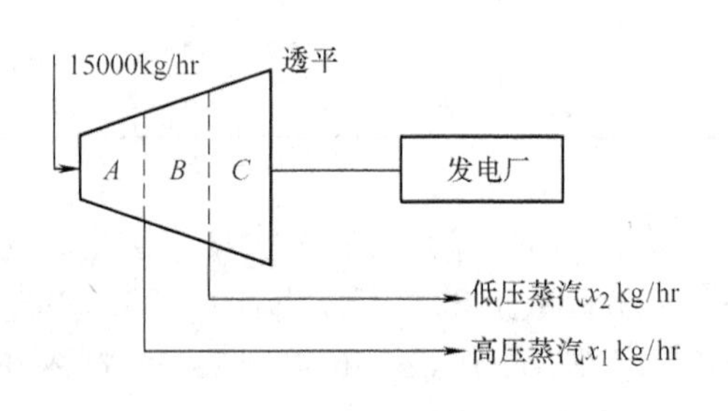

图 9-11 蒸汽输送示意图

此外，为了防止透平低压部分过热，通过低压 C 部分的蒸汽至少保证为 2000kg/hr，同时，为防止透平轴上负荷不平衡，要求：若高压蒸汽为零，则低压蒸汽可达 10000kg/hr，并且每抽取高压蒸汽 1kg，低压蒸汽的最大值限必须减小 0.5kg。

试求售出高压蒸汽和低压蒸汽各为多少时，电厂总利润最大?[11]

解 分析：电厂的收益由两部分组成，其一是输送高压、低压蒸汽给制造工业，其二是生产电力并售卖给电网。两部分都受高压和低压蒸汽量值影响。

1. 建立数学模型

（1）设计变量 假设电厂售出高压蒸汽为 x_1（kg/hr），售出低压蒸汽为 x_2（kg/hr），如图 9-11 所示。则设计变量为

$$\boldsymbol{X}=[x_1,x_2]^{\mathrm{T}}$$

（2）约束条件

1）保证低压部分不会过热的约束条件为

$$15000-x_1-x_2 \geqslant 2000 \rightarrow x_1+x_2 \leqslant 13000$$

2）避免透平轴出现不平衡负荷的约束条件：

令 $x_1+ax_2=b$，以 $x_1=0$，$x_2=10000$ 和 $x_1=1$，$x_2=9999.5$ 代入上式得

$$\begin{cases}10000a = b \\ 1 + 9999.5a = b\end{cases}$$

可计算出 $a=2$，$b=20000$。

因此避免透平轴出现不平衡负荷的约束条件可表示为

$$x_1 + 2x_2 \leqslant 20000$$

3）蒸汽售出量约束：高压蒸汽和低压蒸汽换算成高压蒸汽后能够出售的最大蒸汽量满足：

$$x_1 + \frac{3}{4}x_2 \leqslant 10000$$

此外，售出蒸汽应为非负值，即

$$x_1 \geqslant 0，\ x_2 \geqslant 0$$

（3）目标函数　该优化问题是电厂收益最大化，因此目标函数为出售高压蒸汽、低压蒸汽和电力总利润（单位为元/hr）：

$$f(\boldsymbol{X}) = 5x_1 + 4x_2 + \frac{18}{100}(3v_A + 4v_B + 5v_C)$$

由透平结构可知

$$v_A = 15000,\ v_B = 15000 - x_1,\ v_C = 15000 - x_1 - x_2$$

将该关系代入 $f(\boldsymbol{X})$，有

$$\max f(\boldsymbol{X}) = 32400 + 3.38x_1 + 3.1x_2$$

故最优化数学模型为

$$\min f(\boldsymbol{X}) = -3.38x_1 - 3.1x_2 - 32400$$

$$\text{s. t.}\begin{cases}g_1(\boldsymbol{X}) = x_1 + x_2 - 13000 \leqslant 0 \\ g_2(\boldsymbol{X}) = x_1 + 2x_2 - 20000 \leqslant 0 \\ g_3(\boldsymbol{X}) = x_1 + 0.75x_2 - 10000 \leqslant 0 \\ x_1, x_2 \geqslant 0\end{cases}$$

分析上式可知，该问题是线性规划问题。应采用线性规划问题单纯形法进行求解，由于只有两个变量，下面采用单纯形表法求解。

2. 数学模型的求解

（1）引入松弛变量 x_3，x_4，x_5，将问题变为线性规划问题的标准形式：

$$\min \quad f(x_1, x_2) = -3.38x_1 - 3.1x_2 - 32400$$

$$\text{s. t.}\begin{cases}\left.\begin{array}{ll} x_1 + x_2 + x_3 & = 13000 \\ x_1 + 2x_2 + x_4 & = 20000 \\ x_1 + 0.75x_2 + x_5 & = 10000 \end{array}\right\} \\ x_i \geqslant 0 \qquad (i = 1,2,3,4,5)\end{cases}$$

（2）取松弛变量为基变量，令 $x_3 = x_4 = x_5 = 0$，由上述约束方程很容易求得一个基本解

$$\boldsymbol{X}^{(0)} = [x_1, x_2, x_3, x_4, x_5]^{\mathrm{T}} = [0, 0, 13000, 20000, 10000]^{\mathrm{T}},\ f(\boldsymbol{X}^{(0)}) = -32400$$

（3）构造初始单纯形表

基变量	变量	$x_1\downarrow$	x_2	x_3	x_4	x_5	b_i
	系数	-3.38	-3.1	0	0	0	-32400
x_3	0	1	1	1	0	0	13000
x_4	0	1	2	0	1	0	20000
$\leftarrow x_5$	0	(1)	0.75	0	0	1	10000
判别数 σ_j		-3.38	-3.10	0	0	0	-32400

由于判别数 σ_1 和 σ_2 均小于零，故 $\boldsymbol{X}^{(0)}$ 不是最优解，需确定进基变量和离基变量继续迭代。因

$$\min\{\sigma_1,\sigma_2\}=\min\{-3.38,-3.1\}=-3.38=\sigma_1$$

$$\min\left\{\frac{b_i}{a_{i1}}\,\middle|\,a_{i1}>0(i=1,2,3)\right\}=\min\{13000,20000,10000\}=10000=\frac{b_3}{a_{31}}$$

所以，非基变量 x_1 进基（↓），基变量 x_5 离基（←），$a_{31}=1$ 为变换主元（见表中符号）。

（4）以 a_{31} 为变换主元（枢轴）进行初等变换得下列单纯形表

基变量	变量	x_1	$x_2\downarrow$	x_3	x_4	x_5	b_i
	系数	-3.38	-3.1	0	0	0	-32400
x_3	0	0	0.25	1	0	-1	3000
$\leftarrow x_4$	0	0	(1.25)	0	1	-1	10000
x_1	-3.38	1	0.75	0	0	1	10000
判别数 σ_j		0	-0.565	0	0	3.38	-66200

对应的基本可行解为

$$\boldsymbol{X}^{(1)}=[x_1,x_2,x_3,x_4,x_5]^{\mathrm{T}}=[10000,0,3000,10000,0]^{\mathrm{T}},\ f(\boldsymbol{X}^{(1)})=-66200$$

因 $\sigma_2=-0.565<0$，故还需继续变换。因只有 $\sigma_2<0$，故此时 x_2 进基（↓），别无选择。根据

$$\min\left\{\frac{b_i}{a_{i2}}\,\middle|\,a_{i2}>0\ \ (i=1,\ 2,\ 3)\right\}=\min\left\{\frac{3000}{0.25},\ \frac{10000}{1.25},\ \frac{10000}{0.75}\right\}$$

$$=\min\ \{12000,\ 8000,\ 13333.3\}\ =8000=\frac{b_2}{a_{22}}$$

故基变量 x_4 离基（←），对应的 $a_{22}=1.25$ 为变换主元。

（5）以 a_{22} 为变换主元（枢轴）进行初等变换得下列单纯形表

基变量	变量	x_1	x_2	x_3	x_4	x_5	b_i
	系数	-3.38	-3.1	0	0	0	-32400
x_3	0	0	0	1	-0.2	0.8	1000
x_2	-3.1	0	1	0	0.8	-0.8	8000
x_1	-3.38	1	0	0	-0.6	1.6	4000
判别数 σ_j		0	0	0	0.452	2.928	-70720

对应的基本可行解为

$$X^{(2)}=[x_1,x_2,x_3,x_4,x_5]^{\mathrm{T}}=[4000,8000,1000,0,0]^{\mathrm{T}},\ f[X^{(2)}]=-70720$$

由判别数均为非负数，符合最优性条件，故原线性规划问题的最优解为

$$X^*=[x_1^*,x_2^*]^{\mathrm{T}}=[4000,8000]^{\mathrm{T}},\ f[X^*]=70720$$

结论：售出高压蒸汽为4000kg/hr，低压蒸汽为8000kg/hr时，电厂最大总利润为707200元/hr。

第六节 电力系统约束潮流计算优化

一、潮流计算

潮流计算是电力系统最基本的计算，也是最重要的计算。它是指根据给定的电网结构、参数和发电机、负荷等元件的运行条件，确定电力系统各部分稳态运行状态参数的计算。通常给定的运行条件为：系统中各电源和负荷点的功率、枢纽点电压、平衡点的电压和相位角。待求的运行状态参量为：电网各母线节点的电压幅值和相位角、各支路的功率分布以及网络的功率损耗等。

对于正在运行的电力系统，通过潮流计算可以判断电网母线电压、支路电流和功率是否越限，如果有越限，就应采取措施，调整运行方式。对于正在规划的电力系统，通过潮流计算，可以为选择电网供电方案和电气设备提供依据，即判断电力系统规划方案能否满足各种运行方式的要求。潮流计算还可以为继电保护和自动装置定整计算、电力系统故障计算和稳定计算等提供原始数据。除它自身的重要作用之外，潮流计算还是其他电力系统分析计算的基础。例如，在“电力系统分析综合程序”（PSASP）中，潮流计算是网损计算、静态安全分析、暂态稳定计算、小干扰静态稳定计算、短路计算等的支撑。

在电力系统中，将母线分为三类：发电机母线（有功功率P、电压V已知，无功功率Q范围给定）、负荷母线（P、Q已知，V、θ未知）和松弛母线（V和相位角θ已知）。潮流计算的目标是所求母线的电压和相位，其他量可通过它们与网络参数的关系推导获得。通常潮流都带有上下限约束。当线路电流、负荷电压或者发电机无功功率超出上下限时，可以调整作为控制变量的有功功率、发电机电压、调相设备、变压器分压比来消除这种分压现象。

二、三节点系统潮流计算

1. 三节点系统潮流计算问题[11]

不失一般性，考虑三节点系统，如图9-12所示。节点1是松弛节点，节点2是P-V指定节点，节点3是P-Q指定节点。系统中包含两个变压器，假定变压器分压比是连续量，用T_1，T_2表示。

我们采用极坐标$u_i<\theta°$表示节点电压，则该问题的决策变量X用下式定义：

$$X=[x_1,x_2,x_3,x_4,x_5,x_6,x_7]^{\mathrm{T}}=[u_1,u_2,\theta_2,u_3,\theta_3,T_1,T_2]^{\mathrm{T}} \tag{9-53}$$

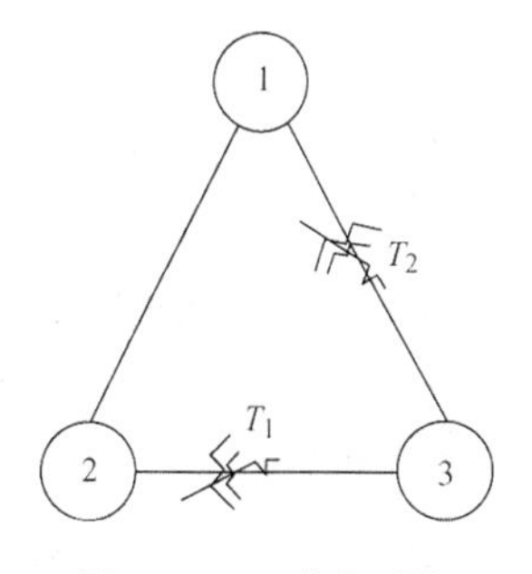

图9-12 三节点系统

其中节点 1 为松弛节点，故 $\theta_1=0$。当定义上述决策变量后，各节点的有功功率、无功功率、电压绝对值的二次方分别用 $P_i(\boldsymbol{X})$，$Q_i(\boldsymbol{X})$，$E_i(\boldsymbol{X})$表示，即它们是决策变量的函数，其满足 KCL，KVL 和 VCR。

根据节点类型，各节点的指定参量可在下述范围内调整：

$$\left.\begin{aligned} &\underline{P}_i \leqslant P_i(\boldsymbol{X}) \leqslant \overline{P}_i \quad (i=2,3) \\ &\underline{Q}_3 \leqslant Q_3(\boldsymbol{X}) \leqslant \overline{Q}_3 \\ &\underline{E}_i \leqslant E_i(\boldsymbol{X}) \leqslant \overline{E}_i \quad (i=1,2) \\ &\underline{T}_i \leqslant T_i(\boldsymbol{X}) \leqslant \overline{T}_i \quad (i=1,2) \end{aligned}\right\} \tag{9-54}$$

式中，$\underline{P_i}$和$\overline{P_i}$为节点 i 有功功率取值的上下限；$\underline{Q}_3$，$\overline{Q_3}$，$\underline{E}_i$，$\overline{E_i}$，$\underline{T}_i$，$\overline{T_i}$同样定义为自身参量取值的上下限。

而未指定量有上下限约束，具体如下：

$$\left.\begin{aligned} &\underline{P}_1 \leqslant P_1(\boldsymbol{X}) \leqslant \overline{P}_1 \\ &\underline{Q}_2 \leqslant Q_2(\boldsymbol{X}) \leqslant \overline{Q}_2 \\ &\underline{E}_3 \leqslant E_3(\boldsymbol{X}) \leqslant \overline{E}_3 \\ &I_{ij}(\boldsymbol{X}) \leqslant \overline{I}_{ij} \qquad (i,j=1,2,3;i<j) \end{aligned}\right\} \tag{9-55}$$

式中，$I_{ij}(\boldsymbol{X})$ 是节点 i 和 j 间支路电流绝对值。

在满足式（9-54）中指定值的解 $\boldsymbol{X}$ 有可能违反式（9-55）中的某些约束条件，因此该问题转化为如何调整控制变量以便得到满足约束条件式（9-55）的潮流解。

2. 建立数学模型

系统判定参数用 $g_i(\boldsymbol{X})(i=1，2，\cdots，14)$ 表示。其中指定的量 $P_2(\boldsymbol{X})$，$P_3(\boldsymbol{X})$，$Q_3(\boldsymbol{X})$，$E_1(\boldsymbol{X})$，$E_2(\boldsymbol{X})$，T_1，T_2 分别为 $g_i(\boldsymbol{X})(i=1，2，\cdots，7)$，未指定的量 $P_1(\boldsymbol{X})$，$Q_1(\boldsymbol{X})$，$Q_2(\boldsymbol{X})$，$E_3(\boldsymbol{X})$，$I_{12}(\boldsymbol{X})$，$I_{13}(\boldsymbol{X})$，$I_{23}(\boldsymbol{X})$分别用 $g_i(\boldsymbol{X})(i=8，9，\cdots，14)$表示。

定义违反量的二次方和作为目标函数，即检测未指定量偏离上下限约束的程度。

$$f(\boldsymbol{X}) = \sum_{i=8}^{14} f_i(\boldsymbol{X}) = \sum_{i=8}^{14} \{\max[(g_i(\boldsymbol{X}) - \overline{g}_i),0] + \max[(\underline{g}_i - g_i(\boldsymbol{X})),0]\}^2 \tag{9-56}$$

式中，$\underline{g}_i$ 和 $\overline{g}_i$ 为对应参量 $g_i(\boldsymbol{X})$ 的上、下限。

由此可得到该约束优化问题的数学模型为

$$\left.\begin{aligned} &\min f(\boldsymbol{X}) = \sum_{i=8}^{14} \{\max[(g_i(\boldsymbol{X}) - \overline{g}_i),0] + \max[(\underline{g}_i - g_i(\boldsymbol{X})),0]\}^2 \\ &\text{s.t.} \begin{cases} \underline{g}_i - g_i(\boldsymbol{X}) \leqslant 0 \\ g_i(\boldsymbol{X}) - \overline{g}_i \leqslant 0 \qquad (i=1,2,\cdots,7) \end{cases} \end{aligned}\right\} \tag{9-57}$$

在求解过程中，可根据经验针对性地调整参量：通常线路电流、松弛节点的有功功率超出约束范围时，需调整各个节点的有功功率，而发电机无功功率、负荷电压超出约束范围时，应调整各个节点的电压、无功功率、变压器分压比。

3. 问题求解

下面对 IEEE14 节点系统进行实际求解。如图 9-13 所示，其中节点 1 为松弛节点，节点 2，3，4，5 为 P-V 节点，其余节点为 P-Q 节点。

根据上述方法，定义设计变量为

$$X=[u_1,u_2,\theta_2,\cdots,u_{14},\theta_{14},T_1,T_2,T_3]^{\mathrm{T}} \tag{9-58}$$

各节点的指定参量可调整范围为

$$\left.\begin{aligned}&\underline{P}_i\leqslant P_i(X)\leqslant\overline{P}_i\quad(i=2,3,\cdots,14)\\&\underline{Q}_i\leqslant Q_i(X)\leqslant\overline{Q}_i\quad(i=6,7,\cdots,14)\\&\underline{E}_i\leqslant E_i(X)\leqslant\overline{E}_i\quad(i=1,2,\cdots,5)\\&\underline{T}_i\leqslant T_i\leqslant\overline{T}_i\quad(i=1,2,3)\end{aligned}\right\} \tag{9-59}$$

未指定量上下限约束为

$$\left.\begin{aligned}&\underline{P}_1\leqslant P_1(X)\leqslant\overline{P}_1\\&\underline{Q}_i\leqslant Q_i(X)\leqslant\overline{Q}_i\quad(i=2,3,4,5)\\&\underline{E}_i\leqslant E_i(X)\leqslant\overline{E}_i\quad(i=6,7,\cdots,14)\\&I_{ij}(X)\leqslant\overline{I}_{ij}\quad(i,j=1,2,3,\cdots,14;i\leqslant j)\end{aligned}\right\} \tag{9-60}$$

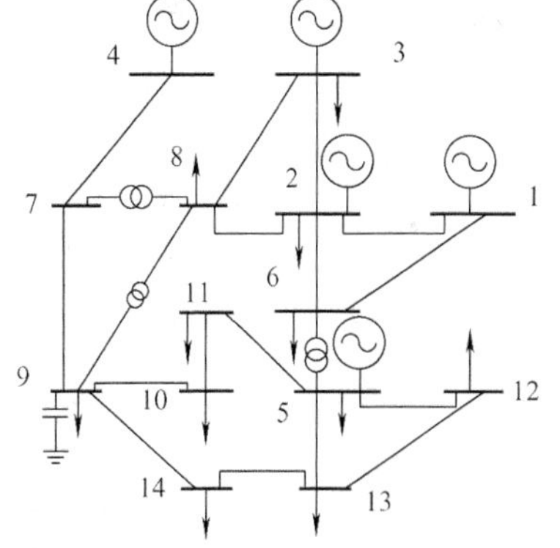

图 9-13　IEEE14 节点系统结构图

设指定值的 $E_1(X)$，$E_2(X)$，$P_2(X)$，$E_3(X)$，$P_3(X)$，$E_4(X)$，$P_4(X)$，$E_5(X)$，$P_5(X)$，$P_6(X)$，$Q_6(X)$，…，$P_{14}(X)$，$Q_{14}(X)$分别用 $g_i(X)(i=1,\ 2,\ \cdots,\ 32)$表示（其中 $E_i(x)$由 u_i 和 θ_i 两个度量表示）；未指定值的 $P_1(X)$，$Q_1(X)$，$Q_2(X)$，$Q_3(X)$，$Q_4(X)$，$Q_5(X)$，$E_6(X)$，…，$E_{14}(X)$，$I_{12}(X)$，$I_{13}(X)$，…，$I_{13,14}(X)$分别用 $g_i(X)(i=33,\ 34,\ \cdots,\ 66)$ 表示（注电流 $I_{ij}(X)$与网络中存在的支路相对应）。则目标函数为

$$f(X)=\sum_{i=33}^{66}f_i(X)=\sum_{i=33}^{66}\{\max[(g_i(X)-\overline{g}_i),0]+\max[(\underline{g}_i-g_i(X)),0]\}^2 \tag{9-61}$$

则该约束优化问题的数学模型为

$$\begin{aligned}&\min f(X)=\sum_{i=33}^{66}\{\max[(g_i(X)-\overline{g}_i),0]+\max[(\underline{g}_i-g_i(X)),0]\}^2\\&\text{s. t.}\begin{cases}\underline{g}_i-g_i(X)\leqslant 0\quad(i=1,2,\cdots,32)\\g_i(X)-\overline{g}_i\leqslant 0\end{cases}\end{aligned} \tag{9-62}$$

由于一般潮流计算问题规模较大，常采用 LINGO（Linear Interactive and General Optimizer）软件[23]进行求解。对上述问题进行优化，得到计算结果见表 9-5。

表　9-5

调整发电机有功功率个数	5
调整发电机无功功率个数	2
调整变压器变比个数	3
优化迭代次数	16
求解非线性规划问题个数	5
求解线性规划问题个数	21

优化前和优化后系统的各可调节点 P，Q 值见表 9-6。

IEEE14 标准节点计算结果见表 9-7。

表 9-6

优化前			优化后		
发电机号	发电机有功功率	发电机无功功率	发电机号	发电机有功功率	发电机无功功率
1	2.3239	-0.1655	1	1.0000	0.4000
2	0.4000	0.4356	2	0.5000	0.2500
3	0.0000	0.2508	3	0.7975	0.0000
4	0.0000	0.1762	4	0.4500	0.0250
5	0.0000	0.1273	5	0.4750	0.0000
变压器	变比		变压器	变比	
T_1	0.978		T_1	1.100	
T_2	0.969		T_2	1.100	
T_3	0.932		T_3	1.053	

表 9-7

节点号	电压幅值	电压相角	发电机有功功率	发电机无功功率
1	1.0600	0.0000	2.3280	-1.4900
2	1.0450	-4.9932	0.4000	0.4932
3	1.0100	-12.7562	0.0000	0.2744
4	1.0900	-13.1591	0.0000	0.3092
5	1.0700	-14.6373	0.0000	0.2960
6	1.0158	-8.7718	0.0000	0.0000
7	1.0400	-13.1591	0.0000	0.0000
8	1.0119	-10.2191	0.0000	0.0000
9	1.0128	-14.7385	0.0000	0.0000
10	1.0152	-15.0016	0.0000	0.0000
11	1.0386	-14.9273	0.0000	0.0000
12	1.0543	-15.2025	0.0000	0.0000
13	1.0443	-15.3941	0.0000	0.0000
14	1.0080	-16.0750	0.0000	0.0000

第七节 有源滤波器设计问题

一、问题描述

滤波器是电子系统中的重要器件，其功能是滤去非正弦信息中某些负载不需要的谐波分量，而让负载需要的谐波分量顺利通过。滤波器设计问题则是根据对信号中各谐波分量的抑制需求而进行电路结构设计和电路参数选择，最终实现满足需求的工程应用电路。

常用的滤波电路有无源滤波和有源滤波两大类。若滤波电路元件仅由无源元件（电阻、电容、电感）组成，则称为无源滤波电路。若滤波电路不仅由无源元件，还由有源元件（双极型管、单极型管、集成运放）组成，则称为有源滤波电路。常见的一种有源滤波电路是以 RC 网络和集成运放组成。

考虑 RC 有源滤波器设计，滤波电路结构如图 9-14 所示，其中 $C_1 = C_2 = 10^{-5}$F，$R_a = 1000\Omega$，$R_b = 5000\Omega$ 为已知参数，设计需求为给定响应（传递函数）：

$$T_0(s) = \frac{s}{s^2 + s + 40} \tag{9-63}$$

现需要合理选择电阻 R_1，R_2 和 R_3，以使滤波电路达到设计需求。

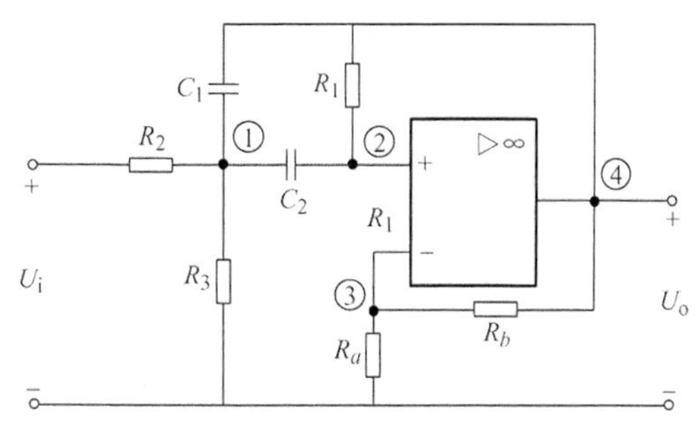

图 9-14　有源滤波电路结构图

二、数学模型的建立

由题意可知，该优化问题的设计变量为电阻 R_1，R_2 和 R_3。故令决策变量：

$$\boldsymbol{X} = [x_1, x_2, x_3]^{\mathrm{T}} = [R_1, R_2, R_3]^{\mathrm{T}}$$

对滤波电路选择节点①，②，③，④，如图 9-14 所示，在复频域下采用节点电压法可列写如下方程（由于 $C_1 = C_2$，方程中用 C 表示，$U_1 \sim U_4$ 为节点电压）：

节点①
$$\left(\frac{1}{x_2} + \frac{1}{x_3} + 2sC\right)U_1 - sCU_2 - sCU_4 = \frac{U_i}{x_2} \tag{9-64}$$

节点②
$$-sCU_1 + \left(sC + \frac{1}{x_1}\right)U_2 - \frac{1}{x_1}U_4 = 0 \tag{9-65}$$

节点③
$$\left(\frac{1}{R_a} + \frac{1}{R_b}\right)U_3 - \frac{1}{R_b}U_4 = 0 \tag{9-66}$$

由运算放大器“虚短”“虚断”概念可知

$$U_2 = U_3 \tag{9-67}$$

将式（9-67）代入式（9-66），并将 R_a，R_b 代入得

$$(10^{-3} + 2\times10^{-4})\ U_2 - 2\times10^{-4}U_4 = 0$$

由此得

$$U_2 = \frac{1}{6}U_4 \tag{9-68}$$

将式（9-68）代入式（9-64）和式（9-65）得

$$\left(\frac{1}{x_2} + \frac{1}{x_3} + 2\times10^{-5}s\right)U_1 - \frac{7}{6}10^{-5}sU_4 = \frac{U_\mathrm{i}}{x_2} \tag{9-69}$$

$$-10^{-5}sU_1 + \left(\frac{1}{6}\times10^{-5}s - \frac{5}{6x_1}\right)U_4 = 0 \tag{9-70}$$

节点④电压 U_4 即为输出电压。因此由式（9-69）和式（9-70）整理可得

$$U_o = U_4 = \frac{\frac{10^{-5}}{x_2} sU_i}{\left(\frac{1}{x_2}+\frac{1}{x_3}+2\times10^{-5}s\right)\left(\frac{1}{6}\times10^{-5}s-\frac{5}{6x_1}\right)-\frac{7}{6}\times10^{-10}s^2}$$

$$= \frac{\frac{10^{-5}}{x_2} sU_i}{\left(\frac{1}{x_2}+\frac{1}{x_3}\right)\frac{1}{6}\times10^{-5}s+\frac{1}{3}\times10^{-10}s^2-\frac{5}{6x_1}\left(\frac{1}{x_2}+\frac{1}{x_3}\right)-\frac{5}{3x_1}10^{-5}s-\frac{7}{6}\times10^{-10}s^2}$$

$$= \frac{\frac{10^{-5}}{x_2} sU_i}{-\frac{5}{6}\times10^{-10}s^2+\frac{1}{6}\times10^{-5}\left(\frac{1}{x_2}+\frac{1}{x_3}-\frac{10}{x_1}\right)s-\frac{5}{6x_1}\left(\frac{1}{x_2}+\frac{1}{x_3}\right)}$$

于是得到滤波器的实际传递函数为

$$T(s) = \frac{a_1 s}{s^2 + b_1 s + b_0} \tag{9-71}$$

式中，

$$a_1 = -\frac{1.2\times10^5}{x_2}$$

$$b_1 = \frac{2\times10^5}{x_1} - \frac{2\times10^4(x_2+x_3)}{x_2 x_3}$$

$$b_0 = \frac{10^{10}(x_2+x_3)}{x_1 x_2 x_3}$$

对照设计需求响应 T_0（s）与实际响应 T（s），应用系数匹配法（误差平方和）得到下面极小化问题：

$$\min f(\boldsymbol{X}) = (a_1-1)^2 + (b_1-1)^2 + (b_0-40)^2$$

三、数学模型求解

该问题为多维无约束优化问题，采用非线性规划的单纯形法求解。

取初始点 $\boldsymbol{X}^0 = [x_1^0,\ x_2^0,\ x_3^0]^T = [10000,\ 10000,\ 10000]^T$，十次迭代数据列于表 9-8。

表 9-8　单纯形法迭代数据

迭代次数	x_1	x_2	x_3	误差
1	1.09824×10^4	1.09824×10^4	1.09824×10^4	1.61135×10^4
2	1.32447×10^4	1.03152×10^4	1.06270×10^4	1.10851×10^4
3	1.35027×10^4	1.25720×10^4	1.12430×10^4	7.36974×10^3
4	1.50221×10^4	1.12300×10^4	1.34720×10^4	4.89402×10^3
5	1.96490×10^4	1.21319×10^4	1.33350×10^4	1.72462×10^3

（续）

迭代次数	x_1	x_2	x_3	误差
6	2.15355×10^4	1.52155×10^4	1.66871×10^4	4.17308×10^2
7	2.89243×10^4	1.34183×10^4	2.08358×10^4	8.06558×10^1
8	3.17047×10^4	1.39435×10^4	2.04281×10^4	7.48690×10^1
9	3.19244×10^4	1.44463×10^4	2.12484×10^4	7.48069×10^1
10	3.04410×10^4	1.35902×10^4	1.98408×10^4	7.313897×10^1

最终优化解为 $\boldsymbol{X}^* \approx [30441,\ 13590.2,\ 19840.8]^T$，即电阻 $R_1 = 30441\Omega$，$R_2 = 13590.2\Omega$，$R_3 = 19840.8\Omega$。

附录　常用优化方法的 MATLAB 和 C 语言参考程序

一、一维搜索方法

1. 单峰区间的确定——进退法

(1) 程序使用说明

x0——初始横坐标

h0——迭代步长

n——求解方程的维数

a[ ], b[ ]——求解的区间

(2) C 语言程序

```
#include "stdio.h"
#include "stdlib.h"
#include "math.h"
double objf(double x[ ]);
void jtf(double x0[ ], double h0,double s[ ],int n,double a[ ],double b[ ]);
void main( )
  {
    double x0[ ] = {0};
    double s[ ] = {1};
    double a[1],b[1];
    jtf(x0,0.1,s,1,a,b);
    printf("初始区间:\n");
    printf("a[ ] = %f,b[ ] = %f\n",a[0],b[0]);
  }
double objf(double x[ ])
  {
    double ff;
    ff = 3 * pow(x[0],3) - 8 * x[0] + 9;
    return(ff);
  }
void jtf(double x0[ ], double h0,double s[ ],int n,double a[ ],double b[ ])
  {
    int i;
    double  * x[3],h,f1,f2,f3;
```

```
for(i=0;i<3;i++)
  x[i]=(double *)malloc(n * sizeof(double));
h=h0;
for(i=0;i<n;i++)
  *(x[0]+i)=x0[i];
f1=objf(x[0]);
for(i=0;i<n;i++)
  *(x[1]+i)=*(x[0]+i)+h *s[i];
f2=objf(x[1]);
if(f2>=f1)
  {
    h=-h0;
    for(i=0;i<n;i++)
      *(x[2]+i)=*(x[0]+i);
    f3=f1;
    for(i=0;i<n;i++)
      {
        *(x[0]+i)=*(x[1]+i);
        *(x[1]+i)=*(x[2]+i);
      }
    f1=f2;
    f2=f3;
  }
for(;;)
  {
    h=2. *h;
    for(i=0;i<n;i++)
      *(x[2]+i)=*(x[1]+i)+h*s[i];
    f3=objf(x[2]);
    if(f2<f3)
      break;
    else
      {
        for(i=0;i<n;i++)
          {
            *(x[0]+i)=*(x[1]+i);
            *(x[1]+i)=*(x[2]+i);
          }
        f1=f2;
```

```
            f2 = f3;
            }
        }
    if(h <0.)
        for(i =0;i < n;i ++)
            {
            a[i] = *(x[2] +i);
            b[i] = *(x[0] +i);
            }
    else
        for(i =0;i < n;i ++)
        {
            a[i] = *(x[0] +i);
            b[i] = *(x[2] +i);
        }
    for(i =0;i <3;i ++)
        free(x[i]);
}
```

应用实例1　求无约束优化问题 $f(X) = 3x^3 - 8x + 9$ 的最优解。已知:初始点 a[0] =0,一维迭代步长 h0 =0.1,维数 n =1。

运用上述程序求解,计算机输出的优化结果为

初始区间:a[ ] =0.300000,b[ ] =1.500000

(3) MATLAB 程序

```
function[opt _ step,fo,xx] = opt _ range _ serach(f,xk0,dir0,th)
%用进退法搜索三个点,使中点函数值最小
%输出步长,函数值,设计变量值
%xk0:初始点
%th:步长
t1 =0;t2 = th;
xk1 = xk0;xk2 = xk1 + t2 * dir0;
x0 = xk1;
f1 = feval(f,x0);
x0 = xk2;
f2 = feval(f,x0);
if f2 < f1
    t3 = t2 + th;
    xk3 = xk1 + t3 * dir0;
    x0 = xk3;
    f3 = feval(f,x0);
```

```
else
      th = -2 * th;
      t3 = t1;
      f3 = f1;
      t1 = t2;
      f1 = f2;
      t2 = t3;
      f2 = f3;
      t3 = th;
      xk3 = xk1 + t3 * dir0;
      x0 = xk3;
      f3 = feval(f,x0);
end
ii = 0;
while f2 > f3
      t1 = t2;
      f1 = f2;
      t2 = t3;
      f2 = f3;
      t3 = t2 + th;
      xk3 = xk1 + t3 * dir0;
      x0 = xk3;
      f3 = feval(f,x0);
end
xx1 = xk1 + t1 * dir0;
xx2 = xk1 + t2 * dir0;
xx3 = xk1 + t3 * dir0;
if th < 0
      opt_step = [t3 t2 t1];
      xx = [xx3 xx2 xx1];
      fo = [f3 f2 f1];
else
      opt_step = [t1 t2 t3];
      xx = [xx1 xx2 xx3];
      fo = [f1 f2 f3];
end
end
```

应用实例 2　用进退法计算函数 $f(x) = 2 + x^2$ 的单峰区间,初始点 $x_0 = 2$。

在命令窗口输入如下用户程序:

```
clc;
f = inline('2 + x^2','x');
xk0 = 2;th = 0.5;dir0 = 1;
[opt_step,fo,xx] = opt_range_serach(f,xk0,dir0,th)
```

执行结果为

```
opt_step = [ -3  -2  -1]
fo = [3 2 3]
xx = [ -1 0 1]
```

则得到单峰区间为:[-1 1]

2. 黄金分割法(0.618 法)

(1) 程序使用说明

tt——步长

e——迭代精度

(2) C 语言程序

```
#include "stdio.h"
#include "math.h"
#include "conio.h"
#define e 0.35
#define tt 1
float function(float x)
  {
    float y;
    y = pow(x,2) - 7 * x + 10;
    return(y);
  }
void searching(float a[3],float f[3])
  {
    float h = tt,a1,f1,ia,i;
    a[0] = 0;
    f[0] = function(a[0]);
    for(i = 0;;i ++ )
    {
      a[1] = a[0] + h;
      f[1] = function(a[1]);
      if(f[1] < f[0])
        break;
      if(fabs(f[1] - f[0]) > = e)
      {
        h = - h;
```

```
            a[0] = a[1]; f[0] = f[1];
          }
        else
          {
            if(ia == 1)
              return;
            h = h/2;
            ia = 1;
          }
      }
    for(i = 0; ;i ++ )
      {
        a[2] = a[1] + h;
        f[2] = function(a[2]);
        if(f[2] > f[1])
          break;
        h = 2 * h;
        a[0] = a[1]; f[0] = f[1];
        a[1] = a[2]; f[1] = f[2];
      }
    if(a[0] > a[2])
        {
          a1 = a[0]; f1 = f[0];
          a[0] = a[2]; f[0] = f[2];
          a[2] = a1; f[2] = f1;
        }
      return;
  }
void main()
  {
    float function(float x);
    float a1[3],f1[3],a[4],f[4];
    float F1,F2,m,n,xx;
    searching(a1,f1);
    a[0] = a1[0];f[0] = f1[0];
    a[3] = a1[2];f[3] = f1[2];
    while(fabs(a[0] - a[3]) > e)
      {
        m = a[3] - 0.618 * (a[3] - a[0]);
```

```
        n = a[0] + 0.618 * (a[3] - a[0]);
        F1 = function(m);
        F2 = function(n);
        if(F1 < F2)
           a[3] = n;
        else a[0] = m;
           xx = (a[0] + a[3])/2;
        printf("F1 = %16.12f F2 = %16.12f a[0] = %16.12f a[3] = %16.12f\n
xx = %16.12f\n",F1,F2,a[0],a[3],xx);
        }
    }
```

应用实例3　求无约束优化问题 $f(X) = x^2 - 7x + 10$ 的最优解。已知:初始点 a[0] = 0,一维迭代步长 h0 = 0.5,一维搜索精度 eps:0.35。

运用上述程序求解,计算机输出的最后优化结果为:F1 = −2.242995500565,F2 = −2.248068094254,a[0] = 3.416307210922,a[3] = 3.750565528870,xx = 3.583436369896。

(3) MATLAB 程序

```
function [s,phis,k,G,E] = golds(phi,a,b,delta,epsilon)
% 输入: phi 是目标函数, a, b 是搜索区间的两个端点
% delta, epsilon 分别是自变量和函数值的容许误差
% 输出: s, phis 分别是近似极小值点和极小值, G 是 n×4 阶矩阵
% 其第 k 行分别是 a,p,q,b 的第 k 次迭代值[ak,pk,qk,bk]
% E = [ds,dphi], 分别是 s 和 phis 的误差限
t = (sqrt(5) - 1)/2;
h = b - a;
phia = feval(phi,a);
phib = feval(phi,b);
p = a + (1 - t) * h;
q = a + t * h;
phip = feval(phi,p);
phiq = feval(phi,q);
k = 1; G(k,:) = [a, p, q, b];
while(abs(phib - phia) > epsilon) | (h > delta)
     if(phip < phiq)
         b = q;
         phib = phiq;
         q = p;
         phiq = phip;
         h = b - a;
         p = a + (1 - t) * h;
```

```
            phip = feval(phi,p);
        else
            a = p;
            phia = phip;
            p = q;
            phip = phiq;
            h = b - a;
            q = a + t * h;
            phiq = feval(phi,q);
        end
        k = k + 1;
        G(k,:) = [a, p, q, b];
    end
    ds = abs(b - a);
    dphi = abs(phib - phia);
    if(phip > phiq)
        s = p;
        phis = phip;
    else
        s = q;
        phis = phiq;
    end
    E = [ds,dphi];
```

应用实例 4　用 0.618 法求函数 $x^2-\sin x$ 在[0,1]上的极小值点，取容许误差 $\delta=10^{-4}$，$\varepsilon=10^{-5}$。在命令窗口输入如下命令：

```
[s,phis,k,G,E] = golds(inline('s^2 - sin(s)'),0,1,1e-4,1e-5)
```

得到数值结果：极小值点 s = 0.4502；函数值 phis = -0.2325；迭代次数 k = 21

3. 二次插值法

(1) 程序使用说明

a1——初始区间下界

p——一维搜索初始步长

acc——终止区间搜索的精度

e——终止迭代的收敛精度

(2) C 语言程序

```
#include "stdio.h"
#include "math.h"
#include "conio.h"
void main()
{
```

```
float *area(float a1,float p,float a[3]);
float f(float x);
float ar,fr;
float a1 =10,p =0.01,e =0.000001;
float pa[3];
area(a1,p,pa);
a1 = pa[0];
float a2 = pa[1];
float a3 = pa[2];
float f1 =f(a1);
float f2 =f(a2);
float f3 =f(a3);
do
  {
    ar = ((a3 * a3 - a2 * a2) * f1 + (a1 * a1 - a3 * a3) * f2 + (a2 * a2 - a1 * a1) * f3);
    ar = ar/2/((a3 - a2) * f1 + (a1 - a3) * f2 + (a2 - a1) * f3);
    fr = f(ar);
    if(ar > a2)
      {
        if(fr > f2)
          {
            a3 = ar;
            f3 = fr;
          }
        else if(fr < f2)
          {
            a1 = a2; f1 = f2;
            a2 = ar; f2 = fr;
          }
       else
         {
           a3 = ar; a1 = a2; a2 = (a1 + a3)/2;
           f1 = f2; f3 = fr; f2 = f(a2);
          }
       }
     else if(ar < a2)
       {
         if(fr > f2)
           {
```

```
                a1 = ar; f1 = fr;
            }
        else if(fr < f2)
            {
                a3 = a2; f3 = f2;
                a2 = ar; f2 = fr;
            }
        else
            {
                a1 = ar; a3 = a2; a2 = (a1 + a3)/2;
                f1 = fr; f3 = f2; f2 = f(a2);
            }
        }
        else break;
      if(fabs(a1 - a3) < = e)
        break;
      } while(1);
    if(f2 < fr)
      {
        ar = a2; fr = f2;
      }
    printf(" \nx = %f\nf(x* ) = %f",ar,fr);
}
float  * area(float a1,float p,float a[3])
  {
    float f(float x);
    float a2,f2,a3,f3,temp;
    float acc = 0.00001;
    float f1 = f(a1);
    while(1)
      {
      a2 = a1 + p;f2 = f(a2);
      if(f2 > = f1)
        {
          if(fabs(f2 - f1) < acc)
            p = p/2;
            p = - p;
            temp = a1;a1 = a2;a2 = temp;
            temp = f1;f1 = f2;f2 = temp;
```

```
        }
    else break;
    }
while(1)
    {
        a3 = a2 + p; f3 = f(a3);
        if(f2 < = f3)
          break;
        p = 2 * p;
        a1 = a2; f1 = f2;
        a2 = a3; f2 = f3;
    }
if(a1 > a3)
  {
    temp = a1;a1 = a3;a3 = temp;}
a[0] = a1; a[1] = a2; a[2] = a3;
    return a;
}
float f(float x)
  {
    float y = pow(fabs(x - 1),1.5) + pow(fabs(x - 1),2.7);
    return y;
  }
```

应用实例 5　求函数 $f(x) = |x-1|^{1.5} + |x-1|^{2.7}$ 的最优解。取 $a_1 = 10, p = 0.01, e = 0.000001, acc = 0.00001$。

运用该程序求解时,计算机输出的优化结果为:$X^* = 1.000000, f^* = 0.000000$。

(3) MATLAB 程序

```
function [s,phis,k,ds,dphi,S] = qmin(phi,a,b,delta,epsilon)
%输入: phi 是目标函数, a 和 b 是搜索区间的端点
% delta,epsilon 是容许误差
%输出: s 是近似极小值点, phis 是对应的近似极小值; k 是迭代次数
% ds 是迭代终止时的步长, dphi 是 phi(s1) - phi(s); S 是迭代向量
s0 = a;
maxj = 20;
maxk = 30;
big = 1e6;
err = 1;
k = 1;
S(k) = s0;
```

```
cond = 0;
h = 1;
ds = 0.00001;
if(abs(s0) > 1e4),
    h = abs(s0) * (1e-4);
end
while(k < maxk&err > epsilon&cond ~ = 5)
    f1 = (feval(phi,s0 + ds) - feval(phi,s0 - ds))/(2 * ds);
    if(f1 > 0),
      h = - abs(h);
    end
    s1 = s0 + h;
    s2 = s0 + 2 * h;
    bars = s0;
    phi0 = feval(phi,s0);
    phi1 = feval(phi,s1);
    phi2 = feval(phi,s2);
    barphi = phi0;
    cond = 0;
    j = 0;
    while(j < maxj&abs(h) > delta&cond == 0)
        if(phi0 < = phi1),
            s2 = s1;
            phi2 = phi1;
            h = 0.5 * h;
            s1 = s0 + h;
            phi1 = feval(phi,s1);
        else if(phi2 < phi1),
                s1 = s2;
                phi1 = phi2;
                h = 2 * h;
                s2 = s0 + 2 * h;
                phi2 = feval(phi,s2);
            else
                cond = -1;
            end
        end
        j = j + 1;
        if(abs(h) > big|abs(s0) > big),
```

```
            cond =5;
        end
    end
    if(cond ==5)
        bars = s1;
        barphi = feval(phi,s1);
    else
        d =2 * (2 * phi1 - phi0 - phi2);
        if(d <0),
            barh = h * (4 * phi1 -3 * phi0 - phi2)/d;
        else
            barh = h/3;
            cond =4;
        end
        bars = s0 + barh;
        barphi = feval(phi,bars);
        h = abs(h);
        h0 = abs(barh);
        h1 = abs(barh - h);
        h2 = abs(barh -2 * h);
    % 确定下一次迭代的 h 值
    if(h0 <h),
        h = h0;
    end
    if(h1 <h),
        h = h1;
    end
    if(h2 <h),
        h = h2;
    end
    if(h ==0),
        h = barh;
    end
    if(h < delta),
        cond =1;
    end
    if(abs(h) > big|abs(bars) > big),
        cond =5;
    end
```

```
        err = abs(phi1 - barphi);
        s0 = bars;
        k = k + 1;
        S(k) = s0;
        end
        if(cond == 2&h < delta)
            cond = 3;
        end
    end
    s = s0;
    phis = feval(phi,s);
    ds = h;
    dphi = err;
```

应用实例6　用二次插值法求函数 $x^2 - \sin x$ 在[0, 1]上的极小值点,取容许误差 $\delta = 10^{-4}$, $\varepsilon = 10^{-6}$。

在命令窗口输入如下命令:[s,phis,k,ds,dphi,S] = qmin(inline('s^2 - sin(s)'),0,1,1e-4,1e-6)

得如下数值结果:极小值点 s = 0.4502;函数值 phis = -0.2325;迭代次数 k = 4。

二、无约束优化程序

1. Powell(鲍威尔)法

(1)程序使用说明

n——设计变量的维数

x[0],x[1]——最优点的坐标

ff——目标函数值

h0——初始迭代步长

eps——一维搜索精度

epsg——收敛精度

(2)C语言程序

```
/*本程序包含5个C文件: mpowell.c, powell.c, funct.c(目标函数), jtf.c(进退法),
hjfgf.c(黄金分割法)*/
#include "stdio.h"
#include "stdlib.h"
#include "math.h"
//声明所用的函数
double oneoptim(double x0[],double s[],double h0,double epsg,int n,double x[]);
double powell(double p[],double h0,double eps,double epsg,int n,double x[]);
double objf(double x[]);
void jtf(double x0[],double h0,double s[],int n,double a[],double b[]);
```

```
double gold(double a[],double b[],double eps,int n,double xx[]);
int main()
  {
    double p[] = {1,2};
    double ff,x[2];
    ff = powell(p,0.3,0.001,0.00001,2,x);
    printf("输出最优点及其目标函数值:%F\n",objf(p));
    printf("x[0] = %f,x[1] = %f,ff = %f\n",x[0],x[1],ff);
    return 0;
  }
//powell.c 代码如下:
//#include "hjfgf.c"
//一维优化求极小值点函数 oneoptim
double oneoptim(double x0[],double s[],double h0,double epsg,int n,double x[])
  {
    double *a, *b,ff;
    a = (double *)malloc(n * sizeof(double));
    b = (double *)malloc(n * sizeof(double));
    jtf(x0,h0,s,n,a,b);
    ff = gold(a,b,epsg,n,x);
    free(a);
    free(b);
    return(ff);
  }
//Powell 法程序
double powell(double p[],double h0,double eps,double epsg,int n,double x[])
  {
    int i,j,m;
    double *xx[4], *ss, *s;
    double f,f0,f1,f2,f3,fx,dlt,df,sdx,q,d;
    ss = (double *)malloc(n * (n+1) * sizeof(double));
    s = (double *)malloc(n * sizeof(double));
    for(i=0;i<n;i++)
      {
        for(j=0;j<=n;j++)
         *(ss+i*(n+1)+j)=0;
         *(ss+i*(n+1)+i)=1;
      }
    for(i=0;i<4;i++)
```

```
    xx[i] = (double *)malloc(n * sizeof(double));
  for(i = 0;i < n;i ++)
    * (xx[0] + i) = p[i];
  for(;;)
    {
      for(i = 0;i < n;i ++)
        {
          * (xx[1] + i) = * (xx[0] + i);
          x[i] = * (xx[1] + i);
        }
      f0 = f1 = objf(x);
      dlt = -1;
      for(j = 0;j < n;j ++)
        {
          for(i = 0;i < n;i ++)
            {
              * (xx[0] + i) = x[i];
              * (s + i) = * (ss + i * (n + 1) + j);
            }
          f = oneoptim(xx[0],s,h0,epsg,n,x);
          df = f0 - f;
          if(df > dlt)
            {
              dlt = df;
              m = j;
            }
        }
      sdx = 0;
      for(i = 0;i < n;i ++)
        sdx = sdx + fabs(x[i] - ( * (xx[1] + i)));
      if(sdx < eps)
        {
          free(ss);
          free(s);
          for(i = 0;i < 4;i ++)
            free(xx[i]);
          return(f);
        }
      for(i = 0;i < n;i ++)
```

```
        *(xx[2]+i)=x[i];
      f2=f;
      for(i=0;i<n;i++)
        {
          *(xx[3]+i)=2*(*(xx[2]+i)-(*(xx[1]+i)));
          x[i]=*(xx[3]+i);
        }
      fx=objf(x);
      f3=fx;
      q=(f1-2*f2+f3)*(f1-f2-dlt)*(f1-f2-dlt);
      d=0.5*dlt*(f1-f3)*(f1-f3);
      if((f3<f1)||(q<d))
        {
          if(f2<=f3)
            for(i=0;i<n;i++)
              *(xx[0]+i)=*(xx[2]+i);
          else
            for(i=0;i<n;i++)
              *(xx[0]+i)=*(xx[3]+i);
        }
        else
        {
            for(i=0;i<n;i++)
              {
                *(ss+(i+1)*(n+1))=x[i]-(*(xx[1]+i));
                *(s+i)=*(ss+(i+1)*(n+1));
              }
            f=oneoptim(xx[0],s,h0,epsg,n,x);
            for(i=0;i<n;i++)
              *(xx[0]+i)=x[i];
            for(j=m+1;j<=n;j++)
              for(i=0;i<n;i++)
                *(ss+i*(n+1)+j-1)=*(ss+i*(n+1)+j);
        }
    }
  }
//funct.c 代码如下:
double objf(double x[])  //目标函数
  {
```

```
    double ff;
    ff = x[0] * x[0] + x[1] * x[1] - x[0] * x[1] - 10 * x[0] - 4 * x[1] + 60;
    return(ff);
  }
//jtf.c 代码如下:
//#include "funct.c"
void jtf(double x0[ ],double h0,double s[ ],int n,double a[ ],double b[ ])
  {
    int i;
    double *x[3],h,f1,f2,f3;
    for(i=0;i<3;i++)
      x[i]=(double *)malloc(n*sizeof(double));
    h=h0;
    for(i=0;i<n;i++)
      *(x[0]+i)=x0[i];
    f1=objf(x[0]);
    for(i=0;i<n;i++)
      *(x[1]+i)=*(x[0]+i)+h*s[i];
    f2=objf(x[1]);
    if(f2>=f1)
      {
    h=-h0;
    for(i=0;i<n;i++)
      *(x[2]+i)=*(x[0]+i);
    f3=f1;
    for(i=0;i<n;i++)
      {
        *(x[0]+i)=*(x[1]+i);
        *(x[1]+i)=*(x[2]+i);
      }
    f1=f2;
    f2=f3;
  }
for(;;)
  {
    h=2*h;
    for(i=0;i<n;i++)
      *(x[2]+i)=*(x[1]+i)+h*s[i];
    f3=objf(x[2]);
```

```
        if(f2 < f3)
            break;
        else
            {
            for(i = 0;i < n;i ++ )
                {
                *(x[0] + i) = *(x[1] + i);
                *(x[1] + i) = *(x[2] + i);
                }
            f1 = f2;
            f2 = f3;
            }
        }
    if(h < 0)
        for(i = 0;i < n;i ++ )
            {
            a[i] = *(x[2] + i);
            b[i] = *(x[0] + i);
            }
    else
        for(i = 0;i < n;i ++ )
            {
            a[i] = *(x[0] + i);
            b[i] = *(x[2] + i);
            }
    for(i = 0;i < 3;i ++ )
            free(x[i]);
    }
//黄金分割法 hjfgf.c 代码如下:
//#include "jtf.c"
double gold(double a[ ],double b[ ],double eps,int n,double xx[ ])
    {
        int i;
        double f1,f2, *x[2],ff,q,w;
        for(i = 0;i < 2;i ++ )
            x[i] = (double *)malloc(n * sizeof(double));
        for(i = 0;i < n;i ++ )
            {
            *(x[0] + i) = a[i] + 0.618 * (b[i] - a[i]);
```

```
        *(x[1]+i)=a[i]+0.382*(b[i]-a[i]);
    }
f1=objf(x[0]);
f2=objf(x[1]);
do
    {
      if(f1>f2)
        {
          for(i=0;i<n;i++)
            {
              b[i]=*(x[0]+i);
              *(x[0]+i)=*(x[1]+i);
            }
          f1=f2;
          for(i=0;i<n;i++)
            *(x[1]+i)=a[i]+0.382*(b[i]-a[i]);
          f2=objf(x[1]);
        }
      else
          {
            for(i=0;i<n;i++)
              {
                a[i]=*(x[1]+i);
                *(x[1]+i)=*(x[0]+i);
              }
                f2=f1;
                for(i=0;i<n;i++)
                  *(x[0]+i)=a[i]+0.618*(b[i]-a[i]);
                f1=objf(x[0]);
          }
              q=0;
      for(i=0;i<n;i++)
        q=q+(b[i]-a[i])*(b[i]-a[i]);
      w=sqrt(q);
    }while(w>eps);
for(i=0;i<n;i++)
  xx[i]=0.5*(a[i]+b[i]);
ff=objf(xx);
for(i=0;i<2;i++)
```

```
      free(x[i]);
    return(ff);
}
```

应用实例7　求无约束优化问题 $y = x_1^2 + x_2^2 - x_1 x_2 - 10x_1 - 4x_2 + 60$ 的最优解。已知:初始点[1,2],维数 n = 2,一维迭代步长 $h_0 = 0.3$,一维搜索精度 eps:0.001,收敛精度 epsg:0.00001。

运用上述程序求解,计算机输出的优化结果为:X[0] = 7.999875(即为 x_1),X[1] = 5.999936(即为 x_2),ff = 8.000000。

2. DFP 法(变尺度法)

(1)程序使用说明

n——设计变量的维数

x[0],x[1]——最优点的坐标

ff——目标函数值

h0——初始迭代步长

eps——一维搜索精度

epsg——收敛精度

(2)C 语言程序

```
//DFP 法主程序,文件名 mdfp.c,置于源程序中
#include "dfpopt.h"
main()
  {
    double x[] = {0.5,1};
    double ff;
    ff = dfpopt(x,0.5,0.00001,0.000001,2);
    printf("输出最优点及其目标函数值:\n");
    printf("\nx[0] = %f,x[1] = %f,ff = %f",x[0],x[1],ff);
  }
//用来解 n 维无约束优化问题,文件名 dfpopt.c,置于头文件中
#include "hjfgf.h"
#include "stdlib.h"
void gradient(double x[],double g[],int n)
  {
    int i;
    double af,f1,f2,dltx = 0.000001;
    for(i = 0;i < n;i ++)
      g[i] = 0;
    f1 = objf(x);
    for(i = 0;i < n;i ++)
      {
```

```
            af = *(x+i);
            *(x+i) = af + dltx;
            f2 = objf(x);
            g[i] = (f2 - f1)/dltx;
            *(x+i) = af;
        }
    }
double oneoptim(double x0[],double s[],double h0,double epsg,int n,double x[])
    {
      double *a, *b,ff;
      a = (double *)malloc(n * sizeof(double));
      b = (double *)malloc(n * sizeof(double));
      jtf(x0,h0,s,n,a,b);
      ff = gold(a,b,epsg,n,x);
      free(a);
      free(b);
      return(ff);
    }
double dfpopt(double xx[],double h0,double eps,double epsg,int n)
    {
      int i,j,k;
      double ae,zcc;
      double *s, *x, *ay[2], *df[2], *zd[2], *zc[2], *zh[2];
      s = (double *)malloc(n * sizeof(double));
      x = (double *)malloc(n * sizeof(double));
      for(i=0;i<2;i++)
        {
          ay[i] = (double *)malloc(n * sizeof(double));
          df[i] = (double *)malloc(n * sizeof(double));
          zd[i] = (double *)malloc(n * sizeof(double));
          zc[i] = (double *)malloc(n * sizeof(double));
          zh[i] = (double *)malloc(n * n * sizeof(double));
        }
      for(i=0;i<n;i++)
        *(ay[0]+i) = xx[i];
      L1:
      k=0;
      for(i=0;i<n;i++)
        for(j=0;j<n;j++)
```

```
    {
      *(zh[0]+i*n+j)=0;
     if(i==j)
       *(zh[0]+i*n+j)=1;
    }
for(i=0;i<n;i++)
   {
     *(x+i)=*(ay[0]+i);
     *(ay[1]+i)=*(ay[0]+i);
   }
gradient(x,df[0],n);
for(i=0;i<n;i++)
   {
     *(s+i)=0;
     *(df[1]+i)=*(df[0]+i);
    for(j=0;j<n;j++)
      *(s+i)=*(s+i)-(*(zh[0]+i*n+j))*(*(df[0]+j));
   }
L2:
oneoptim(x,s,h0,epsg,n,ay[0]);
for(i=0;i<n;i++)
   *(x+i)=*(ay[0]+i);
gradient(x,df[0],n);
ae=0;
for(i=0;i<n;i++)
  ae=ae+(*(df[0]+i))*(*(df[0]+i));
if(ae<=eps)
   {
    for(i=0;i<n;i++)
     *(xx+i)=*(x+i);
    free(s);
    free(x);
    for(i=0;i<2;i++)
      {
        free(ay[i]);
        free(df[i]);
        free(zd[i]);
        free(zc[i]);
        free(zh[i]);
```

```
        }
      return(objf(xx));
      }
    if(k==n)
      goto L1;
    zcc=0;
    for(i=0;i<n;i++)
      {
        *(zd[0]+i)=*(ay[0]+i)-(*(ay[1]+i));
        *(zd[1]+i)=*(df[0]+i)-(*(df[1]+i));
        *(df[1]+i)=*(df[0]+i);
        zcc=zcc+(*(zd[0]+i))*(*(zd[1]+i));
      }
    for(i=0;i<n;i++)
      for(j=0;j<n;j++)
        *(zh[1]+i*n+j)=*(zd[0]+i)*(*(zd[0]+j))/zcc;
    for(i=0;i<n;i++)
      {
        *(zc[0]+i)=0;
        for(j=0;j<n;j++)
          *(zc[0]+i)=*(zc[0]+i)+(*(zd[1]+j))*(*(zh[0]+j*n+i));
        }
      zcc=0;
      for(i=0;i<n;i++)
        zcc=zcc+(*(zc[0]+i))*(*(zd[1]+i));
      for(i=0;i<n;i++)
        {
          *(zc[0]+i)=0;
          *(zc[1]+i)=0;
          for(j=0;j<n;j++)
            {
              *(zc[0]+i)=*(zc[0]+i)+(*(zh[0]+i*n+j))*(*(zd[1]+j));
              *(zc[1]+i)=*(zc[1]+i)+(*(zh[1]+j))*(*(zh[0]+j*n+i));
            }
        }
      for(i=0;i<n;i++)
      for(j=0;j<n;j++)
      *(zh[0]+i*n+j)=*(zh[0]+i*n+j)+(*(zh[1]+i*n+j))-(*(zc
[0]+i))*(*(zc[1]+j))/zcc;
```

```
        for(i=0;i<n;i++)
          {
            *(s+i)=0;
            for(j=0;j<n;j++)
              *(s+i)=*(s+i)-(*(zh[0]+i*n+j))*(*(df[0]+j));
          }
        k=k+1;
        goto L2;
    }
//目标函数子程序,文件名 funct.c,置于另一个头文件中
#include "stdio.h"
#include "stdlib.h"
#include "math.h"
double objf(double x[])
    {
      double ff;
      ff=pow(x[0],2)+4*pow(x[1],2)+5;
      return(ff);
    }
//用来解决一维优化,文件名 hjfgf.c,置于另外一个头文件中
#include "jtf.h"
double gold(double a[],double b[],double eps,int n,double xx[])
    {
      int i;
      double f1,f2,*x[2],ff,q,w;
      for(i=0;i<2;i++)
        x[i]=(double *)malloc(n*sizeof(double));
      for(i=0;i<n;i++)
        {
          *(x[0]+i)=a[i]+0.618*(b[i]-a[i]);
          *(x[1]+i)=a[i]+0.382*(b[i]-a[i]);
        }
      f1=objf(x[0]);
      f2=objf(x[1]);
      do
        {
          if(f1>f2)
            {
              for(i=0;i<n;i++)
```

```
            {
              b[i] = *(x[0]+i);
              *(x[0]+i) = *(x[1]+i);
            }
          f1 = f2;
          for(i=0;i<n;i++)
            *(x[1]+i) = a[i]+0.382*(b[i]-a[i]);
            f2 = objf(x[1]);
            }
        else
            {
                for(i=0;i<n;i++)
                  {
                    a[i] = *(x[1]+i);
                    *(x[1]+i) = *(x[0]+i);
                  }
                f2 = f1;
                for(i=0;i<n;i++)
                  *(x[0]+i) = a[i]+0.618*(b[i]-a[i]);
                f1 = objf(x[0]);
              }
          q = 0;
          for(i=0;i<n;i++)
            q = q+(b[i]-a[i])*(b[i]-a[i]);
          w = sqrt(q);
        }
      while(w > eps);
    for(i=0;i<n;i++)
      xx[i] = 0.5*(a[i]+b[i]);
    ff = objf(xx);
    for(i=0;i<2;i++)
      free(x[i]);
    return(ff);
  }
//用来确定目标函数初始搜索空间,文件名 jtf.c,置于一个头文件中
#include "funct.h"
void jtf(double x0[],double h0,double s[],int n,double a[],double b[])
  {
    int i;
```

```
double *x[3],h,f1,f2,f3;
for(i=0;i<3;i++)
  x[i]=(double *)malloc(n*sizeof(double));
h=h0;
for(i=0;i<n;i++)
  *(x[0]+i)=x0[i];
f1=objf(x[0]);
for(i=0;i<n;i++)
  *(x[1]+i)=*(x[0]+i)+h*s[i];
f2=objf(x[1]);
if(f2>=f1)
  {
    h=-h0;
    for(i=0;i<n;i++)
      *(x[2]+i)=*(x[0]+i);
    f3=f1;
    for(i=0;i<n;i++)
      {
        *(x[0]+i)=*(x[1]+i);
        *(x[1]+i)=*(x[2]+i);
      }
    f1=f2;
    f2=f3;
    }
for(;;)
  {
    h=2*h;
    for(i=0;i<n;i++)
      *(x[2]+i)=*(x[1]+i)+h*s[i];
    f3=objf(x[2]);
    if(f2<f3)
      break;
    else
      {
        for(i=0;i<n;i++)
          {
            *(x[0]+i)=*(x[1]+i);
            *(x[1]+i)=*(x[2]+i);
          }
```

```
            f1 = f2;
            f2 = f3;
          }
      }
    if(h<0)
      for(i=0;i<n;i++)
        {
          a[i] = *(x[2]+i);
          b[i] = *(x[0]+i);
        }
    else
      for(i=0;i<n;i++)
        {
          a[i] = *(x[0]+i);
          b[i] = *(x[2]+i);
        }
    for(i=0;i<3;i++)
      free(x[i]);
  }
```

应用实例 8　求无约束优化问题 $f(X) = x_0^2 + 4x_1^2 + 5$ 的最优解。已知：初始点[0.5,1]，维数 n=2，一维迭代步长 $h_0 = 0.5$，一维搜索精度 eps:0.00001，收敛精度 epsg:0.000001。

运用上述程序求解，计算机输出的优化结果为：X[0] = -0.000010，X[1] = 0.000141，ff = 5.000000。

三、约束优化程序

1. 复合形法

(1) 程序使用说明

E1——终止迭代收敛精度

ep ——复合形中的映射系数 α 给定的最小值

n ——设计变量的维数

K——复合形顶点数

af——初始映射系数 α

(2) C 语言程序

```
#include <math.h>
#include <stdio.h>
#include <stdlib.h>
#define E1 0.001
#define ep 0.00001
#define n 2
```

```
#define k 4
double af;
int i,j;
double X0[n],XX[n],X[k][n],FF[k];
double a[n],b[n];
double rm =2657863.0;
double F(double C[n])
   {
     double F;
     F=pow(C[0]-3,2)+pow(C[1]-4,2);
     return F;
   }
int cons(double D[n])
   {
     if((D[0]>=0)&&(D[1]>=0)&&(D[0]<=6)&&(D[1]<=8)&&((2.5-D
[0]+D[1])>=0)&&((5-D[0]-D[1])>=0))
        return 1;
     else
        return 0;
   }
void bou()
   {
     a[0]=0;
     b[0]=6;
     a[1]=0;
     b[1]=8;
   }
double r()
   {
     double r1,r2,r3,rr;
     r1 =pow(2,35);
     r2 =pow(2,36);
     r3 =pow(2,37);
     rm =5*rm;
     if(rm>=r3)
        {
          rm =rm-r3;
        }
     if(rm>=r2)
```

```
            {
              rm = rm - r2;
            }
          if(rm > = r1)
            {
              rm = rm - r1;
            }
          rr = rm/r1;
          return rr;
        }
    void produce(double A[n],double B[n])
        {
          int jj;
          double S;
          s1:
          for(i = 0;i < n;i ++ )
            {
              S = r();
              XX[i] = A[i] + S * (B[i] - A[i]);
            }
          if(cons(XX) == 0)
            {
              goto s1;
            }
          for(i = 0;i < n;i ++ )
            {
              X[0][i] = XX[i];
            }
          for(j = 1;j < k;j ++ )
            {
              for(i = 0;i < n;i ++ )
                {
                  S = r();
                  X[j][i] = A[i] + S * (B[i] - A[i]);
                }
            }
          for(j = 1;j < k;j ++ )
            {
              for(i = 0;i < n;i ++ )
```

```
            {
              X0[i]=0;
              for(jj=1;jj<j+1;jj++)
                {
                  X0[i]+=X[jj][i];
                }
              X0[i]=(1/j)*(X0[i]);
            }
          if(cons(X0)==0)
            {
              goto s1;
            }
          for(i=0;i<n;i++)
            {
              XX[i]=X[j][i];
            }
          while(cons(XX)==0)
            {
              for(i=0;i<n;i++)
                {
                  X[j][i]=X0[i]+0.5*(X[j][i]-X0[i]);
                  XX[i]=X[j][i];
                }
            }
        }
    }
void main()
{
    double EE,Xc[n],Xh[n],Xg[n],Xl[n],Xr[n],Xs[n],w;
    int l,lp,lp1;
    bou();
    s111:
      produce(a,b);
    s222:
      for(j=0;j<k;j++)
        {
          for(i=0;i<n;i++)
            {
              XX[i]=X[j][i];
```

```
            }
          FF[j] = F(XX);
        }
      for(l = 0;l < k - 1;l ++)
        {
          for(lp = 0;lp < k - 1;lp ++)
            {
              lp1 = lp + 1;
              if(FF[lp] < FF[lp1])
                {
                  w = FF[lp];FF[lp] = FF[lp1];
                  FF[lp1] = w;
                  for(i = 0;i < n;i ++)
                    {
                      XX[i] = X[lp][i];X[lp][i] = X[lp1][i];X[lp1][i] = XX[i];
                    }
                }
            }
        }
    for(i = 0;i < n;i ++)
      {
        Xh[i] = X[0][i];Xg[i] = X[1][i];Xl[i] = X[k - 1][i];
      }
    for(i = 0;i < n;i ++)
      {
        Xs[i] = 0;
        for(j = 0;j < k;j ++)
          {
            Xs[i] + = X[j][i];
              }
            Xs[i] = 1/(k + 0.0) * Xs[i];
          }
      EE = 0;
      for(j = 0;j < k;j ++)
        {
          EE + = pow((FF[j] - F(Xs)),2);
        }
      EE = pow((1/(k + 0.0) * EE),0.5);
      if(EE < = E1)
```

```
    {
      goto s333;
    }
  for(i=0;i<n;i++)
    {
      Xc[i]=0;
      for(j=1;j<k;j++)
        {
          Xc[i]+=X[j][i];
        }
      Xc[i]=1/(k-1.0)*Xc[i];
    }
  if(cons(Xc)==1)
    {
      af=1.3;
      ss:
        for(i=0;i<n;i++)
          {
            Xr[i]=Xc[i]+af*(Xc[i]-Xh[i]);
          }
            if(cons(Xr)==1)
              {
                if(F(Xr)>=F(Xh))
                  {
                    if(af<=ep)
                      {
                        for(i=0;i<n;i++)
                          {
                            Xh[i]=Xg[i];
                          }
                        af=1.3;
                        goto ss;
                      }
                  else
                      {
                      af=1/2.0*af;
                      goto ss;
                      }
                }
```

```
                else
                  {
                    for(i=0;i<n;i++)
                      {
                        X[0][i]=Xr[i];
                      }
                    goto s222;
                  }
              }
           else
              {
                af=1/2.0*af;
                goto ss;
              }
           }
         else
           {
             for(i=0;i<n;i++)
               {
                 if(Xl[i]<Xc[i])
                   {
                     a[i]=Xl[i];b[i]=Xc[i];
                   }
                 else
                   {
                    a[i]=Xc[i];
                    b[i]=Xl[i];
                   }
               }
             goto s111;
           }
         s333:
             printf("F(Xmin)=%f\n",F(Xl));
             for(i=0;i<n;i++)
               {
                 printf("\n The X%d is %f.",i,Xl[i]);
               }
}
```

应用实例 9　求下述优化问题的最优解:

$$\min f(X) = (x_1 - 3)^2 + (x_2 - 4)^2$$

$$\text{s.t.} \begin{cases} 0 \leqslant x_1 \leqslant 6 \\ 0 \leqslant x_2 \leqslant 8 \\ x_1 - x_2 \leqslant 2.5 \\ x_1 + x_2 \leqslant 5 \end{cases}$$

运用该程序求解时,计算机输出的优化结果为: $X_1^* = 2.000253$, $X_2^* = 2.999704$, $f^* = 2.000088$。

(3) MATLAB 程序

```
function [xo,fo,go] = opt_complex(f,g_cons,x0,xl,xu,TolX,TolFun,MaxIter)
N = length(x0);
M = size(g_cons);
M = length(M(:,1));
k1 = 0;
k = N + 1;% 顶点个数
gx = ones(M,1);
while max(gx) >0
      x0 = xl + rand(N,1). * xu;
      gx = feval(g_cons,x0);
end
[x1,fx] = gen_complex(x0,k,f,g_cons);
flag1 = 1;flag2 = 1;flag3 = 1;
k1 = 0;
while k1 < MaxIter
      flag1 = 1;
      flag2 = 1;
      flag3 = 1;
      k1 = k1 + 1;
      [fx,I] = sort(fx);
      for i = 1:k
            x2(:,i) = x1(:,I(i));
      end
      x1 = x2;
      fmax1 = fx(k);
      imax1 = I(k);
      fmin = fx(1);
      imin = I(1);
      fmax2 = fx(k - 1);
      imax2 = I(k - 1);
```

```
%计算形心
xc = zeros(N,1);
for i = 1:k
    xc = xc + x1(:,i);
end
xc = xc - x1(:,imax1);
xc = xc/(k - 1);
gxc = feval(g_cons,xc);
alpha = 1.31;
%反射
xr = xc + alpha * (xc - x1(:,imax1));
gxr = feval(g_cons,xr);
if max(gxr) <0
    fxr = feval(f,xr);
    if fxr < fmax1
        fmax1 = fxr;
        fx(imax1) = fxr;
        x1(:,imax1) = xr;
        flag1 = -1;
    else
        %反射失败
        flgg1 = 1;
    end
else
    %反射失败
    flag1 = 1;
end
gama = 0.7;
if flag1 == -1
    xe = xr + gama * (xr - xc);
    gxe = feval(g_cons,xe);
    if max(gxe) <0
        fxe = feval(f,xe);
        if fxe < fmax1
            fx(imax1) = fxe;
            fmax1 = fxe;
            x1(:,imax1) = xe;
            flag2 = -1;
        else
```

```
                %延伸失败
                flag2 = 1;
            end
        else
            %延伸失败
            flag2 = 1;
        end
    end
    beta = 0.7;
    if flag1 ~ = -1&flag2 ~ = -1
        xk = x1(:,imax1) + beta * (xc - x1(:,imax1));
        gxk = feval(g_cons,xk);
        if max(gxk) < 0
            fxk = feval(f,xk);
            if fxk < fmax1
                fmax1 = fxk;
                fx(imax1) = fxk;
                x1(:,imax1) = xk;
                flag3 = -1;
            else
                %收缩失败
                flag3 = 1;
            end
        else
            %收缩失败
            flag3 = 1;
        end
    end
    if  flag1 ~ = -1&flag2 ~ = -1&flag3 ~ = -1
        [fx,I] = sort(fx);
        imin = I(1);
        x0 = x1(:,imin);
        [x1,fx] = gen_complex(x0,k,f,g_cons);
    end
end
xo = x1(:,imin);
fo = feval(f,xo);
go = feval(g_cons,xo);
```

```
function [x1,fx] = gen_complex(x0,k,f,g_cons)
N = length(x0);
M = size(g_cons);
M = length(M(:,1));
x1(:,1) = x0;
fx(1) = feval(f,x0);
a = 1.3;
s = rand(N,k)*2 - ones(N,k);
s = s/norm(s);
k2 = 1;
while k2 < k
    x0 = x1(:,1) + a*s(:,k2);
    gx = feval(g_cons,x0);
    if max(gx) < 0
        k2 = k2 + 1;
        x1(:,k2) = x0;
        fx(k2) = feval(f,x0);
    else
        a = 0.7*a;
    end
end
```

应用实例 10　应用复合形法 MATLAB 程序求下列约束优化问题的最优解：

$$\min f(X) = (x_1-5)^2 + 4(x_2-6)^2, \mathbf{X} \in \mathbf{R}^2$$

$$\text{s.t.} \begin{cases} g_1(\mathbf{X}) = 64 - x_1^2 - x_2^2 \leqslant 0 \\ g_2(\mathbf{X}) = x_2 - x_1 - 10 \leqslant 0 \\ g_3(\mathbf{X}) = x_1 - 10 \leqslant 0 \end{cases}$$

输入如下用户程序以 .m 文件执行：

```
function opt_complex_test
clc;
clear all;
f = inline('(x(1)-5)^2+4*(x(2)-6)^2','x');
TolX = 1e-6;
TolFun = 1e-6;
x0 = [8,14]';
xl = [2 2]';
xu = [7 9]';
MaxIter = 65;
options = optimset('LargeScale','off');
[xo,fxo,g] = opt_complex(f,@fun_cons,x0,xl,xu,TolX,TolFun,MaxIter)
```

```
[xo,fo] = fmincon(f,x0,[],[],[],[],xl,xu,@fun_cons,options)
function [c ceq] = fun_cons(x)
c = [64 - x(1)^2 - x(2)^2; - x(1) + x(2) - 10;x(1) - 10];
ceq = [];
```

执行得到计算结果:极小值点 xo = [5.2187 6.0634],函数值 fo = 0.0639。

2. 内罚函数法

(1) 程序使用说明

kkg——约束不等式个数

r_0——初始惩罚因子

c——惩罚因子增长系数

p[ ]——设计变量的初始点

(2) C 语言程序

```
#include "stdio.h"
#include "stdlib.h"
#include "math.h"
const int kkg = 3;
double r0;
double f(double x[])
  {
    double ff;
    ff = pow((x[0] - 8),2) + pow((x[1] - 8),2);
    return(ff);
  }
void strain(double x[],double g[])
  {
    g[0] = x[0] - 1;
    g[1] = x[1] - 1;
    g[2] = 11 - x[0] - x[1];
  }
double objf(double p[])
  {
    int i;
    double ff,sg, *g;
    g = (double *)malloc(kkg * sizeof(double));
    sg = 0;
    strain(p,g);
    for(i = 0;i < kkg;i ++)
      {
        if( *(g + i) > 0)
```

```
            sg = sg + r0/( * (g + i));
          else
            sg = sg + r0 * (1e + 10);
        }
      free(g);
      ff = f(p) +  sg;
      return(ff);
    }
void jtf(double x0[ ],double h0,double s[ ],int n,double a[ ],double b[ ])
    {
      int i;
        double  * x[3],h,f1,f2,f3;
        for(i = 0;i < 3;i ++ )
          x[i] = (double  * )malloc(n * sizeof(double));
        h = h0;
        for(i = 0;i < n;i ++ )
          * (x[0] + i) = x0[i];
        f1 = objf(x[0]);
        for(i = 0;i < n;i ++ )
          * (x[1] + i) = * (x[0] + i) + h * s[i];
        f2 = objf(x[1]);
        if(f2 > = f1)
            {
              h = - h0;
              for(i = 0;i < n;i ++ )
                * (x[2] + i) = * (x[0] + i);
                f3 = f1;
              for(i = 0;i < n;i ++ )
                {
                  * (x[0] + i) = * (x[1] + i);
                  * (x[1] + i) = * (x[2] + i);
                }
              f1 = f2;
              f2 = f3;
          }
        for( ; ; )
          {
            h = 2 * h;
            for(i = 0;i < n;i ++ )
```

```
            *(x[2]+i)=*(x[1]+i)+h*s[i];
          f3=objf(x[2]);
          if(f2<f3)
            break;
          else
            {
              for(i=0;i<n;i++)
                {
                  *(x[0]+i)=*(x[1]+i);
                  *(x[1]+i)=*(x[2]+i);
                }
              f1=f2;
              f2=f3;
            }
      }
    if(h<0)
      for(i=0;i<n;i++)
        {
          a[i]=*(x[2]+i);
          b[i]=*(x[0]+i);
        }
      else
        for(i=0;i<n;i++)
          {
            a[i]=*(x[0]+i);
            b[i]=*(x[2]+i);
          }
    for(i=0;i<3;i++)
      free(x[i]);
  }
double gold(double a[],double b[],double eps,int n,double xx[])
  {
    int i;
    double f1,f2,*x[2],ff,q,w;
    for(i=0;i<2;i++)
      x[i]=(double *)malloc(n*sizeof(double));
    for(i=0;i<n;i++)
      {
        *(x[0]+i)=a[i]+0.618*(b[i]-a[i]);
```

```
            *(x[1]+i)=a[i]+0.382*(b[i]-a[i]);
        }
    f1=objf(x[0]);
    f2=objf(x[1]);
    do
        {
            if(f1>f2)
                {
                    for(i=0;i<n;i++)
                        {
                            b[i] = *(x[0]+i);
                            *(x[0]+i) = *(x[1]+i);
                        }
                    f1=f2;
                    for(i=0;i<n;i++)
                        *(x[1]+i)=a[i]+0.382*(b[i]-a[i]);
                    f2=objf(x[1]);
                }
            else
                {
                    for(i=0;i<n;i++)
                        {
                            a[i] = *(x[1]+i);
                            *(x[1]+i) = *(x[0]+i);
                        }
                    f2=f1;
                    for(i=0;i<n;i++)
                        *(x[0]+i)=a[i]+0.618*(b[i]-a[i]);
                    f1=objf(x[0]);
                    }
            q=0;
            for(i=0;i<n;i++)
                q=q+(b[i]-a[i])*(b[i]-a[i]);
            w=sqrt(q);
        }while(w>eps);
    for(i=0;i<n;i++)
        xx[i]=0.5*(a[i]+b[i]);
    ff=objf(xx);
    for(i=0;i<2;i++)
```

```
        free(x[i]);
    return(ff);
  }
double oneoptim(double x0[],double s[],double h0,double epsg,int n,double x[])
  {
    double *a, *b,ff;
    a = (double *)malloc(n * sizeof(double));
    b = (double *)malloc(n * sizeof(double));
    jtf(x0,h0,s,n,a,b);
    ff = gold(a,b,epsg,n,x);
    free(a);
    free(b);
    return(ff);
  }
double powell(double p[],double h0,double eps,double epsg,int n,double x[])
  {
    int i,j,m;
    double *xx[4], *ss, *s;
    double f,f0,f1,f2,f3,fx,dlt,df,sdx,q,d;
    ss = (double *)malloc(n * (n+1) * sizeof(double));
    s = (double *)malloc(n * sizeof(double));
    for(i=0;i<n;i++)
        {
        for(j=0;j<=n;j++)
         *(ss+i*(n+1)+j)=0;
         *(ss+i*(n+1)+i)=1;
      }
    for(i=0;i<4;i++)
      xx[i] = (double *)malloc(n * sizeof(double));
    for(i=0;i<n;i++)
       *(xx[0]+i) =p[i];
    for(;;)
      {
        for(i=0;i<n;i++)
        {
           *(xx[1]+i) = *(xx[0]+i);
          x[i] = *(xx[1]+i);
        }
      f0 = f1 = objf(x);
```

```
    dlt = -1;
    for(j=0;j<n;j++)
      {
        for(i=0;i<n;i++)
          {
            *(xx[0]+i)=x[i];
            *(s+i) = *(ss+i*(n+1)+j);
          }
        f=oneoptim(xx[0],s,h0,epsg,n,x);
        df=f0-f;
        if(df>dlt)
          {
            dlt=df;
            m=j;
          }
      }
  sdx=0;
  for(i=0;i<n;i++)
    sdx=sdx+fabs(x[i]-(*(xx[1]+i)));
  if(sdx<eps)
    {
      free(ss);
      free(s);
      for(i=0;i<4;i++)
        free(xx[i]);
      return(f);
    }
    for(i=0;i<n;i++)
      *(xx[2]+i)=x[i];
    f2=f;
    for(i=0;i<n;i++)
      {
        *(xx[3]+i)=2*(*(xx[2]+i)-(*(xx[1]+i)));
        x[i] = *(xx[3]+i);
      }
    fx=objf(x);
    f3=fx;
    q=(f1-2*f2+f3)*(f1-f2-dlt)*(f1-f2-dlt);
    d=0.5*dlt*(f1-f3)*(f1-f3);
```

```
    if((f3<f1)||(q<d))
      {
        if(f2<=f3)
        for(i=0;i<n;i++)
            *(xx[0]+i)=*(xx[2]+i);
        else
          for(i=0;i<n;i++)
              *(xx[0]+i)=*(xx[3]+i);
      }
    else
      {
        for(i=0;i<n;i++)
          {
              *(ss+(i+1)*(n+1))=x[i]-(*(xx[1]+i));
              *(s+i)=*(ss+(i+1)*(n+1));
          }
        f=oneoptim(xx[0],s,h0,epsg,n,x);
        for(i=0;i<n;i++)
            *(xx[0]+i)=x[i];
          for(j=m+1;j<=n;j++)
            for(i=0;i<n;i++)
                *(ss+i*(n+1)+j-1)=*(ss+i*(n+1)+j);
          }
      }
    }
void main()
  {
    int i;
    double p[]={3,4};
    double fom,fxo,c,x[2];
    c=0.1;
    r0=120;
      fom=100;
      do
        {
          fxo=powell(p,0.1,0.001,0.0001,2,x);
          if(fabs(fom-fxo)>0.001)
            {
              fom=fxo;
```

```
                r0 = c * r0;
                for(i = 0;i < 2;i ++)
                    *(p + i) = x[i];
            }
        else
            {
                printf("输出最优点及其目标函数值:\n");
                printf("x[0] = %f,x[1] = %f,ff = %f",x[0],x[1],fxo);
                return;
            }
    }while(1);
}
```

应用实例 11　求下述优化问题的最优解：

$$\min f(X) = (x_1 - 4)^2 + (x_2 - 5)^2$$

$$\text{s. t.} \begin{cases} x_1 \geqslant 1 \\ x_2 \geqslant 1 \\ x_1 + x_2 \leqslant 11 \end{cases}$$

运用该程序求解时，计算机输出的优化结果为：$X_1^* = 5.549953$，$X_2^* = 5.449971$，$f^* = 12.505537$。

3. 外罚函数法

(1) 程序使用说明

kkg——不等式约束个数

qkg——等式约束条件个数

r_0——初始惩罚因子

c——惩罚因子增长系数

p[ ]——设计变量的初始点

(2) C 语言程序

```
#include "stdio.h"
#include "stdlib.h"
#include "math.h"
const int kkg = 2;
const int qkg = 1;
double r0;
double f(double x[])
    {
        double ff;
        ff = pow((x[0] - 4),2) + pow((x[1] - 5),2);
        return(ff);
    }
```

```
void strain(double x[ ],double g[ ])
  {
    double dlt =0.001;
    g[0] =x[0] -1 -dlt;
    g[1] =x[1] -4 -dlt;
    g[2] =7 -x[0] -x[1];
  }
double objf(double p[ ])
  {
    int i;
    double ff,sg, *g;
    g = (double *)malloc((kkg + qkg) * sizeof(double));
    sg =0;
    strain(p,g);
    for(i =0;i < kkg;i ++)
    if( *(g +i) <0)
      sg = sg + pow(( *(g +i)),2);
    if(qkg! =0)
      for(i = kkg;i < kkg + qkg;i ++)
        sg = sg + pow(( *(g +i)),2);
    free(g);
    ff = f(p) + r0 * sg;
    return(ff);
  }
void jtf(double x0[ ],double h0,double s[ ],int n,double a[ ],double b[ ])
  {
    int i;
    double *x[3],h,f1,f2,f3;
    for(i =0;i <3;i ++)
      x[i] = (double *)malloc(n * sizeof(double));
    h = h0;
    for(i =0;i < n;i ++)
      *(x[0] +i) = x0[i];
    f1 = objf(x[0]);
      for(i =0;i < n;i ++)
        *(x[1] +i) = *(x[0] +i) +h * s[i];
    f2 = objf(x[1]);
    if(f2 > =f1)
      {
```

```
        h = -h0;
        for(i=0;i<n;i++)
            *(x[2]+i) = *(x[0]+i);
        f3=f1;
        for(i=0;i<n;i++)
            {
                *(x[0]+i) = *(x[1]+i);
                *(x[1]+i) = *(x[2]+i);
            }
        f1=f2;
        f2=f3;
    }
for(;;)
    {
        h=2*h;
        for(i=0;i<n;i++)
            *(x[2]+i) = *(x[1]+i) +h*s[i];
        f3=objf(x[2]);
        if(f2<f3)
            break;
        else
            {
                for(i=0;i<n;i++)
                    {
                        *(x[0]+i) = *(x[1]+i);
                        *(x[1]+i) = *(x[2]+i);
                    }
                f1=f2;
                f2=f3;
            }
    }
    if(h<0)
        for(i=0;i<n;i++)
            {
                a[i] = *(x[2]+i);
                b[i] = *(x[0]+i);
            }
        else
            for(i=0;i<n;i++)
```

```
            {
              a[i] = *(x[0]+i);
              b[i] = *(x[2]+i);
            }
        for(i=0;i<3;i++)
          free(x[i]);
    }
double gold(double a[],double b[],double eps,int n,double xx[])
    {
      int i;
      double f1,f2,*x[2],ff,q,w;
      for(i=0;i<2;i++)
        x[i] = (double *)malloc(n*sizeof(double));
      for(i=0;i<n;i++)
        {
          *(x[0]+i) = a[i]+0.618*(b[i]-a[i]);
          *(x[1]+i) = a[i]+0.382*(b[i]-a[i]);
        }
      f1 = objf(x[0]);
      f2 = objf(x[1]);
      do
        {
          if(f1>f2)
            {
              for(i=0;i<n;i++)
                {
                  b[i] = *(x[0]+i);
                  *(x[0]+i) = *(x[1]+i);
                }
              f1 = f2;
              for(i=0;i<n;i++)
                *(x[1]+i) = a[i]+0.382*(b[i]-a[i]);
              f2 = objf(x[1]);
            }
          else
            {
              for(i=0;i<n;i++)
                {
                  a[i] = *(x[1]+i);
```

```
                *(x[1]+i) = *(x[0]+i);
              }
              f2 = f1;
              for(i=0;i<n;i++)
                *(x[0]+i) = a[i]+0.618*(b[i]-a[i]);
              f1 = objf(x[0]);
          }
        q = 0;
        for(i=0;i<n;i++)
          q = q+(b[i]-a[i])*(b[i]-a[i]);
        w = sqrt(q);
        }while(w>eps);
    for(i=0;i<n;i++)
      xx[i] = 0.5*(a[i]+b[i]);
    ff = objf(xx);
    for(i=0;i<2;i++)
      free(x[i]);
    return(ff);
  }
double oneoptim(double x0[],double s[],double h0,double epsg,int n,double x[])
  {
    double *a, *b,ff;
    a = (double *)malloc(n*sizeof(double));
    b = (double *)malloc(n*sizeof(double));
    jtf(x0,h0,s,n,a,b);
    ff = gold(a,b,epsg,n,x);
    free(a);
    free(b);
    return(ff);
  }
double powell(double p[],double h0,double eps,double epsg,int n,double x[])
  {
    int i,j,m;
    double *xx[4], *ss, *s;
    double f,f0,f1,f2,f3,fx,dlt,df,sdx,q,d;
    ss = (double *)malloc(n*(n+1)*sizeof(double));
    s = (double *)malloc(n*sizeof(double));
    for(i=0;i<n;i++)
      {
```

```
      for(j=0;j<=n;j++)
        *(ss+i*(n+1)+j)=0;
        *(ss+i*(n+1)+i)=1;
    }
  for(i=0;i<4;i++)
    xx[i]=(double *)malloc(n*sizeof(double));
  for(i=0;i<n;i++)
    *(xx[0]+i)=p[i];
  for(;;)
    {
      for(i=0;i<n;i++)
        {
          *(xx[1]+i)= *(xx[0]+i);
          x[i]= *(xx[1]+i);
        }
      f0=f1=objf(x);
      dlt= -1;
      for(j=0;j<n;j++)
        {
          for(i=0;i<n;i++)
            {
              *(xx[0]+i)=x[i];
              *(s+i)= *(ss+i*(n+1)+j);
            }
          f=oneoptim(xx[0],s,h0,epsg,n,x);
          df=f0-f;
          if(df>dlt)
          {
            dlt=df;
            m=j;
          }
        }
    sdx=0;
    for(i=0;i<n;i++)
      sdx=sdx+fabs(x[i]-(*(xx[1]+i)));
    if(sdx<eps)
      {
        free(ss);
        free(s);
```

```
        for(i=0;i<4;i++)
          free(xx[i]);
        return(f);
      }
    for(i=0;i<n;i++)
      *(xx[2]+i)=x[i];
    f2=f;
    for(i=0;i<n;i++)
      {
        *(xx[3]+i)=2*(*(xx[2]+i)-(*(xx[1]+i)));
        x[i]=*(xx[3]+i);
      }
    fx=objf(x);
    f3=fx;
    q=(f1-2*f2+f3)*(f1-f2-dlt)*(f1-f2-dlt);
    d=0.5*dlt*(f1-f3)*(f1-f3);
    if((f3<f1)||(q<d))
      {
        if(f2<=f3)
        for(i=0;i<n;i++)
          *(xx[0]+i)=*(xx[2]+i);
        else
        for(i=0;i<n;i++)
          *(xx[0]+i)=*(xx[3]+i);
      }
    else
      {
        for(i=0;i<n;i++)
          {
            *(ss+(i+1)*(n+1))=x[i]-(*(xx[1]+i));
            *(s+i)=*(ss+(i+1)*(n+1));
          }
        f=oneoptim(xx[0],s,h0,epsg,n,x);
        for(i=0;i<n;i++)
          *(xx[0]+i)=x[i];
        for(j=m+1;j<=n;j++)
          for(i=0;i<n;i++)
            *(ss+i*(n+1)+j-1)=*(ss+i*(n+1)+j);
      }
```

```
        }
    }
void main()
  {
    int i;
    double p[] = {7,8};
    double fom,fxo,c,x[2];
    c = 10;
    r0 = 0.1;
    fom = 100;
    do
      {
        fxo = powell(p,0.1,0.0001,0.0001,2,x);
        if(fabs(fom - fxo) > 0.001)
            {
              fom = fxo;
              r0 = c * r0;
              for(i = 0;i < 2;i ++)
                 *(p + i) = x[i];
            }
        else
          {
            printf("输出最优点及其目标函数值:\n");
            printf("x[0] = %f,x[1] = %f,ff = %f",x[0],x[1],fxo);
            getchar();
            return;
          }
      } while(1);
}
```

应用实例 12　求下述优化问题的最优解：

$$\min f(X) = (x_1 - 4)^2 + (x_2 - 5)^2$$

$$\text{s.t.} \begin{cases} x_1 \geqslant 1 \\ x_2 \geqslant 4 \\ x_1 + x_2 \leqslant 7 \end{cases}$$

运用该程序求解时，计算机输出的优化结果为：$X_1^* = 2.991855$，$X_2^* = 4.008239$，$f^* = 2.000035$。

参考文献

[1] 刘维信. 机械最优化设计 [M]. 2版. 北京：清华大学出版社，1994.

[2] Kenneth Lange. Optimization [M]. New York：Springer，2004.

[3] Slawomir Koziel，Xin-SheYang. Computational Optimization，Methods and Algorithms[M]. Berlin：Springer，2011.

[4] 杨荣柏，马同春，傅祥志，等. 机械优化设计 [M]. 修订版. 北京：机械工程师进修大学出版社，1990.

[5] 孙靖民，梁迎春. 机械优化设计 [M]. 4版. 北京：机械工业出版社，2009.

[6] Ross Baldick. Applied Optimization [M]. Cambridge：Cambridge University Press，2006.

[7] 张鄂. 现代设计方法 [M]. 西安：西安交通大学出版社，2002.

[8] 陈继平，李元科. 现代设计方法 [M]. 武汉：华中科技大学出版社，2005.

[9] 高健. 机械优化设计基础 [M]. 北京：科学出版社，2005.

[10] 汪萍，侯幕英. 机械优化设计 [M]. 武汉：中国地质大学出版社，1991.

[11] 熊汉亮. 优化技术基础 [D]. 天津：天津大学电气自动化与能源工程学院，1992.

[12] 王小平，曹立明. 遗传算法 [M]. 西安：西安交通大学出版社，2002.

[13] Reiner Horst，Panos M Pardalos，Nguyen Van-Thoai. Introduction to Global Optimization [M]. Amsterdam：Kluwer Academic Publishers，1995.

[14] 邢文训，谢金星. 现代优化计算方法 [M]. 北京：清华大学出版社，2001.

[15] 席少霖，赵风治. 最优化计算方法 [M]. 上海：上海科学技术出版社，1983.

[16] 贺贤贵，徐振华. 机构最优化设计 [M]. 北京：高等教育出版社，1984.

[17] A Ravindran，K M Ragsdell，G V Reklaitis. Engineering Optimization：Methods and Applications [M]. New York：John Wiley & Sons，2006.

[18] 汪定伟，王俊伟，王洪峰，等. 智能优化方法 [M]. 北京：高等教育出版社，2007.

[19] Singiresu S Rao. Engineering Optimization：Theory and Practice [M]. New York：John Wiley & Sons，2010.

[20] 王凌. 智能优化算法及其应用 [M]. 北京：清华大学出版社，2001.

[21] Marco Dorigo，Thomas Stutzle. Ant Colony Optimization [M]. Cambridge：MIT Press，2004.

[22] 高玮，尹志喜. 现代智能仿真算法及其应用 [M]. 北京：科学出版社，2011.

[23] P. Venkataraman. Applied Optimization with MATLAB Programming [M]. New York：John Wiley & Sons，2010.